AF368640

PRÉCIS
D'ANATOMIE COMPARÉE.

IMPRIMERIE DE E. J. BAILLY ET Cᵉ,
Place Sorbonne, 2.

PRÉCIS
D'ANATOMIE COMPARÉE

OU

TABLEAU DE L'ORGANISATION

CONSIDÉRÉE

DANS L'ENSEMBLE DE LA SÉRIE ANIMALE.

Ouvrage destiné à servir d'introduction à l'étude de l'anatomie et de
la physiologie comparées,

PAR H. HOLLARD,

DOCTEUR EN MÉDECINE DE LA FACULTÉ DE PARIS, MEMBRE DE LA SOCIÉTÉ DES SCIENCES NATURELLES
DE FRANCE, DES SOCIÉTÉS HELVÉTIQUE ET VAUDOISE DES SCIENCES NATURELLES, MEMBRE RÉSI-
DENT DE LA SOCIÉTÉ DE MÉDECINE DE PARIS, ETC.

Paris,

LIBRAIRIE DE DEVILLE CAVELLIN,
ANCIENNE MAISON GABON,
10, RUE DE L'ÉCOLE-DE-MÉDECINE.

Montpellier,
LOUIS CASTEL, GRANDE RUE.

1835.

PRÉFACE.

L'étude de l'organisation ne jouit pas aujour-
d'hui dans le monde philosophique de toute l'es-
time qu'elle mérite; on ne se fait pas, en général,
une juste idée des services qu'elle peut rendre
en dehors de ses applications les plus directes.
Et cependant aucun siècle ne vit donner à cette
étude autant d'éloges que le nôtre, en aucun
temps on ne plaça en elle autant de confiance
que de nos jours. Deux opinions opposées partagent, dis-je, maintenant, les amis de la science
de l'homme sur la valeur de la physiologie : l'une
qui la reléguerait volontiers dans l'étroite en-
ceinte des écoles de médecine, l'autre qui voudrait la placer à la tête de toute la philosophie.
Nul doute que cette dernière exagération ne soit
la cause de la première. Nul doute que si la physiologie et les sciences naturelles en général ne
sont pas appréciées comme elles devraient l'être,
par beaucoup d'hommes à vues larges et élevées,
la faute n'en soit aux usurpations dont on les a
rendues coupables, aux idées qui ont dominé de-

puis un demi-siècle, surtout dans l'école de Paris, cette branche de la philosophie générale. L'histoire de l'organisation, telle que nous l'a faite le matérialisme, avec sa vue étroite et inintelligente de toutes choses, n'est pas même suffisante pour servir de base à de bonnes études médicales. Comment nous étonner dès lors que ses prétentions à dominer toute l'histoire de l'homme aient effrayé quelque peu les personnes adonnées à des études plus générales? Ont-elles eu tout à fait tort de redouter une science emprisonnée dans les limites des théories sensationnistes, et qui arrivait à mettre la fatalité irresponsable de la matière à la place de la liberté responsable de l'esprit, en réduisant la conscience du bien et du mal à une excitation de la pulpe cérébrale? Encore une fois, si la valeur des sciences physiologiques a été méconnue des philosophes, c'est qu'elle a commencé par l'être des physiologistes; si les premiers n'ont pas accordé à ces sciences l'attention qu'elles méritent, c'est que les seconds exagéraient leur importance jusqu'à l'absurde, en même temps qu'ils semblaient s'appliquer à les réduire aux plus mesquines proportions.

La réaction spiritualiste et les tendances plus larges qui se laissent apercevoir depuis quelques années dans les esprits, ne peuvent manquer de dissiper bientôt les préventions des uns, les prétentions outrées des autres, et de réhabiliter généralement les sciences physiques. Ces sciences gagneront immensément en revenant à leur place subordonnée, en s'éclairant et s'inspirant de doctrines supérieures aux faits dont elles s'occupent. Elles auront acquis par là un puissant moyen de perfectionnement.

Dieu est aussi nécessaire à la science de la nature qu'à la nature elle-même. Si celle-ci ne peut exister sans sa cause première, elle ne saurait non plus être comprise sans elle. L'intelligence de l'homme ne concevra quelque peu l'univers que lorsqu'elle le concevra comme l'œuvre d'une intelligence. Elle ne comprendra les faits qui se succèdent devant elle que lorsqu'elle y verra des moyens disposés pour un but, ou lorsqu'elle y cherchera les harmonies qui nous révèlent sous mille formes l'unité de la pensée créatrice.

Au reste, qu'ils le veulent ou non, les savans subissent comme le vulgaire l'influence des idées de causalité et de finalité. Ils ont pu médire de ces idées, mais jamais en secouer entièrement l'empire. Ils ont pu restreindre leur valeur, ou tenter de leur échapper en se réfugiant dans les étroites limites du visible, mais partout il les ont portées avec eux, parce que ces idées sont aussi inséparables de l'entendement humain que celles du temps et de l'espace. Que les savans reconnaissent ce fait et l'acceptent de bon gré; qu'ils renoncent à une indépendance chimérique; que dis-je, qu'ils usent largement d'un privilége qui les associe à l'Intelligence suprême, et qui pourra leur révéler plusieurs de ses pensées. Aidés de tous les moyens d'expérience dont ils disposent aujourd'hui, riches déjà des faits innombrables qu'un demi-siècle d'analyse leur présente, tempérant l'ardeur du philosophe synthétique par la circonspection de l'observateur, ils travailleront avec succès et avec bonheur à l'œuvre qui leur est confiée, et ils ne tarderont pas de bien mériter de la philosophie et de l'humanité.

J'aborde l'étude de l'organisation avec des convictions qui m'assurent que celle-ci n'est pas la cause de la vie; je la considère en conséquence seulement comme une condition de la manifestation de ce fait général, comme une sorte de véhicule par lequel le principe de la vie se phénoménise dans l'économie universelle dont nous faisons actuellement partie. La nécessité de ce véhicule, de ce substratum suffit pour donner à l'organisation une immense importance aux yeux de tout penseur. Interprète d'un principe supérieur émané de l'Être des êtres, l'organisation est bien plus grande à mes yeux, excite bien autrement mon esprit, que lorsqu'on me la présente comme un mécanisme qui porte dans sa composition et dans sa disposition matérielle la raison première et dernière de son activité. Non seulement je dois m'attendre à y découvrir partout le sceau d'une sagesse providentielle, mais je lui demande de me révéler par ses caractères variés quelques uns de ceux des principes supérieurs qu'elle doit traduire au dehors. Je ne tarde pas à y découvrir le cachet de l'unité et de la fécondité de l'esprit créateur ; je vois cette organisation disposée comme la vie elle-même sur une échelle de progression, et cette progression avoir pour triple caractère, la subdivision et la spécialisation croissantes des fonctions et des organes, la prédominance de plus en plus grande des appareils destinés à étendre la sphère des relations de l'animal avec le monde extérieur, enfin l'importance toujours plus considérable des parties qui doivent harmoniser et centraliser les vies particulières en proportion de leur énergie et de leur tendance plus ou moins excentrique.

Unité, variété et *progrès* sont trois mots auxquels il s'agira de donner un sens précis dans les sciences naturelles et dans celle des corps vivans en particulier. La question de l'unité dans l'organisation animale a été, comme on le sait, très débattue de nos jours en Allemagne et en France;

mais, faute de principes positifs et d'une méthode sûre, elle l'a été à peu près sans résultat, et les analogies organiques n'ont pas encore été résumées et formulées dans une loi vraiment scientifique. En Allemagne cette question a été traitée surtout dans les écrits des physiologistes élevés à l'école philosophique de Schelling ; ils ont poursuivi l'unité en partant de l'idée que chaque partie de l'univers est faite sur le modèle de l'ensemble, et chaque division de la partie, sur le modèle de celle-ci, principe purement arbitraire, dont l'application à l'anatomie comparée a conduit aux conséquences les plus étranges ; je n'en citerai qu'un exemple. Les anatomistes de cette école sont arrivés à regarder la tête comme le résumé du corps tout entier, et la divisent en trois parties ou vertèbres qui correspondent chacune à l'une des grandes régions de ce même corps : l'une reproduit la tête elle-même, c'est la région frontale ; la suivante, ou la région pariétale, reproduit le thorax ; la troisième enfin, ou l'occipitale, représente l'abdomen. Quel effort d'imagination ne faut-il pas pour suppléer à ce que nos sens nous refusent pour apercevoir de pareilles analogies ! En France, la question dont je parle a surtout occupé M. Geoffroy-Saint-Hilaire, qui y a fait preuve, sans aucun doute, d'une grande faculté synthétique, mais qui n'a pas éclairé sa marche d'un principe assez général pour comprendre tous les faits. M. Geoffroy néglige presque complétement la considération des analogies de fonctions, et consulte avant tout les connexions, qu'il regarde comme assez constamment les mêmes pour nous indiquer les parties analogues. Mais ce principe est aussi arbitraire; la constance des connexions est une véritable hypothèse, et ne vaut pas, il s'en faut immensément, le principe de l'analogie fonctionnelle comme fil conducteur dans la recherche des analogies organiques. Au reste, je ne prétends pas traiter un sujet aussi grave dans une simple préface, et je me réserve d'y revenir bientôt dans un travail particulier.

L'anatomie comparée est une science encore jeune, puisqu'elle ne date que de la fin du dix-huitième siècle. Nous ne possédions jusqu'alors que des anatomies particulières qui n'avaient donné lieu qu'à des comparaisons rares et isolées. Vicq-d'Azyr donna le premier une valeur de généralité à l'idée des organes analogues; il parla le premier des organes rudimentaires. La route une fois ouverte, l'impulsion donnée, les travailleurs se portèrent en foule à la construction du nouvel édifice. Ils commencèrent, comme cela devait être, surtout dans un siècle d'analyse, à recueillir des matériaux, et ne les groupèrent que d'une manière partielle. C'en fut assez néanmoins pour faire pressentir tout ce qu'on pouvait attendre pour la physiologie, et par cela même pour ses applications à la philosophie naturelle et aux sciences médicales, d'une étude qui met sous nos yeux l'organisation dans toutes ses conditions d'existence et de perfectionnement. La zoologie, de son côté, trouvait en elle le seul moyen de classer les animaux d'une manière naturelle, et de nous donner un bon tableau de la hiérarchie qui existe indubitablement dans ce règne de la création, aussi bien que dans l'ensemble de celle-ci.

Pénétré de l'importance de l'anatomie comparée, la considérant comme la base désormais indispensable des bonnes études physiologiques, je voudrais contribuer pour quelque peu à son avancement, et faciliter ses abords aux personnes que peut effrayer une science aussi vaste. Ce n'est ni dans les mémoires innombrables publiés sur les divers points de l'organisation des animaux, ni même dans des monographies plus complètes, que ces personnes iront puiser des connaissances générales sur cette science; elles demanderont des traités qui leur présentent l'ensemble du tableau, et malheureusement ceux que nous possédons aujourd'hui sont ou marqués d'une date trop ancienne ou encore inachevés. Espérons que cette lacune sera bientôt remplie et que M. de Blainville ne tardera pas à nous donner les derniers volumes de ses *Principes d'Anatomie comparée,* si impatiemment attendus de quiconque sait apprécier le savoir de ce zootomiste et la portée de ses conceptions. En attendant, j'ai pensé qu'une esquisse générale des traits les plus saillans de l'organisation, tracée d'après les travaux les plus modernes et les plus accrédités, serait bien venue des élèves, des médecins et de toutes les personnes qui suivent les cours de nos établissemens publics, ou qui désirent généraliser leurs connaissances anatomiques.

J'essaie donc aujourd'hui, dans ce volume, une formule de l'organisation animale, formule de chaque appareil pris en particulier; celle de l'ensemble viendra plus tard. Cette formule, je la dois, quant aux détails, à tous les maîtres de la science, mais surtout, et je me fais ici un devoir et un plaisir de le reconnaître, je la dois tant directement qu'indirectement aux leçons et aux écrits de M. de Blainville, leçons, écrits qui non seulement enseignent les faits et leur philosophie, mais qui apprennent en outre à les découvrir, qui ouvrent une vaste carrière d'activité à l'intelligence, et l'excitent puissamment à s'y engager. On reconnaîtra, dis-je, en général dans mon travail, les doctrines anatomiques du savant professeur dont je m'honore d'être l'élève. Mais je lui prouverais mal ma reconnaissance, si je disais que je lui dois mon livre tout entier, méthode, idées et faits, et si je laissais peser sur lui la responsabilité d'un ouvrage qu'il ne verra qu'après sa publication; c'est spontanément et mû par la persuasion que les travaux de M. de Blainville sont généralement ce que nous possédons de plus avancé, que j'en ai fait comme la base du mien. Je ne pouvais lui donner une assise plus solide, et néanmoins je n'en pouvais choisir une qui me laissât plus libre dans l'exécution de mes plans, qui me rendît plus facile l'esquisse générale de l'organisation, suivie dans chaque appareil depuis ses formes les plus simples aux plus complexes; esquisse qui devait à la fois résumer la science telle que l'ont faite les travaux les plus modernes, et mettre implicitement dans leur véritable jour l'unité, la variété et le progrès de l'animalité, tels que je les conçois.

Pour atteindre ce dernier but, j'ai dû essayer une marche plus difficile que celle qui a été suivie en France jusqu'à ce jour, marche familière aux anatomistes allemands, et qui avait toujours semblé impraticable aux nôtres; je veux parler de la marche ascendante qui nous conduit des animaux inférieurs aux animaux supérieurs, du simple au composé. En anatomie comparée, cette méthode, qui est certainement la plus naturelle, est toutefois la plus difficile, parce qu'il se trouve qu'au lieu de correspondre, comme dans d'autres sciences, à la marche du connu à l'inconnu, elle nous conduit, au contraire, de ce que nous connaissons le moins à ce que nous connaissons le mieux, de ce qui pour nous est bien défini à ce qui demeure, sous plusieurs rapports, vague et indéfini. Le lecteur jugera l'essai que je fais ici de cette marche ascendante ; encore une fois elle se présentait nécessairement à moi pour le dessein que j'avais en vue, et ce n'est ni pour le vain plaisir d'innover, ni par pure hardiesse que j'ai osé ce que d'autres n'ont pas cru devoir tenter encore chez nous.

C'est aussi pour satisfaire à ma conception synthétique de l'organisme que j'ai distribué les divers appareils dans un ordre inaccoutumé. J'ai dû chercher à exprimer, autant que faire se peut, dans cet ordre de succession, la complication progressive des élémens de l'animalité, ou tout au moins l'évidence progressive de cette complication, qui a pour but d'étendre de plus en plus la sphère des rapports de l'être vivant avec ce qui est hors de lui. Il fallait dès lors commencer par le groupe des appareils affectés aux fonctions qui sont communes à tous les êtres vivans, c'est-à-dire par les appareils de la nutrition et de la reproduction, et terminer par ceux qui présentent les conditions organiques des actes les plus élevés, c'est-à-dire les plus éloignés par leur but de l'entretien de l'individu et de l'espèce; en un mot, par l'appareil locomoteur et par celui dans lequel se trouvent les instrumens de l'activité psychologique.

Une bonne classification zoologique est aussi nécessaire à celui qui veut retracer les progrès de l'organisation dans la série animale, que la connaissance de cette même organisation est indispensable à qui veut distribuer les espèces de la série d'une manière naturelle. Cette classification, expression fidèle, résumé de la progression que j'avais à esquisser, je l'ai trouvée dans la distribution du règne animal que nous devons à M. de Blainville, car il est incontestable que ce travail zoologique repose plus qu'aucun autre sur le principe d'une subordination bien entendue des caractères anatomiques. Non content d'en avoir profité dans le cours de mon livre, je le reproduis dans son ensemble à la fin de celui-ci, avec les modifications qu'il a subies depuis sa première publication (1).

---

(1) La nomenclature nouvelle, complément de la classification de M. de Blainville, n'étant pas encore aussi généralement connue et usitée que l'ancienne, j'ai cru devoir me servir encore souvent de celle-ci, pour mieux familiariser le lecteur avec la synonymie.

Je n'ai placé à la tête de ce volume ni introduction ni prolégomènes, pour ne pas le grossir inutilement. A quoi bon répéter, en effet, ce qu'on peut lire dans tous les ouvrages de physiologie sur les différences générales des êtres, sur les élémens de l'organisation, etc. Ce sont toutes choses que mes lecteurs connaissent parfaitement, et j'ai cru devoir leur en éviter la répétition, en attendant que je puisse les leur présenter sous un jour nouveau, comme j'espère être en mesure de le faire plus tard.

PRÉCIS

D'ANATOMIE COMPARÉE.

Première division.

APPAREILS SPÉCIALEMENT DESTINÉS A CONTINUER L'INDIVIDU ET L'ESPÈCE.

PREMIER ORDRE.

APPAREILS SPÉCIALEMENT AFFECTÉS A L'ENTRETIEN DE L'INDIVIDU

ou

APPAREILS DE LA NUTRITION.

CONSIDÉRATIONS GÉNÉRALES SUR CES APPAREILS.

Les êtres organisés ne subsistent qu'à la double condition d'introduire dans leurs tissus certains corps qu'ils trouvent autour d'eux dans la nature, et de rejeter en même temps quelque portion de ces mêmes tissus détachée par un mouvement intime de décomposition. C'est nécessairement à leur surface, et par leur enveloppe, que doit s'opérer cette action continuelle d'introduction et de réjection ; c'est par leur surface qu'ils doivent absorber les élémens réparateurs de leur mobile parenchyme ; par elle qu'ils se séparent, ou temporairement ; ou d'une manière définitive des matériaux que la décomposition leur enlève. C'est donc à la surface des animaux que nous devons chercher d'abord les organes de leur nutrition.

En conséquence, la première étude qui se présente à nous, en abordant l'histoire de l'organisation animale, est celle de cette partie de l'être vivant, qui, en le limitant dans l'espace, le met en rapport avec le monde extérieur. Mais comme d'un autre côté la fonction de la surface est multiple, comme elle ne se résout pas uniquement en actes d'absorption et de sécrétion, nous devons n'indiquer en ce moment que les caractères généraux de l'enveloppe, et ne nous occuper avec quelque détail que de celles de ses modifications qui correspondent à la double action nutritive dont elle est le siége.

Chez les animaux les plus simples, tout le corps semble ne constituer qu'une masse homogène, et les tissus de la surface ne se distinguent en aucune manière du reste du parenchyme. Mous, spongieux, perméables comme celui-ci, ils jouissent aussi d'une contractilité plus ou moins prononcée, par suite de la fusion qui existe encore entre les divers élémens de l'organisme. Mais en nous élevant quelque peu dans la série, et déjà chez les classes supérieures du type des *animaux rayonnés*, le tissu superficiel se condense en une couche plus ou moins distincte, qu'on désigne sous le nom générique de *tégument*, et qui forme à l'animal une véritable enveloppe.

Le tégument se divise à son tour en plusieurs couches d'autant plus distinctes que les autres parties de l'organisme se spécialisent aussi davantage. On peut d'abord y reconnaître deux couches principales, qui, confondues chez les animaux inférieurs, s'isolent et se distinguent d'une manière éminente dans les organisations plus composées : l'une, profonde, formée de tissu contractile, se dispose, ici en plans membraniformes, là en faisceaux plus ou moins épais, et finit par constituer, en se développant, la presque totalité d'un grand système organique, du système musculaire; l'autre couche, toujours étalée en membrane, et résultat d'une modification généralement assez simple de la trame génératrice, doit être considérée comme le vrai tégument de l'animal. C'est elle qui doit plus particulièrement fixer notre attention en ce moment.

Cette couche, connue sous le nom de *peau*, est composée elle-même de plusieurs autres, du moins chez les animaux supérieurs, et cette composition est d'autant plus importante à connaître, que les variations qu'elle offre selon les diverses parties de la surface, sont tellement en rapport avec les fonctions également variées du tégument, qu'on peut déterminer *à priori* quelles modifications présentera ce dernier, selon qu'il aura tel ou tel rôle physiologique à remplir.

Les élémens anatomiques de la peau sont de deux genres : les uns sont organisés, les autres sont des excrétions solides, des produits morts, inorganiques. Les premiers composent ce qu'on nomme génériquement le *derme*, les seconds forment le *système épi-*

dermoïque, auquel appartiennent tous les produits plus ou moins solidifiés qui demeurent à la surface, quel que soit leur mode de production.

Le derme, qui est la partie essentielle du tégument, résulte d'une condensation plus ou moins complète du tissu générateur. Quelquefois il se montre à peu près le même dans toute son épaisseur, tantôt mou, perméable, tantôt solidifié dans une plus ou moins grande portion de son étendue par la présence d'un sel calcaire déposé dans ses mailles. Mais, le plus ordinairement, des différences d'organisation distinguent sa partie profonde de ses parties superficielles.

La première, qui conserve plus spécialement le nom de *derme* ou de *chorion*, forme dans ce cas une couche particulière, tour à tour mince ou épaisse, dense ou serrée, quelquefois même solide, selon la fonction à laquelle elle est appelée.

Au-dessus du derme, des vaisseaux sanguins plus ou moins nombreux viennent, après l'avoir traversé, s'étaler en un réseau délicat qui se moule exactement sur lui et reproduit les inégalités de sa surface ; cette seconde couche est le *réseau vasculaire*.

On donne le nom de *pigmentum* à une sorte de matière difíluente, souvent plus ou moins colorée, qui forme moins une couche qu'un simple enduit déposé sur le réseau vasculaire et entre ses mailles. Le pigmentum n'a rien d'un tissu organique ; composé simplement de petits grains agglutinés, il ne saurait être considéré que comme un produit. Il n'existe ni constamment, ni sur toute l'étendue du tégument. Réuni à la couche vasculaire, il forme ce que l'on connaît sous le nom de *corps muqueux* ou *réticu-laire* de Malpighi.

Enfin, on admet, comme une dernière couche de la partie vivante du tégument, un *corps papillaire* ou *réseau nerveux*, qui résulterait de l'épanouissement des derniers filets nerveux de l'enveloppe à la surface de celle-ci. C'est par induction plutôt que *de visu* qu'on a décrit ce corps papillaire; son existence est, comme on l'a remarqué, plus aisée à concevoir qu'à démontrer, et tout ce qu'on aperçoit de cet élément de la peau se réduit aux petites saillies ou papilles plus ou moins complètement nerveuses qui surmontent le tégument dans les endroits où il jouit d'une sensibilité prononcée.

L'enveloppe ainsi constituée a dans sa dépendance deux genres d'organes composés des mêmes élémens qu'elle. Ces organes sont ceux que M. de Blainville distingue sous les noms de *cryptes* et de *phanères*. Assez semblables par leur constitution anatomique, et même par le caractère général de leur fonction, puisqu'ils sont l'un et l'autre des agens sécréteurs, les cryptes et les phanères diffèrent beaucoup par leurs produits : ceux du crypte sont fluides; ceux du phanère, toujours plus ou moins solides, demeurent pour un temps à la surface de l'animal.

Le *crypte* représente un petit cul-de-sac, qu'on dirait formé par une dépression du tégument, et qui fait saillie au-dessous de celui-ci, et communique au dehors par un orifice ordinairement plus étroit que le reste de la cavité de ce petit organe. Le réseau vasculaire y est très développé, et le corps papillaire probablement nul.

Le *phanère* est également une sorte de sac ou de bulbe situé en partie ou en totalité au-dessous du derme. Il se compose extérieurement d'une couche dense, intérieurement d'un réseau vasculaire et d'un réseau nerveux, qui, après s'être étalés sur les parois de l'organe, vont se perdre dans une matière pulpeuse, et constituent la partie productive du phanère.

Les élémens anorganiques du tégument sont, d'une part, l'*épiderme* ou la *surpeau*, couche plus ou moins manifeste, souvent fort épaisse et moins consistante, qui se trouve répandue sur une partie considérable de l'animal ; d'autre part, les produits très variés des diverses espèces de bulbes phanériques, tels que les poils, les cornes, les dents, etc., produits dont la nature et les formes sont en rapport avec les usages auxquels ils sont destinés.

Telle est en peu de mots l'organisation générale de l'enveloppe chez la majeure partie des animaux qui possèdent un tégument distinct. On peut déjà pressentir que cette partie de l'organisme subira dans sa structure et dans le développement proportionnel de ses élémens des modifications appropriées aux fonctions diverses qu'elle est appelée à remplir. Ainsi, pour nous borner à celles de ces fonctions dont les organes doivent nous occuper en ce moment, nous voyons, que partout où la peau doit spécialement accomplir des actes d'absorption et de sécrétion, elle se dépouille des caractères d'un organe sensorial ou protecteur, pour revêtir ceux d'un tissu éminemment hygrométrique. Dans ce cas, au lieu d'un épiderme épais et consistant, elle manque complètement de cette couche anorganique ; au lieu d'un système nerveux abondant, elle ne possède que des nerfs rares et doués d'une sensibilité très obscure, ou même absolument nulle dans l'état de santé; en un mot, elle n'a que des nerfs incitateurs de la vie nutritive, non des nerfs sensoriaux. En échange, la couche dermique, plus ou moins développée, offre alors une texture très celluleuse, le réseau vasculaire est abondant, le système crypteux considérable et très supérieur au système phanérique, qui manque même dans la partie essentielle de l'appareil.

Mais les modifications que subit l'enveloppe pour devenir un organe de nutrition n'intéressent pas seulement sa structure; elles s'étendent à sa forme et à sa disposition générales ainsi qu'à ses relations avec les organes voisins. En effet, comme à mesure que l'organisation se complique ses diverses fonctions vont en se séparant et en se localisant toujours davantage, nous voyons toute une portion de la membrane tégumentaire se convertir en appareils spéciaux, ici pour l'absorption des alimens, là pour l'absorption aérienne, ailleurs pour la séparation des produits de la décomposition interstitielle qui doivent être rejetés. Nous arrivons de la sorte à compter trois genres d'appareils nutritifs formés aux dépens de l'enveloppe de l'animal.

1° Un APPAREIL D'ABSORPTION ALIMENTAIRE (vulg. Appareil digestif), destiné à recevoir, élaborer et absorber les matières alibiles, solides et liquides que l'animal emprunte au monde extérieur;

2° Un APPAREIL D'ABSORPTION AÉRIENNE (vulg. Appareil respiratoire), dont la fonction principale est de transmettre à l'organisme les fluides aériformes nécessaires à l'entretien de la vie;

3° Un APPAREIL DE SÉCRÉTION DÉPURATOIRE OU EX-CRÉMENTITIELLE, qui sépare et rejette de l'organisation certains matériaux qui, cessant de lui appartenir, deviendraient nuisibles à l'animal en demeurant dans ses tissus.

Mais la nutrition suppose autre chose encore que des actes d'absorption et de réjection opérés par la surface. Elle suppose, dans l'intérieur du parenchyme, un double mouvement centripète et centrifuge, dont ces actes ne sont, à vrai dire, que les deux termes; mouvement qui a pour but, d'une part, l'apport à chaque partie du tissu vivant des matériaux qu'elle doit s'assimiler pour réparer ses pertes; d'autre part, le transport des produits de la décomposition, de tous les points du parenchyme à la surface.

Chez les espèces les plus simples ces deux actes s'opèrent à travers la masse homogène qui constitue l'animal entier : il n'y a point d'appareil spécialement affecté au transport, soit des matériaux alibiles, soit des débris à secréter. Mais à mesure que l'organisation animale se complique, à mesure que ses diverses fonctions, revêtant un caractère plus prononcé, plus spécial, se localisent davantage aussi dans des organes toujours plus distincts du parenchyme primitif, on voit aussi la distribution et le cours des liquides se régulariser; alors un système de canaux arborisés les recueille et les porte à leur destination ; un quatrième appareil, l'APPAREIL DE LA CIRCULATION, vient ainsi compléter le grand système des agens spéciaux de la nutrition.

A vrai dire, ces appareils ne sont encore que des agens préparateurs de la nutrition proprement dite; ils ne sont pas essentiels à cette fonction puisqu'elle existe avant eux dans les premiers momens de toute genèse organique. La nutrition elle-même, c'est-à-dire, le mouvement intime d'assimilation et de désassimilation qui se passe dans la profondeur des tissus vivans, n'a pas d'appareil spécial, puisque ce phénomène a lieu dans tous les points de ces tissus. Il a pour siége plutôt que pour instrument leur trame celluleuse primitive.

Il suit de là que, pour faire connaître ce qu'il y a dans les êtres animés d'organes spécialement employés à leur entretien, nous n'avons à décrire que les instrumens qui sont comme les auxiliaires spéciaux du grand acte vital de la nutrition. Et nous aurons fait, autant qu'il est en nous, le tableau du système nutritif, lorsque nous aurons retracé les grands traits des appareils *d'absorption alimentaire*, *d'absorption aérienne*, de *circulation* et de *sécrétion dépuratoire*. Nous les décrirons d'abord d'une manière générale ; puis, nous indiquerons les principales modifications qu'ils offrent aux divers degrés de l'échelle zoologique, en ayant soin de montrer, toutes les fois que nous le pourrons, avec quelle circonstance, soit d'organisation, soit de mœurs, ces modifications se trouvent en harmonie.

PREMIER GENRE.

APPAREIL DE L'ABSORPTION ALIMENTAIRE

(APPAREIL DIGESTIF).

A. *DESCRIPTION GENERALE DE CET APPAREIL.*

L'absorption alimentaire est rarement immédiate. Elle est ordinairement préparée par des actes qui ont pour but d'imprimer à la matière alibile certaines modifications, et de la séparer des élémens non nutritifs avec lesquels elle se trouve presque toujours combinée dans la nature. Cette fonction est suivie, en outre, de la réjection de ces derniers élémens sous le nom de fèces.

Quelquefois ces phénomènes préparateurs et consécutifs, qu'on peut toujours, sinon apercevoir, du moins supposer, se passent si rapidement et se prononcent si peu, qu'il ne reste d'appréciable que l'acte essentiel, l'absorption de l'aliment. Dans ce cas, l'appareil n'est autre que la surface même du parenchyme vivant sans modification aucune, ou plutôt il n'y a pas alors, à vrai dire, d'appareil pour l'absorption alimentaire. C'est ce qui paraît avoir lieu chez quelques animaux infusoires et chez les derniers zoophytes ; ces espèces, dépourvues, au moins en apparence, de formes déterminées, et à l'entretien desquelles suffit le liquide qui les baigne et les matières organiques qu'il tient en dissolution, ces espèces, dis-je, semblent moins représenter des animaux proprement dits que du tissu vivant.

Mais lorsque les phénomènes dont nous parlons acquièrent une certaine importance, comme cela se voit chez tous les organismes supérieurs, la partie de la surface qui est alors spécialement chargée de fournir au corps les matériaux alibiles, se dispose dans sa forme et se modifie dans ses élémens anatomiques de manière à constituer un véritable appareil d'organes spéciaux, composé, lorsqu'il est complet, de trois sections continues mais parfaitement distinctes. Dans l'une, la matière alimentaire subit les modifications, soit mécaniques, soit chimiques, qui la préparent à être absorbée et assimilée ; la seconde est plus spécialement chargée de cette absorption, et constitue comme telle la partie essentielle de l'appareil ; le rôle de la troisième est de conduire au dehors les fèces.

Pour former cet appareil la partie tégumentaire de l'animal fait une rentrée dans la masse du corps, tantôt sous la forme d'un sac plus ou moins profond, ou sous celle de conduits ramifiés et sans issue, tantôt et plus ordinairement en prenant celle d'un canal à deux ouvertures terminales. A l'aide de ces dispositions, l'animal, qui se nourrit alors de substances plus ou moins solides, et dont l'absorption ne saurait en conséquence être immédiate, se trouve en état d'agir sur ces substances pour les modifier convenablement, et peut en outre porter sa nourriture avec lui sans être obligé, comme le végétal, de demeurer fixé au lieu dont il la tire.

Etudié dans sa forme la plus ordinaire, c'est-à-dire à l'état d'un canal parfait, l'intestin (c'est ainsi qu'on nomme d'une manière générique, et pour exprimer sa situation, le tégument rentré qui constitue l'appareil de l'alimentation) présente dans son trajet une série de renflemens qui marquent les endroits où la matière alimentaire s'accumule en masses plus ou moins considérables, soit pour subir une modification préparatoire, soit pour attendre le moment d'être rejetée. Ces espèces de dilatations sont séparées par des portions plus étroites, que l'aliment ne fait que traverser, ou dans lesquelles il arrive sous forme liquide, pour y séjourner, il est vrai, mais répandu sur une grande surface. Il nous suffira d'indiquer la succession de ces dilatations et de ces rétrécissemens alternatifs pour donner une idée de la conformation générale d'un canal alimentaire.

Le tube intestin s'ouvre ordinairement à la face inférieure plus ou moins près de l'extrémité antérieure de l'animal, quelquefois même à cette extrémité. Son orifice, dont la forme varie beaucoup, offre quelquefois à son pourtour, à l'endroit où le tégument d'externe devient interne, un pincement de ce tégument qui constitue ce qu'on nomme des *lèvres*, espèces de replis plus ou moins saillans, charnus, et qui servent chez beaucoup d'espèces à la préhension de la nourriture. En traversant cet orifice, l'aliment arrive dans une première dilatation nommée la cavité buccale ou la bouche, qui se trouve disposée, chez la plupart des animaux, pour exercer sur lui une action chimico-mécanique fort importante. Une saillie tégumentaire plus ou moins charnue et plus ou moins développée nommée la *langue*, se fait remarquer dans une très grande partie des espèces sur la paroi qui sert de plancher à cette cavité.

A l'arrière-partie de celle-ci, désignée sous le nom de *pharynx*, succède un conduit plus étroit, mais en même temps généralement plus long que la bouche ; c'est l'*œsophage*, espèce de tube que les alimens ne font que traverser, et qui leur offre par sa direction un trajet facile à parcourir.

L'œsophage nous introduit dans l'*estomac*, seconde dilatation simple ou multiple, où l'aliment s'accumule et s'arrête pour subir une nouvelle modification chimico-mécanique (mais cette fois ordinairement plus chimique que mécanique), qui le convertit en une bouillie connue sous le nom de chyme. Le volume, la forme et la direction de l'estomac sont en rapport avec la durée du séjour que doit y faire la nourriture, séjour qui demande à être d'autant plus long que celle-ci est moins assimilable. Il est toutefois à remarquer que si la dilatation gastrique est d'autant moins développée, d'autant plus simple, d'autant plus dirigée en ligne droite que l'aliment est plus complètement composé de matière animale ; il y a cependant aussi un rapport général entre son volume, sa forme et sa direction d'une part, et la place que l'animal occupe dans la série par son organisation, de l'autre. Toutes choses égales d'ailleurs, l'estomac s'éloigne moins du canal alimentaire, il marche plus directement chez les animaux inférieurs que dans les classes supérieures ; chez celles-ci il tend de plus en plus à devenir globuleux et à suivre une direction transversale.

La dilatation gastrique débouche, et cela souvent à travers un défilé assez étroit nommé le pylore, dans une section intestinale, qui, sans être aussi rétrécie que ce défilé, n'offre cependant qu'un calibre très inférieur à celui du ventricule. Ce second rétrécissement du canal alimentaire en est en même temps la partie la plus longue ; son étroitesse lui a valu le nom d'*intestin grêle*. La nourriture arrive ici réduite à l'état semi-liquide, et y subit une dernière modification qui achève de la liquéfier, et qui rend sa partie alibile propre à être absorbée. C'est ici, en effet, que s'opère cette absorption, acte essentiel de l'appareil alimentaire : or, pour que cet acte fût aussi complet que possible, il était nécessaire que le liquide nutritif, au lieu de se trouver accumulé sur un petit espace, comme cela fût arrivé dans une poche stomacale, fût au contraire répandu sur une longue surface et contenu dans un conduit qui, par le rapprochement de ses parois, pût être plus complétement baigné par lui. Cette double condition est parfaitement remplie par la longueur et la forme de l'intestin grêle. Sa fonction est favorisée, en outre, par la marche plus ou moins sinueuse qu'il affecte dans la plupart des cas ; sinuosités d'autant plus remarquables, que l'animal est plus herbivore, et que, toutes choses égales d'ailleurs, il appartient à un type d'organisation plus élevé.

De l'intestin grêle nous passons dans le *gros intestin*, troisième et dernière dilatation du canal digestif, qui n'égale pas à beaucoup près, du moins dans la plupart des cas, la dilatation gastrique, et qui, après un trajet moins long et moins sinueux que celui de la section précédente, se termine par un orifice connu sous le nom d'*anus*, dont la situation varie beaucoup ; quelquefois voisin de la bouche, cet orifice est plus ordinairement placé à l'extrémité opposée du corps, ou non loin de là.

Le gros intestin, sans être complètement étranger à l'absorption de la matière alibile, a pour fonction principale de recevoir la masse des fèces et de la conduire hors de l'animal : organe de dépôt, et appelé à recevoir en même temps qu'à diriger au-dehors une masse plus ou moins solidifiée par l'absorption de ses parties fluides, on conçoit aisément pourquoi cet intestin est à la fois plus court et plus large que le précédent, en même temps que plus long et plus étroit que la dilatation gastrique. Au reste, il a comme celle-ci plus de capacité chez les animaux herbivores que chez les carnivores.

Ainsi se trouve constitué le conduit alimentaire et les trois parties qui répondent à sa triple fonction de digestion, d'absorption et de défécation. La bouche, l'œsophage et l'estomac forment la première de ces sections : ici, l'aliment marchant de dehors en dedans, subit dans son trajet les modifications mécaniques et chimiques qui le préparent à être absorbé. Dans l'intestin grêle, section centrale et essentielle de l'appareil, l'aliment, modifié de nouveau dans sa composition chimique, converti en chyle et préparé à l'absorption, est soumis à un mouvement oscillatoire qui le promène sur la surface absorbante. Enfin, le gros intestin, troisième et dernière section du canal, imprime à la masse fécale un mouvement centrifuge qui la conduit hors de l'organisme.

Si nous jetons maintenant un coup-d'œil sur les modifications que l'enveloppe subit dans son organisation elle-même pour devenir un appareil de digestion et d'absorption alimentaire, nous verrons que les caractères qu'elle revêt sous ce rapport, ne répondent pas moins que les formes que nous venons de passer en revue aux conditions réclamées par la fonction de cette partie du tégument.

En s'enfonçant dans le corps de l'animal pour s'y disposer en sac ou en canal alimentaire, le tégument est accompagné de la couche contractile qui partout se rattache à lui ; couche avec laquelle il est confondu chez les animaux à parenchyme homogène, mais dont il se distingue plus ou moins complètement dans les organismes à tissus spécialisés. A ces deux plans ajoutons-en un troisième, le plan séreux, dont nous dirons tout-à-l'heure l'origine et le but, et nous aurons la composition des parois du sac ou du canal dont il est question.

Couche dermique. La peau rentrée, ou derme intestinal, se distingue de la peau externe par la grande laxité de son chorion, par le développement considérable de son réseau vasculaire, par la privation presque complète de l'élément nerveux sensorial, par l'absence du pigmentum, par l'extrême tenuité ou la nullité de l'épiderme sur la plus grande partie de sa surface, enfin, par l'importance de son système crypteux.

Le chorion est ici tellement peu serré qu'on l'a pris jusqu'à ces derniers temps pour une couche de

tissu cellulaire ; erreur d'autant plus facile que le réseau vasculaire, formant ici une véritable couche ,
paraissait représenter à lui seul le tégument interne.
M. de Blainville a parfaitement démontré que ce que
Bichat nomme une membrane muqueuse, ce qu'on
avait considéré depuis ce célèbre anatomiste comme
le derme interne, était véritablement l'analogue du
réseau vasculaire de la peau externe ; mais ce réseau
parvenu à son summum de développement, en raison
du rôle important qui lui est dévolu dans les cavités
que forme la rentrée tégumentaire. Le chorion, au
contraire, n'étant plus appelé à la protection, mais
devant seulement servir d'auxiliaire pour des actes
d'absorption et d'exhalation, a dû perdre sa texture
serrée pour devenir plus ou moins spongieux et perméable. Toutefois ces deux couches principales de
l'enveloppe ne se montrent pas, à beaucoup près, les
mêmes sur toute l'étendue du derme intestinal : leur
texture et leur développement varient en sens inverse,
selon la fonction spéciale de chaque partie du conduit
alimentaire. Dans les endroits où l'aliment ne doit que
passer, et dans ceux qui servent de dépôt à la masse
des fèces après que l'absorption intestinale a plus ou
moins complètement cessé de s'exercer sur cette
masse, dans ceux surtout où la nourriture subit une
modification mécanique, le chorion gagne en développement et le réseau vasculaire diminue. Celui-ci
prédomine au contraire dans la section essentielle de .
l'appareil, et s'y présente même avec un caractère
anatomique nouveau. Sa surface est surmontée dans
ces points d'une multitude de petits prolongemens
cellulo - vasculaires, qui, comme autant de petites

éponges, vont s'imbiber de chyle dans la pulpe alimentaire semi-liquide qui les baigne de toutes parts. Ces *villosités*, c'est ainsi qu'on les nomme (1), sont souvent longues de quelques lignes ; d'autres fois, et plus ordinairement, elles sont fort peu saillantes. Leur nombre est, dans quelques espèces animales, si considérable que, selon leur longueur, elles figurent une sorte de gazon touffu, ou donnent à la tunique qui les porte un aspect velouté. C'est dans les animaux supérieurs, et surtout chez les espèces herbivores, que les villosités sont le plus nombreuses et offrent le plus de longueur ; elles sont beaucoup plus rares et plus courtes chez les animaux carnassiers.

L'épiderme, qu'on nomme ici *épithélium*, n'existe que dans la section antérieure de l'appareil, et s'arrête même assez ordinairement à l'extrémité de l'œsophage. En thèse générale, il manque partout où le tégument est le siége d'une absorption active, ou même d'une sécrétion abondante. Lorsqu'il est appelé à exercer une action mécanique sur les alimens, il acquiert une consistance considérable et même cornée, comme on le voit dans le gésier des oiseaux granivores.

La surface du derme intestinal est ordinairement unie, au moins dans la plus grande partie de son étendue, et ne présente d'autres inégalités que des plis qui, pour la plupart, disparaissent plus ou moins complètement lorsque la partie du canal où ils existent est distendue par la masse des alimens. Ces plis

---

(1) De là le nom de *membrane villeuse* donné à la tunique interne des organes où nous trouvons ces végétations.

ne laissent pas que de jouer un rôle important dans les fonctions de l'appareil qui nous occupe, rôle qui varie selon leur siége et leur direction. Ceux qu'on rencontre dans la première section de cet appareil, semblent uniquement destinés à permettre la dilatation de la partie qu'ils parcourent ; leur direction, toujours en rapport avec ce but, est longitudinale dans l'œsophage, longitudinale et quelquefois oblique dans l'estomac. Plus loin, nous ne retrouvons guère dans la plupart des cas que des plis plus ou moins transversaux, qui paraissent destinés à multiplier la surface absorbante en même temps qu'à ralentir la marche de la matière alimentaire, sur laquelle l'intestin peut exercer ainsi une action plus prolongée, et par cela même plus complète.

Mais il est quelques points particuliers de la surface intestinale qui, au lieu d'être lisses et unis, se montrent au contraire surmontés de petites éminences plus ou moins appréciables. Ces éminences sont, outre les villosités dont il a été question tout-à-l'heure : 1° les papilles sensitives, petites saillies vasculo-nerveuses, qui ne se montrent qu'à l'entrée de l'appareil, et constituent des organes de sensation dont nous aurons à parler plus tard ; 2° les aspérités papilliformes que présente dans quelques cas l'épithélium.

Enfin, le derme intestinal possède un certain nombre de cryptes et de phanères. Les cryptes sont surtout très abondans et se montrent, les uns isolés, les autres agglomérés en plus ou moins grand nombre. Dans ce dernier cas, ils vont jusqu'à constituer des organes plus ou moins volumineux, que nous connaissons sous le nom générique de *glandes*, organes que leur indépendance apparente du canal alimentaire a fait considérer plutôt comme lui étant annexés que comme rentrant dans sa composition anatomique. C'est, en effet, ainsi que doivent se présenter le foie, le poumon et les glandes salivaires, à quiconque ne les étudie que chez les organismes supérieurs, et lorsque déjà ces masses de cryptes ne se rattachent plus au tégument interne que par un ou plusieurs canaux excréteurs plus ou moins longs; mais quand on suit au contraire le développement des glandes depuis leur première apparition dans la série jusqu'à leur plus haut degré d'organisation, on peut se convaincre aisément que la différence qui les distingue des simples amas de cryptes que nous rencontrons sur d'autres points de l'appareil, n'est qu'une différence de plus à moins.

Les glandes ne se montrent que chez des animaux déjà un peu élevés; elles manquent tout-à-fait dans les dernières classes du type des rayonnés, et, à plus forte raison, dans les amorphes. La principale d'entre elles, est le *foie*, toujours situé vers l'origine de la section médiane de l'appareil, et le plus constant de ces organes. Les premières ébauches qu'on en trouve, et ceci s'applique également aux autres glandes intestinales, se présentent sous la forme de cœcum simples ou ramifiés, qu'on peut considérer comme des diverticules du canal alimentaire dans lesquels se trouvent accumulés une grande quantité de cryptes. A un degré plus élevé ces canaux continuent à se ramifier, et le nombre de leur cryptes augmentant, ils forment des espèces de grappes, puis des organes plus compactes, granuleux et divisés ordinairement en petits lobules; enfin, chez les animaux supérieurs le foie est un organe plus ou moins gros, à tissu dense, compacte, et dont les divisions sont de moins en moins profondes et nombreuses. Il ne se rattache alors à l'intestin que par de simples canaux excréteurs de son fluide, qui résultent de la réunion successive d'un nombre incalculable de ramuscules et de branches en un ou deux troncs. On rencontre sur le trajet de l'un de ces canaux, chez les animaux supérieurs, une vésicule de dépôt formée par sa dilatation, et dans les parois de laquelle nous retrouvons plus ou moins évidemment la couche contractile de l'intestin ; cette circonstance, commune à la vésicule et à la portion de canal par lequel elle communique avec l'intestin, prouve que les parties dont il s'agit ne sont véritablement que des dépendances de ce dernier conduit. Après le foie, nous voyons apparaître les *glandes salivaires* qui avoisinent la bouche et qui y versent le produit de leur sécrétion, et un peu plus tard se montre, vers le commencement de l'intestin, le *pancréas*, autre glande analogue aux salivaires par ses caractères anatomiques, et par son produit. Le tissu de ces derniers organes se distingue de celui du foie par un aspect granuleux et par une couleur plus ou moins grise et rosée. Il importe de remarquer que les glandes annexées au canal digestif sont, toutes choses égales d'ailleurs, plus constantes et plus développées chez les espèces herbivores que chez les carnivores, chez les animaux terrestres que chez les aquicoles.

Les phanères du derme digestif sont beaucoup moins constans et moins nombreux que ses cryptes ; ils sont également plus rares que ceux de la peau externe. Leur produit est généralement une matière calcaire ou cornée qui revêt des formes variables, pour constituer des instrumens propres à saisir la nourriture et à la diviser ; aussi rencontre-t-on le plus ordinairement ces phanères vers l'entrée du canal, où ils fournissent, selon les espèces animales, ce que nous nommons des dents, un bec, des fanons, produits sur les caractères desquels nous reviendrons à mesure que nous les verrons apparaître dans la série, mais qui tous ont ceci de commun, qu'ils ne sont que de simples concrétions inorganiques, et qu'ils s'accroissent à la manière des corps bruts par juxta-position.

Couche contractile. L'élément contractile de l'intestin est confondu avec le derme chez les animaux inférieurs. Mais il s'en sépare et s'en distingue de plus en plus nettement à mesure qu'on s'élève sur l'échelle de l'animalité. Cet élément forme alors une couche composée plus ou moins évidemment de plusieurs plans de fibres qu'on peut toujours ramener à deux directions : les fibres des plans externes marchent plus ou moins parallèlement à l'axe intestinal et sont par conséquent longitudinales ; celles des plans internes sont au contraire plus ou moins parallèles à l'axe du canal, c'est-à-dire plus ou moins complètement circulaires. Assez mince et membraniforme dans la majeure partie du conduit alimentaire, cette couche offre plus de développement et se divise même souvent en faisceaux musculaires aux extrémités de celui-ci ; elle s'y comporte comme la couche contractile sous-peaucière, avec laquelle elle se continue dans ces mêmes points, et nous voyons se développer alors dans sa profondeur des pièces solides qui servent d'attache et de point d'appui à ces faisceaux. Au reste, ce fait n'appartient pas exclusivement aux extrémités de l'intestin ; nous le retrouverons même dans une partie de la dilatation gastrique de certains animaux. Soumise à sa volonté au commencement et à la fin du canal, la couche dont nous parlons se soustrait le plus ordinairement à son empire dans tout l'espace intermédiaire.

Couche séreuse. Chez la plupart des animaux inférieurs la couche précédente n'est séparée de la couche profonde ou contractile sous-peaucière que par un tissu cellulaire tantôt lâche, tantôt serré ; mais dans les organismes supérieurs, à mesure que les parois intestinales deviennent plus indépendantes des mouvemens des couches externes, ce tissu cellulaire se retire sur les unes et sur les autres, s'y condense et s'y dispose en un plan membraniforme, en laissant entre elles une grande lacune qui les rend libres de se mouvoir indépendamment l'une de l'autre. C'est ce plan membraneux considéré dans sa partie intestinale que nous nommons la couche séreuse de l'intestin. Fortement adhérente par une de ses faces aux fibres contractiles du canal intestinal, cette couche est libre par l'autre, et continuellement humectée par une vapeur qui s'en exhale, vapeur à la nature de laquelle les membranes séreuses doivent leur nom, et qui a pour objet de faciliter le glissement des surfaces contiguës les unes sur les autres. Nous voyons la couche séreuse, après avoir enveloppé l'intestin, s'adosser contre elle-même avant de se réfléchir sur la couche contractile externe, et former ainsi un *mésentère*, c'est-à-dire, une bride plus ou moins étendue, qui retient le canal intestinal dans une situation déterminée.

B. APPAREIL DE L'ABSORPTION ALIMENTAIRE DANS LA SÉRIE ANIMALE.

I.

Nous avons déjà dit que les animaux dont tous les élémens anatomiques paraissent confondus en un tissu homogène, et qui n'ont pas, du moins en apparence, de forme déterminée, n'ont pas non plus d'appareil spécial pour l'absorption alimentaire. A ce premier degré d'organisation, le corps vivant absorbe, sans les digérer, les matériaux alibiles qu'il trouve suspendus dans le milieu ambiant, qui est nécessairement alors un liquide. Toutes les espèces qui sont dans ce cas sont aquatiques ; telles sont, dans l'état actuel de nos connaissances, les AMORPHOZOAIRES tels que les *éponges* et quelques-uns des animalcules microscopiques connus, sous le nom d'*infusoires*.

II.

Mais aussitôt que l'organisme se montre sous une forme déterminée, nous voyons l'absorption alimentaire s'opérer constamment dans un endroit également déterminé, sans cependant que les autres points de la surface perdent pour cela la faculté de contribuer plus ou moins à cette fonction.

L'appareil de l'alimentation n'est, à sa première apparition dans la série, qu'une dépression ou une cavité plus ou moins profonde, qui reçoit la nourriture et rejette les fèces par une seule et même ouverture, de même qu'elle digère et absorbe la première par les mêmes points de sa surface.

C'est à cet état que nous rencontrons cet appareil chez la plupart des ACTINOZOAIRES OU ANIMAUX RAYONNÉS ; mais il offre déjà sous cette forme des gradations qu'il importe de signaler.

Chez les *actinozoaires* les plus simples, c'est-à-dire, dans toutes les espèces qu'on comprend sous la dénomination générale de *polypes*, le sac qui représente tout l'appareil de l'absorption alimentaire semble être simplement creusé dans le parenchyme homogène qui représente le corps tout entier ; et de même que ces êtres n'ont pas de tégument externe distinct du tissu sous-jacent, de même aussi les parois du sac intestin se confondent avec le reste de l'organisme. Il y a plus : la surface rentrée est encore si peu modifiée et ressemble encore tellement à la surface interne, que, lorsque la forme de l'animal permet de renverser son sac alimentaire, cette dernière surface devenue à son tour interne, accomplit les fonctions d'alimentation aussi bien que l'intestin naturel. C'est un fait dont nos *hydres* ou *polypes d'eau douce* nous offrent un exemple facile à observer. Chez les *polypes composés* l'intestin se termine par un certain nombre de canaux qui se prolongent en se ramifiant plus ou moins dans la masse charnue du polypier, et qui paraissent suppléer à l'absence de l'appareil circulatoire. Cette dernière disposition est au reste fort ordinaire chez les *animaux rayonnés*. Il est même quelques espèces de ce type, chez qui le sac alimentaire et son ouverture sont remplacés par un certain nombre de canaux aveugles, qui débouchent à la surface par de petits pores quelquefois placés en forme de suçoirs à l'extrémité des tentacules. Ces canaux, que nous rencontrons en particulier chez les *méduses*, chez les *ténias*, etc., ont été étudiés et signalés par M. Delle Chiaje chez tous les animaux inférieurs comme des organes qui tendent à réunir successivement, à mesure qu'on descend à des organismes plus simples, les fonctions de l'absorption alimentaire, de l'absorption gazeuse et de la circulation. Ce jeune anatomiste napolitain les a désignés sous le nom de *canaux aquifères*. Comme la première fonction dont ils s'emparent est celle de la respiration, c'est en traitant de l'appareil de l'absorption aérienne que nous nous réservons d'en parler avec plus de détail.

Si, laissant de côté tous les autres zoophytes dont le sac intestinal, plus ou moins semblable à celui des polypes ne se distingue pas d'une manière sensible du parenchyme sous-jacent, nous arrivons aux familles inférieures des *cirrhodermaires* ou *échinodermes*, nous trouvons un progrès important dans l'organisation de ce sac. D'abord ses parois se montrent parfaitement distinctes des tissus ambians, et commencent à ne tenir à celui-ci que par des brides mésentériques. Puis nous voyons s'ajouter à cet organe des appendices aveugles, qui ne sont vraisemblablement que les premiers rudimens du foie, et qui, en nous indiquant une digestion déjà plus complète que celle des animaux précédens, semblent annoncer que bientôt l'importance croissante de cet acte exigera la séparation des trois sections de l'appareil. Les progrès dont nous parlons existent en particulier chez les *astéries*. Ici l'orifice buccal placé au centre du disque étoilé que représentent ces radiaires, conduit à un estomac également central, auquel s'abouchent des cœcum qui s'enfoncent dans les rayons, du moins chez les véritables *étoiles de mer*. Ce sont ces cœcum, et d'autres encore placés à la face dorsale du sac digestif, qu'on est porté à considérer comme des ébauches de foie.

Nous venons de voir chez les *astéries* les parois intestinales se dessiner nettement et se distinguer d'une manière tranchée du tissu sous-jacent. Chez les *échinodermes* supérieurs, savoir chez les *oursins* et les *holothuries*, cesse une autre confusion : les trois actes principaux de l'alimentation, qui s'accomplissaient jusqu'à ce moment dans le même endroit, commencent à se localiser; la cavité alimentaire n'est plus un sac, mais un canal avec une entrée et une issue, une bouche et un anus. Mais ce canal, dont la longueur surpasse même plus ou moins celle du corps, et qui forme par conséquent quelques sinuosités, n'offre pas encore des alternatives assez sensibles de dilatation et de rétrécissement pour être nettement divisé en sections digestive, absorbante et excrémentitielle. La bouche des *oursins* fournit le premier exemple d'un appareil de mastication, et mérite une mention particulière. Elle représente une cavité pyramidale à cinq facettes, que forment cinq pièces calcaires principales. Cette cavité, à qui sa configuration a valu le nom de *lanterne d'Aristote*, a sa pointe dirigée en bas; chacune des pièces qui la composent porte une dent mobile et se trouve soumise à l'action de plusieurs fascicules musculaires, qui tour-à-tour l'éloignent et la rapprochent des autres pièces, imprimant ainsi à ces petites mâchoires un véritable mouvement de mastication. Chez quelques *oursins* (o. *irréguliers*) la bouche et l'anus sont à côté l'un de l'autre; mais chez d'autres (*o. ré-guliers*), les deux ouvertures intestinales occupent au contraire deux points opposés du corps. Un mésentère, tantôt membraneux et tantôt solide, attache l'intestin de ces animaux aux couches sous-cutanées externes.

Dans les *holothuries* la bouche est à une extré-mité du corps et l'anus à l'autre. On remarque au-devant de la première, outre de nombreux suçoirs tentaculiformes, un anneau formé par des pièces so-lides, mais qui ne paraît destiné qu'à fournir un point d'appui aux fibres contractiles du voisinage. Chez ces mêmes *échinodermes*, l'intestin se dilate un peu avant sa terminaison, et présente dans cet endroit une foule d'arborescences vasculaires, qu'on a prises jus-qu'à ces derniers temps pour des branchies, mais qui se composent de canaux aquifères analogues à ceux qui parcourent les tentacules placés au-devant de la bouche.

III.

En nous élevant des animaux rayonnés aux animaux symétriques, et d'abord au type des MALACOZOAIRES OU MOLLUSQUES, nous avons un nouveau développement à signaler dans l'organisation de l'appareil qui nous oc-cupe. Non-seulement tous ces animaux, depuis les plus simples aux plus élevés, possèdent un canal alimen-taire avec bouche et anus; mais il est, en outre, assez facile, dans la plupart des cas, de diviser ce canal au moins en deux sections distinctes, l'une digestive, la seconde à la fois absorbante et excrémentitielle, la première composée d'une cavité buccale, d'un œsophage et d'un estomac, la seconde formée par un intestin plus ou moins long, plus ou moins replié sur lui-même, selon la forme du corps, mais encore unique. En général aussi on peut déjà reconnaître dans la composition du canal alimentaire des mollusques une couche tégumentaire et une couche contractile plus ou moins distinctes l'une de l'autre. En même temps le système crypteux intestinal s'est passablement développé, et forme même de véritables masses glanduleuses, tant salivaires qu'hépatiques. Le système phanérique commence également à se montrer plus souvent que chez les *actinozoaires* et à fournir des instrumens de mastication aux parois de la section modificatrice de l'appareil. Enfin, nous voyons apparaître chez les mollusques une saillie musculo-membraneuse vraisemblablement analogue à la langue des animaux supérieurs, et qui se présente même, dès ce moment, sous des formes et avec des caractères assez variés.

Si nous descendons de ces généralités à examiner l'appareil alimentaire dans chacune des classes dont se compose le type des *malacozoaires*, nous trouverons qu'au milieu des caractères de développement que nous venons d'indiquer, et qui se rattachent au progrès général de l'organisme, il existe ici comme dans tous les autres groupes de la série un grand nombre de variations dépendantes, pour la plupart, de circonstances telles que le séjour et la nature des alimens.

Les mollusques qui se nourrissent ou de très petits animaux, ou de matières dissoutes dans le liquide ambiant, sont dépourvus de dents : tel est particulièrement le cas de tous les *acéphales*. Ces instrumens existent, en échange, chez beaucoup d'espèces céphalées, tant *gastéropodes* que *céphalopodes*, qui font leur nourriture d'animaux plus ou moins volumineux, ou de productions végétales.

Le plus ordinairement, comme dans les *hélices*, les *limnées* et d'autres familles de gastéropodes, il n'existe qu'une dent, qui se trouve alors toujours à la partie palatine de la bouche, et qui, taillée à la manière d'un peigne, est opposée à une langue courte, épaisse et très mobile.

Il est plus rare de rencontrer deux dents; et dans ce cas, celles-ci sont ou latérales, comme on le voit dans les *tritonies*, ou supérieure et inférieure, ainsi que nous l'observons chez les *brachiocéphalés*, tels que les *sèches*, etc.

Les *acéphalés* manquent non-seulement de dents, mais aussi de langue, et même, à vrai dire, d'une cavité buccale. Chez eux un orifice ordinairement très large donne directement entrée dans l'œsophage à une nourriture que sa ténuité et sa liquidité ont déjà suffisamment préparée à la chymification. Après l'œsophage nous trouvons une, et quelquefois deux dilatations ou poches gastriques successives, puis un intestin d'une longueur généralement médiocre, et qui se termine après un très petit nombre de sinuosités, en arrière, dans la cavité du manteau, à l'extrémité d'une sorte de pédicule. Il est à remarquer qu'un peu avant sa terminaison l'intestin des acéphalés se trouve entouré par le cœur, de manière à paraître le traverser.

Le système crypteux intestinal de ces mollusques inférieurs forme autour de l'estomac une masse glanduleuse, dans laquelle ce dernier organe a l'air d'être creusé. Cette masse est considérée comme un foie, et verse son produit dans le ventricule par un certain nombre de larges orifices, espèces de sinus dans lesquels on rencontre parfois des corps très singuliers : ce sont de petits stylets que leur aspect a fait désigner sous le nom de *stylets cristallins*, et dont la nature et les usages sont restés inconnus jusqu'à présent.

Chez les *mollusques céphalés*, qui se nourrissent, en général, de proies et d'alimens moins faciles à digérer et moins immédiatement absorbables que ceux des acéphales, le canal intestinal débute par une dilatation buccale où la nourriture subit une première modification, sous l'influence des dents dont nous avons parlé plus haut. Vient ensuite un œsophage, tantôt long et étroit, tantôt assez large, qui conduit à son tour dans un estomac simple dans les espèces carnivores, souvent divisé en plusieurs poches successives dans les mollusques phytophages ; il arrive même, chez quelques-uns de ceux-ci, que la couche musculaire acquiert un développement considérable dans l'une des sections du ventricule, qui devient ainsi un véritable *gésier*, propre à broyer l'aliment entre ses parois. Plusieurs espèces de gastéropodes, particulièrement de la famille des *acères*, offrent en outre à la surface de leur tégument stomacal des productions phanériques, cornées ou calcaires qui constituent des agens masticateurs, des dents.

L'intestin est plus long et plus souvent replié sur lui-même chez les gastéropodes herbivores, tels que les *limaces* et les *hélices*, que chez les autres mollusques. Il se termine par un anus fort simple, placé le plus ordinairement au côté droit du corps, d'autres fois sur la ligne médiane, tantôt en avant, comme chez les *brachiocéphalés*, tantôt plus ou moins près de l'extrémité postérieure, comme chez les *doris*, supérieurement chez quelques espèces, inférieurement chez d'autres.

Le système crypteux intestinal forme chez tous les céphalés des masses glanduleuses. Les unes, placées au voisinage de la bouche, et y versant leurs produits par des canaux excréteurs, sont de véritables glandes salivaires; les autres, entourant la portion gastro-intestinale de l'appareil, mais sans se confondre avec ses parois, comme cela avait lieu dans les acéphalés, constituent un foie volumineux qui verse son produit dans l'intestin par des canaux très courts. Chez quelques espèces de *doris* on rencontre entre les lobes de cet organe une petite poche qui est peut-être une première apparition du diverticule intestinal auquel on donne le nom de *vésicule biliaire*.

IV.

Le progrès général que présente l'appareil alimentaire chez les mollusques, se retrouve chez les ENTOMOZOAIRES OU ANIMAUX ARTICULÉS, mais avec des différences qui, sous quelques rapports, ajoutent à ce progrès, sous d'autres le rendent moins manifeste.

Et d'abord, la division générale du canal intestinal en sections digestive, absorbante et excrémentitielle se dessine peut-être plus nettement chez les entomozoaires que dans le type précédent. Non-seulement la dilatation gastrique est, dans la plupart des cas, plus prononcée que nous ne l'avons vue jusqu'ici; mais l'intestin, au lieu de se montrer partout à peu près de même calibre, et de ne laisser apercevoir aucune différence appréciable entre sa partie antérieure et sa partie terminale, offre, au contraire, un peu plus de largeur dans cette dernière portion, et commence ainsi à se partager en section essentiellement absorbante et en section excrémentitielle. Par là les trois actes de la fonction d'alimentation cessent complètement d'être confondus, et achèvent de se localiser. Ensuite, si l'organisation intime du canal alimentaire est moins parfaite, c'est-à-dire, si elle nous offre un isolement moins manifeste de ses couches constituantes chez quelques animaux articulés, tels que les lombrics, les sangsues, etc., que chez les mollusques supérieurs, c'est cependant plutôt le contraire qui se voit dans la plupart des entomozoaires. Je citerai enfin comme un autre progrès de l'appareil alimentaire dans le type qui nous occupe, l'emprunt qu'il fait, dans le plus grand nombre des cas, de ses instrumens de mastication à l'appareil locomoteur, emprunt qui porte sur les appendices articulés dont cet appareil est pourvu dans les classes supérieures du groupe. Je dis que ce fait est un progrès, en ce sens que nous le retrouverons désormais constamment aux degrés les plus élevés de la série, et qu'il se rattache par conséquent aux formes les plus avancées de l'organisation animale.

Ce n'est pas encore chez les entomozoaires vermiformes, dont M. de Blainville a fait ses deux classes des *apodes* et des *chétopodes*, qu'il faut chercher le progrès que nous venons d'indiquer. Loin de là, l'appareil alimentaire semble même avoir rétrogradé chez ces vers. Au lieu d'un canal plus long que le corps, et replié sur lui-même, ils nous offrent un tube qui se rend en droite ligne d'une extrémité à l'autre. Quelquefois on a peine à reconnaître sur son trajet un renflement gastrique, et le foie, qui représente à lui seul tout le système glandulaire, n'est représenté lui-même, comme chez les radiaires, que par des cœcum plus ou moins nombreux qui s'ouvrent de chaque côté de l'intestin (1).

Mais aussitôt que nous arrivons aux entomozoaires à appendices articulés, l'appareil dont il est question revêt de plus en plus les caractères de progression que nous avons indiqués tout à l'heure.

Le progrès se manifeste premièrement dans les instrumens de la mastication buccale. Chez les *myriapodes*, les *crustacés*, les *arachnides* et les *insectes* proprement dits, ou *hexapodes*, toutes les fois qu'il doit y avoir section ou trituration de l'aliment avant

---

(1) Ces traits de dégradation n'appartiennent cependant pas à tous les articulés vermiformes; du moins ne les observons-nous pas au même degré chez tous ces animaux. Ainsi, chez quelques chétopodes, tels que les lombrics, nous voyons un renflement gastrique assez marqué, globuleux, très musculaire, et que tapisse même une sorte d'épiderme assez dense; au moyen de quoi cet estomac, véritable gésier, peut suppléer au défaut d'une mastication buccale. D'autres fois, l'intestin forme quelques sinuosités, ainsi que cela s'observe dans les thalassèmes. Enfin nous rencontrons quelquefois ici, de même que dans les mollusques céphalés, des dents qui dépendent de la peau rentrée, et qui se trouvent placées, soit dans la cavité buccale elle-même, soit plus profondément dans l'appareil: c'est ce qu'on peut voir chez les sangsues; ces apodes possèdent au fond de la bouche trois petites plaques ou dents cornées, disposées de manière à se correspondre par leur bord libre, lequel est très mince, finement dentelé, et fait parfaitement l'office d'une scie bien acérée. Chez les néréides, il y a deux dents latérales qui semblent préluder aux mâchoires des entomozoaires supérieurs. Chez les aphrodites, nous en trouvons quatre placées assez avant dans le conduit alimentaire.

son entrée dans la cavité digestive, c'est-à-dire, toutes les fois que l'aliment est une matière plus ou moins solide, c'est, comme nous l'avons dit tout à l'heure, l'appareil locomoteur qui fournit les instrumens des actes mécaniques dont il s'agit. Pour cet effet, un certain nombre des appendices antérieurs de cet appareil, placés par paires sur les côtés de l'orifice buccal, se modifient pour faire l'office de mâchoires. Celles-ci sont si réellement le résultat d'une transformation des membres antérieurs, que chez les *myriapodes* et dans quelques *crustacés*, on peut, en quelque sorte, suivre cette transformation de degré en degré, tant les mâchoires postérieures ressemblent encore à des pieds par leur forme et leur longueur; aussi, M. de Savigny a-t-il désigné, dans ce cas, ces dernières paires sous le nom de *pieds-mâchoires*. La conversion des membres antérieurs en organes de mastication est d'autant plus complète qu'on s'élève davantage dans le type des articulés ; chez les *hexapodes* elle arrive à son summum.

Les mâchoires articulées des entomozoaires sont disposées sur les côtes de l'orifice buccal de manière à ce que celles de chaque paire se meuvent horizontalement l'une sur l'autre, et se rencontrent par leur extrémité libre, qui est taillée, soit en crochet, soit en biseau, soit en dentelures, selon qu'elle doit servir, ou seulement à saisir une proie, ou à couper, ou enfin à limer et à triturer plus ou moins l'aliment (1).

---

(1) Le système solide des entomozoaires étant extérieur, on conçoit que leurs mâchoires se suffisent à elles-mêmes et n'ont pas besoin d'être armées de dents phanériques.

On donne le nom de *mandibules* à la paire maxillaire antérieure, qui est ordinairement la plus robuste, et l'on réserve la dénomination de *mâchoires* à la paire ou aux paires postérieures.

Le nombre de ces appendices n'est pas le même dans toutes les espèces; il décroît avec celui des appendices de la locomotion. Ainsi chez les *myriapodes* nous trouvons d'abord une paire de mandibules dentées, puis quatre mâchoires soudées ensemble, et qui représentent une sorte de lèvre divisée; enfin, plusieurs des pieds antérieurs viennent s'appliquer sur cette lèvre, et font l'office d'organes manducateurs. Chez les *crustacés*, nous trouvons jusqu'à six mâchoires. Les *arachnides* ou *octopodes*, et les *insectes hexapodes* n'ont plus qu'une paire de mandibules et une paire de mâchoires.

Outre les parties dont nous venons de parler, nous remarquons encore chez les animaux dont il s'agit deux lèvres, dont l'une supérieure et antérieure à l'orifice buccal se nomme le *labre*, tandis que l'autre, inférieure et postérieure, conserve le nom générique. Chez quelques *hexapodes* celle-ci porte une petite éminence qu'on nomme la *languette*, à cause de son analogie avec la langue des animaux supérieurs. Dans les espèces qui sucent leur nourriture, les mâchoires et les lèvres sont remplacées par une sorte de suçoir qui semble résulter d'une simple transformation de ces mêmes parties, et qui se présente tantôt sous la forme d'un petit bec plus ou moins consistant, désigné sous le nom de *rostre*, tantôt sous celle d'une trompe membraneuse (1). Cette disposition se rencontre dans

---

(1) Chez quelques insectes à métamorphose complète, tels que les lépi-

les classes supérieures du type, chez les *octopodes* et les *hexapodes*.

Chez les *myriapodes*, tout le progrès de l'appareil d'alimentation paraît résider dans les nouveaux caractères que viennent de nous offrir les instrumens masticateurs et la bouche en général. Quant au canal digestif de ces entomozoaires, il est encore assez semblable à celui des *apodes*, c'est-à-dire, qu'il se porte plus ou moins directement d'une extrémité du corps à l'autre, en conservant à peu près le même calibre dans tout son trajet, et présentant à peine un léger renflement gastrique. Cette disposition s'explique aisément par les habitudes généralement carnassières des *myriapodes*, et par la forme annélidaire de ces animaux.

Mais dans les classes supérieures de ce type, dans les *décapodes* et les *crustacés* en général, dans les *octopodes* et dans les *insectes hexapodes*, en même temps que plusieurs articles du corps se réunissent pour former des segmens inégaux, un thorax, un abdomen plus ou moins développés, le canal alimentaire subit ordinairement deux modifications importantes : d'une part, au lieu de se porter en droite ligne de la bouche à l'anus, il se rend de l'un à l'autre en formant des circonvolutions plus ou moins nombreuses, à la faveur desquelles il conserve, malgré le raccourcissement du corps, la longueur que réclament les habitudes alimentaires de l'animal ; d'autre part, il offre

---

doptères et quelques diptères, la larve ayant un autre mode d'alimentation que l'insecte parfait, on voit les mâchoires se convertir, pendant cette évolution, en *rostre* ou en *trompe*.

une ou plusieurs dilatations gastriques plus ou moins prononcées, et, en général, des changemens de calibre qui, marquant plus ou moins nettement la distinction des trois grandes sections physiologiques de l'appareil, concourent sans aucun doute au perfectionnement de sa fonction.

De toutes les dilatations intestinales, la plus constante est un estomac volumineux ou gésier. Elle existe seule chez les *crustacés* et chez un grand nombre d'*insectes;* mais chez plusieurs espèces de cette dernière classe, surtout chez les espèces herbivores, ce gésier est précédé par une ou deux dilatations membraneuses (comme l'est en général l'œsophage), auxquelles on a donné les noms de jabot et de ventricule succenturier, à cause de leur analogie avec celles que désignent les mêmes dénominations chez les oiseaux. L'aliment qui séjourne dans ces poches y subit l'action d'un suc alcalin qui paraît le modifier considérablement, mais qui agit sur lui plutôt comme la salive que comme un suc chymificateur. Le gésier, au contraire, ne semble organisé, dans la plupart des cas, que pour achever la mastication de la matière alimentaire. Il est armé, en effet, de pièces cartilagineuses ou osseuses diversement disposées pour agir les unes sur les autres, et que mettent en mouvement des faisceaux musculaires fort développés; c'est surtout chez les *décapodes*, et notamment dans les *crabes* et les *écrevisses* qu'on peut observer ce singulier appareil de mastication, qui occupe tantôt un seul, tantôt plusieurs points du gésier (1), et qui présente de nombreuses différences.

---

(1) Chez les écrevisses, les pièces en question ne se montrent que

de forme et de consistance selon les espèces. Quelquefois le gésier est remplacé par un estomac membraneux.

L'intestin se divise assez nettement, surtout chez les *insectes* en portion grêle chylifiante, et en portion grosse ou excrémentitielle. On distingue ces deux sections non-seulement à une différence plus ou moins considérable de calibre, mais encore à ce que l'intestin grêle est pourvu de divers appendices glanduleux qui y versent des sucs propres à préparer le chyle. Le gros intestin se termine, chez beaucoup d'entomozoaires, par un cloaque où s'abouchent également les organes génitaux. D'autres fois cependant le canal alimentaire s'ouvre séparément au dehors. L'anus est placé chez la plupart des *annélides*, des *crustacés* et des *insectes* au-dessus de l'orifice des parties génitales.

Il est assez facile de reconnaître dans la composition des parois du canal intestinal des animaux articulés à tégument solide, trois couches plus ou moins prononcées, savoir : 1° une couche épidermoïde, qui s'étend jusqu'au gésier, s'y montre ordinairement d'une consistance cornée, et participe à la mue du tégument externe; 2° une membrane moyenne dermoïde, plus ou moins vasculaire à sa surface qui est celle même de l'intestin dans la section moyenne ou absorbante de celui-ci; 3° enfin une couche musculaire souvent peu développée excepté dans le gésier.

L'appareil qui nous occupe possède un assez grand

---

vers le pylore, et sont désignées à cause de cela par le nom de *dents pyloriques.*

nombre de cryptes chez les animaux articulés. Ces cryptes se présentent les uns isolés et sous forme de petites granulations à la surface de l'intestin, les autres agglomérés et formant des appendices aveugles, ou même parfois des masses glanduleuses. Il importe de remarquer que la forme de l'appareil glanduleux est en rapport avec la manière dont le sang est distribué aux organes. Chez les entomozoaires à respiration trachéenne, et par conséquent à circulation vague, chez les *myriapodes*, les *arachnides à trachées* et les *hexapodes*, l'appareil glanduleux se compose de canaux aveugles plus ou moins longs, et qui, baignés par le sang en oscillation, y puisent les matériaux de leur sécrétion particulière. Au contraire, chez ceux qui, comme les *décapodes* et les *arachnides pulmonaires*, ont une respiration localisée, et par conséquent une circulation déjà mieux déterminée, les cryptes ont pu se réunir en véritables glandes conglomérées, auxquelles des vaisseaux particuliers apportent les matériaux de leurs sécrétions. Cependant, cette dernière forme n'étant pas commandée, mais seulement rendue possible par une circulation plus régulière, on ne doit pas s'étonner de trouver aussi des glandes canaliformes chez les entomozoaires qui nous la présentent.

Telles sont en particulier les petits organes que leur situation permet de considérer comme des glandes salivaires ; ce sont toujours des conduits plus ou moins longs et déliés. Ces organes manquent, ou paraissent manquer chez beaucoup d'espèces, et surtout chez celles qui sont éminemment aquatiques et carnassières ; ils sont en échange assez développés dans les espèces terrestres et herbivores.

Le foie est représenté tantôt par des grappes ou petits lobes composés de petits vaisseaux aveugles (crustacés), tantôt par une véritable glande, souvent fort grosse (arachnides pulmonaires), d'autres fois enfin par plusieurs canaux qui s'insèrent, soit isolément, soit par des conduits excréteurs communs, à des points variables de la section de l'appareil alimentaire où se produit le chyle, et versent là une liqueur jaunâtre qui permet de regarder ces canaux comme des organes de sécrétion bilieuse.

V.

La distinction des diverses sections physiologiques de l'appareil alimentaire, ainsi que la spécialisation et le perfectionnement de leurs caractères particuliers, cette double face du progrès organique, se montrent enfin au plus haut degré dans le type des ANIMAUX VERTÉBRÉS ou des OSTÉOZOAIRES. Chacune de ces sections acquiert ici une importance nouvelle, et concourt par-là, sans aucun doute, à donner à la nutrition toute la perfection que réclament les élémens plus spéciaux et plus nombreux de l'organisme arrivé à son summum de complication. Organes chargés des modifications mécaniques et chimiques de l'aliment, surface absorbante, canal excrémentitiel, chaque partie se présente dans les conditions les plus avantageuses.

La bouche est une vraie cavité dans laquelle l'aliment s'arrête pour subir plus complétement que nous ne l'avons vu jusqu'ici, l'action combinée des organes masticateurs et de la salive. Ces organes sont empruntés, du moins en partie, comme ceux des insectes, à l'appareil de la locomotion, et représentent ses appendices les plus antérieurs ; mais ils offrent une différence notable dans les deux types des animaux articulés.

Chez les animaux articulés extérieurement nous avons vu que les appendices masticateurs participent encore d'une manière assez sensible aux caractères de ceux qui constituent les membres ou les pattes ; nous avons vu qu'ils se rattachent plutôt qu'ils n'appartiennent au conduit alimentaire ; que placés au-devant de son orifice antérieur, et sans connexion entre eux, ces appendices se meuvent horizontalement, et de telle sorte, que ceux de chaque paire se rencontrant sur la ligne médiane par leur extrémité libre, présentent ainsi la nourriture à l'ouverture buccale en même temps qu'ils exercent sur elle leur action mécanique. Nous avons vu que leur partie solide, empruntée, comme toute la section passive de l'appareil locomoteur, à l'enveloppe externe, se trouvant ainsi à la surface de la mâchoire, suffit à la division de l'aliment sans qu'il y ait besoin du concours de dents phanériques. Chez les ostéozoaires les rapports, les mouvemens, la disposition des appendices masticateurs sont tout autres. D'abord ces appendices s'éloignent ici au plus haut degré de la forme des membres. Leur partie solide, empruntée aussi à la section passive de l'appareil locomoteur, est, comme celle-ci, recouverte par les muscles qui la font mouvoir, et par les tégumens de ces muscles ; en sorte que ce n'est plus par leur extrémité libre que les mâchoires peuvent agir, cette extrémité se perdant dans les parties molles ou même se soudant, soit avec l'extrémité de la mâchoire opposée, soit avec des pièces interposées entre elles, de manière à ne former de chaque paire qu'une mâchoire. Il suit d'abord de cette disposition que ce sont, non plus alors les mâchoires de la même paire, mais les deux paires d'appendices qui se meuvent l'un sur l'autre; d'où l'on peut aisément conclure la disposition des faisceaux musculaires qui seront chargés de ces mouvemens, disposition qui sera telle, que les mâchoires, au lieu de faire saillie au-devant de la bouche, se trouveront comprises dans les parois même de cette cavité. Ensuite la mastication qui se fera par la rencontre des bords correspondans des deux paires maxillaires réunies désormais en deux mâchoires, nécessitera par suite de la situation sous-cutanée et sous-musculaire de la portion dure de l'appendice, la présence de productions phanériques plus ou moins résistantes qui deviendront ici les instrumens immédiats de la division de l'aliment. Tels sont en effet les modifications que subissent chez les ostéozoaires ces appendices que nous avons vu apparaître déjà chez les entomozoaires pour remplir l'acte de la manducation.

Les bords de l'orifice buccal sont formés quelquefois par des pincemens tégumentaires plus ou moins considérables et souvent très charnus et très propres par leur forme, leur étendue et leur force de contraction, à exercer une succion énergique ou à contribuer à la préhension des alimens. D'autres fois ces pincemens, ou pour me servir du mot qui les désigne, ces lèvres n'existent pas, et alors le tégument est immédiatement appliqué sur le bord des mâchoires, où nous le trouvons, le plus souvent, armé de produits phanériques qui forment, ou des séries de dents calcaires, ou une couche cornée, qui quelquefois, faisant une saillie plus ou moins considérable, constitue ce qu'on nomme un bec.

Le plancher de cette cavité nous offre chez tous les ostéozoaires une langue, dont la forme, les dimensions et l'organisation elle-même varient beaucoup. Cette langue a quelquefois assez de longueur en même temps qu'un système musculaire assez développé pour devenir un organe de préhension. D'autres fois moins volumineuse, mais cependant encore assez mobile, elle concourt à la déglutition. Chez quelques espèces enfin, elle est très petite et comme rudimentaire : il en est chez lesquelles sa surface, chargée de dents ou de saillies épidermiques, concourt au broiement des alimens ; chez un très grand nombre aussi la langue est, comme nous le verrons ailleurs, le siége principal d'un sens particulier, du goût. A cet organe se rattache dans le type des ostéozoaires une série de pièces osseuses, tantôt soudées, tantôt seulement articulées ensemble, connues sous le nom d'*os hyoïde*, et qui peuvent être considérées comme son système solide particulier. Toutefois, comme l'hyoïde intéresse presque autant l'appareil respiratoire que l'appareil digestif, comme son histoire appartient spécialement à celle de l'appareil locomoteur, c'est en faisant celle-ci que nous nous réservons de parler de ce petit système osseux.

La dilatation gastrique est généralement très considérable chez les animaux vertébrés, et contraste plus ou moins par sa largeur avec le calibre des portions du conduit alimentaire qui la précèdent et la suivent. A mesure qu'on s'élève dans ce type, on voit, en outre, cette dilatation se diriger de plus en plus obliquement, et s'incurver de gauche à droite, en allant de l'œsophage à l'intestin grêle, disposition très propre à retenir les alimens, et à rendre, par cela même, plus complète la transformation qu'ils doivent subir ici. Nous voyons également la forme et le volume de l'estomac se mettre d'une manière toujours plus sensible en rapport avec la nature de ces mêmes alimens ; simple chez les espèces carnassières, cette poche se divise souvent en plusieurs sacs distincts chez celles qui sont essentiellement phytophages; quelquefois des plis nombreux et considérables multiplient beaucoup sa surface.

L'intestin grêle, riche aussi d'un grand nombre de ces plis, se fait remarquer ordinairement par l'étroitesse de son calibre, par des sinuosités proportionnées, ainsi que sa longueur, aux habitudes plus ou moins herbivores des animaux ; il se distingue surtout par l'apparition, ou tout au moins, par le développement de villosités plus ou moins nombreuses semées à sa surface, et qui donnent, au plus haut degré, à cette section du canal alimentaire le caractère spécial d'un organe d'absorption, caractère qui arrive, dans les classes supérieures, à son summum de localisation.

La séparation des deux intestins se marque de plus en plus dans le type dont il s'agit, et d'autant plus que l'animal est plus herbivore; à la différence de calibre qui est parfois le seul caractère de cette division, nous voyons se joindre souvent une valvule qui vient se placer sur la limite de l'intestin grêle pour empêcher les matières contenues dans l'intestin excrémentitiel de revenir dans la section absorbante. Des appendices aveugles, organes de sécrétions, marquent aussi assez souvent le passage d'une section intestinale à l'autre.

Enfin, chacune de celles-ci tend elle-même à se subdiviser en plusieurs autres; mais ces subdivisions ont le plus souvent fort peu d'importance, et sont pour la plupart sans grande valeur physiologique.

Les trois tuniques que nous comptons dans la composition du canal d'alimentation deviennent de plus en plus faciles à distinguer dans le type des ostéozoaires. La musculaire se soustrait complétement à l'empire de la volonté, et cesse tout-à-fait de participer à la locomotion générale, excepté au voisinage des deux issues de ce conduit, où elle conserve encore tellement les caractères du plan musculaire sous-cutané qu'elle semble lui appartenir beaucoup plutôt qu'à l'appareil qui nous occupe.

Le système crypteux acquiert chez les ostéozoaires un développement considérable. Les glandes qu'il constituait déjà dans les types précédens se montrent toujours ici en masses conglomérées plus ou moins compactes. Leur situation et l'embouchure de leurs canaux excréteurs deviennent de plus en plus constantes. On compte, en général : des glandes salivaires buccales, un foie, qui verse son produit au commencement de l'intestin grêle, et en conserve une partie dans une poche de dépôt, enfin une nouvelle glande, le pancréas, qu'on pourrait appeler, en raison de son produit, glande salivaire abdominale, et dont les canaux excréteurs s'abouchent très près des canaux biliaires et se réunissent même quelquefois à eux.

Un grand nombre de petits cryptes isolés ou réunis parsèment en outre la surface alimentaire.

Les productions phanériques intestinales se localisent chez les ostéozoaires, et se concentrent vers l'entrée du canal pour servir à la mastication.

Voilà, en traits généraux, l'esquisse des progrès que nous offre l'appareil alimentaire dans les animaux vertébrés. Mais il existe, entre les diverses classes de ces animaux, des différences si importantes, sous le rapport de ce progrès, et sous celui des dispositions et de la forme de cet appareil, que nous devons, pour achever cette esquisse, revenir un peu sur chacune de ces classes en particulier.

Le progrès est encore peu prononcé dans les deux classes inférieures; cependant on ne peut jamais l'y méconnaître.

Avec les *poissons* commence la nouvelle disposition des mâchoires et leur nouveau mode de mouvemens. Ces appendices s'articulent, comme nous le verrons ailleurs, de manière à ce que la bouche peut se dilater au point d'admettre des proies d'un volume supérieur à ses dimensions ordinaires. Cette cavité est armée de dents nombreuses; et bien qu'à la différence de ce que nous voyons chez les animaux inférieurs, ces instrumens se montrent dès ici concentrés vers l'entrée du canal alimentaire, il est à remarquer qu'on les trouve semés presque indifféremment sur les divers points du tégument interne compris entre l'orifice buccal et l'œsophage, montrant par-là qu'ils appartiennent essentiellement à cette membrane. Elle offre des dents, non-seulement sur les deux mâchoires, mais aussi sur les os palatins et pharyngiens, sur les pièces de réunion des arcs branchiaux, enfin, sur la langue, qui est généralement petite dans cette classe. Les poissons ne possèdent cependant pas tous des dents sur ces divers points en même temps; ce cas ne s'observe guère que chez quelques *poissons osseux*, par exemple, chez le brochet et le saumon. Les *poissons cartilagineux* sont généralement moins riches sous ce rapport: ainsi les *raies* et les *squales* n'ont de dents qu'aux mâchoires.

Le rapport de la forme des dents avec les habitudes alimentaires se manifeste déjà d'une manière prononcée dans la classe qui nous occupe en ce moment. Les poissons sont généralement très voraces et ne font guère que saisir et avaler leur proie, qu'ils prennent assez ordinairement vivante. Ils ont reçu pour cela des dents pointues et à crochet, auxquelles s'en associent quelques autres taillées pour l'incision. On en rencontre fort peu qui soient propres au broiement; celles-ci sont alors ou alongées, droites et caractérisées seulement par une pointe mousse, ou courtes et aplaties; ce dernier caractère s'observe chez quelques *raies* (1), dont les dents représentent des rangées de petits pavés et servent à broyer les crustacés dont ces poissons se nourrissent.

La bouche se rétrécit dans son arrière-partie et va se perdre insensiblement dans l'œsophage. Un estomac le plus souvent fusiforme, dirigé directement d'avant en arrière, fait suite à ce conduit, sans transition marquée, et se continue de même avec l'intestin. Ce cas est particulièrement celui des poissons très voraces, et même dans quelques espèces on voit le con-

____

(1) Les rhinobates, les mourines, etc.

duit alimentaire aller en se rétrécissant peu à peu de la bouche à l'anus. A l'intérieur cependant on peut toujours déterminer la place qu'occupe l'estomac, sinon par une différence de calibre ou de forme, du moins par l'existence d'un bourrelet pylorique, ou par l'insertion des canaux biliaires. D'autres genres de poissons nous offrent un estomac mieux dessiné, même extérieurement, et légèrement incurvé de gauche à droite. Déjà nous remarquons dans ces mêmes genres un cul-de-sac au voisinage du cardia, et la dilatation gastrique est tout au moins plus large dans ce point que vers son extrémité pylorique, où nous trouvons un détroit formé par un renforcement annulaire des fibres charnues.

L'intestin est ordinairement court, tantôt à peu près droit, tantôt un peu sinueux. Il va le plus souvent en se rétrécissant du pylore à l'anus sans offrir de ligne de démarcation entre sa portion absorbante et sa portion excrémentitielle; mais dans quelques cas le contraire a lieu, et l'on trouve un repli valvulaire au passage de l'intestin grêle au gros intestin: celui-ci se termine chez certains poissons (les *raies*, les *squales*), par un cloaque où viennent se rendre avec les excrémens solides l'urine et les produits des organes génitaux. Les autres animaux de cette classe ont une voie particulière pour les excrétions urinaire et génitale.

La membrane muqueuse est ici généralement assez molle, souvent veloutée et semée de quelques villosités dans l'estomac et le début de l'intestin. Elle offre aussi quelques plis, les uns longitudinaux, les autres transversaux.

Une membrane séreuse, mince et très molle recouvre la face externe du conduit intestinal, et lui fournit, en se réfléchissant sur les parois abdominales, un mésentère qui sert à fixer la situation de ce canal.

L'appareil de sécrétion est à peu près nul autour de la bouche, et n'y fournit pas de glandes salivaires, circonstance qui est parfaitement en rapport avec des habitudes alimentaires caractérisées par l'absence presque générale et à peu près complète de toute mastication. Il y a en échange un foie plus ou moins développé, d'un tissu peu consistant, mais tout-à-fait glanduleux, divisé en plusieurs lobes, et qui verse une partie de son produit dans une petite poche de dépôt connue sous le nom de vésicule biliaire. Enfin nous voyons ici, peut-être pour la première fois, un système salivaire abdominal, un pancréas. Simplement ébauché dans les poissons osseux, il y revêt encore la forme de cœcum plus ou moins nombreux, qui s'abouchent tout autour de la région pylorique. Chez les chondroptérygiens le pancréas est une véritable glande conglomérée.

Chez les *amphibiens*, les diverses sections du conduit alimentaire sont déjà plus distinctes que chez les poissons.

La bouche largement fendue, sauf dans le genre *protée*, se montre armée de dents petites et pointues, préparées uniquement, comme celles de la plupart des poissons, pour saisir la proie, non pour la broyer : ces dents se montrent moins abondantes que dans la classe qui précède ; on n'en rencontre plus sur toute la surface buccale, mais seulement aux mâchoires (quelquefois même à la supérieure seule), et au palais.

La langue, d'un volume très variable selon les genres, présente chez les *batraciens* un caractère assez remarquable : adhérente à la partie antérieure du plancher de la bouche, elle a sa pointe dirigée en arrière, de telle sorte que pour être portée au-dehors, elle doit faire un retour sur elle-même en se repliant sur sa base.

L'œsophage est susceptible de se dilater beaucoup, grâce à la présence de gros plis longitudinaux.

Ces plis se continuent dans l'estomac qui, d'abord assez large et assez droit, va ensuite en se rétrécissant et en s'inclinant un peu à droite. La diminution de son calibre est telle à son extrémité pylorique, qu'elle marque la limite des deux premières sections du conduit alimentaire.

L'intestin, constamment attaché à la paroi de l'abdomen par un mésentère péritonéal, a généralement peu d'étendue, sauf chez le têtard qui, se nourrissant de végétaux, a, par cela même, besoin d'un intestin plus long que celui de l'animal parfait, dont les habitudes sont carnassières. Du reste, la distinction des deux sections intestinales est assez manifeste, surtout chez les grenouilles et les salamandres. Le gros intestin se termine dans un cloaque.

Le système crypteux des amphibiens ne forme pas de glandes salivaires buccales, ce qui s'explique par l'habitude qu'ont les animaux de cette classe d'avaler leur proie sans la mâcher. Nous trouvons, en échange, chez la plupart d'entre eux, en arrière de l'estomac, un pancréas plus ou moins développé. Le foie est simple chez le têtard et bilobé après la métamorphose.

En nous élevant des *amphibiens* aux *reptiles*, nous n'apercevons pas de progrès bien saillant dans l'organisation du canal alimentaire. Il est cependant à remarquer que chez certains animaux de cette classe l'estomac prend quelque peu de développement et une direction plus oblique que celle qu'il nous a présentée jusqu'ici : c'est ce qui a principalement lieu chez les *chéloniens*. Les deux intestins se distinguent peut-être aussi plus nettement l'un de l'autre ; et cela, non-seulement par une différence plus sensible de calibre et de longueur, mais quelquefois par la présence d'une valvule, quelquefois encore par celle d'un appendice cœcal à leur point de réunion. Enfin, il n'est pas indifférent de noter que des plis assez nombreux se montrent à la surface interne de l'appareil, et que par eux cette surface acquiert chez les reptiles plus d'étendue proportionnelle qu'elle n'en avait chez les animaux inférieurs. Quant aux autres particularités que présente dans cette classe l'appareil de l'alimentation, elles se rattachent plutôt aux habitudes alimentaires qu'au développement général de l'organisme. Je crois néanmoins devoir indiquer les principales d'entre elles.

La bouche, toujours très largement fendue, peut, chez la plupart des reptiles, se dilater considérablement, grâces à ce que la mâchoire inférieure s'articule avec des pièces mobiles, qui permettent aux parois osseuses de cette cavité un grand écartement. Cette disposition coïncide avec la voracité carnassière des animaux chez qui nous la rencontrons, et leur permet d'avaler des proies énormes; d'autant plus que l'œsophage et l'estomac jouissent de la même extensibilité, à la faveur des plis longitudinaux considérables qu'ils offrent dans leur état de repos. Chez les *chéloniens*, espèces qui se nourrissent pour l'ordinaire de végétaux ou d'animaux proportionnés au calibre de leur bouche, la mâchoire inférieure s'articule à des pièces fixes, et ne permet pas le même écartement des parois de cette cavité.

Chez les *ophidiens*, les *sauriens*, les *crocodiles*, animaux voraces qui engloutissent sans mastication des proies vivantes souvent très volumineuses, la bouche est armée de dents plus ou moins nombreuses, plus ou moins pointues et à crochet, propres, en un mot, à saisir, à retenir, et quelquefois à inciser. Ces dents sont situées, ou seulement sur les bords correspondans des mâchoires, ou en même temps aussi sur la surface palatine. Le plus souvent elles ne sont implantées que dans l'épaisseur du tégument buccal ; chez les crocodiles, en échange, nous les trouvons enchâssées dans des alvéoles creusées dans les os maxillaires. Mais de toutes les particularités que présentent les dents chez les reptiles, nulle ne mérite davantage d'être signalée que la disposition des crochets venimeux dont certains *serpens* se trouvent armés. Ces crochets sont des dents maxillaires. Traversés depuis leur base jusque près de leur sommet par un canal résultant d'un reploiement de la dent sur elle-même, embrassés par un pincement de la membrane gingivale, ils correspondent et touchent par leur extrémité adhérente à la terminaison du canal excréteur de la glande parotide, canal qui se renfle ici pour former une sorte de petite vésicule. Lorsque l'animal mord, ses crochets venimeux appuyent fortement sur ce petit réservoir, et forcent le liquide qu'il contient à en sortir; celui-ci rencontrant devant lui l'ouverture du canal dentaire dont nous avons parlé, s'échappe par cette issue et se trouve ainsi lancé dans la plaie.

Les *chéloniens* sont privés de dents. Chez eux ces instrumens sont remplacés par des plaques cornées à surface inégale, qui revêtent les bords correspondans des deux mâchoires : ces plaques servent à broyer les algues et les animaux testacés dont les chéloniens se nourrissent.

La langue est rudimentaire chez les *crocodiles* et les *chéloniens*, et, en échange, plus ou moins développée chez les *serpens* et les *sauriens*; dans ces deux derniers ordres de reptiles, elle offre, en outre, à son extrémité libre une bifurcation plus ou moins prononcée, et se fait remarquer par des mouvemens très rapides d'extension et de rétraction. La langue du *caméléon* se distingue éminemment de celle des autres reptiles par sa forme et par son degré d'extensibilité : elle représente un long cône dont la base est formée par son extrémité libre; l'animal la darde avec une vitesse extraordinaire sur les insectes qui volent à sa portée, et s'empare d'eux à l'aide d'un enduit muqueux très agglutinatif qui enduit la surface de cette saillie musculo-cutanée. Chez tous les reptiles l'intestin se termine dans un cloaque qui lui est commun avec les organes génitaux et dépurateurs.

Les *serpens* sont, de tous les animaux de cette classe, ceux dont l'appareil salivaire buccal est le plus

développé; chez les espèces venimeuses, qui sont
plus que les autres dans ce cas, nous trouvons, en
arrière de l'œil et entre les faisceaux musculaires qui
font mouvoir les mâchoires, des glandes volumineuses, analogues de nos parotides, à cela près qu'elles
sécrètent, au lieu d'une simple salive, le terrible
venin dont ces ophidiens sont armés. La pression
qu'éprouvent ces glandes au moment de la morsure,
de la part des muscles qui les entourent, fait refluer
avec plus d'abondance dans leur conduit excréteur le
fluide contenu dans les radicules de ce conduit, et
contribue ainsi à augmenter les funestes effets des
plaies faites par les crochets venimeux.

L'appareil de l'alimentation nous présente, chez les
oiseaux, une spécialisation plus prononcée encore de
ses trois grandes sections physiologiques que dans les
classes précédentes du type des ostéozoaires. Le système gastrique, entre autres, se dessine mieux et se
montre avec des caractères plus spéciaux que chez
celles-ci. Il est vrai que par un trait de son organisation, par la transformation de sa seconde moitié en
organe de broiement, il semble nous ramener à l'espèce de confusion que nous avons observée dans la
première section de l'appareil chez beaucoup d'animaux inférieurs, et notamment chez les *décapodes*
et les *hexapodes*. Cependant, comme nous allons le
voir par les détails qui suivent, ce retour de l'action
masticatrice dans un organe qui, chez les espèces
supérieures, est exclusivement chargé d'une modification chimique, de la digestion chymificatrice, n'empêche pas le conduit alimentaire des *oiseaux* d'être

manifestement en progrès sur celui des *poissons*, des *amphibiens* et des *reptiles*.

La bouche, toujours largement ouverte, est dépourvue de lèvres, et présente à leur place, pour la préhension et la mastication tout à la fois, une production cornée qui revêt les deux mâchoires (1) et constitue la saillie mandibulaire connue sous le nom de *bec*. Le bec des oiseaux est l'analogue des dents maxillaires des autres animaux; comme elles, il est secrété par des bulbes phanériques du tégument interne. Il se compose de poils agglutinés les uns aux autres, et dont chacun procède d'un phanère particulier appartenant à la membrane gingivale. Les surfaces masticatoires du bec sont surmontées quelquefois de petites saillies qui ne laissent pas d'avoir plus ou moins l'apparence de dents, et sont reçues dans autant de séparations qui leur correspondent à la mandibule opposée. La forme de cette production cornée et sa consistance sont, sinon toujours, au moins assez communément en rapport avec la nature des alimens et avec la manière dont les oiseaux se procurent leur nourriture. Ainsi, le bec sera dur, tranchant et souvent crochu chez les espèces qui attaquent des proies vivantes (*oiseaux de proie*); il sera plus ou moins long chez celles qui fouillent les eaux et la vase des marais pour y chercher des poissons, des coquil-

---

(1) Nous avons vu les tortues nous offrir une disposition semblable : ce n'est pas le seul rapport qu'a l'organisation de ces reptiles avec celle des oiseaux ; aussi les zoologistes les plus avancés les ont-ils placés immédiatement à la suite de ceux-ci. Voyez le tableau zoologique placé à la fin du volume.

lages, etc. Il sera court chez les oiseaux qui écrasent des graines ou des fruits à enveloppe résistante, comme les *passereaux*; long et effilé, mais dur encore chez les *grimpeurs*, qui percent l'écorce des arbres pour trouver les insectes qui leur servent de pâture.

La langue, tantôt rudimentaire, tantôt volumineuse, offre de nombreuses différences quant à sa forme. Dans quelques espèces, nous la retrouvons encore bifurquée à son extrémité. Son tégument, comme au reste celui de la bouche entière, est le plus souvent dur et coriace.

L'œsophage des oiseaux est d'une longueur proportionnée à celle si variable de leur cou; mais il est généralement assez large, sans offrir néanmoins les plis en réserve qui augmentent si prodigieusement son calibre chez beaucoup de reptiles. Cette partie du conduit digestif présente, chez un très grand nombre d'oiseaux, une disposition particulière qui joue un rôle important dans la digestion de ces vertébrés : c'est une dilatation considérable de la portion inférieure, quelquefois de la moitié de ce canal, dilatation qui forme une sorte de premier estomac, connu sous le nom de *jabot*. Les oiseaux granivores, tels que ceux qu'on a réunis sous la dénomination de *gallinacés*, et plusieurs *grimpeurs*, sont ceux chez lesquels la disposition dont il s'agit est le plus prononcée; elle manque, en échange, le plus souvent chez les *palmipèdes* et les *échassiers*, et, en général, c'est plus ou moins le cas des espèces carnassières. La membrane tégumentaire du jabot est semée d'un nombre assez considérable de cryptes mucipares. L'ordre des *colombins* ou *pigeons* se fait remarquer entre tous les autres groupes d'oiseaux par l'organisation de leur jabot. Cette dilatation qui, dans cet ordre, occupe près de la moitié de l'œsophage, est partagée en deux moitiés latérales, et se trouve munie, vers sa terminaison, de plusieurs appendices glanduleux, qui prennent, aussi bien que les parois du jabot lui-même, beaucoup de développemens à l'époque de l'incubation. Ce phénomène a pour effet une sécrétion abondante d'un liquide lactescent que l'animal verse dans le bec de ses petits, et qui lui sert à les nourrir pendant les premières semaines après leur sortie de la coquille.

Un changement plus ou moins prononcé conduit du jabot à un estomac membraneux, remarquable par le grand nombre de cryptes à produit acescent que renferment ses parois. Cet organe est désigné sous les noms de *ventricule succenturié* ou d'*estomac glanduleux*. Ses cryptes font saillie aux deux surfaces du derme gastrique, et s'ouvrent à l'interne par de petits orifices. Ils semblent former quelquefois comme une couche intermédiaire aux tuniques tégumentaire et contractile, bien qu'en réalité ces petits organes dépendent ici comme ailleurs du tégument lui-même.

Un second étranglement sépare le ventricule succenturié du *gésier*, estomac musculeux, obrond, dont les parois sont fort épaisses. Le gésier est plus grand que le ventricule succenturié chez les oiseaux qui ont le jabot bien distinct de celui-ci; mais lorsqu'au contraire la dilatation inférieure de l'œsophage se continue par une transition insensible avec le premier estomac, et dans les espèces où celui-ci n'est que médiocrement glanduleux, c'est le gésier qui est le plus petit. Les

fibres charnues qui entrent dans la composition anatomique de ce second ventricule , forment, chez les oiseaux granivores, deux muscles très forts qui ont
leurs points d'insertion dans une aponévrose assez
considérable. A l'intérieur, le gésier est tapissé d'un
épiderme plus ou moins épais, dont la consistance
égale celle de la corne dans les oiseaux qui se nourrissent de matières végétales et de difficile digestion ;
cette couche sert, comme on le conçoit , à broyer les
alimens sous l'influence des mouvemens énergiques des
muscles dont elle est enveloppée. Chez les espèces
dont la nourriture est plus ou moins exclusivement
animale, le gésier se distingue peu du ventricule succenturié, et les parois de l'un et de l'autre sont alors
membraneuses. Un renfort de fibres charnues circulaires se fait remarquer à l'extrémité pylorique de l'estomac musculeux et le sépare de l'intestin.

Celui-ci est généralement beaucoup plus long chez
les oiseaux que dans les classes précédentes. Sa longueur est en rapport avec la nourriture, plus considérable si celle-ci est végétale, moindre chez les oiseaux
carnassiers. Deux appendices cœcaux, rarement un
seul, marquent constamment la limite des deux sections
intestinales. L'intestin grêle se distingue en outre par
des villosités longues et nombreuses qui sont surtout
répandues avec abondance au voisinage du gésier.
Nous remarquons également, chez quelques oiseaux,
des plis demi-circulaires et valvuliformes de la membrane interne (*valvules conniventes*), à l'aide desquels
l'absorption intestinale devient plus active et plus
complète, en raison de leur texture vasculaire , et
sans doute aussi du ralentissement qu'éprouve de leur

part la pulpe alimentaire. D'autres plis, dirigés en divers sens, se montrent en outre, et plus généralement, sur toute la surface de l'intestin, et peuvent être considérés comme servant surtout à étendre cette surface. L'intestin pris dans son ensemble, attaché constamment par une bride mésentérique à la paroi supérieure du tronc, fait plusieurs circonvolutions, dont le plus grand nombre appartient à la portion grêle, après quoi, longeant la colonne vertébrale, il vient se terminer dans un cloaque, comme chez les classes précédentes.

Quant aux glandes annexées à l'appareil digestif des oiseaux, ce sont des glandes salivaires buccales, une glande salivaire abdominale ou pancréas, et un foie.

Les premières sont en général d'un volume très médiocre, sauf chez les *colombins*, les *marcheurs*, les *grimpeurs*, et un petit nombre d'autres espèces. On compte néanmoins assez ordinairement quatre paires de ces glandes.

Le pancréas est assez gros, lobulé, d'un blanc rosé. Il est embrassé par la première circonvolution de l'intestin.

Le foie se compose de deux lobes réunis par un isthme souvent fort étroit de tissu hépatique. Il s'étend transversalement. Son tissu est homogène, brunâtre. Une vésicule biliaire est constamment annexée aux canaux excréteurs de cette glande.

C'est chez les *mammifères* que l'appareil de l'absorption alimentaire atteint son summum de développement, et ces animaux méritent sous ce rapport, comme sous la plupart des autres caractères de leur organisation, le premier rang sur l'échelle zoologique. D'une part, les fonctions propres à chaque section de cet appareil sont encore plus rigoureusement localisées ici que dans les classes précédentes ; de l'autre, les organes particuliers qui sont chargés de ces fonctions se distinguent par une disposition et une texture toujours plus spéciales, et qui doivent rendre leur action encore plus complète et plus énergique qu'elle ne l'est dans les groupes que nous avons déjà passés en revue. La mastication, par exemple, n'a plus lieu que dans la bouche ; l'estomac n'est chargé que d'une modification chimique de l'aliment, qui lui arrive aussi divisé que sa digestion le réclame. Les deux intestins, ordinairement très aisés à distinguer l'un de l'autre par la différence de leur calibre, sont en outre séparés par une valvule très prononcée, et se termine, sauf dans un seul ordre, par un orifice particulier. Enfin, la longueur proportionnelle des trois sections, et leur degré de simplicité ou de complication, aussi bien que le développement du système crypteux en général, et notamment des glandes, sont dans un rapport plus étroit et plus constant avec les habitudes d'alimentation de chaque espèce que dans tout le reste de la série.

Le canal digestif des mammifères s'ouvre en avant par une bouche plus ou moins largement fendue, et généralement proportionnée sous ce rapport à la voracité de l'animal. Cette ouverture offre à son pourtour des lèvres généralement très charnues, qui, après avoir servi à la succion du lait chez le jeune mammifère, deviennent plus tard spécialement, ou des organes de préhension, comme cela se voit surtout chez certaines espèces essentiellement herbivores, telles que le *cheval*, ou des organes modificateurs de la voix, ce qui est éminemment le cas dans notre espèce. Au-delà de ces plis placés à l'entrée de la cavité buccale, nous trouvons dans l'intérieur même de cette cavité, et sur son plancher, une langue plus ou moins charnue, et quelquefois assez développée pour servir à la préhension, soit des alimens solides comme chez les *ruminans*, soit de la boisson, ainsi que nous le voyons chez les *carnassiers*. D'autres fois cette langue, moins considérable, mais en même temps plus humide, plus molle, moins épidermique et plus lisse à sa surface, est, avant tout, un organe de sensation, quelquefois d'articulation des sons, et ne concourt aux fonctions digestives qu'accessoirement, c'est-à-dire, en aidant à la déglutition.

Les appendices masticateurs qui, chez tous les vertébrés, constituent pour la plus grande partie les parois de la cavité buccale, ne s'articulent pas chez les mammifères comme dans les classes précédentes : la mâchoire supérienre est immobile, l'inférieure s'articule avec une pièce osseuse fixée au crâne ; en sorte qu'ici l'écartement des deux mandibules ne peut jamais être si grand que chez les oiseaux (1), mais surtout que chez les reptiles et les poissons à large gueule. Mais ce que les mouvemens de ces appendices perdent en étendue ils le regagnent en énergie. C'est qu'ils ne doivent plus, comme dans les organisations que nous avons déjà passées en revue, servir principalement à saisir et à retenir la proie, et qu'ils sont

____

(1) Chez les oiseaux, la mâchoire supérieure est encore mobile.

plutôt appelés à l'écraser et à la diviser plus ou moins à l'aide des dents qui les garnissent. Au reste, bien que la mâchoire inférieure s'articule toujours à un os immobile, la forme des surfaces articulaires, et par suite, leur mode de mouvement, varient selon la nature de l'aliment; elle n'est pas la même quand la nourriture est végétale, et demande à être hachée que lorsqu'elle consiste en une proie vivante, ou en une chair qu'il s'agit moins de broyer que de couper et de déchirer; et la forme des dents, comme nous le verrons tout-à-l'heure, offre des variations correspondantes.

Les mouvemens de l'appendice maxillaire inférieur sont de trois sortes chez les mammifères : il exécute d'abord un mouvement vertical à l'aide duquel les deux surfaces mandibulaires s'éloignent et se rapprochent l'une de l'autre alternativement; ce mouvement qui est essentiel à toute espèce de manducation, existe par cela même constamment. Il n'exige, pour avoir lieu, que la rencontre de l'extrémité articulaire de la mâchoire inférieure avec une surface sur laquelle elle puisse glisser sans obstacle sous l'influence de muscles abaisseurs et releveurs. Ce genre de mobilité est le seul que nous rencontrions chez les *carnassiers*, et leurs habitudes alimentaires n'en réclament pas d'autres, puisque la nourriture de ces animaux ne devant être que coupée ou déchirée, elle ne peut l'être que par la rencontre des deux moitiés de l'instrument agissant comme deux branches de ciseaux (1). Mais

---

(1) Cette comparaison est exacte, car les dents des carnivores se croisent au lieu de se rencontrer par leur surface. C'est ce qui a lieu du reste pour toutes les dents qui agissent comme incisives.

plus le mouvement dont il s'agit devait être simple chez les carnassiers pour atteindre toute l'énergie qui lui est nécessaire, plus le déplacement des surfaces articulaires devait être limité. Aussi, dans ces espèces, l'extrémité du maxillaire inférieure (*condyle*), au lieu de reposer sur une surface osseuse plus ou moins plane et élargie, est-elle reçue dans un enfoncement (*cavité glénoïde*) souvent assez profond, où elle se trouve dans l'impossibilité de se déplacer au-delà des bornes étroites que lui opposent les bords de cette cavité, et dans un autre sens que celui qu'exigent l'écartement et le rapprochement alternatifs des mâchoires. Des ligamens serrés contribuent en même temps que la disposition des surfaces articulaires à maintenir celles-ci dans les limites de ce mouvement vertical, auquel des faisceaux musculaires très puissans impriment une grande énergie.

Chez les espèces qui broient leurs alimens, et en particulier dans l'ordre des *ruminans*, le mouvement dont il vient d'être question se combine avec un mouvement latéral, à la faveur duquel les surfaces rapprochées par le premier sont largement promenées l'une sur l'autre. Ici nous trouvons un condyle dont la plus grande longueur est dans son sens transversal, et qui se termine par une facette aplatie ; la surface sur laquelle il se meut, est plane : cette disposition, jointe à la largeur de la capsule ligamenteuse qui embrasse l'articulation, permet, comme on le voit, à des muscles disposés en conséquence, de déplacer à la fois verticalement et latéralement la mâchoire inférieure.

Chez les *rongeurs*, c'est un mouvement d'avant en arrière qui se combine avec le mouvement vertical.

Le condyle offre alors sa plus grande longueur dans le sens antéro-postérieur, et se loge dans une fosse glénoïde qui a la même direction.

Enfin, chez les omnivores, la mâchoire jouit des trois sortes de mouvemens, à des degrés qui varient selon que les habitudes alimentaires se rapprochent plus ou moins de celles de l'une des catégories précédentes. Ici la forme du condyle, celle de la surface qui le reçoit, et l'étendue de la capsule ligamenteuse, enfin, la disposition et l'énergie des faisceaux musculaires varient selon qu'il s'agit de limiter ou d'étendre plus ou moins la mobilité de la mâchoire dans telle ou telle direction.

La bouche des mammifères est très diversement armée pour agir sur la nourriture. Lorsque celle-ci n'exige qu'un très faible effort pour être écrasée, et lorsque par sa nature elle est très assimilable, il peut arriver que le tégument buccal qui couvre les mâchoires se montre complétement nu ; c'est ce qu'on voit chez les *fourmiliers* et les *pangolins*. D'autres fois, en même temps que les mâchoires sont aussi dépourvues de toute arme, le palais nous offre plusieurs séries de petites saillies cornées, pointues, dentiformes, qui rappellent un peu les dents palatines de quelques vertébrés inférieurs : ce cas est celui de l'*echidné*. Chez l'*ornithorinque*, en échange, les arcades maxillaires inférieures portent en avant des plaques cornées à peu près comme on en trouve chez les *tortues*, et en arrière nous voyons aux deux mâchoires, et de chaque côté, deux pièces plus solides que les précédentes, qui représentent des espèces de dents aplaties et propres au broiement. Les *baleines* se distinguent entre tous les animaux, même entre ceux de leur ordre, par la singulière armure dont leur bouche est pourvue. La mâchoire supérieure et le palais sont revêtus ici d'un tégument assez épais qui donne naissance de chaque côté de la ligne médiane à des produits phanériques cornés, pileux, formant, par leur agglutination, des lames considérables, placées transversalement et qui pendent dans l'intérieur de la bouche. Ces lames, connues sous la dénomination de *fanons*, se terminent par une extrémité chevelue. Elles sont très nombreuses; on en compte jusqu'à mille sur chaque moitié latérale du palais, rangées parallèlement les unes derrière les autres. Les fanons ne peuvent ni déchirer une proie un peu volumineuse, ni servir à la trituration d'un aliment un peu résistant. Aussi les énormes cétacés qui en sont pourvus se nourrissent-ils de petits animaux marins qui viennent s'engouffrer en prodigieuse quantité dans leur vaste gueule, où ils se trouvent retenus par le chevelu de ces lames cornées.

Enfin, chez tous les autres *mammifères*, nous rencontrons constamment des dents calcaires, et toujours ces produits sont rangés en série sur le bord des mâchoires ; il n'en existe plus ni au palais, ni sur d'autres points de la bouche. Ces dents, au lieu de se trouver, comme chez les *poissons* et la plupart des *reptiles*, implantées dans le tégument buccal, à la surface des mâchoires, sont toujours reçues dans des dépressions ou alvéoles des os mandibulaires.

Les dents des *mammifères* forment trois catégories plus reconnaissables à la constance de leur situation réciproque qu'à celle de leurs formes. En avant se trouvent des dents nommées *incisives*, parce que, dans la plupart des cas, leur couronne est taillée en biseau de manière à inciser. Derrière elles nous trouvons les *canines*, ainsi nommées à cause du développement qu'elles offrent dans le genre *chien*. Ces dents sont, en général, longues et pointues, et se recourbent un peu en arrière, ce qui les rend très propres à saisir et à retenir une proie, et les fait ressembler aux dents crochues des poissons et des reptiles. Plus en arrière encore se montrent les dents *molaires*, à racine simple ou multiple, et qui doivent leur dénomination à ce qu'assez ordinairement elles font l'office d'instrumens de trituration : leur couronne offre une surface plus ou moins large, et se trouve souvent surmontée de plusieurs tubercules ou d'inégalités qui concourent puissamment au broiement que ces dents doivent opérer.

Ces trois sorts de dentes n'existent pas constamment ensemble, et surtout elles se présentent en nombre très variable et sous des formes très différentes, selon le mode d'alimentation des animaux. Quand la nourriture est essentiellement végétale, quand elle exige une mastication plus ou moins complète, chez les *ruminans*, par exemple, et chez les *proboscidiens*, on ne trouve souvent que des incisives et des molaires. Les incisives manquent même chez quelques-uns de ces animaux à l'une ou à l'autre mâchoire, et celles qui existent perdent quelquefois leur forme normale pour se transformer en longues défenses, comme on le voit chez l'*éléphant*.

En échange, les molaires de tous ces animaux se distinguent par la largeur de leur surface triturante, et par des inégalités qui rendent cette surface parfaitement propre à broyer les herbes, les feuilles et les branches qui lui sont présentées ; quand il y a des canines chez les espèces herbivores, elles ne sont ni pointues ni recourbées, et ne dépassent pas les dents voisines. Les *rongeurs* n'ont également que des incisives et des molaires ; mais chez eux ce sont les incisives qui jouent le principal rôle. Ces dents, au nombre de deux à chaque mâchoire, sont remarquables par leur longueur, par la saillie qu'elles font en avant, par l'usure en biseau de leur face interne, par la profondeur de leur implantation dans une pièce osseuse intermédiaire aux os maxillaires supérieurs et qui leur doit la dénomination d'*os incisif*. Il est facile de voir que ces incisives sont éminemment propres par leur forme, par la manière dont leurs extrémités se rencontrent, et à l'aide du mouvement antéro-postérieur de la mâchoire inférieure, à user, ou, pour me servir de l'expression ordinaire, à ronger les matières souvent très dures qui offrent une nourriture aux animaux qui les portent. Ces dents s'useraient elles-mêmes promptement à ce travail si un accroissement continuel ne réparait leurs pertes à mesure qu'elles ont lieu. Quant aux molaires des *rongeurs*, elles ont une couronne à surface sillonnée transversalement chez les espèces éminemment frugivores, tuberculeuse chez les omnivores, et surmontée d'éminences pointues et tranchantes dans les genres qui se nourrissent de proies vivantes.

Dans l'ordre des *carnassiers*, chez la plupart des omnivores, et chez un grand nombre d'herbivores, on trouve les trois espèces de dents, mais avec des caractères particuliers dans chacun de ces groupes. Tandis que chez les herbivores les molaires ont une couronne large, aplatie, surmontée de légères inégalités linéaires dont la direction est toujours inverse de celle des mouvemens triturateurs de la mâchoire, ces mêmes dents offrent dans les omnivores une surface beaucoup plus inégale, tuberculeuse, mais qui, toutefois, conserve encore plus ou moins de largeur; dans les *carnassiers* cette surface se rétrécit d'autant plus que l'animal revêt davantage le caractère de son ordre, et les tubercules qui la hérissent, peu saillans, mousses encore chez les omnivores, deviennent ici des pointes plus ou moins tranchantes. Les molaires des deux mâchoires cessent alors de s'appliquer les unes sur les autres, pour se croiser et agir comme des branches de ciseaux. Les canines sont longues, pointues et un peu crochues chez les carnassiers; chez les omnivores elles ont, en général, moins de développement, sauf dans les *ongulogrades pachydermes* (1), parmi lesquels le *sanglier* nous offre, comme chacun le sait, d'énormes canines saillantes et recourbées, connues sous le nom de *défenses*. Chez les espèces herbivores qui possèdent des canines, les *solipèdes* par exemple, et plusieurs *ruminans*, ces dents se rapprochent plus ou moins de la longueur des incisives, et prennent une extrémité plus ou moins mousse. Les incisives des *carnassiers* sont de longueur inégale et en général plus courtes que celles des omnivores et des herbivores; dans les deux premiers de

---

(1) Ce ne sont pas tous les pachydermes de Cuvier, comme on peut le voir en consultant le tableau zoologique placé à la fin du volume.

ces groupes, nous les trouvons ordinairement plus tranchantes que dans le dernier, où ces dents prennent même quelquefois une forme plus ou moins cylindrique. Chez quelques animaux, leur forme se rapproche de celle des canines (1).

A l'extrémité postérieure du palais le tégument buccal se prolonge, chez beaucoup de mammifères, en un repli musculo-membraneux, qui se termine chez l'homme et quelques autres espèces par un renflement connu sous le nom de *luette*. Ce repli est le *voile du palais;* il sert de valvule aux narines postérieures, et s'oppose, en s'appliquant sur elles lors de la déglutition, à ce que les alimens et les boissons pénètrent dans les fosses nasales. Le voile du palais divise la dilatation buccale du conduit digestif en deux parties qui ont chacune leur office spécial, la bouche proprement dite, où s'opère la division mécanique et l'insalivation de l'aliment, et l'arrière-bouche ou le pharynx qui est chargé de transmettre celui-ci à l'œsophage, en un mot, de la déglutition, acte volontaire, pour l'accomplissement duquel des faisceaux musculaires de la couche sous-peaucière (*muscles extrinsèques*), viennent aider les plans charnus qui appartiennent plus particulièrement au tégument rentré (*muscles intrinsèques*).

L'œsophage des mammifères est tout à la fois plus étroit et plus charnu que celui des classes précédentes. Sa couche musculaire se montre surtout fort développée chez les *ruminans,* où elle se contracte sous l'in-

----

(1) *Voyez* pour l'histoire comparée du développement et de la composition des dents, la note additionnelle placée sous ce titre à la fin du volume.

fluence de la volonté ; aussi, prend-elle ici une coloration rouge que nous ne retrouvons pas dans le plan charnu du reste du canal alimentaire. On voit en outre chez ces mêmes *ruminans*, ainsi que dans quelques autres groupes, les fibres contractiles de l'œsophage former autour de ce conduit deux plans spiroïdes qui se croisent. Le tégument interne est en général assez dense dans cette portion de l'appareil, et s'y montre revêtu d'une couche épidermique plus ou moins prononcée. L'œsophage a plus de capacité dans les espèces carnivores et voraces que dans les mammifères frugivores.

Les rapports de la nourriture avec la forme et l'organisation de la dilatation gastrique sont plus prononcés dans les mammifères que dans aucun autre groupe de vertébrés : de là les différences nombreuses et considérables que nous observons à cet égard entre les divers ordres d'animaux de la classe qui nous occupe. Une observation attentive permet toutefois de reconnaître un plan commun à travers toutes ces différences ; de telle sorte qu'il est permis de dire que le plus haut degré de complication de l'estomac n'est, en dernière analyse, que le résultat du développement exagéré de sa forme la plus simple. Cet organe peut être divisé en trois régions, qui sont, en allant de gauche à droite : la *panse* ou le *grand cul-de-sac*, qui tend, en se développant, à former une poche distincte ; le *corps* ou *région moyenne*, à laquelle s'abouche l'œsophage ; enfin, la *région pylorique*. De ces trois portions du ventricule digestif c'est la première qui varie le plus selon le mode d'alimentation : le rapport de son développement avec l'espèce de nourriture est tel, que nous voyons la panse changer notablement de volume chez le même animal quand il vient à changer d'aliment par suite de son âge : c'est ce qu'on peut surtout vérifier en comparant l'estomac d'un ruminant à la mamelle avec celui d'un ruminant adulte. C'est dans les espèces éminemment herbivores que l'estomac et tout particulièrement son grand cul-de-sac, offrent le plus d'ampleur et de complication, et dans les espèces éminemment carnassières que cet organe est le plus simple, et que sa région gauche a le moins de développement. Dans les animaux plus ou moins omnivores, sa forme et sa grandeur se rapprochent aussi plus ou moins de ces deux extrêmes, selon que la nourriture est plus végétale qu'animale, ou plus animale que végétale. Il existe néanmoins quelques exceptions à cette règle générale : ainsi, les *cétacés*, bien qu'essentiellement carnassiers, nous présentent un estomac divisé en plusieurs poches. En échange, celui de quelques herbivores, tels que les *proboscidiens*, est d'une grande simplicité. Mais ces exceptions ont moins d'importance qu'on ne pourrait être tenté de leur en attribuer au premier abord ; car, si le ventricule d'une *baleine* est compliqué, tandis que celui de l'*éléphant* est uniloculaire, c'est que la première avale son aliment sans le broyer (1), tandis que la nourriture du second n'arrive dans l'organe digestif qu'après avoir été parfaitement réduite en bouillie

---

(1) Les baleines, comme nous l'avons vu, n'ont que des fanons ; le cachalots et surtout les dauphins, n'ont que des dents coniques qui ne sont propres qu'à saisir et à retenir la proie ; le système dentaire du narval se réduit à la longue défense implantée dans son os incisif.

par l'action combinée de la salive et des énormes molaires dont est pourvu ce *gravigrade*. Il ne faut pas oublier d'ailleurs que l'estomac des mammifères carnassiers diffère encore de celui des herbivores par l'épaisseur et la composition anatomique de ses parois. Dans les premiers, celles-ci n'ont qu'une épaisseur médiocre ; leur réseau vasculaire a moins de développement, leurs cryptes sont moins nombreux ; elles manquent complètement d'épithelium. L'estomac des herbivores au contraire se fait remarquer par la force de sa couche musculaire, par le développement de ses vaisseaux, le nombre de ses cryptes, et par la présence d'un épithelium plus ou moins épais dans le grand cul-de-sac.

Citons quelques exemples des différences que nous venons de signaler dans la forme et la texture de l'estomac des mammifères.

Les deux extrèmes de la simplicité et de la complication de cet organe se rencontrent, d'une part, dans la famille des carnassiers *pinnigrades ;* de l'autre, dans celle des *ruminans.*

Chez les *pinnigrades*, savoir chez le *phoque* et le *morse*, l'estomac se rapproche beaucoup de la forme qu'il nous a offerte chez les poissons ; c'est une dilatation fort médiocre du conduit alimentaire, sans cul-de-sac gauche, et dont le cardia et le pylore occupent les deux extrémités. Viennent ensuite les estomacs des *digitigrades* (1), celui de l'*homme* et de quelques au-

---

(1) L'ours, le tigre et le lion font néanmoins exception à cet égard, la portion gauche de leur ventricule étant passablement développée, sans doute pour suppléer à l'imparfaite mastication de ces grands carnassiers.

tres omnivores, qui n'offrent qu'un cul-de-sac gauche fort médiocre bien que le cardia et le pylore soient déjà plus rapprochés. Chez les *singes*, animaux frugivores, mais qui ont des molaires tuberculeuses très propres à la mastication, l'estomac est simple, mais plus globuleux que celui de l'homme. Chez beaucoup d'herbivores, tels que les *solipèdes*, la dilatation gastrique est encore uniloculaire, et même d'un développement médiocre ; toutefois les portions gauche et droite commencent à se distinguer par la présence de l'épiderme dans la première, et chacune de ces portions tend à se réserver un rôle particulier dans l'acte digestif, la gauche se chargeant de la macération de l'herbe, la droite, de sa chymification (1). Mais chez d'autres herbivores, chez plusieurs *rongeurs*, tels que le *porc-épic*, chez l'*hippopotame*, parmi les *gravigrades* ; chez quelques *didelphes*, l'estomac se subdivise plus ou moins nettement en plusieurs poches. Nous arrivons ainsi à l'estomac compliqué des *ruminans*, dont l'organisation mérite de nous occuper un instant.

Le système gastrique des *ruminans* se compose de quatre poches : les deux premières, la *panse* et le *bonnet*, représentent la région gauche, le grand cul-de-sac du ventricule des autres mammifères ; une troisième, le *feuillet*, est formée par le corps ou la partie moyenne de l'organe ; la quatrième, nommée la *caillette*, n'est autre que la section pylorique.

---

(1) La direction transversale de l'estomac des solipèdes a d'ailleurs pour effet de prolonger le séjour du bol alimentaire dans cet organe et rend superflue tout autre disposition tendant à ce but. C'est à cette même direction qu'il faut attribuer la difficulté avec laquelle vomissent les chevaux.

Les herbes, grossièrement divisées, sont d'abord versées par l'œsophage dans la panse, sac énorme, espèce de réservoir où l'aliment est mis provisoirement en dépôt jusqu'à ce que l'animal ait achevé sa provision. A ce moment commence ce qu'on appelle la rumination : la panse se contracte, fait passer successivement son contenu dans le bonnet, petite poche globuleuse qui s'ouvre à la partie supérieure de la panse, dont elle n'est, à vrai dire, qu'une dépendance. Dans le bonnet la nourriture s'imbibe de sucs macérateurs et se façonne en petites pelotes qui sont rendues à l'œsophage ; ce conduit, par une anti-déglutition, ramène ces petits bols alimentaires dans la bouche, où ils sont soumis à une mastication complète. Celle-ci achevée, l'aliment est avalé de nouveau, et cette fois l'œsophage le verse à droite, dans le feuillet, où il arrive à la faveur de deux colonnes charnues qui, par leur contraction, lui forment à la suite du canal œsophagien un conduit complémentaire. Du feuillet où elle commence à subir la véritable action digestive, la nourriture passe dans la caillette, où elle achève de se convertir en chyme.

Ces quatre estomacs diffèrent éminemment les uns des autres par le développement et la disposition de leurs membranes constituantes. La surface interne de la panse est couverte de saillies papillaires plus ou moins grosses ; celle du bonnet nous offre un réseau de plis qui forment, par leur rencontre, un grand nombre de petites cellules polygonales ; dans le feuillet nous trouvons d'autres plis plus saillans, et qui, par la ressemblance de leur forme et de leur disposition réciproque avec celles des feuillets d'un livre, ont valu à cet estomac le nom qu'il porte ; la caillette enfin, nous offre aussi quelques plis, mais beaucoup moins nombreux et moins saillans que les précédens ; et à cela près, la surface gastrique, couverte de papilles jusque dans le feuillet, devient ici parfaitement unie.

L'épiderme de l'œsophage se prolonge dans les trois premières poches gastriques des *ruminans;* il ne manque que dans la caillette, dont le tégument interne se montre à nu avec tous les caractères d'une membrane muqueuse. La tunique musculeuse est surtout très développée dans la panse et dans le bonnet. Enfin, le système crypteux de l'estomac est fort peu abondant dans la panse, un peu plus dans le bonnet, et devient d'autant plus considérable qu'on se rapproche davantage du pylore.

Telle est la disposition générale de l'estomac des *ruminans*. Plusieurs différences se font remarquer entre les *ruminans à cornes* et les *caméliens*, sous le rapport de la forme et du développement proportionnel des diverses poches dont se compose cet organe. Entre toutes ces particularités, nous ne croyons devoir signaler ici que la présence d'énormes cellules à la partie la plus déclive de la panse des *chameaux*. Ces cellules, dont l'ensemble a été considéré comme formant une cinquième poche gastrique, font l'office de réservoirs dans lesquels ces ruminans conservent pendant un temps considérable une provision d'eau suffisante à leurs besoins. Cette disposition, si utile à des animaux appelés à servir l'homme dans les contrées les plus arides du globe, et qui rend les chameaux si précieux pour les longs voyages du désert, n'est pas un des moindres témoignages rendus par la nature à la sagesse et à la bonté providentielle de son Auteur.

L'extrémité pylorique de l'estomac des *mammifères* est renforcée par un bourrelet annulaire assez dense, formé par le tissu cellulaire sous-dermique. Après l'avoir traversé, nous arrivons dans l'intestin, où ce bourrelet forme une saillie plus ou moins marquée. L'intestin est ici généralement plus long que chez les autres ostéozoaires. Ses dimensions sont assez constamment en rapport avec la nourriture, c'est-à-dire que, toutes choses égales d'ailleurs, ce conduit est plus long et plus large chez les mammifères herbivores que chez les carnassiers; les omnivores occupent, sous ce rapport, un rang intermédiaire. Ainsi, chez les *ruminans*, qui de tous les mammifères phytophages, ont les intestins les plus considérables, ces organes ont jusqu'à vingt-huit fois la longueur totale du corps, tandis que dans les carnassiers *digitigrades* ils ne sont que de trois à cinq fois plus longs que ce dernier.

Les deux sections du canal intestinal se distinguent assez ordinairement par une différence plus ou moins sensible de diamètre, et surtout par l'aspect de leur surface interne : elles sont, en outre, très fréquemment séparées par un repli valvulaire du tégument interne.

L'intestin grêle, beaucoup plus long que le gros, et d'autant plus distinct de lui à tous égards que la nourriture est plus végétale, a été subdivisé lui-même en trois portions désignées sous les noms de *duodénum*, *jéjunum* et *iléon*; mais cette division est toute gratuite, du moins quant aux deux dernières portions, qu'aucun caractère anatomique ni physiologique ne distingue l'une de l'autre. On n'en peut pas dire autant de la distinction établie entre le duodénum et le reste de l'intestin grêle, car elle repose sur des différences anatomiques incontestables, et qui nous indiquent chez les *mammifères* un nouveau degré de localisation de fonctions. Le duodénum, riche surtout en cryptes, est beaucoup moins un organe d'absorption que de seconde digestion, et la pâte alimentaire ne fait guère qu'y subir l'action modificatrice de la bile et du suc pancréatique. C'est le reste de l'intestin grêle qui est plus spécialement chargé de la séparation et de l'absorption du chyle ; aussi les cryptes deviennent-ils ici plus rares et sont-ils remplacés par des villosités nombreuses et souvent fort longues, dont l'action est favorisée par de nombreux pincemens de la membrane muqueuse connus sous le nom de *valvules conniventes*. L'intestin grêle forme un grand nombre de circonvolutions qui contribuent aussi à ralentir la marche de la matière alimentaire et à la maintenir plus long-temps en contact avec la surface absorbante.

Le gros intestin débute souvent par une sorte de renflement que sa disposition en cul-de-sac a fait désigner sous le nom de *cœcum*. Il faut se garder d'assimiler le cœcum des mammifères aux diverticules que nous avons signalés sous le même nom chez les autres classes de vertébrés, et notamment chez les oiseaux. Placé sur le trajet même du canal intestinal, dont il est partie intégrante, traversé comme toute autre portion de ce tube, par le résidu de la pâte nutritive, qui paraît même s'y arrêter plus qu'ailleurs, et y subir une nouvelle et dernière élaboration, ce cœcum n'est autre chose qu'une nouvelle dilatation analogue à l'estomac, dont elle atteint et surpasse même le volume chez quelques espèces telles que le *lièvre*. C'est dans les *mammifères* phytophages que ce renflement intestinal a le plus de développement, et l'on en conçoit aisément la raison ; organe de dépôt pour le résidu excrémentitiel, il devait être plus volumineux là où un aliment moins assimilable fournit une plus grande quantité de ce résidu. C'est pour cette même raison que nous voyons diminuer et disparaître même cette poche dans les espèces carnassières.

Si le cœcum des *mammifères* ne peut être pour nous l'analogue des diverticules qui se trouvent chez les *oiseaux* sur la limite des deux intestins, ce n'est pas à dire cependant que ces derniers aient disparu dans la première classe des vertébrés. Loin de là, nous rencontrons chez un grand nombre d'entre eux, notamment chez les *édentés*, chez les *rongeurs*, chez les *solipèdes*, chez l'*homme*, etc., un ou même deux (1) appendices aveugles, d'une longueur considérable dans certaines espèces, et dont la fonction semble être de verser dans le gros intestin, à l'origine duquel ils sont aussi placés, le produit d'une sécrétion crypteuse.

Le reste de cet intestin, d'un calibre d'autant plus différent de celui de l'intestin grêle que l'animal est plus herbivore, souvent boursouflé d'espace en espace par le froncement que lui impriment trois rubans musculaires plus courts que lui, et qui règnent dans sa longueur, le gros intestin, dis-je, après avoir, sous

---

(1) Chez le fourmilier.

le nom de *colon*, contourné la masse des intestins grêles, se porte vers la ligne médiane et va se terminer en prenant la dénomination de *rectum*, à l'extrémité postérieure du tronc par un orifice particulier. Une seule espèce, *l'ornithorinque*, nous offre, comme les oiseaux, un cloaque ou réceptacle commun des excrémens solides, de l'urine et des produits de l'appareil génital.

Les cryptes annexés au conduit alimentaire ne sont, dans aucune classe, aussi nombreux que dans celle des *mammifères*; nulle part leurs produits ne sont aussi variés; nulle part aussi les glandes qu'ils forment par leur agglomération n'atteignent un volume aussi considérable.

Nous en observons d'abord un grand nombre dans la dépendance de la bouche. Les uns isolés et répandus sur toute la surface de cette cavité, ou agrégés et formant de petites masses immédiatement sous-tégumentaires (*les amygdales*), versent à la surface un liquide muqueux qui sert à préserver celle-ci de l'action irritante des divers corps qui passent ou séjournent sur elle; aussi ce genre de cryptes est-il d'autant plus abondant que l'épiderme buccal est moins épais. Les autres cryptes buccaux forment plusieurs paires de glandes salivaires qui sont moins immédiatement sous-tégumentaires que les masses précédentes, et versent leurs produits dans la bouche par de vrais canaux excréteurs plus ou moins longs. La plus volumineuse de ces glandes est la *parotide* placée derrière la branche montante de la mâchoire inférieure. Les glandes salivaires sont en rapport de développement avec la nature plus ou moins sèche de l'aliment; très grosses chez les animaux qui, tels que beaucoup de *rongeurs*, les *solipèdes*, les *ruminans*, etc., vivent d'écorces, de feuilles ou de plantes herbacées, elles sont médiocres, petites chez les *carnassiers*, et nulles chez les mammifères aquatiques, dont la nourriture, toujours plus ou moins humectée, ne s'arrête pas dans la bouche. On remarque aussi que chez les *rongeurs* ce sont les glandes antérieures, et chez les carnassiers, les postérieures qui l'emportent en développement.

L'estomac est semé d'un très grand nombre de cryptes, tant mucipares que producteurs des liquides qui doivent modifier l'aliment pour le convertir en chyme. Lorsque la nourriture a besoin de subir une certaine macération dans la portion gauche de l'organe, avant d'arriver dans la région pylorique, on trouve dans la première un très grand nombre de ces petits agens sécréteurs; il y en a beaucoup dans la panse, et surtout dans le bonnet des *ruminans*. Chez le *castor*, on remarque au côté droit du cardia une agglomération considérable de cryptes qui produisent une humeur muqueuse. Le nombre des cryptes isolés ou simplement agrégés est encore plus considérable dans le duodénum, surtout chez les espèces herbivores. Leur produit concourt à la chylification de la pâte chymeuse, avec la bile et la salive pancréatique. Le pancréas existe constamment chez les *mammifères*; il se compose ordinairement de deux lobes, et s'ouvre souvent dans le duodénum par deux canaux distincts. Le foie, proportionnellement moins volumineux dans cette classe que dans les précédentes, est composé généralement de trois lobes qui se subdivisent souvent en plusieurs lobules. Cette dernière disposition se remarque surtout chez les *rongeurs* et chez les animaux qui sautent ; mais on ne sait à quelle circonstance physiologique elle se rattache. Le tissu de cette glande, homogène dans la plupart des cas, se montre ici quelquefois composé de deux substances dont l'une est plus foncée que l'autre, et qui, par la manière dont elles sont disposées l'une à l'égard de l'autre, donnent au parenchyme hépatique un aspect granuleux. La vésicule biliaire manque dans beaucoup de *mammifères*, sans qu'on puisse établir les conditions de son absence ou de sa présence, car on la voit exister ou manquer chez des genres très voisins : c'est ainsi que nous la rencontrons chez les *ruminans à corne*, tandis que les *ruminans à bois* en sont privés.

Le reste du canal intestinal nous offre encore un certain nombre de cryptes. Ces organes forment dans l'intestin grêle les plaques auxquelles Peyer a donné son nom, plaques qui ont ceci de remarquable qu'elles revêtent une forme particulière dans chaque espèce. Le cœcum, et surtout son appendice, sont très riches en follicules sécréteurs. Enfin, dans beaucoup de *mammifères*, chez la plupart des *carnassiers*, chez quelques *rongeurs*, nous trouvons autour de l'anus des agglomérations considérables de cryptes qui sécrètent une humeur plus ou moins odorante ; mais, comme cette humeur n'est pas versée dans l'intérieur même de l'intestin, comme elle n'a rien de commun avec la fonction de l'appareil alimentaire, nous ne croyons devoir parler de ces petites glandes anales qu'en traitant des appareils auxquels elles semblent se rattacher physiologiquement.

DEUXIÈME GENRE.

APPAREIL DE L'ABSORPTION GAZEUSE.

(APPAREIL RESPIRATOIRE.)

A. *DESCRIPTION GÉNÉRALE DE CET APPAREIL.*

Il ne suffit pas à la constitution du fluide nutritif que des matériaux solides ou liquides empruntés au monde extérieur, digérés et absorbés à la surface, viennent sans cesse l'alimenter; ce fluide ne devient propre à l'entretien de la vie qu'après s'être combiné en outre avec certains élémens gazeux. L'absorption de ces élémens, complément indispensable de l'absorption alimentaire, est ce qu'on nomme la *respiration.*

L'air pénètre dans l'organisme par tous les points de la surface, et c'est vraisemblablement à cette absorption générale que se réduit la respiration dans les animaux les plus simples. Mais cette fonction tend de plus en plus à se spécialiser et à se localiser, et consiste principalement, chez la très grande majorité des êtres animés, dans l'absorption d'un gaz particulier enlevé au fluide ambiant par une partie de l'enveloppe modifiée et disposée pour cet acte. Les modifications que subit l'enveloppe pour devenir un organe d'absorption gazeuse sont en rapport, d'une part, avec la nature de cette fonction, de l'autre, avec son but.

D'abord cette membrane est très mince, d'un tissu peu serré ; elle n'offre ni pigmentum, ni épiderme, du moins sur tous les points de l'appareil spécialement chargé d'absorber le gaz vivifiant. Par là le tégument se montre éminemment perméable par ce gaz.

Ensuite, toutes les fois que le fluide nutritif, que le sang coule dans des vaisseaux, ce même tégument se fait remarquer par la prédominance de sa couche vasculaire, prédominance telle, qu'elle va jusqu'àconvertir chez beaucoup d'animaux cette partie de l'enveloppe en masses parenchymateuses. En même temps que les vaisseaux se multiplient, leurs parois subissent en outre un amincissement considérable. Par ce second ordre de modifications, qu'accompagne, on le conçoit bien, la disparition de la couche contractile sous-peaucière, l'organe respiratoire met en peu de temps tout le fluide nutritif en rapport avec le nouvel élément qui doit se combiner avec lui.

Les cryptes sont beaucoup moins nombreux ici que dans le derme digestif, et ils étaient, en effet, bien moins réclamés par une fonction qui ne s'exerce que sur des élémens gazeux. Les phanères manquent également, comme il est facile de le prévoir.

En même temps que la partie du tégument qui doit devenir un organe de respiration se modifie dans sa structure, elle se modifie aussi dans sa forme et dans sa situation.

Les nouvelles dispositions que nous offre alors l'enveloppe à ces deux égards, varient selon l'état de la circulation, et selon le milieu dans lequel respire l'animal.

Lorsque le fluide nourricier se trouve comme épanché dans tout le corps et n'y est pas distribué par des vaisseaux; lorsque, par conséquent, loin d'aller au-devant du fluide respirable, il faut que ce soit ce fluide qui aille au-devant de lui, l'appareil de l'absorption gazeuse se compose d'un nombre plus ou moins considérable de rentrées tégumentaires qui ont la forme de canaux arborisés, et dont les ramifications se répandent dans tout l'organisme; ces canaux sont connus sous le nom de *trachées*. Il y a, comme nous le verrons, des trachées pour la respiration aqueuse et des trachées pour la respiration aérienne.

Quand, au contraire, le sang régulièrement distribué aux diverses parties du corps, suit des directions déterminées, et peut aller chercher lui-même le gaz respirable, le tégument, modifié alors dans sa texture, comme nous l'avons dit plus haut, se dispose dans un endroit particulier de manière à offrir une surface d'absorption plus ou moins étendue qu'on nomme *branchie* ou *poumon*, selon la forme et la situation que réclame le milieu dans lequel la fonction doit s'opérer.

En effet, cette dernière condition, qui ne modifie pas essentiellement les trachées dans leur forme générale, exerce, au contraire, une grande influence sur celle des organes respiratoires des animaux à circulation, et voici ce que nous observons alors.

Toutes les fois que l'absorption gazeuse doit avoir lieu dans l'eau ou dans une atmosphère très humide, la partie du tégument qui est chargée de cet acte, demeure à l'extérieur, ou tout au moins fort près de là, et s'y dispose de manière à présenter le plus de surface possible dans l'espace qui lui est assigné. Pour cet effet, la membrane respiratoire se ramasse ordinairement sur elle-même en formant des plis plus ou moins nombreux qui retiennent l'eau, la divisent, et favorisent ainsi son action sur l'air contenu dans ce milieu. Quelquefois, et surtout au commencement de la série, cette même membrane présente, au lieu de plis, des expansions, et comme des espèces d'excroissances tégumentaires qui revêtent, comme nous le verrons, des formes assez variées. Tout organe ainsi constitué pour la respiration dans une atmosphère plus ou moins aqueuse constitue une *branchie*.

L'absorption gazeuse doit-elle s'opérer au contraire dans une atmosphère plus ou moins sèche chez un animal à circulation, la partie de l'enveloppe qui en est chargée fait une rentrée dans la masse du corps; si elle restait à la surface externe de celui-ci, nous la verrions se dessécher, et dès ce moment elle cesserait d'absorber. Nous avons alors pour organe spécial de la respiration un *poumon*, c'est-à-dire une rentrée tégumentaire, tantôt sous la forme d'une poche simple ou multiloculaire, tantôt semblable à un arbre que ses innombrables ramifications convertissent en masses plus ou moins considérables. Dans ce dernier cas les derniers ramuscules de l'arbre pulmonaire représentent de très petites vésicules terminées en cul-de-sac, en sorte qu'un poumon arborisé ne diffère que par ses divisions et par la multiplication de sa surface d'un poumon qui ne représente qu'une rentrée cystiforme simple ou peu divisée.

Nul doute que la fonction de l'appareil qui nous occupe ne comprenne, comme celle de l'appareil précédent, trois ordres d'actes : une préparation ou digestion du fluide respirable, l'acte essentiel, c'est-à-dire l'absorption elle-même du gaz vivifiant, enfin, une sorte de défécation, c'est-à-dire, la réjection du résidu du fluide sur lequel se sont exercés les deux actes précédens, résidu qui se trouve mêlé aux produits gazéiformes que des exhalations particulières ont séparés du sang, soit pour servir à la digestion respiratoire, soit à titre d'excrémens. Mais ces trois temps de la respiration se succèdent avec une telle rapidité, en raison du peu de cohésion des matériaux sur lesquels s'exerce cette fonction, que nous ne trouvons plus jamais dans l'appareil auquel elle est confiée les trois sections particulières que nous avons signalées dans celui de l'absorption alimentaire. La divisison mécanique de la masse du fluide respiré a lieu par le seul fait de l'introduction de ce fluide dans les divers plis ou dans les ramifications qui servent à multiplier chez la plupart des animaux la surface chargée de l'absorption gazeuse. Puis, à mesure que le fluide arrive au contact de cette surface, il y subit instantanément les modifications chimiques qui en dégagent l'élément vivificateur, et l'absorption qui lui enlève cet élément. Enfin, de même que nous n'avons pas trouvé de section spécialement excrémentitielle dans l'appareil alimentaire aussi long-temps que ses fonctions modificatrice et absorbante n'étaient pas encore distinctes, nous ne rencontrons pas non plus de lieu de dépôt pour les fèces de la respiration dans l'appareil de l'absorption gazeuse, et il n'y a

même ordinairement qu'une seule voie pour l'introduction de l'aliment aériforme et pour la réjection de
son résidu.

Cet état de choses étant constant pour l'appareil respiratoire, tandis qu'il n'était que transitoire pour celui
de l'absorption alimentaire, il s'ensuit que nous ne pouvons mesurer le développement du premier dans la
série animale comme celui du second, à l'aide de la loi
de la localisation progressive des principaux actes qui
composent la fonction, exception qu'on trouvera
toute naturelle, si l'on songe que la respiration, tout
importante qu'elle est, constitue cependant, en raison
des matériaux sur lesquels elle s'exerce, une des actions
les plus simples, les plus faciles et les plus rapides de
l'organisme, et par conséquent l'une de celles dont
l'énergie croissante entraîne le moins de modifications
et exige le moins la division du travail physiologique.

Mais, à défaut d'une localisation qui serait ici superflue, nous trouvons, en suivant l'appareil de l'absorption gazeuse dans la série animale, qu'il n'en revêt
pas moins des caractères de plus en plus spéciaux et
de plus en plus appropriés à sa fonction, et au degré
d'activité que l'ensemble de l'organisme réclame de
celle-ci. La structure du tégument respiratoire, son
étendue, sa disposition, se modifient d'une manière
graduelle pour une respiration toujours plus parfaite
depuis le polype jusqu'aux vertébrés à sang chaud.
La nature du milieu dans lequel se fait l'absorption
aérienne est aussi en rapport, jusqu'à un certain point,
avec le progrès général de cet acte et avec celui de
l'ensemble de l'organisation, et nous pouvons établir
en principe qu'à mesure qu'on s'élève sur l'échelle

organique, on voit la respiration aquatique devenir toujours plus rare, et la respiration aérienne toujours plus fréquente, jusqu'au moment où la première disparaît et où la seconde reste seule. Mais ce progrès ne se fait pas sans de nombreuses fluctuations, comme on le verra dans la suite. Une circonstance anatomique qui contribue à prouver l'infériorité de la respiration aquatique, c'est que, lorsque l'appareil demeure à l'extérieur, comme il arrive pour l'ordinaire plus ou moins aux branchies, les modifications qui font du tégument un agent d'absorption ne sont jamais aussi complètes que lorsque l'appareil fait une rentrée dans la masse du corps, ce qui a toujours lieu pour la respiration aérienne.

Toutes les fois que les organes respiratoires sont plus ou moins intérieurs, toutes les fois qu'il leur faut le secours d'une force quelconque pour faire arriver jusqu'à eux le fluide ambiant, l'appareil locomoteur leur fournit des parties auxiliaires qui sont d'autant plus spécialement appropriées et affectées à cet usage que nous les observons dans un type plus élevé sur l'échelle animale.

B. APPAREIL DE L'ABSORPTION GAZEUSE DANS LA SERIE ANIMALE.

I.

La première forme que revêt le tégument pour agir comme organe d'absorption aérienne est celle de canaux ou de trachées qui vont se ramifier dans tout le parenchyme. Cette disposition est en rapport avec l'état de la circulation du fluide nutritif qui, chez les espèces inférieures, se meut par oscillation dans les mailles même de la trame organique.

Telle est la forme générale de l'appareil respiratoire dans tout le type des ANIMAUX RAYONNÉS. Les trachées de ces animaux sont vraisemblablement toujours aquifères ; elles appellent et rejettent le fluide ambiant par un mouvement alternatif de systole et de dyastole, dont leurs parois elles-mêmes sont le siége. Celles-ci sont encore si peu spécialisées dans leur organisation, qu'elles servent à la fois à l'absorption alimentaire et à l'absorption aérienne. C'est ce que nous voyons chez les plus simples d'entre les animaux rayonnés. Les *polypes* et plusieurs autres, tels que les *actinies*, les *méduses*, se nourrissent et respirent par les mêmes rentrées tégumentaires, qui, chez les uns sont uniques à leur origine, mais ramifiées dans leur trajet, et chez les autres, s'ouvrent au-dehors par de nombreux suçoirs.

Mais chez les espèces supérieures et plus composées de ce même type, savoir chez les *échinodermes*, des rentrées particulières du tégument sont affectées à chacune des fonctions dont il s'agit, et les trachées aquifères conservent plus spécialement le rôle d'organes de respiration. Celles des *astéries* et des *oursins* s'ouvrent à la surface extérieure. Celles des *holothuries* se montrent aux deux extrémités du canal alimentaire sous la forme d'arborescences vasculaires.

II.

Chez les MOLLUSQUES le fluide nutritif courant dans

des vaisseaux qui règlent sa distribution, l'appareil respiratoire se localise. Il prend en outre une organisation beaucoup plus spéciale que dans le type précédent. La respiration étant le plus ordinairement aquatique, c'est aussi le plus souvent sous forme d'expansions branchiales que cet appareil se présente. Mais, dans un petit nombre d'espèces qui respirent l'air, il forme une rentrée ou sac pulmonaire (1). A ce degré de la série le tégument respirateur, bien qu'éminemment celluleux et vasculaire, conserve cependant encore beaucoup de tissu contractile.

Les branchies des mollusques varient beaucoup sous le rapport de leur situation, de leur forme et de leur structure. Quant à leur situation, ces organes se montrent, tantôt à la face dorsale, tantôt à la face abdominale, souvent à la partie antérieure, quelquefois vers l'extrémité postérieure. Dans beaucoup de cas, les branchies sont à découvert sur quelques parties du dos, soit sur ses côtés, comme dans les *éolides*, soit autour de l'anus, comme dans les *doris*, et plongent alors continuellement dans l'eau. Dans d'autres cas, chez les *gastéropodes* ou *céphalidiens* conchifères, situées sur le col, elles y sont protégées par la coquille et se trouvent placées même quelquefois dans une cavité particulière qui forme comme une transition aux sacs pulmonaires de plusieurs mollusques de la même classe. Enfin, chez les autres malacozoaires

---

(1) Les trachées aquifères ne disparaissent pas complètement dans ce type. M. Della Chiaje en a démontré l'existence dans beaucoup de mollusques ; seulement leur rôle comme organes respiratoires devient très secondaire.

les expansions branchiales sont plus ou moins recou-
vertes et protégées par le manteau ; soit que ce large
repli tégumentaire leur fournisse simplement un abri
dans l'intervalle de ses deux moitiés, ainsi que cela
se voit dans beaucoup de *bivalves*, soit qu'il leur forme
par la jonction de ses bords un sac plus ou moins
complet, comme nous l'observons chez d'autres *acéphales* et surtout chez les *céphalés*, tels que les *sèches*
et les *calmars*. Lorsque les branchies sont ainsi abritées, il faut que l'appareil locomoteur intervienne
pour faire arriver l'eau jusqu'à elles, et c'est effectivement l'office que remplit à leur égard le manteau,
par des contractions qui écartent ses bords lorsqu'ils
sont libres, et qui produisent des mouvemens de systole et de dyastole lorsque ce repli forme un sac, ou
se prolonge en tube (1). La forme et la structure des
branchies des mollusques varie pour le moins autant
que leur situation, et, comme nous ignorons encore
la condition générale de beaucoup de ces variations,
comme un grand nombre d'entre elles se rattachent à
des mœurs et à des habitudes particulières, nous devons
nous contenter d'indiquer ici les principales d'entre

---

(1) Les mollusques bivalves qui, tels que les huîtres, s'attachent à la
surface des rochers, n'ont qu'à ouvrir leur coquille pour faire arriver
l'eau jusqu'à leurs organes respiratoires, les lobes de leur manteau s'é-
cartant alors en même temps que les valves. Mais lorsque l'animal est
plongé dans le sable, comme les myes, ou qu'il s'enfonce dans des pièces
de bois, comme les tarets, une disposition particulière lui devient nécessaire pour puiser le fluide qu'il doit soumettre à l'action de ses branchies. Dans ce cas le manteau fournit en arrière un prolongement
tubuliforme plus ou moins considérable qui se porte jusqu'à l'eau et qui
par une alternative de dilatations et de contractions, l'aspire et la rejette
tour à tour.

elles, en procédant des groupes inférieurs aux groupes supérieurs du type qui nous occupe.

Parmi les *acéphales*, les *ascidies* nous offrent pour organe respiratoire un simple réseau vasculaire qui tapisse une cavité formée par le manteau autour de la bouche. Chez les *biphores*, dont le manteau forme, non plus un sac, mais un cylindre à deux ouvertures terminales, nous voyons un repli tégumentaire qui parcourt obliquement la face interne de celui-ci de l'une de ses extrémités à l'autre. L'expansion branchiale est beaucoup plus développée chez les *acéphales testacés*. Ici le manteau, plus ou moins complètement ouvert, présente entre ces lobes deux paires de feuillets semi-lunaires, dont la structure est digne d'attention. Chacun d'eux, formé par un repli des tégumens, se compose par conséquent de deux lames ; celles-ci d'un tissu fin et éminemment propre à l'absorption, comprennent dans leur intervalle deux couches de vaisseaux parallèles, qui se portent du bord dorsal de la branchie à son autre bord, et qui sont coupés à angle droit par des rameaux anastomotiques. Les vaisseaux de l'une de ces couches appartiennent à l'artère branchiale, ceux de l'autre à la veine du même nom ; ils agissent donc, les uns comme afférens, les autres comme efférens : on les voit se rendre à deux troncs qui bordent la lame branchiale à laquelle ils se distribuent.

Chez les *gastéropodes* (*cephalidiens*) à respiration aquatique les branchies sont tantôt de petites lames disposées en travers sur les côtes du dos (*éolides*), tantôt des lanières étalées en éventail (*glaucus*) ; ailleurs ce sont des expansions en forme de houpes ou de pinceaux (*thétys*) ; ailleurs encore, nous voyons de petites arborescences branchiales rangées, ou sur toute la longueur du corps (*tritonies*), ou seulement autour de l'anus (*doris*). Les branchies des espèces conchifères de ce même groupe, qu'elles soient simplement protégées par la coquille ou placées dans une cavité, comme nous l'avons dit plus haut, ont en général une forme lamellée, et prennent souvent une disposition pectinée. L'injection de ces lamelles est facile et fait reconnaître les principales ramifications d'un tronc afférent que la veine cave envoie à ces organes, et d'un tronc efférent qui ramène le sang au cœur.

Les *céphalopodes* ou *céphaliens* ont, au fond du sac qui forme leur manteau, deux branchies pyramidales, composées de petits feuillets placés parallèlement les uns au-dessus des autres, et surmontés sur leurs deux faces de filamens ou d'arbuscules vasculaires. Par une alternative de mouvemens de systole et de dyastole, le sac se remplit et se vide tour à tour du fluide ambiant, et met ainsi les organes respiratoires en rapport avec lui (1).

---

(1) Un autre effet de ces mêmes mouvemens est de concourir à la locomotion : en rejetant par la contraction de son sac l'eau que contenait celui-ci, l'animal subit l'effet de la résistance que le milieu ambiant oppose au liquide qui lui est ainsi renvoyé, et se trouve repoussé avec une énergie proportionnée à l'effort qu'il a fait. Ce moyen de locomotion appartient à quelques animaux inférieures, surtout à plusieurs rayonnés, aux méduses, par exemple, comme nous le dirons en traitant de l'appareil locomoteur. Au reste, ce n'est pas ici la seule occasion où cet ap-

La cavité branchifère que nous signalions tout à l'heure sur la partie dorsale antérieure de quelques *gastéropodes* à coquille, est une sorte de transition qui nous conduit au sac pulmonaire des espèces du même groupe qui respirent dans l'air. Supprimez en effet de cette cavité les saillies que font à sa surface les lanières et les lames branchiales ; que la peau de cette poche et son réseau vasculaire, au lieu de former ces saillies nécessaires à la respiration aquatique, demeurent simplement étalés, et vous aurez l'organe respiratoire des gastéropodes aériens (1).

Ces derniers mollusques, les uns terrestres, les autres habitant l'eau, mais venant respirer à sa surface, ont pour poumon un sac plus ou moins ovalaire, c'est-à-dire, une rentrée du tégument, qui présente au milieu d'une trame spongieuse un lascis considérable de vaisseaux tant afférens qu'efférens. La situation de ce sac varie. Les *limaces* et les *hélices* le portent sur le col, ayant son ouverture à droite ; chez les *onchidies* il est situé au voisinage de l'anus. Les parois de cet appareil de respiration conservent assez de contractilité pour suffire aux mouvemens de systole et de dyastole à l'aide desquels l'air est tour à tour appelé et repoussé.

---

pareil se montre plus ou moins étroitement associé à celui qui nous occupe ; les appareils de respiration et de locomotion ont ensemble plus d'un genre de relation, comme on pourra facilement s'en apercevoir dans la suite.

(1) Ce n'est point ici une simple supposition, mais un fait. Avant d'arriver aux mollusques pulmonés, nous trouvons plusieurs espèces de *pectinibranches* (Cuv.), les *cyclostomes*, par exemple, qui ont une cavité branchiale, mais dépourvue de saillies. Ces animaux vivent, non plus dans l'eau, mais dans les lieux les plus humides des bois.

III.

S'il faut en croire la plupart des observateurs, l'appareil respiratoire ferait un pas rétrograde chez quelques genres inférieurs du type des ANIMAUX ARTICULÉS EXTÉRIEUREMENT; c'est-à-dire, qu'il n'existerait pas chez eux comme appareil spécial, qu'il cesserait d'être localisé, et qu'il ne serait représenté que par le tégument général. Tel serait le cas de toutes les *annélides abranches*, par exemple, des *sangsues* parmi les *apodes*, et des *lombrics* parmi les *chétopodes*. D'autres anatomistes, M. Carus en particulier, n'admettent point ce retour à la respiration des animaux homogènes, et décrivent comme les organes respiratoires de ces articulés, de petits sacs à parois très vasculaires qui viennent s'ouvrir par de très petits orifices, chez les *sangsues*, de chaque côté de la face abdominale, chez les *lombrics*, sur les côtés du dos à la partie antérieure de chaque segment. En levant ainsi l'incertitude qui existait sur les usages de ces petits organes, M. Carus a procédé sans doute plutôt *à priori* qu'*à posteriori*; cependant, il faut convenir que son hypothèse ne manque pas de vraisemblance, car on concevrait difficilement que des animaux déjà aussi élevés que ceux dont nous parlons, et pourvus de vaisseaux dans lesquels le sang subit une circulation assez régulière, n'eussent que leur enveloppe extérieure pour tout organe respiratoire.

Au-dessus des *annélides abranches*, nous rencontrons toujours dans le type des entomozoaires des appareils évidens de respiration. Ces appareils sont aquatiques dans plusieurs classes, aériens dans d'autres (1). Ce sont toujours des branchies dans le premier cas ; dans le second, ce sont le plus souvent des trachées, et quelquefois des sacs pulmonaires.

Chez les *annélides* branchifères, les branchies sont toujours à découvert à la surface externe du corps, et se trouvent ainsi, par leur situation seule, et sans le secours de l'appareil locomoteur, en rapport avec le fluide ambiant. Ainsi, dans quelques genres, nous trouvons les branchies concentrées au voisinage de la bouche, où elles représentent, tantôt un bel éventail vivement coloré, comme chez les *sabelles*, tantôt un petit arbuscule, comme chez les *térébelles*, d'autres fois une sorte de peigne vasculaire placé à l'origine du dos, ainsi que nous le voyons chez les *amphitrites*. D'autres annélides ont leurs branchies placées sur la longueur du corps, où elles occupent une étendue plus ou moins grande de chaque côté de la ligne médiane, sous la forme de crêtes chez les *aphrodites*, sous celles de petites lames ou de houppes vasculaires chez les *néréides*.

Chez les autres groupes d'entomozoaires, à mesure que l'animal échappe davantage à l'existence aquatique, à mesure que ses mœurs le mettent plus souvent ou plus complètement en rapport avec l'air, ou lorsque l'absence de la circulation exige que ce fluide

---

(1) On voit par là que la respiration aérienne, qui était si rare dans le type des mollusques, est déjà beaucoup plus fréquente dans celui des animaux articulés extérieurement. Nous la trouvons chez les *myriapodes*, les *octopodes* et les *hexapodes;* les *annélides* (*apodes* et *chétopodes*), les *crustacés* (*hétéropodes*, *tetradécapodes* et *décapodes*), respirant dans l'eau ou dans une atmosphère chargée d'humidité.

se porte lui-même au-devant du sang, l'appareil respiratoire se retire de plus en plus complètement,
d'abord sous de simples abris tégumentaires, puis
dans l'intérieur même du corps. Alors s'établit entre
cet appareil et celui de la locomotion une association
tellement intime qu'il est permis de considérer le premier comme formé aux dépens du second, c'est-à-
dire, le plus souvent aux dépens de ses appendices,
qui se modifient partiellement, dans leur forme,
dans leur texture et dans leur position, pour la fonction
nouvelle qu'ils doivent accomplir. Ou plutôt, disons
que, toujours admirable en ressources en même temps
que fidèle à la simplicité de son plan, le Créateur n'a
eu besoin, pour unir intimément des organes qui, à
ce degré de l'organisme, portent des caractères très
spéciaux, que de donner un développement différent
aux divers élémens anatomiques des appendices, en
en faisant prédominer le réseau vasculaire et le tissu
aréolaire du tégument là où ces diverticules de l'enveloppe devaient s'acquitter de l'absorption gazeuse,
la couche contractile sous-dermique quand ils devaient
concourir à la locomotion, enfin, même l'élément
nerveux dans les points où ils devaient agir comme
organes de toucher.

Chez les *crustacés* qui vivent constamment dans
l'eau, les branchies sont plus ou moins à découvert,
plongent dans le liquide ambiant, comme chez les *annélides*, avec cette différence qu'elles font partie des
appendices locomoteurs; c'est ce qui s'observe en particulier dans les genres *apus, branchipe, squille*, etc.
Dans les genres de la même classe qui, bien qu'aqua-

tiques, sortent néanmoins de temps en temps de leur milieu habituel et sont même capables de vivre plus ou moins long-temps hors de ce milieu, les organes respiratoires placés à la racine des appendices locomoteurs sont ordinairement couverts par le bouclier, et souvent aussi préservés par des dispositions particulières de celui-ci contre l'action desséchante de l'air. C'est ce que nous observons dans la classe des *décapodes*, le plus élevé des groupes compris sous la dénomination générale de *crustacés*. Les branchies de ces animaux, de forme plus ou moins pyramidale, et composées tantôt de petits feuillets, tantôt de fibriles disposés comme les barbes d'une plume sur les côtés d'un axe commun, sortent de l'article radical des pattes, et s'avancent sur les côtés du thorax au-dessous des portions latérales du bouclier. L'eau arrive à ces organes à la faveur des mouvemens des membres, qui soulèvent et écartent plus ou moins les bords de ce dernier. Quand l'animal est appelé par ses mœurs à vivre plus ou moins long-temps hors de l'eau, on voit des espèces de petits réservoirs qui conservent une certaine quantité de ce liquide pour les besoins des organes respiratoires; ce sont de petites rigoles, des cellules spongieuses, même des petites poches, comme dans les *uca*, ou une sorte d'auge placée sur le côté externe de la cavité branchiale, comme dans le *crabe terrestre*, ou bien enfin une masse celluloglanduleuse très propre par sa spongiosité à garder de l'eau en réserve. Enfin, chez quelques crustacés qui vivent toujours sur la terre, mais toujours aussi dans les lieux les plus humides, les organes respiratoires sont encore des branchies, mais vésiculeuses et

cachées sous la face abdominale de l'animal, vers les
derniers anneaux. C'est ce qu'on observe chez plusieurs
tétradécapodes, tels que les *ligies* et les *cloportes*.

La respiration est tout-à-fait aérienne chez les *myriapodes*, les *octopodes* et les *hexapodes*, quelques
larves de ceux-ci exceptées, et alors nous voyons les
expansions branchiales faire place à des rentrées tra-
chéennes ou cystiformes, car la sécheresse du milieu
ambiant ne permet plus à la surface absorbante de
demeurer au-dehors. M. de Blainville démontre que
ces rentrées ne sont elles-mêmes que des appendices
de même origine que ceux de la locomotion, mais
qui ont subi, quant à leur situation et à leur forme,
les modifications réclamées par les fonctions auxquelles ils étaient appelés. Il cite en preuve de cette
manière de voir les ailes des insectes, qui ne sont à
son avis, que des trachées demeurées au-dehors pour
la locomotion; en effet, quand on considère la texture des ailes, on ne peut qu'être frappé de cette
analogie. Formés comme les trachées, par une membrane celluleuse très fine, éminemment propre à
l'absorption, ces appendices n'ont, comme celles-ci,
de tissu contractile qu'à leur origine, et en sont dépourvus dans tout le reste de leur étendue. Chez les
myriapodes, plusieurs *octopodes* et les *hexapodes*,
animaux privés de circulation vasculaire, et chez lesquels il faut en conséquence que l'air se porte à la
rencontre du sang qui est épanché dans tout le corps,
les rentrées tégumentaires forment un système complet de vaisseaux aériens, de trachées, qui s'ouvrent à
la surface par un nombre variable d'orifices. Ceux-ci,

connus sous le nom de *stigmates*, sont disposés par paires, comme les organes de la locomotion, et placés sur les côtés du corps, surtout vers sa partie abdominale, et se montrent entourés d'un petit cadre qui sert à les tenir béants, et auquel se rattache un appareil épiglotique mu par de petits faisceaux musculaires ; à l'aide de cette disposition, l'animal peut fermer et ouvrir tour à tour l'entrée de son appareil respiratoire. Chez un très grand nombre d'insectes, et en particulier chez les *coléoptères*, chaque stygmate conduit à un tronc, ou trachée d'origine, qui se divise successivement en branches et en rameaux de plus en plus déliés. Des branches anastomotiques établissent des communications, soit entre les trachées d'un même côté, soit entre celles des deux moitiés latérales du corps. Dans quelques endroits les vaisseaux aérifères se renflent et forment de petites vésicules, disposition qui tend même à prédominer chez certains *hexapodes*.

Le système trachéen diffère, en général, selon qu'on l'examine avant ou après la métamorphose. Dans la larve, il est souvent plus développé que chez l'insecte parfait. Chez les larves qui habitent l'eau, par exemple chez les *stratiomes*, les orifices de toutes les trachées sont réunies vers l'anus, de telle sorte que pour respirer, l'animal n'a besoin de tenir que l'extrémité postérieure de son corps à la surface du liquide dans lequel il demeure suspendu.

Les modifications de structure que subit l'enveloppe pour former les trachées aérifères des animaux nt parfaitement en rapport avec le rang

qu'occupent ces animaux, avec le mode de distribution du fluide sanguin, enfin, et surtout avec la fonction de ces canaux. Et d'abord, leurs parois, loin de
rester confondues avec le tissu sous-jacent, comme
celles des trachées aquifères des rayonnés, en sont entièrement distinctes comme tout le reste du tégument;
à tel point que le tissu contractile qui restait encore
attaché au tégument respiratoire des mollusques s'est
lui-même complètement retiré, et ne se retrouve plus
qu'à l'entrée du petit appareil. Ensuite, c'est en vain
que nous chercherions une couche vasculaire à la surface de ces parois chez des animaux dont les organes
respiratoires se répandent dans le corps sous la forme
de vaisseaux aériens, précisément parce qu'ils manquent de vaisseaux distributeurs du fluide nutritif.
Enfin, une membrane dermoïque extrêmement fine,
perméable, dépourvue d'épiderme, au moins dans la
partie profonde et essentielle de l'appareil, forme
dans chaque trachée une surface d'absorption des plus
actives. Cette membrane est soutenue par deux autres
tuniques qui lui sont fournies par le tissu cellulaire
sous-jacent : l'une, qui l'entoure immédiatement, est
formée par un fil d'un tissu blanc, élastique, roulé en
spirale, et qui sert à maintenir les trachées béantes en
leur permettant des mouvemens de dilatation et de
contraction pour l'entrée et la sortie alternatives de
l'air; l'autre tunique, plus extérieure encore, est formée par un tissu membraneux très mince, mais assez
dense, et qui se fait remarquer par une belle couleur
moirée à laquelle on doit de pouvoir assez bien distinguer les trachées des parties qu'elles traversent.

Chez une partie des articulés *octopodes*

du fluide sanguin étant un peu mieux régularisée que
dans les autres entomozoaires aériens, les rentrées
tégumentaires qui forment ici des trachées se concentrent davantage et se disposent en petits sacs à
parois vasculaires, divisés par des lames en cellules
qui s'ouvrent au-dehors par des stygmates sous
abdominaux. Il est évident que ces petits organes nous
représentent les premières ébauches de ce que nous
nommons des poumons chez les animaux supérieurs ;
de là l'épithète de *pulmonaires* donnée aux espèces
d'*arachnides* qui en sont pourvues. Il existe entre ces
animaux une grande différence sous le rapport de la
concentration de l'appareil respiratoire: chez les *arai-
gnées* et les *tarentules* il ne se compose que de deux
sacs, tandis que les *scorpions* en ont huit. Il importe
de remarquer que chacune de ces poches s'ouvre au-
dehors par un stigmate particulier.

IV.

La respiration aquatique reparait dans le type
des OSTÉOZOAIRES, mais seulement dans les deux
classes inférieures ; encore n'est-elle le plus souvent que transitoire dans l'une de celles-ci, et ne s'y
montre-t-elle que comme un des caractères de la vie
fœtale. Ce dernier retour d'un mode de respiration que
nous avons vu exister seul au commencement de la série, puis seulement prédominer dans le type des *mollusques*, être presque balancé par l'autre dans celui des
entomozoaires, d'un mode que nous allons voir disparaître complètement au terme le plus élevé du développement de l'organisme animal, nous prouve bien

que, si le mode de respiration mérite d'être pris en considération pour décider de la place que mérite tel ou tel groupe d'animaux sur l'échelle zoologique, il n'a cependant sous ce rapport qu'une importance secondaire, et doit être subordonné, comme tous les caractères qui se rattachent plus ou moins à des circonstances de séjour, etc., à ceux qui se montrent plus indépendans de ces circonstances.

L'appareil respiratoire des ostéozoaires est non-seulement toujours localisé, ce qui est en harmonie avec la circulation constamment régulière de ces animaux, mais nous le rencontrons toujours aussi dans la même région du corps, vers son extrémité antérieure, dont il occupe plus ou moins manifestement la partie sternale. Il est à remarquer en outre que cet appareil est ici constamment confondu à son origine avec le commencement de l'appareil de l'absorption alimentaire; enfin, nous ne le trouvons jamais complètement extérieur, par conséquent aussi jamais tout-à-fait découvert. Il suit de là, que l'organe respiratoire est constamment une rentrée du tégument général et une sorte de diverticule de la rentrée alimentaire, elle n'est plus, comme dans le type des animaux à articles extérieurs, un diverticule ou une partie des appendices de la locomotion (1).

---

(1) Nous retrouvons, il est vrai, dans l'appareil respiratoire des animaux articulés intérieurement des pièces qui appartiennent à titre d'appendices à l'appareil locomoteur (les pièces hyo–laryngiennes et les côtes); mais ces pièces étant formées, comme tout ce dernier appareil, aux dépens des couches sous-tégumentaires externes, et la peau ne fournissant plus ici l'un de leurs deux élémens, l'organe respiratoire, j'entends sa partie essentielle, qui ne peut, au contraire, cesser d'être formé

Mais pour avoir la même origine que l'appareil de l'alimentation, l'organe de l'absorption aérienne n'en constitue pas moins chez les vertébrés un appareil parfaitement spécial et très développé. On peut le diviser en trois parties : une antérieure ou gutturale, qui ne manque jamais ; une thorachique, qui n'appartient qu'aux animaux à respiration aérienne ; une partie abdominale qui manque souvent, mais qui peut exister avec les deux genres de respiration. La partie gutturale s'appuie sur un petit système de pièces osso-cartilagineuses, le système hyo-laryngien, qui acquiert un développement et une importance considérables lorsque l'animal respire dans l'eau, car il sert alors de soutien et de moule à la partie essentielle de l'appareil. Chez les espèces terrestres, la surface respiratoire étant située beaucoup plus profondément, c'est-à-dire, dans le thorax, ce système hyo-laryngien, en y comprenant les tissus mous qui s'y rattachent, se trouve réduit à des proportions beaucoup moindres ; ne formant plus alors qu'un simple renflement du conduit que l'air parcourt pour entrer dans l'appareil et pour en sortir, il devient l'organe spécial d'une fonction accessoire de ce dernier, de la phonation.

L'appareil de l'absorption aérienne emprunte le secours des forces locomotrices placées au voisinage soit de sa partie gutturale soit de sa partie thorachique pour appeler à lui le milieu ambiant, et pour en rejeter le

---

par le tégument lui-même, est dès-lors complètement distinct des appendices locomoteurs. Cependant en cessant d'avoir entre eux des rapports généalogiques, les deux appareils n'en conservent pas moins d'étroites relations physiologiques, comme le prouve déjà le rôle important que jouent dans la respiration les pièces dont je viens de parler.

résidu après lui avoir enlevé ses principes vivifians. Mais pour donner une idée plus précise des caractères que revêt cet appareil et des modifications qu'il subit dans le type qui nous occupe, il est temps que nous le suivions dans les cinq classes d'animaux vertébrés.

Tous les *poissons*, les *amphibiens* à l'état de tétards, quelques-uns même pendant leur vie entière, respirent par des branchies. Celles-ci sont formées pas une expansion du tégument guttural qui, chez les *poissons*, se moule sur des rangées de nombreux feuillets cartilagineux triangulaires, disposés comme les dents d'un peigne sur les bords des pièces osseuses hyo-laryngiennes connues chez ces animaux sous le nom d'*arcs branchiaux*. Dans les *amphibiens* la membrane branchiale n'a pour soutien que ces arcs euxmêmes, sur la connexité desquels elle se dispose en panaches plus ou moins nombreux et profondément frangés. Placées sur les côtés de l'arrière-bouche, les branchies des *poissons* et des *amphibiens* communiquent avec celle-ci, et en reçoivent l'eau par un certain nombre de fentes qui ne sont autres que les intervalles des arcs branchifères, que des muscles particuliers écartent et rapprochent les uns des autres. Mais l'eau respirée ne ressort pas par cette voie. Après avoir pénétré entre les feuillets du tégument vasculaire respiratoire, et y avoir été comme tamisé, ce liquide, repoussé par le rapprochement des branchies, s'échappe par une ouverture externe située sur les côtés du cou. Chez la plupart des *poissons*, cette ouverture ne laisse pas à découvert l'appareil respiratoire : un double opercule mobile formé intérieurement par une membrane étalée sur une série de rayons hyoïdiens (membrane et rayons branchiostèges), extérieurement par des pièces osseuses ou cartilagineuses dont la principale s'articule par ginglyme avec l'os carré (l'opercule proprement dit), protége cet appareil, et concourt même à sa fonction par la pression qu'il exerce sur l'eau qui y afflue. Quelques *poissons cartilagineux*, dont les branchies sont immobiles, manquent d'opercules et reçoivent aussi bien qu'ils rejettent l'eau qu'ils respirent par plusieurs orifices placés sur les côtés du cou. Chez les *amphibiens*, nous voyons dans ce même endroit une fente qui donne issue au liquide que la bouche a transmis aux branchies mobiles de ces animaux. Chez le têtard de la *salamandre* on aperçoit sur les bords de cette fente les extrémités frangées de l'expansion branchiale qui sont directement en rapport avec le liquide ambiant.

Quelques *poissons*, tels surtout que le *brochet* et la *carpe*, portent dans l'abdomen, le long de la colonne vertébrale, une vessie obronde, remplie d'air, et qui communique par un canal plus ou moins manifeste avec le pharynx. Plusieurs anatomistes pensent qu'il faut rattacher cet organe à l'appareil respiratoire, sinon à cause de sa fonction, qui paraît être de modifier la légèreté de l'animal, et de faciliter ainsi les mouvemens de celui-ci dans l'eau, du moins en considération du fluide qu'il renferme et de ses rapports anatomiques avec l'arière-bouche. Cette double analogie nous montre en effet dans la vessie natatoire une première ébauche, soit des sacs respiratoires thoraco-abdominaux des *reptiles*, soit des appendices celluliformes que nous trouverons dans l'appareil pulmonaire des *oiseaux*, parties qui sont aussi, comme nous le verrons, des auxiliaires de la locomotion.

On voit par ce qui précède, que l'appareil respiratoire des *poissons* est surtout développé dans sa portion gutturale, la plus extérieure de toutes et la plus en rapport, par cela même, avec le milieu liquide qui doit alimenter cet appareil; que la section thorachique manque dans cette classe, à moins qu'on ne veuille en voir un rudiment dans le canal qui établit la communication de la vessie natatoire avec le pharynx; enfin, que la portion abdominale, plus développée que la précédente, manque avec elle dans un grand nombre d'espèces, et cela, sans préjudice pour la fonction essentielle de la rentrée tégumentaire dont elle dépend, puisqu'elle reste étrangère à cette fonction.

Les têtards des *batraciens*, et ceux d'entre les animaux de la même classe auxquels on ne connaît pas de métamorphose, les *protées* et les *syrènes*, forment la transition des vertébrés aquatiques aux vertébrés aériens. Ils portent en effet, outre les branchies que nous avons déjà décrites, des rudimens de poumons sous la forme de petits sacs à parois vasculaires qui représentent les parties thorachique et abdominale de l'appareil, et viennent aboutir dans le pharynx, comme la vessie natatoire des poissons. A mesure que l'animal subit sa métamorphose, on voit diminuer les branchies, c'est-à-dire la partie gutturale, et augmenter les sacs pulmonaires, qui se prolongent jusque dans l'abdomen ; enfin , quand le batracien est arrivé à son état parfait, les poumons demeurent seuls, et les branchies complètement effacées laissent à découvert le système hyo-laryngien, qui, bien moins développé qu'auparavant, concourt à former un larynx ou organe de phonation. Celui-ci est surtout très développé dans les *grenouilles*, où il présente de chaque côté deux grosses cordes vocales, qui, jointes à une glotte très mobile, produisent le coassement que ces animaux font entendre pendant les nuits d'été. Les sacs pulmonaires s'abouchent quelquefois presque immédiatement au larynx ; tel est le cas des *grenouilles* etdes *salamandres*. Dans les *pipas*, au contraire, nous trouvons entre eux et cet organe des canaux bronchiques d'une certaine étendue dans la composition desquels on découvre des arceaux cartilagineux très déliés qui rappellent un peu le fil spirotide des trachées des *insectes*. Mais, en échangeant leur respiration branchiale et pharyngienne contre une respiration pulmonaire et thoraco-abdominale, les *amphibiens* continuent encore à avaler l'air. Le système solide de leur thorax formant une charpente immobile, par suite de la soudure des pièces qui la composent, le mécanisme de la fonction reste guttural, du moins pour l'introduction de l'air dans la cavité pulmonaire, dont ce fluide est ensuite expulsé par la contraction des parois abdominales et aussi par celle de l'organe lui-même. Il résulte de là que pour asphyxier un animal de cette classe il suffit d'empêcher la déglutition en maintenant la bouche ouverte pendant quelque temps, tandis que la respiration peut encore se faire l'abdomen étant ouvert.

A partir des *amphibiens*, la respiration est constamment aérienne. Chez les *reptiles*, son appareil revêt encore la forme de sacs vasculaires qui se prolongent dans la cavité abdominale, en formant des appendices plus ou moins analogues à la vessie natatoire des *poissons*. Mais la partie gutturale de cet appareil a déjà passablement diminué dans cette classe, et ne sert plus qu'à la phonation et à la transmission de l'air (1) ; elle est convertie pour cela en canaux d'autant plus prolongés que la surface respiratoire s'est elle-même retirée plus ou moins en arrière, et qu'elle est par conséquent plus complètement thorachique. Ces conduits aériens offrent dans leur structure des arceaux cartilagineux quelquefois complètement circulaires, et qui servent à les maintenir constamment ouverts. Quant au poumon lui-même, il est double chez tous les *reptiles*, excepté chez les *serpens*, qui ne nous offrent qu'un sac pulmonaire; mais, à en juger par un petit sac qui se voit à gauche dans certaines espèces de ce groupe, il paraîtrait que l'anomalie apparente dont il s'agit tient à ce que le poumon droit s'est développé aux dépens du gauche, qu'il a même fini par anéantir complètement chez les vrais *serpens*, par exemple chez la *vipère*.

Quant à sa structure, l'organe respiratoire des *reptiles* nous offre des différences qui méritent d'être signalées comme indiquant une sorte de progression vers les poumons des vertébrés à sang chaud.

Chez les *ophidiens*, le canal aérien n'offre aucune division et s'abouche dans le sac pulmonaire par une seule ouverture ; celui-ci est uniloculaire ; ses parois, éminemment vasculaires, offrent pour toute parti-

---

(1) Chez beaucoup de reptiles le larynx manque de cordes vocales et ne sert même que de conduit aérien.

cularité des espèces de cellules comparables à celles qui tapissent le bonnet des *ruminans*; le nombre de ces cellules va en diminuant, et nous les voyons finissant même par disparaître vers l'extrémité postérieure de l'organe qui forme une sorte d'appendice vésical analogue à la vessie natatoire des *poissons*, et représentant comme elle la partie abdominale de l'appareil.

Les poumons des *sauriens* nous offrent une disposition semblable, seulement la trachée-artère se divise en deux branches, qui s'abouchent, chacune, par un orifice unique et terminal au sac pulmonaire correspondant. Ce dernier ne diffère d'ailleurs de celui des *ophidiens* qu'en ce que sa partie adbominale se compose de plusieurs cellules ou vessies de dépôt.

Mais, dans les *emydosauriens* ou *crocodiles*, et dans les *tortues*, la disposition de l'appareil pulmonaire est un peu plus compliquée. Chaque bronche, au lieu de s'aboucher brusquement au poumon correspondant, se prolonge dans l'intérieur de cet organe avant de s'y terminer. Chez la *tortue grecque*, par exemple, ce conduit atteint jusqu'à la partie la plus reculée du poumon, et s'ouvre pendant ce trajet par dix ou douze orifices dans autant de grandes cellules polygonales partagées elles-mêmes en cellules plus petites. Les bords de chaque orifice sont relevés comme pour former le commencement d'une ramification bronchique. Cette disposition, jointe à la structure multiloculaire que présente en même temps le poumon lui-même, est évidemment un premier pas vers la disposition arborisée que nous présentera cet organe dans les classes supérieures.

Quant au mécanisme de la respiration dans les *rep-*

tiles, il varie selon que les parties solides qui forment les parois du tronc sont mobiles, ou soudées et immobiles. Ainsi les *chéloniens*, dont le thorax est immobile, avalent l'air comme font les *amphibiens*. Les *ophidiens* et les *sauriens* l'aspirent et le rejettent, au contraire, à la faveur de mouvemens alternatifs de dilatation et de resserrement permis par la mobilité de leurs côtes, et opérés à la fois par les puissances musculaires qui agissent sur ces mêmes arcs osseux, et par celles des parois abdominales. La disposition des côtes et de leurs muscles est telle dans les deux sous-ordres des *reptiles lispenniens*, que chez ces animaux, c'est l'expiration qui est active, tandis que l'inspiration s'opère par le retour des parois thorachiques à leur état de repos (1). Les *ophidiens* et les *sauriens* doivent à cette circonstance la faculté de pouvoir suspendre plus ou moins long-temps leur mouvement respiratoire ; car ils n'ont pour cela qu'à s'abstenir d'expirer, c'est-à-dire, à laisser en repos les forces locomotrices qui servent leurs poumons.

L'appareil qui nous occupe arrive enfin à son plus

---

(1) Chez les serpens les côtes ne se composent que de leur moitié postérieure ou vertébrale, et n'embrassent pas entièrement le thorax, ainsi que nous le verrons en traitant de l'appareil locomoteur. Les muscles qui les meuvent sont disposés de manière à les porter en arrière, en rapprochant leur axe de l'axe vertébral ; par là ils rétrécissent la cavité thorachique et agissent seulement comme puissances expiratrices. Quant aux sauriens ils ont des côtes complètes, mais dont les moitiés sternale et vertébrale sont simplement articulées ensemble, disposition que nous retrouverons tout à l'heure chez les oiseaux, en comparant le mécanisme de la respiration de ceux-ci avec celui des mouvemens respiratoires des mammifères.

haut degré de développement et d'énergie chez les vertébrés à sang chaud. Nulle part la surface absorbante ne se multiplie autant, nulle part elle n'est plus éminemment vasculaire, nulle part le fluide sur lequel elle doit agir ne subit une division aussi complète, et ne se trouve dans des conditions aussi favorables à l'absorption des élémens qu'il doit fournir au sang, ainsi qu'à l'exhalation de ceux que ce liquide doit lui céder. Le poumon n'est plus ici un simple sac à parois plus ou moins celluleuses, comme chez les *ophidiens;* ce n'est plus même un organe composé de quelques grandes loges, comme chez les *chéloniens,* qui cependant nous préparaient assez bien au développement que l'appareil allait subir : c'est une double masse vasculaire, résultant des innombrables ramifications des bronches, combinées avec les divisions non moins nombreuses de deux gros vaisseaux, l'un artériel et l'autre veineux; c'est un organe qui reçoit, non plus une partie seulement du sang revenu au centre circulatoire, mais tout le sang. Du reste, des différences importantes, mais commandées surtout par le mode de locomotion, se montrent entre les animaux en question, je veux dire entre les *oiseaux* et les *mammifères,* sous le rapport des dispositions de leur appareil respiratoire.

La trachée-artère des *oiseaux* se fait remarquer par des arceaux osseux, larges, complets, et par deux dilatations laryngiennes, dont l'une, placée à son origine, est le larynx ordinaire, et dont l'autre, située plus bas, précède immédiatement la bifurcation de ce canal. C'est cette dernière qui est l'organe essentiel de la voix; le larynx supérieur ne sert qu'à modifier celle-ci. Au-delà de l'inférieur, la trachée se divise en deux conduits bronchiques dont les anneaux sont incomplets et cartilagineux. Ces canaux vont se perdre chacun dans une masse pulmonaire formée en partie par leurs ramifications. Cette masse, disposée à la fois pour une respiration extrêmement active, et pour aider à la locomotion aérienne en augmentant la légèreté du corps, se compose du poumon proprement dit et d'appendices celluleux. Le poumon, comme l'organe le plus léger de la cavité viscérale du tronc, se place de la manière la plus avantageuse pour le vol, c'est-à-dire, à la partie dorsale et thorachique de cette cavité, qui est encore unique chez les oiseaux. Il adhère à ses parois, et ne présente d'autre division que des découpures peu profondes qui marquent les intervalles des côtes contre lesquelles il se trouve appliqué. Cet organe ainsi placé envoie des prolongemens, non plus vasculaires, mais seulement celluleux, dans la cavité viscérale et dans les os qui communiquent avec elle. Par là se trouve aussi représentée chez les oiseaux la partie abdominale de l'appareil. Chaque inspiration appelant plus d'air que la respiration n'en exige, les cellules se remplissent, et servent ainsi à rapprocher la pesanteur de l'oiseau de celle du milieu ambiant; puis à chaque expiration le fluide contenu dans les cavités aériennes traverse une seconde fois le poumon, et lui fournit une nouvelle quantité de gaz à absorber; en sorte que le sang se trouve soumis dans cet organe à un double courant d'air, qui doit lui communiquer une force d'excitation considérable. De là sans doute l'énergie et l'activité que nous offrent dans les oiseaux les fonctions nutritives et la locomotion.

Les agens lomocoteurs auxiliaires de l'appareil respiratoire de ces animaux sont toujours thorachiques ; comme ceux des *reptiles*, ils sont disposés de telle manière, que c'est dans l'expiration qu'ils agissent, tandis que pour l'inspiration ils ne font que revenir à l'état de repos, et cela en vertu d'une disposition que j'indiquerai tout à l'heure.

Chez les *mammifères*, l'appareil de l'absorption aérienne manque complètement de partie abdominale, ce qui fait que tout en étant aussi développé que celui des oiseaux dans sa portion essentielle, il le cède à celui-ci en activité et en énergie, par la raison qu'il n'est pas, comme lui, traversé par un double courant d'air. Cet appareil communique avec l'extérieur à la fois par les cavités nasales et par la bouche, ce qui du reste avait déjà lieu dans la classe précédente. Le conduit aérien n'offre qu'une seule dilatation laryngienne située à sa partie supérieure, et qui agit à la fois comme productrice et modulatrice de la voix. La trachée-artère est soutenue par des arceaux cartilagineux plus ou moins complets, et se bifurque à l'origine du thorax pour former les bronches, qui se divisant et se subdivisant à leur tour, finissent par se réduire à leur couche cellulo-vasculaire, et forment, par leurs ramifications les plus fines, combinées avec celles de l'artère et de la veine pulmonaires, deux masses plus ou moins lobulées de parenchyme spongieux. Ces organes occupent la plus grande partie de la cavité thorachique, mais sans adhérer à ses parois, comme chez les *oiseaux*. Indépendans de celles-ci, les poumons des *mammifères* glissent sur elles dans leurs mouvemens respiratoires. De là la formation d'une double enveloppe séreuse (*les plevres*), qui manque nécessairement dans la classe précédente, et qui isole le poumon des parties voisines.

La respiration a pour agens auxiliaires, d'abord comme précédemment les parois du thorax et de l'abdomen, puis un large plan musculaire, le *diaphragme*, qui n'appartient qu'au groupe qui nous occupe (1), et qui sépare en deux parties la cavité jusqu'alors unique dans laquelle se trouvent renfermés tous les viscères de la vie nutritive chez les ostéozoaires. La respiration se fait ici par une inspiration active et par une expiration passive, c'est-à-dire, par un mécanisme entièrement opposé à celui des *oiseaux*. Chez ceux-ci, ainsi que chez les *reptiles sauriens*, les côtes sont composées de deux portions articulées qui, dans leur position naturelle, forment un angle ouvert, et donnent à la poitrine la plus grande largeur dont elle soit susceptible ; il n'y a donc de possible alors que le resserrement de cette cavité d'où résulte l'expiration, et c'est en effet pour ce rétrécissement que sont disposés dans ce cas les faisceaux musculaires qui meuvent les parois thorachiques. Lorsqu'ensuite ces muscles cessent de se contracter, l'angle costal reprend sa première ouverture, et la poitrine revenant à sa première dilatation, l'air extérieur se précipite dans les poumons. Mais chez les *mammifères* les deux parties qui composent les côtes sont continues ; elles forment des arcs élastiques, mais non plus sus-

---

(1) Il n'est qu'indiqué chez les oiseaux par quelques faisceaux digitiformes de fibres charnues.

ceptibles d'une véritable flexion. Ce n'est que par des mouvemens de totalité que ces arcs peuvent changer la capacité du thorax. Soudés immédiatement ou médiatement avec le sternum par une de leurs extrémités, articulés par l'autre avec les vertèbres, et mobiles par ce seul point, plus élevés du côté de l'axe vertébral, ils ont leur convexité dirigée en dehors et un peu en arrière. Ils sont, en outre, disposés entre eux de telle sorte, que les plus grands sont les postérieurs, et les plus courts les antérieurs. Il suit de là, que pour agrandir le thorax par les mouvemens des côtes, les puissances musculaires qui agissent sur celles-ci doivent élever le sternum, amener les côtes postérieures, ou les plus grandes vers la partie antérieure ou la plus étroite du thorax, et faire éprouver à ces arcs dans leur articulation dorsale un léger mouvement de rotation qui rapproche leur courbure de la direction horizontale. C'est en effet ce qui se passe pendant l'inspiration chez les mammifères : l'expiration n'exige chez eux que le retour des pièces thorachiques à leur situation première : encore une fois dans cette classe de vertébrés, c'est l'inspiration qui est active, et l'expiration qui porte le caractère de la passivité, au contraire de ce qui avait lieu chez les *reptiles* et chez les *oiseaux*.

Enfin, les mammifères ont dans leur diaphragme un puissant auxiliaire pour les mouvemens respiratoires. Ce plan musculaire saillant du côté de la cavité thorachique dans son état de repos, s'abaisse par sa contraction vers la cavité abdominale, et agrandissant ainsi la poitrine, concourt d'une manière active et notable à l'inspiration ; en revenant à sa forme naturelle il contribue à l'acte opposé.

TROISIÈME GENRE.

APPAREIL DE LA CIRCULATION.

A. DESCRIPTION GENERALE DE CET APPAREIL.

Après avoir étudié les deux grandes modifications du tégument qui constituent des appareils spéciaux pour les absorptions alimentaire et gazeuse, laissons un moment la surface de l'organisme animal, pour suivre, dans l'intérieur même de son parenchyme, le cours des fluides que ces deux genres d'absorption sont destinés à nourrir ou à vivifier; étudions les voies que suivent ces fluides; après quoi nous reviendrons de nouveau à l'enveloppe, et nous nous occuperons des modifications qu'elle subit pour devenir un agent de dépuration.

Et d'abord, il est évident que les fluides répandus dans les vacuoles du parenchyme animal, loin d'y demeurer en repos, doivent y être soumis à un mouvement continuel; autrement il n'y aurait ni nutrition, ni vie aucune; car sans mouvement la vie ne se conçoit pas, et, pour le dire en passant, il y a mouvement du fluide dans le tissu de l'être vivant, par cela seul déjà qu'il y a exhalation d'une part et absorption

de l'autre : les simples lois de la physique suffisent
pour démontrer cette nécessité, et pour prouver que
réciproquement l'absorption est impossible là où il y
a stase, plénitude, encombrement, ainsi que nous
le montrent d'ailleurs les expériences des physiologistes et de nombreuses observations pathologiques.

Cette grande importance du mouvement des fluides
vivans nous permet déjà de prévoir que nous le
trouverons d'autant plus rapide et d'autant plus régulier que nous nous élèverons à des animaux dont la
vie sera plus active ; d'où suit nécessairement que les
voies dans lesquelles ces fluides se meuvent devront se
régulariser et se spécialiser en suivant la même progression, et que les forces qui agissent sur eux devront être toujours plus énergiques et agir d'une
manière de plus en plus invariable. L'observation
confirme pleinement cette vue *à priori*.

Quand l'organisme animal ne constitue qu'un tissu
homogène, et que la vie, encore à son minimum d'activité, ne se manifeste que par un mouvement nutritif
aussi simple que ce tissu, le fluide organique n'a
d'autre voie de circulation que les vacuoles du parenchyme général, et d'autre mouvement qu'une oscillation plus ou moins lente, résultant de l'exhalation et
de l'absorption qui ont lieu à la surface, aidées de
quelques contractions fibrillaires faibles et sans régularité. Lorsqu'au contraire l'organisme représente un
ensemble d'appareils spéciaux, dont chacun a ses caractères anatomiques particuliers, une nutrition qui
lui est propre, une vie distincte de celles des autres
appareils, bien qu'associée à elles pour constituer la
vie générale, une partie du parenchyme animal se

dispose aussi en un appareil particulier, qui recueille le fluide organique, et qui le distribue d'une manière régulière aux diverses parties du corps.

Ce nouveau système d'organes se compose d'un ensemble de canaux ramifiés, qui ne sont qu'une suite de lacunes creusées dans la trame celluleuse de l'organisme. Ces lacunes s'abouchent les unes aux autres en formant des arbres plus ou moins rameux, qui communiquent entre eux par leurs troncs et par leurs derniers embranchemens; en sorte que les fluides qui les parcourent exécutent dans l'organisme un véritable mouvement circulatoire. Au point de jonction des troncs se trouvent ordinairement des plans ou des faisceaux plus ou moins considérables de fibres contractiles, qui donnent aux liquides circulans leur principale impulsion : en sorte qu'on peut déjà sous ce rapport envisager ce point comme le centre d'ou partent et où reviennent ces fluides. On le peut encore en considérant la situation réciproque des deux extrémités de chaque arbre vasculaire par rapport au reste de l'organisme; car, plus on remonte vers les troncs, et plus on avance dans la profondeur de celui-ci; plus, au contraire, on marche vers les dernières ramifications, et plus on s'approche de la périphérie du corps (1). Les arbres de l'appareil circulatoire ont donc une extrémité périphérique et une extrémité

----

(1) Pour bien saisir la généralité de ce fait, il ne faut pas oublier que les parties profondes de l'organisme sont les parties situées entre les portions externes et rentrées de l'enveloppe génerale; on ne doit pas séparer de celle-ci les organes qui en dépendent évidemment, tels que les glandes, les muscles, les os, quelle que soit leur profondeur apparente. (*Voyez* plus haut, p. 3.)

centrale. Or, comme le fluide nutritif, pour exécuter
son mouvement circulatoire, doit parcourir successivement les deux moitiés de l'appareil, il s'ensuit que
ce mouvement est centripète dans l'une, et centrifuge
dans l'autre, et qu'en conséquence nous devons diviser
le système d'organes qui nous occupe en deux grandes
sections, une section centripète ou *veineuse*, et une
section centrifuge ou *artérielle*. Outre cela, nous aurons à étudier, à leur extrémité centrale, l'organe
contractile qui donne au sang sa principale impulsion, à l'extrémité périphérique, le mode de continuité des arbres vasculaires, ou en d'autres termes, le
réseau cellulo-capillaire dans lequel se termine l'arbre
artériel, et où l'arbre veineux a ses racines.

Les vaisseaux ne constituent d'abord, comme nous
le disions tout-à-l'heure, que de simples lacunes creusées dans le tissu ambiant; plus tard, ce sont des
conduits à parois distinctes et plus ou moins complexes. Deux ou trois couches peuvent alors être re-
connues dans la composition de celles-ci. La plus interne, commune à tout l'appareil, et par conséquent
la première qui apparaisse, et la plus constante, est
formée par une membrane mince, assez fragile, très
lisse à sa surface libre, assez analogue aux membranes
séreuses. La plus externe est celle qui conserve au
plus haut degré le caractère anatomique du tissu
dont la paroi vasculaire est formée ; c'est une couche
de cellulosité plus ou moins manifeste, plus ou moins
condensée, selon l'organisation particulière des tissus
qui l'enveloppent, et qui pourra même manquer
quand ces tissus auront acquis un certain degré de
solidification. La couche intermédiaire est celle qui

varie le plus selon la partie de l'appareil où on l'étudie ; ce qu'on peut dire en général à son égard, c'est qu'elle a plus de densité que les deux autres couches, et qu'elle jouit d'une élasticité plus ou moins prononcée : elle constitue la partie la plus résistante des vaisseaux, et se trouve appelée dans une partie d'entre eux à contribuer à la progression des fluides. Mais, pour mieux connaître les organes dont il s'agit, suivons-les dans chacune des deux grandes sections de l'appareil circulatoire.

1° *Section centripète.* Les fluides vivans qui se rendent de la circonférence au centre de l'appareil, proviennent : 1° de l'absorption alimentaire ; 2° de la décomposition et de l'absorption qui se passent dans l'intimité des organes ; 3' du résidu des fluides transmis à ces derniers par les vaisseaux centrifuges. Chez les premiers animaux qui nous offrent une circulation régulière, ces divers matériaux se mêlent de bonne heure et paraissent couler, dès le premier moment, dans un seul ordre de vaisseaux. Il n'en est pas de même dans les organismes supérieurs : ici nous trouvons deux ordres de veines : les *veines* ou *vaisseaux lymphatiques*, qui charrient des fluides blancs, fournis, ou par l'alimentation ou par la résorption, et les *veines* proprement dites, dans lesquelles les liquides précédens viennent se mêler au résidu du sang artériel. Ces deux ordres de vaisseaux sont, comme on le voit, essentiellement absorbans (1) : ils

____

(1) Ce caractère nous donne la raison de la supériorité de l'arbre veineux sur l'arbre artériel, sous le rapport de leur développement, supériorité d'autant plus marquée qu'on compare ces arbres plus près de leur

le sont non-seulement par leurs extrémités radiculaires, mais par leurs parois elles-mêmes. Ce caractère, qui appartient, à n'en plus douter, à tout vaisseau centripète, est cependant plus prononcé dans les veines lymphatiques que dans les sanguines, et nous permet de considérer les premières comme un progrès de la spécialisation des organes circulatoires, comme représentant au plus haut degré la partie absorbante du système vasculaire.

La texture des veines sanguines et lymphatiques est tout-à-fait en harmonie avec leurs fonctions. En général les parois de ces vaisseaux sont peu résistantes et d'une texture peu serrée. Là où leur action absorbante est la plus active, c'est-à-dire à leur origine, elles sont extrêmement minces, spongieuses, criblées de petits trous. Elles prennent au contraire d'autant plus de consistance et d'épaisseur qu'elles doivent soutenir une colonne de liquide plus considérable, ou que, situées plus superficiellement, elles ont besoin de suppléer davantage par leur élasticité à la protection que leur offrent plus profondément les organes voisins, et à l'impulsion que l'action musculaire communiquait à leur contenu. Leur tunique externe est lâche, celluleuse; la moyenne, plus dense, plus fibreuse, extensible, élastique, manque dans quelques endroits; l'interne mince et lisse se fait remarquer par des pincemens valvuliformes, qui, beaucoup plus nombreux dans les vaisseaux lymphatiques que dans les veines sanguines, s'opposent à la rétrogradation des fluides.

---

extrémité périphérique, c'est-à-dire plus près de l'endroit ou l'un est appelé à donner et l'autre à recevoir.

Les vaisseaux centripètes nous présentent de nombreuses anastomoses; celles-ci sont beaucoup plus multipliées entre les lymphatiques qu'entre les sanguins, et donnent à l'ensemble des premiers plutôt l'apparence d'un grand réseau que celle d'un arbre, caractère que revêt au reste tout le système centripète à son point de départ. Dans quelques endroits particuliers, les veines de l'un et l'autre ordre forment, par une alternative de subdivisions et d'anastomoses extrêmement rapprochées et multipliées, une sorte de lascis vasculo-aréolaire qui, par son développement, constitue des masses généralement plus ou moins arrondies, petites, mais très nombreuses dans le système lymphatique, beaucoup plus volumineuses, mais aussi beaucoup plus rares dans le système veineux proprement dit. Ce sont les glandes conglobées, plus connues sous le nom de *ganglions vasculaires*, et auxquelles se rattachent, du moins par leur structure, les *tissus érectiles* que forment dans quelques points de l'organisme les racines des veines sanguines. Le rôle de ces corps glandiformes paraît être de concourir à l'élaboration des fluides qui les traversent, par l'espèce de stase plus ou moins prolongée qu'ils leur font éprouver.

Les vaisseaux lymphatiques, divisés eux-mêmes en *chylifères* et *lymphatiques* proprement dits, vont se terminer dans les veines sanguines, qui représentent seules le système afférent, au centre de l'appareil circulatoire. On sait aujourd'hui que les communications de ces deux ordres de vaisseaux sont nombreuses, et n'ont pas lieu seulement par l'abouchement de leurs gros troncs, comme on le croyait encore naguère.

Enfin, il est un grand nombre d'animaux chez lesquels le système veineux général fournit de petits systèmes secondaires, remarquables en ceci, qu'ils résultent des ramifications successives de troncs veineux considérables, qui de centripètes devenant centrifuges vont distribuer leur sang dans certains organes, d'où ce liquide revient ensuite au centre de l'appareil par les véritables veines de ces derniers. Tel est entre autres le système de la *veine porte*.

2° *Section centrifuge.* Tandis que les vaisseaux centripètes naissent par des radicules, et se terminent par des troncs, les centrifuges naissent au contraire par des troncs qui, après un certain nombre de divisions successives, se terminent par des ramuscules extrêmement fins. Ces vaisseaux ne forment qu'un seul ordre, les *artères*. On remarque dans la disposition générale de l'arbre qu'ils forment beaucoup moins de variations que dans la disposition de l'arbre veineux, différence qui s'explique par la manière dont les fluides parcourent chacune de ces deux sections de l'appareil vasculaire, par l'impulsion régulière qui leur est imprimée dans l'arbre artériel et par l'oscillation qu'ils éprouvent dans l'arbre veineux (1).

Les artères, peu différentes des veines dans les premiers instans de leur apparition, se modifient dans leur organisation, à mesure que le sang y suit une marche plus régulière et plus rapide. Leurs parois,

---

(1) Au reste, les variations dont il s'agit vont croissant dans l'un et l'autre de l'extrémité centrale à l'extrémité périphérique, et les gros troncs veineux ne nous en offrent guères plus que les grosses artères.

composées aussi de trois membranes, se distinguent de celles des vaisseaux centripètes par leur épaisseur, leur densité, par une tunique externe plus serrée, par une tunique moyenne beaucoup plus élastique, et composée d'un véritable tissu fibreux (1), enfin, par une membrane interne moins extensible et plus ténue.

3° *Cœur, ou organe central d'impulsion.* Dès que les fluides sont appelés à une marche régulière et déterminée, nous voyons apparaître, au point où les troncs du système centripète et du système centrifuge se continuent l'un avec l'autre, un organe destiné à donner à ces fluides une impulsion plus ou moins énergique. Cet organe n'est en dernière analyse, et ramené à sa forme élémentaire, que la portion la plus profonde et la plus dilatée du cercle vasculaire, tapissée intérieurement par la membrane commune des vaisseaux, et dans laquelle le tissu fibreux de la membrane moyenne a fait place à un tissu musculaire plus ou moins développé. L'espèce de poche contractile qui résulte de cette modification du vaisseau peut toujours être divisée en deux portions, l'une appartenant au système centripète, dont elle est le terme ; l'autre au système centrifuge, dont elle est le commencement. Ces deux parties du *cœur* ne sont pas séparées et distinctes dans tous les animaux ; car quelquefois cet organe ne représente qu'un sac parfaitement uniloculaire. Mais, dans la plupart des es-

----

(1) Le tissu fibreux jaune. Ce tissu est de même nature que celui qui forme la membrane moyenne des veines ; mais en général il est tout autrement développé et bien mieux caractérisé dans les artères que dans ces derniers vaisseaux.

pèces, nous le trouvons partagé en deux loges, dont la forme et l'organisation diffèrent plus ou moins l'une de l'autre ; l'*oreillette* qui reçoit le tronc des vaisseaux centripètes, et le *ventricule* d'où part le système centrifuge. Ces deux loges sont séparées par un rétrécissement et par des valvules qui s'opposent au cours rétrograde du sang ; deux autres petits appareils valvulaires se montrent aussi, et pour le même usage, sur la limite de chaque cavité du cœur et du tronc vasculaire correspondant.

Le ventricule, principal agent du mouvement circulatoire, nous offre des parois beaucoup plus fortes que celles de l'oreillette, qui agit sur ce mouvement bien plus par sa dilatation (1) que par sa contraction, dans son état passif que dans son état d'activité.

Chacune des loges cardiaques peut être elle-même divisée en deux cavités par une cloison plus ou moins complète. Cette division n'a quelquefois lieu que pour l'oreillette, mais le plus souvent elle s'étend aussi au ventricule. On a dit dans ce cas, mais à tort, que le cœur était double, qu'il y avait deux cœurs adossés l'un à l'autre, opinion que condamnent également l'anatomie comparée et l'embryologie. La séparation dont il s'agit ne survient, comme nous le verrons par la suite, que lorsque l'organisme réclamant une respiration active et complète du sang, en même temps qu'une certaine rapidité dans sa marche, ce fluide a besoin de recevoir une double impulsion,

____

(1) En aspirant le sang veineux, qui se précipite dans cette cavité au moment où les fibres de ses parois, revenant de leur contraction, lui rendent sa capacité naturelle.

d'abord pour être porté dans l'appareil respiratoire, puis pour être distribué au corps entier, nécessité physiologique qui devait aussi doubler chacune des deux sections du système vasculaire.

4° *Extrémité periphérique ou capillo-aréolaire des vaisseaux.* Les deux arbres vasculaires se continuent l'un avec l'autre à leur extrémité périphérique, et ainsi s'achève le cercle que les fluides sont appelés à parcourir. Leur mode de continuité n'est cependant pas, à beaucoup près, toujours immédiat. On voit bien, il est vrai, quelques petits rameaux artériels plus ou moins capilliformes se changer en racines veineuses; mais le plus souvent le système centripète naît, et le système centrifuge se termine dans le tissu aréolaire des organes, et ces systèmes ne communiquent que médiatement entr'eux. Ici les fluides progressent sous l'influence de l'absorption qui en augmentant leur masse les oblige à un déplacement, et sous celle des contractions ventriculaires. Mais cette dernière influence est considérablement affaiblie par la distance; la première, de son côté, est lente, sans énergie et sans égalité; aussi le mouvement devient-il alors oscillatoire, et la progression perd-elle beaucoup, par cela même, de sa première rapidité, circonstance nécessaire à l'accomplissement des actes de composition et de décomposition qui se passent à l'extrémité périphérique de l'appareil qui nous occupe.

Si maintenant nous jetons les yeux sur le mode de développement de cet appareil, nous reconnaissons, qu'à l'exemple de tous les autres, il va se localisant, se spécialisant et se divisant de plus en plus, à mesure qu'on s'élève de l'état de plus grande simplicité au

plus haut degré de composition de l'organisme animal. Suppléé d'abord par les ramifications de l'intestin,
et par le système aquifère, réduit dans l'intimité des
organes aux vacuoles du tissu aréolaire qui forme
la base de ceux-ci, il se dégage bientôt de cette première confusion, et se dessine comme un ensemble
fort simple encore de canaux, qui ne paraissent susceptibles d'aucune subdivision ; le cœur se montre sur le
trajet de ces premiers vaisseaux, mais simple aussi,
et n'imprimant au liquide qui les parcourt qu'un
mouvement oscillatoire; on ne peut pas encore dire
qu'il y ait circulation proprement dite. Nous rencontrons celle-ci en nous élevant un peu plus haut; les
vaisseaux commencent alors à se diviser en centripètes
et en centrifuges, mais les différences anatomiques de
ces deux sections sont encore très peu prononcées ;
leurs différences physiologiques le sont davantage. Le
cœur, de son côté, se partage en partie veineuse et
partie artérielle, en oreillette et ventricule. Plus tard
les caractères distinctifs des arbres centripète et centrifuge vont en se dessinant toujours davantage, et
un moment arrive où le premier se subdivise lui-même
en deux ordres de vaisseaux, les veines lymphatiques
et les veines sanguines; des plexus plus ou moins
complexes se forment alors sur son trajet. Enfin, l'organe central, dont chaque section était encore uniloculaire, devient double et fournit des cavités spéciales
au sang non respiré et à celui qui revient de l'appareil
de l'absorption gazeuse.

Il est sans doute inutile de rappeler que, de toutes
les conditions organiques qui commandent l'évolution progressive de l'appareil circulatoire, celle qui

occupe le premier rang est l'état de la respiration. C'est ce dont on pourra se convaincre en passant en revue, comme il nous reste maintenant à le faire, les modifications que subit cet appareil dans la série animale. On verra qu'une classification zoologique qui reposerait sur la considération des organes circulatoires serait loin d'assigner à toutes les espèces animales le véritable rang que l'ensemble de leur organisation leur mérite.

B. *DE L'APPAREIL DE LA CIRCULATION DANS LA SERIE ANIMALE*.

I.

Il faut monter jusqu'aux *échinodermes* pour voir les fluides nutritifs marcher dans des vaisseaux particuliers. Jusque-là, c'est-à dire, chez les animaux AMORPHES, aussi bien que chez les *polypes*, chez les *actinies* et les *méduses*, ces fluides oscillent épanchés dans les mailles du tissu générateur, et nous ne trouvons d'autres canaux que les ramifications aveugles du conduit digestif et les conduits aquifères ; peut-être faut-il considérer ces organes comme représentant à la fois les appareils de l'absorption alimentaire, de l'absorption gazeuse et de la circulation. Cette sorte de confusion n'indiquerait-elle pas les rapports primordiaux du système vasculaire avec la surface digestive, et n'autoriserait-elle pas à rattacher à celle-ci l'origine du premier, à considérer l'appareil qui nous occupe plutôt comme une grande dépression de l'enveloppe que comme une lacune close, creusée dans le parenchyme lui-même? Quoi qu'il en soit de cette hypothèse, sans doute un peu hardie, les vaisseaux dont il vient d'être question ne sont pas, en tout cas, un véritable appareil circulatoire, et n'en constituent tout au plus qu'une ébauche grossière.

Chez les *échinodermes*, cette ébauche offre des progrès plus ou moins manifestes. Les *astéries* et les *oursins* commencent à nous offrir un renflement vasculaire cordiforme, d'où partent et où arrivent les vaisseaux qui contiennent le fluide nutritif; mais il est à peu près indubitable que ces vaisseaux communiquent encore avec le système aquifère, et de plus, on ne saurait les distinguer en section centripète et section centrifuge : la poche uniloculaire, aux deux extrémités de laquelle aboutissent leurs troncs, et qui représente le cœur, imprime au sang, par ses contractions, un mouvement semblable pour chaque arbre, mouvement dont le résultat n'est qu'un flux et un reflux alternatifs. Les *holothuries* ont un système de vaisseaux décidément intérieurs, clos, sans communication visible avec le système aquifère. Mais ici encore le mouvement imprimé par le cœur aux fluides de ces vaisseaux est un simple mouvement oscillatoire, qui porte et ramène tour à tour ces fluides par les mêmes voies du centre à la circonférence, et de la circonférence au centre, sans qu'on puisse nommer l'un des arbres vasculaire centripète, et l'autre centrifuge.

II.

Le sang ne prend une marche déterminée qu'au moment où la respiration se localise dans des organes spéciaux ; ces deux progrès se montrent toujours ensemble. C'est ce que nous voyons pour la première fois chez les MOLLUSQUES. Ici le système vasculaire se partage nettement en section veineuse et section artérielle. Ces sections sont distinctes l'une de l'autre, et par les parois plus épaisses et plus élastiques des vaisseaux de la dernière, et par la direction que suivent les fluides dans chacune d'elles. Ceux-ci, malgré une certaine oscillation, se portent, en dernier résultat, du centre à la circonférence dans l'un des systèmes, et de la circonférence au centre dans l'autre ; en un mot, il y a ici véritable circulation. Aussi, le cœur est-il partagé en deux cavités successives, dont l'une se dilate et aspire le fluide centripète, pendant que l'autre se contracte et chasse le fluide centrifuge. Voici, du reste, quelle est la disposition générale de l'appareil circulatoire des mollusques.

Les vaisseaux centripètes qui reviennent de tout le corps se réunissent en un ou deux troncs, selon que l'appareil respiratoire est simple ou complexe, symétrique ou non. Ces troncs se convertissent immédiatement en artères branchiales, qui donnent autant de branches qu'il y a de branchies (1). De leurs dernières ramifications naissent les veines branchiales, dont la réunion successive forme un tronc qui va s'aboucher à la cavité auriculaire du cœur. Cette oreillette est quelquefois double quand les branchies sont symétriques.

----

(1) Cette transformation se fait souvent sans transition ; quelquefois on remarque seulement au point où elle a lieu un sinus veineux, qu'on a voulu considérer comme un cœur, mais à tort, puisque ce sinus n'a rien de musculaire.

En se contractant elle pousse le sang dans le ventricule, cavité toujours simple, ordinairement séparée de la première par un pédicule plus ou moins allongé. Du ventricule partent ensuite un ou deux troncs aortiques qui vont se ramifier dans tout le corps. Dans son trajet à travers le cœur la colonne du sang n'est pas soutenue, chez les mollusques, par des replis valvulaires ; aussi, les contractions que lui imprime son mouvement, refoulent-elles un peu ce fluide vers les veines, en même temps qu'elles le poussent dans les artères ; de là ce mouvement oscillatoire qui se remarque encore dans la circulation de ces animaux.

On voit que le cœur, dans tout ce type, est placé au delà des organes respiratoires, entre eux et le système aortique ; il se trouve en outre constamment à la partie dorsale de l'animal, sauf peut-être chez les *brachiocéphalés* ; c'est là tout ce que nous offre de général la situation de cet organe, situation qui varie d'ailleurs avec celle de l'appareil de l'absorption aérienne. Chez les *acéphalés*, le ventricule entoure l'anus en se repliant sur lui-même d'une manière tellement complète, que cet intestin semble le traverser.

III.

L'appareil circulatoire subit une dégradation notable dans les ANIMAUX ARTICULÉS EXTÉRIEUREMENT, dégradation telle, dans quelques uns de ces êtres, qu'à vrai dire, ils n'ont plus de circulation. Toutefois ce pas rétrograde ne va jamais jusqu'à ramener la communication que nous avons observée chez les *échinodermes* entre les vaisseaux parcourus par le fluide nourricier et d'autres conduits ouverts àl a surface externe. Quelque simple et peu développé que nous apparaisse le système sanguin des ENTOMOZOAIRES, il demeure toujours comme un système lacunaire tout à fait intérieur et parfaitement clos. Il est remarquable, en outre, que l'organe d'impulsion ne disparaît jamais complétement, et que le fluide nourricier continue à recevoir de lui son mouvement; ne serait-ce pas que ce renflement vasculaire central serait aussi la partie essentielle de tout appareil spécial de circulation? Il est difficile de rattacher d'une manière générale le pas rétrograde que font les organes circulatoires dans tout le type des animaux articulés à l'état de leurs organes respiratoires, puisque chez plusieurs de ces animaux la respiration est presque aussi localisée que chez les mollusques; mais il en est autrement quand on compare entre elles, sous le rapport dont il s'agit, les diverses classes d'entomozoaires. On voit alors que c'est dans celles qui possèdent des organes de respiration plus ou moins concentrés que l'appareil qui nous occupe est demeuré aussi le plus complexe, tandis qu'il est, au contraire, descendu à la simplicité la plus rudimentaire dans les classes dont la respiration s'exécute par un système de trachées qui portent l'élément gazeux dans toutes les parties du corps à la rencontre des fluides nourriciers.

On voit par là que, dérogeant au véritable ordre zoologique, la circulation met au premier rang des animaux articulés les *crustacés* et les *octopodes pulmonaires;* au dernier, les *myriapodes,* les *octopodes trachéens* et les *hexapodes;* entre ces deux termes extrêmes se rangent les *annélides.*

Les *crustacés* nous offrent un appareil vasculaire assez complet, c'est-à-dire des vaisseaux centripètes, des vaisseaux centrifuges, et un cœur bien organisé, qui s'allonge en proportion de l'étendue du corps et de celle de la cavité viscérale en particulier. C'est ce qu'on peut surtout aisément constater chez les *décapodes*. Ici l'organe d'impulsion, placé, comme il l'est dans tout le type, à la région dorsale de la cavité viscérale, représente un renflement vasculaire, des extrémités et de la circonférence duquel naissent plusieurs vaisseaux. Ce cœur est entouré d'une gaîne péricardienne à laquelle il tient par de petites brides. Il est uniloculaire, et ce n'est que par un effort d'imagination qu'on est parvenu à partager sa cavité en portion auriculaire et portion ventriculaire, ou, comme le veut M. Strauss, à considérer son péricarde comme faisant l'office de l'oreillette (1). Les anatomistes ne s'accordent pas sur le rôle des divers vaisseaux qui s'abouchent au renflement cardiaque des *décapodes*; c'est ici une question que l'extrême simplicité de cet organe rend très difficile à résoudre, et qui appelle de nouvelles observations. Il paraît néanmoins assez bien établi qu'ici, comme chez les mollusques, le cœur est aortique, que les veines du corps se conver-

---

(1) Cet ingénieux observateur fonde son hypothèse sur l'existence de petites ouvertures qu'il décrit et qui établiraient une communication entre la cavité du cœur et celle de son enveloppe. Mais ces orifices, si petits qu'ils ont échappé à tous les prédécesseurs de M. Strauss, si l'on en excepte M. Lund, peuvent-ils sérieusement être assimilés à l'ouverture auriculo-ventriculaire des cœurs à double cavité? Il est bien difficile de le penser.

tissent en artères branchiales, et que le sang revient à l'organe central par les veines de ce même nom, c'est-à-dire seulement après avoir traversé les branchies.

Nous retrouvons chez les *octopodes pulmonaires* un appareil circulatoire fort analogue à celui des *crustacés*.

Chez les *annélides* cet appareil est quelquefois difficile à reconnaître; c'est le cas de plusieurs *apodes*; mais ordinairement il est assez manifeste et rempli d'un sang plus ou moins rouge, circonstance qui établit entre ces vers et les animaux vertébrés une analogie dont on s'est exagéré l'importance; lorsqu'on en a conclu que les *annélides* devaient être placés à la tête des animaux articulés. Le cœur de ces entomozoaires n'est plus qu'un long vaisseau aortique, renflé au niveau de chaque anneau du corps, plus gros à sa partie moyenne qu'à ses extrémités, et fournissant ou recevant par ses côtés des branches transversales. Le sang, poussé par les contractions évidentes de cet organe, en sort par son extrémité antérieure, et se rend dans les artères du corps. On voit sur les côtés, et au dessous du canal intestinal, d'autres vaisseaux qui font l'office de veines du corps et fournissent les artères branchiales. Les veines de ce nom paraissent être représentées par les branches transversales que nous avons vues tout à l'heure s'aboucher au vaisseau cardiaque.

Dans les ARTICULÉS à respiration trachéenne, l'appareil qui nous occupe est réduit à l'organe d'impulsion, représenté par un *vaisseau dorsal* plus ou moins long, selon l'étendue de la cavité viscérale ; ce vaisseau se termine en avant par une artère qui épanche le sang dans tout le corps (1).

IV.

Le progrès de l'appareil circulatoire reparaît, et cette fois pour ne plus s'interrompre, dans le type des OSTÉOZOAIRES. Ici nous trouvons constamment un cœur multiloculaire, des vaisseaux centripètes et centrifuges parfaitement distincts les uns des autres, enfin, la division des veines en lymphatiques et sanguines. La position du cœur étant déterminée par celle des branchies ou des poumons, nous verrons toujours cet organe, non plus à la partie dorsale, mais à la partie abdominale de la cavité des viscères, et plus ou moins près de l'extrémité antérieure, selon que la section essentielle de l'appareil de la respiration sera gutturale ou thoracique.

Des valvules, formées par des replis de la membrane vasculaire interne se montrent constamment chez les ostéozoaires à l'entrée de chaque cavité du cœur et des troncs vasculaires qui partent de cet organe central ; en s'opposant à ce que, pendant les contractions de celui-ci, une partie du sang ne soit repoussée dans un sens rétrograde, ces plis rendent la circulation beau-

---

(1) MM. Cuvier et Marcel de Serres regardent le vaisseau dorsal des insectes comme un organe sécréteur et non comme un agent d'impulsion ; leur opinion est fondée sur ce qu'ils n'ont pas aperçu d'issue à cet organe. Mais, à supposer ce fait exact, il ne saurait jamais autoriser une pareille hypothèse, car il est bien moins dans la nature des organes sécréteurs que dans celle des vaisseaux de constituer des cavités closes.

coup plus parfaite qu'elle ne l'était dans les animaux inférieurs, où ce mouvement conserve toujours un caractère oscillatoire plus ou moins marqué.

Mais des différences notables se font remarquer entre les diverses classes de VERTÉBRÉS sous le rapport de leur circulation. Ces différences portent 1° sur la position du cœur à l'égard des organes respiratoires; 2° sur le nombre des cavités de ce centre d'impulsion; 3° sur l'importance et l'origine des vaisseaux qui se rendent à l'appareil de l'absorption gazeuse, et sur le lieu où se terminent ceux qui en reviennent; 4° sur la proportion relative des systèmes centripète et centrifuge, et sur le développement de la section lymphatique du premier. Nous aurons à signaler en outre d'importantes particularités concernant le mode de distribution de quelques troncs veineux.

Chez les vertébrés qui respirent constamment l'eau, c'est-à-dire, chez les *poissons,* le système veineux est très prédominant, et à tel point que le cœur est placé sur le trajet du sang non respiré : situé au cou, immédiatement derrière et entre les branchies, et composé d'une oreillette et d'un ventricule, il reçoit par la première de ses cavités le sang veineux que lui apporte un sinus résultant de la réunion des veines du corps, et par le ventricule il pousse ce fluide dans les artères branchiales. C'est donc par ces artères que commence ici la section centrifuge, et ce sont les veines branchiales qui forment, par leur réunion, le système aortique.

Le cœur des *poissons* est remarquablement petit. L'artère qui sort du ventricule débute par un renflement pyriforme nommé le *bulbe artériel,* au delà duquel ce vaisseau se bifurque pour aller se ramifier dans les branchies. Les vaisseaux qui ramènent le sang de celle-ci fournissent des branches au cou et à la tête, et se réunissent pour former un tronc aortique qui se place au devant du corps des vertébrés ; ce tronc se ramifie d'une manière assez symétrique.

Nous venons de voir, chez les *poissons*, le sang passer en totalité par l'organe respiratoire, et cela sous l'influence immédiate du cœur. Il n'en sera pas de même lorsque ce liquide, tout en devant conserver, comme précédemment, une température plus ou moins basse, est cependant soumis à l'action de l'air atmosphérique libre. Dans ce cas, qui est celui des *amphibiens*, à leur état parfait, et des *reptiles*, une partie seulement du fluide nourricier se rendra à l'appareil de l'absorption gazeuse. De là des modifications importantes dans la disposition des organes respiratoires.

Chez les *amphibiens*, le sang des veines du corps, versé dans l'oreillette, puis de cette cavité dans le ventricule, passe de celui-ci dans l'aorte. C'est de ce dernier vaisseau, bifurqué presque à son origine, et dont les deux branches se réunissent un peu plus bas en un seul tronc, que passent les artères pulmonaires et branchiales ; c'est à lui, qu'avant la métamorphose, les veines branchiales rapportent la portion de fluide qui est allée subir la respiration. A cette même époque, les branches que l'aorte fournit aussi aux sacs pulmonaires sont peu apparentes, tandis que les rameaux qui vont aux branchies sont assez développés; l'inverse a lieu lorsque l'animal, arrivé à l'âge adulte, respire par les poumons. Comme ce double changement en sens inverse se fait graduellement, un moment arrive où les vaisseaux branchiaux et pulmonaires offrent un calibre égal, correspondant à un égal développement des deux genres d'organes respiratoires; l'animal est alors vraiment amphibie. Les veines pulmonaires vont s'aboucher dans la veine cave inférieure, près de sa jonction avec l'oreillette; en sorte que le sang respiré repasse alors par le cœur pour être distribué dans tout l'organisme, ce qui n'a pas lieu chez le têtard, où, comme nous l'avons dit, les veines branchiales s'abouchent directement au tronc aortique.

Ce retour du fluide nourricier à l'organe central, ce double mouvement circulatoire qui soumet deux fois ce fluide à l'impulsion du cœur, se retrouve constamment, à partir des amphibiens adultes, et modifiera, comme nous allons le voir, la disposition intérieure des cavités cardiaques, en proportion de la quantité de sang qui devra se rendre à l'appareil de l'absorption gazeuse.

Chez les *reptiles*, cette quantité est plus grande que chez les amphibiens; aussi le cœur commence-t-il à se dichotomiser. Mais cette division ne porte encore que sur sa cavité centripète ou auriculaire, qu'une cloison partage en deux loges latérales. Le ventricule demeure unique, toutefois avec une tendance plus ou moins prononcée à se diviser aussi. Le tronc des veines du corps s'abouche à l'oreillette droite, qui transmet le sang au ventricule; de celui-ci partent deux troncs artériels, l'un aortique, plus volumineux ; l'autre pulmonaire, plus petit. Des ramifications de ce dernier dans le poumon naissent les veines pulmonaires qui, réunies bientôt en un seul tronc, versent leur sang dans l'oreillette droite ; de là ce liquide rentre dans le ventricule où il se mêle avec le sang non respiré, après quoi il est poussé en partie dans le système aortique, et distribué par lui au corps.

Enfin, lorsque le sang est appelé à passer en totalité par un appareil respiratoire aérien, parvenu à son summum de développement, comme cela a lieu chez les *oiseaux* et chez les *mammifères*, à la division de l'oreillette que nous venons de voir chez les *reptiles*, s'ajoute une division complète de la cavité ventriculaire elle-même en deux loges latérales, entièrement séparées l'une de l'autre, mais communiquant chacune avec une des loges auriculaires. Cette nouvelle séparation, qui n'était qu'indiquée dans la classe précédente, a pour résultat d'isoler entièrement le sang du corps qui entre dans le cœur par l'oreillette droite, du sang respiré qui y revient par l'oreillette gauche ; puis, comme l'aorte et l'artère pulmonaire naissent alors chacune de l'un des ventricules, et non plus d'une seule et même cavité, le sang du corps se trouve contraint de passer tout entier par le poumon avant de parvenir au système aortique, ce qui n'avait lieu ni chez les *reptiles* ni chez les *amphibiens*.

Ainsi le mode de circulation des animaux supérieurs réunit et résume ceux des classes moins élevées. Nous voyons chez les premiers, comme chez les animaux à respiration aquatique (*mollusques* et *poissons*), le sang passer en totalité par l'appareil de l'absorption gazeuse ; et de plus, chez eux comme chez les *amphibiens* et les *reptiles*, nous voyons ce fluide traverser à deux reprises l'organe central, et recevoir une double impulsion de cet organe, devenu tout à la fois pulmonaire et aortique.

Le centre circulatoire arrive donc chez les animaux supérieurs à son summum de développement ; il est aussi complet que l'exigeait l'énergie que la vie acquiert dans les deux classes qui dominent toute la série. Nulle part le sang ne suit une marche aussi rigoureusement déterminée, ni aussi rapide, soit qu'il se rende aux organes respiratoires, soit qu'il aille nourrir et vivifier l'organisme entier ; nulle part il ne s'empare, en un temps donné, d'une aussi grande quantité de gaz respirable ; nulle part aussi sa température ne s'élève aussi haut.

Le volume et la consistance du cœur vont en augmentant des poissons aux vertébrés à sang chaud. Le développement proportionnel de ses cavités et de leurs parois varie aussi à mesure qu'on s'élève dans la série. Chez les *poissons*, l'oreillette est beaucoup plus grande que le ventricule ; chez les *oiseaux* et les *mammifères*, celui-ci l'emporte de beaucoup sur la première. Les parois auriculaires ont toujours moins d'épaisseur et de force que les parois du ventricule ; mais cette différence est surtout très grande dans les classes supérieures. En comparant entre eux les animaux d'une même classe, on remarque que le développement du ventricule, et la densité de son tissu sont sensiblement plus considérables dans les espèces courageuses que dans les espèces timides, dans les carnassières que dans les phytophages.

A mesure que chez les ostéozoaires la respiration agit davantage sur le sang, et que les mouvemens du cœur sont plus énergiques, nous voyons changer le développement proportionnel des sections centripète et centrifuge de l'appareil circulatoire. Chez les *poissons*, le système veineux l'emporte tellement sur l'artériel qu'on peut dire qu'il imprime son caractère à l'appareil entier. La différence est un peu moins grande chez les *amphibiens* et les *poissons;* mais elle diminue surtout beaucoup chez les *oiseaux* et chez les *mammifères*, et chez les premiers plus encore que dans ces derniers. En même temps, le système veineux se divise dans ce type en portion sanguine et portion lymphatique, et celle-ci acquiert une importance et un développement progressifs, à mesure que nous l'étudions dans une classe plus élevée. Chez les *poissons* et les *amphibiens*, il est encore peu apparent et n'offre pas encore de ganglions. Ceux-ci commencent à se montrer chez les *reptiles;* leur nombre augmente chez les *oiseaux*, et nulle part il n'est aussi grand que chez les *mammifères*. La portion sanguine du système veineux nous présente quelques plexus analogues aux ganglions lymphatiques, en général beaucoup plus gros, mais infiniment moins nombreux que ces derniers. Tels sont la *rate*, que nous ne rencontrons qu'à partir des *amphibiens*, et le *corps pampiniforme*, qui se rattache aux testicules des animaux supérieurs. Les *corps caverneux* qui forment en grande partie l'organe excitateur chez quelques *reptiles*, chez les *oiseaux* et chez les *mammifères*, l'*iris*, etc., sont également des espèces de plexus veineux.

Mais une des particularités les plus remarquables que nous offrent les veines des animaux vertébrés est celle qui constitue le système de la veine porte et le système rénal de M. Jacobson. Pour former ceux-ci, les veines sanguines des organes digestifs et des parties postérieures du corps se réunissent en un nombre variable de troncs qui vont se ramifier les uns dans le foie (*veine porte*), les autres dans les reins. Le sang qui est ainsi distribué dans ces organes est repris par leurs veines particulières et ramené par elles dans le système centripète général. La *veine porte* existe chez tous les vertébrés ; le système rénal manque seulement chez les *mammifères*.

Les différences de structure que nous avons signalées dans nos généralités entre les vaisseaux centripètes et centrifuges sont bien autrement prononcées chez les animaux vertébrés que dans les types inférieurs. Elles commencent à se manifester chez les *poissons*, dont les artères nous offrent déjà des parois sensiblement plus épaisses que celles des veines, et un certain degré d'élasticité. Cependant le caractère veineux domine encore beaucoup chez ces animaux dans les vaisseaux centrifuges. Il y domine de moins en moins à mesure que nous nous élevons à des organismes à circulation plus active, et ce changement tient surtout au développement progressif de la membrane artérielle moyenne. A mesure que le cours des liquides nutritifs devient plus régulier et plus soutenu, nous voyons apparaître dans l'appareil circulatoire des vertébrés des valvules formées par des pincemens de la membrane vasculaire interne. Ces replis ne se montrent d'abord que sur la limite des cavités du cœur et à l'origine des gros troncs artériels qui en sortent ; ils y sont disposés de manière à empêcher une partie du sang de rétrograder au moment où l'une des cavités cardiaques se contracte pour le chasser en avant. Ces valvules sont les seules que nous rencontrions chez les *poissons* et les *amphibiens*. Plus haut, nous en voyons apparaître en nombre toujours plus considérable dans le système veineux lymphatique, puis dans les veines sanguines des parties du corps où le sang marche contre son propre poids.

QUATRIÈME GENRE.

APPAREIL DE LA SÉCRÉTION DÉPURATOIRE.

A. CONSIDÉRATIONS GÉNÉRALES SUR LES ORGANES DE SÉCRÉTION ET SUR L'APPAREIL DE LA SÉCRÉTION URINAIRE EN PARTICULIER.

A l'étude des appareils qui ont pour but d'introduire dans l'organisme les matériaux de sa composition, succède naturellement celle des organes qui servent à éliminer les produits de la décomposition nutritive. Cette étude nous ramène de nouveau à la surface de l'animal, que nous avions abandonnée un instant pour suivre dans la profondeur des tissus les voies que parcourt le fluide général, véhicule commun des deux ordres de matériaux dont je viens de parler.

Mais avant de nous occuper en particulier de la portion de l'enveloppe qui se modifie en appareil spécial de sécrétion dépuratoire, jetons encore un coup d'œil sur les caractères généraux des organes sécréteurs, abstraction faite des services qu'ils sont appelés à rendre à l'économie animale.

Considérée dans ce qu'elle a d'essentiel, de constant, d'élémentaire, la sécrétion n'est que l'inverse de l'absorption, c'est-à-dire, une exhalation, un mouvement de fluides de dedans en dehors. Aussi, ce phénomène, à son état de parfaite simplicité, n'exige-t-il d'autres dispositions dans le tissu de la surface que celles qui rendent ce tissu perméable et hygrométrique. Il n'est nullement besoin de supposer, comme on l'a fait pour son explication, un ordre de vaisseaux particuliers ; les progrès de la science ont fait complète justice de l'hypothèse des *vaisseaux exhalans.*

Le produit de la simple exhalation n'est jamais très composé : c'est de l'eau qui tient en dissolution quelque peu de matière animale, et parfois une faible quantité de sels ou d'acides.

Lorsque cette fonction est appelée à fournir des fluides plus caractérisés et plus complexes, ses conditions organiques changent. C'est alors que nous voyons apparaître dans l'enveloppe, les cryptes, ces petits organes bulboïdes que nous avons déjà fait connaître en parlant de l'organisation générale du tégument. Ici se joignent aux conditions textulaires de l'exhalation un certain développement et une disposition particulière des vaisseaux qui charrient le fluide nourricier ; conditions nouvelles qui, non-seulement, appellent une plus grande quantité de ce fluide dans un même point de la surface exhalante, mais qui y ralentissent son cours, et par là doivent à la fois amener des modifications dans sa composition et augmenter la perte qu'il est appelé à éprouver. Cette perte constitue alors une *sécrétion*, fonction dont le produit variera ensuite beaucoup selon que les cryptes seront isolés, ou agrégés en petits amas, ou réunis en masses plus ou moins compactes. En général, ce produit est, toutes choses égales d'ailleurs, d'autant plus composé et d'autant plus spécial que les. cryptes sont moins isolés et que, réunis en plus grand nombre sur un point, ils forment des organes plus denses ; on conçoit en effet que la quantité du liquide général qui fournit les matériaux de la secrétion, et le ralentissement de sa marche à travers l'organe sécréteur seront d'autant plus considérables que les cryptes seront plus nombreux, et réunis par un tissu cellulaire plus serré ; ajoutez à cela que dans les masses qu'ils constituent alors, ces petits organes s'ouvrent dans un système plus ou moins complexe de canaux arborisés, dans les radicules duquel le fluide secrété a le temps de subir encore de notables modifications par suite de la réaction mutuelle de ses élémens.

La variété que nous offrent les produits des secrétions est commandée par celle des fonctions de la surface. Ici, ce sont des sucs dissolvans ou modificateurs de la matière alimentaire, comme nous l'avons vu en traitant de l'appareil digestif et de ses glandes ; là, ce sont des matières onctueuses propres à garantir la surface du contact des agens externes qui pourraient lui devenir nuisibles ; ailleurs, c'est une liqueur séminale fécondante, ou des germes préparés pour la génération ; ailleurs encore, ce sont des substances plus ou moins odorantes qui semblent surtout destinées à avertir les sexes différens ; ou bien enfin, des fluides purement dépuratoires qui ne servent ni à l'espèce ni à l'individu, sauf peut-être dans un très petit nombre de cas, et par exception.

Les dispositions que prennent les agrégations de

cryptes pour former des organes complexes ou des appareils de secrétion, varient selon que le fluide général est ou n'est pas régulièrement distribué dans l'organisme. Quand il est simplement épanché dans les cellules de celui-ci, les appareils sécréteurs les plus complets représentent des vaisseaux aveugles, simples ou ramifiés, à la surface interne desquels s'ouvrent une multitude de cryptes; leur surface externe est baignée par le fluide nourricier, et c'est ainsi que ces organes reçoivent les matériaux des liquides qu'ils doivent fournir. Mais, quand l'animal jouit d'une circulation vasculaire, les cryptes s'agglomèrent en formant de véritables glandes, c'est-à-dire, des masses plus ou moins volumineuses, d'un tissu très variable quant à son aspect et à sa densité; masses souvent partagées en petits lobes, d'autres fois étalées en couche membraniforme, comme est le foie dans les *mollusques*, et qui versent leur produit à la surface, tantôt directement par un nombre plus ou moins considérable de petites ouvertures, tantôt par le moyen d'un arbre vasculaire qui a ses racines dans leur profondeur, et qui se termine par un ou plusieurs troncs. Ce dernier cas est celui des glandes le plus complètement caractérisées, et c'est sous cette forme que se montrent, chez les animaux supérieurs, les principaux organes de ce genre, les glandes salivaires, le pancréas, le foie, les glandes séminales, enfin, les glandes chargées de la sécrétion urinaire qui doivent nous occuper spécialement dans ce chapitre.

Il est donc facile, en suivant le développement des agens sécréteurs de l'économie animale, d'y reconnaître la loi de la séparation et de la spécialisation progressive des organes. On vient de voir, en effet, que la sécrétion, d'abord réduite à l'exhalation, commence par être un attribut général de toute partie perméable de la surface; que, plus tard, devenue sécrétion proprement dite, elle se localise dans de petits cryptes dispersés dans le tégument, que plus tard encore, ceux-ci se groupent en amas plus ou moins considérables pour remplir des sécrétions particulières; qu'ils finissent enfin par former, dans certains lieux déterminés, des organes très spéciaux et par leurs caractères anatomiques et par leurs fonctions. Dans les cryptes eux-mêmes nous remarquons, à mesure que leur agrégation devient plus intime et leur sécrétion plus caractérisée et plus importante, la séparation de leur portion productive et de leurs voies d'excrétion. Enfin, il arrive souvent qu'une vessie, pourvue aussi de son canal, ou tout au moins d'un orifice particulier, vient s'adjoindre à ce petit appareil, et le compléter en fournissant un réservoir à son produit. C'est ce que nous avons déjà vu pour le foie dans un chapitre précédent.

Nous ne terminerons pas ces considérations générales sur les glandes, sans ajouter que les matériaux des sécrétions sont fournis à ces organes spécialement par le sang artériel. Toutefois, le sang veineux paraît, dans plusieurs cas, ne pas être étranger à ces fonctions; c'est du moins ce que semblerait prouver la disposition particulière des veines de l'abdomen qui se réunissent, comme nous l'avons vu, en systèmes particuliers, pour se distribuer, à la manière des artères, dans le foie, et souvent aussi dans les reins.

Nous avons dit par quelle diversité d'usages se distinguent les différentes sécrétions qui ont lieu dans l'organisme animal. La plupart d'entre elles se rattachent à d'autres fonctions, et leurs appareils ne sauraient, en conséquence, être considérés que comme des annexes d'appareils d'un ordre supérieur. Aussi, ne les séparerons-nous pas de ceux-ci, et n'étudierons-nous, dans le reste de ce chapitre, que les organes sécréteurs qui représentant dans l'économie le véritable mouvement de décomposition, se distinguent de tous les autres, en ce que leur produit est rejeté comme nuisible pour la vie de l'individu, et sans usage pour la propagation de l'espèce.

Nous comptons, dans l'organisme animal, deux espèces de dépurations : l'une est une exhalation, l'autre, une véritable sécrétion. La première, connue sous les noms de *perspiration* et de *transpiration*, fournit un fluide aqueux d'une composition assez simple ; elle a pour siége toute partie transméable de la surface tégumentaire ; la seconde espèce produit l'urine, fluide beaucoup plus spécial que le premier, et nous offre seule un appareil organique particulier.

Cet appareil, presque constamment pair, ou tout au moins symétrique, est situé sur les côtés du canal intestinal. Toujours voisin de la partie excrémentitielle de ce conduit, il s'y abouche même chez un très grand nombre d'animaux ; tandis que chez d'autres la rentrée tégumentaire destinée à la dépuration est indépendante de l'intestin. On remarque aussi un rapport de situation assez constant entre l'appareil qui nous occupe et celui de la génération ; leurs voies d'excrétions se rencontrent même le plus souvent, soit qu'elles aboutissent à un cloaque, soit qu'elles se réunissent pour former un canal particulier.

Les organes de la dépuration urinaire sont toujours composés de deux parties, une partie crypteuse, dont la forme varie beaucoup, et un canal excréteur ; la première est désignée sous le nom de *rein*, la seconde, sous celui d'*uretère*. Ces deux sections essentielles de l'appareil sont confondues chez quelques animaux qui manquent de système vasculaire sanguin, les cryptes étant alors répandus dans les parois du canal excréteur lui-même. Mais, dans tous les autres cas, l'uretère succède au rein, dont il est parfaitement distinct. Nous rencontrons, en outre, chez beaucoup d'espèces, une vessie qui se rattache plus ou moins étroitement à l'appareil rénal, sans toutefois lui appartenir essentiellement, et qui communique avec la surface par un conduit éjaculateur plus ou moins long, quelquefois par un simple orifice. C'est souvent dans cette vessie que se termine, comme nous le dirons tout-à-l'heure, le canal excréteur de l'urine, et ce liquide trouve alors dans cet organe un réservoir où il peut s'accumuler en quantité plus ou moins grande avant d'être définitivement rejeté. Cette disposition est fort avantageuse lorsque l'urine est trop fluide pour pouvoir séjourner dans son canal d'*excrétion;* car, dans ce cas, son écoulement continuel au-dehors, serait souvent fort incommode pour l'animal. D'autres fois l'uretère va s'aboucher directement dans l'*urèthre* (c'est ainsi qu'on nomme le canal éjaculateur de la vessie); enfin, il arrive aussi que l'un et l'autre de ces canaux s'ouvrent séparément dans

le cloaque. Il est évident que, dans ces deux derniers cas, la vessie, placée hors du trajet de l'urine,
ne peut plus lui servir de réservoir, à moins qu'on
n'admette un reflux de ce liquide dans la poche qu'il a
déja dépassée, reflux que l'observation n'a pas encore
démontré. Toutefois, bien que la vessie ne paraisse pas
se rattacher essentiellement par ses rapports anatomi-
miques à l'appareil de la dépuration urinaire, il est
permis de penser qu'elle s'y rattache d'une manière
plus étroite sous le rapport de sa fonction. Cette poche
paraît être, en effet, constamment le siége d'une
exhalation séreuse, qui n'est autre peut-être que la
transsudation de la sérosité abdominale; et elle remplit
déjà, par cela seul, l'office d'un organe de dépuration. Outre cela, dans les cas où l'urine vient s'y déposer avant d'être rejetée, ce dernier liquide toujours
plus ou moins concentré, et chargé de matériaux qui
tendent à se concréter, trouve dans la sérosité vésicale
un véhicule qui le maintient à l'état fluide ; c'est même
ordinairement à une disproportion entre les élémens
chimiques les moins solubles de l'urine et la partie
aqueuse de celle-ci que sont dus la plupart des dépôts
calculeux qui constituent une de nos maladies les plus
graves, et l'on peut juger par cette considération de
l'importance de la sérosité cystique dans les fonctions
de l'appareil urinaire.

Il est à remarquer que les animaux qui manquent
de vessie, ou chez lesquels cette poche ne reçoit
pas l'urine, rendent celle-ci à un état plus ou moins
solide.

Les variations que présente cet appareil dans la
série sont assez remarquables; mais il est le plus

souvent difficile de trouver leur raison, soit qu'on la cherche dans les habitudes de l'animal, soit qu'on essaie de la découvrir dans les harmonies de l'organisation.

B. *APPAREIL DE LA SECRETION DEPURATOIRE DANS LA SERIE ANIMALE.*

I.

Il faut s'élever jusqu'aux MOLLUSQUES pour trouver les premières indications d'un appareil spécial de sécrétion dépuratoire. Plus bas, il n'existe vraisemblablement d'autre excrétion de ce genre que celle qui a lieu chez tous les êtres vivans par la surface de l'enveloppe. Chez les mollusques en échange, nous trouvons de petites glandes d'une structure vasculaire, et qui rejettent au-dehors, par des canaux excréteurs distincts, des liquides de diverse apparence, mais qui paraissent être tout-à-fait excrémentitiels. Ces petits organes sont pairs, ou tout au moins symétriques chez les *acéphalés*, impairs et asymétriques chez les *céphalés*; leurs canaux excréteurs accompagnent l'extrémité de l'intestin, et vont s'ouvrir près de l'anus. La poche glanduleuse qui secrète l'encre de la *sèche*, la *sépia* des peintres, et qui fournit dans le *poulpe* la bouillie noire dont paraît être composée l'*encre de Chine*, est considérée, aussi bien que l'organe analogue des *calmars*, comme une sorte d'appareil urinaire. Il paraît en être de même des petites masses spongieuses qui fournissent la *pourpre* chez la plupart des *gastéropodes* ou *céphalidiens* de l'ordre des *siphonobranches*.

II.

Chez les ANIMAUX ARTICULÉS EXTÉRIEUREMENT, et en particulier chez les *hexapodes*, c'est sous la forme de simples canaux aveugles que se présentent les organes sécréteurs de l'urine, ou du moins ceux qu'on est porté à regarder comme tels. On trouve ces canaux annexés à la dernière moitié de l'intestin, et versant dans le cloaque un liquide dont la nature est encore inconnue, mais qui, selon toute apparence, est sans usage pour l'espèce et pour l'individu.

III.

Mais ce n'est que dans le type des VERTÉBRÉS que l'appareil qui nous occupe acquiert des caractères assez spéciaux et présente assez de développement pour qu'on ne puisse le confondre avec aucun autre.

L'organe sécréteur est constamment une glande parfaite, d'un tissu parenchymateux, dont la consistance varie beaucoup, et qui se montre tantôt homogène et tantôt composé lui-même de deux tissus d'aspect différent. Il part de cette glande des canaux excréteurs qui vont s'ouvrir par un ou deux troncs plus ou moins prolongés à la partie postérieure de l'animal, quelquefois dans le cloaque intestinal, quelquefois directement à la surface externe; d'autres fois enfin, dans une vessie. Cette dernière manque chez plusieurs animaux de ce type ; chez d'autres elle existe, mais indépendante des canaux excréteurs de l'urine.

Les *poissons* nous offrent un rein considérable qui

forme une seule masse symétrique appliquée sur toute la longueur de la face abdominale du rachis. Cette masse résulte évidemment de la fusion de deux reins qui se rencontrent sur la ligne médiane. Son tissu est encore mou, homogène, et présente une coloration foncée : il reçoit, outre les ramifications des artères rénales, celles d'un tronc veineux formé chez tous les vertébrés ovipares, comme nous l'a appris M. Jacobson, par les vaisseaux sanguins centripètes des organes abdominaux. De chaque côté de cet organe dépuratoire part un uretère, qui va presque constamment s'ouvrir dans une petite vessie ; celle-ci débouche au-dehors par un orifice particulier placé en arrière de l'anus, et qui sert également d'issue aux produits de l'appareil génital.

Dans les *amphibiens*, nous trouvons deux reins qui ne sont plus confondus en une masse unique, mais seulement très rapprochés l'un de l'autre. Leur parenchyme est encore homogène et fort peu consistant. Les uretères vont s'ouvrir directement sur les parties latérales du cloaque. Cependant il existe une vessie ; mais elle s'ouvre de son côté dans cette même partie de l'intestin excrémentitiel, et elle y verse, par un orifice particulier, la sérosité que sécrètent ses parois.

Les reins des *reptiles*, souvent très alongés (*ophidiens*), offrent encore un tissu parfaitement homogène, et se divisent en lobules placés en série ; leurs canaux excréteurs ou uretères ne versent jamais l'urine dans la vessie, mais dans l'urètre ; en sorte que la vessie des *reptiles* ne se trouve pas plus que celle des *amphibiens* sur le trajet de l'urine. Ce produit est porté par l'urètre dans le cloaque.

Les *oiseaux* ont des reins à structure homogène, complètement divisés, et dont les lobes ne tiennent l'un à l'autre que par la jonction de leurs canaux excréteurs particuliers, qui se réunissent pour former un uretère commun; celui de chaque rein se rend directement dans le cloaque. La vessie manque complètement. L'urine dans les trois classes qui précèdent, se rapprochent à divers degrés de la consistance solide.

Les *mammifères*, nous offrent un appareil urinaire complet. Les reins sont encore plus ou moins lobulés dans quelques groupes, tels que les *cétacés*, les *phoques*, la plupart des animaux hibernans; ils le sont chez tous pendant la vie fœtale.

La structure de ces organes se distingue éminemment ici de celle qu'ils offrent dans les classes précédentes, par le développement et la disposition des racines des canaux excréteurs. Tandis que dans ces derniers groupes les racines des uretères ne se montraient que déjà détachées de l'organe sécréteur et peu multipliées, nous les voyons chez les *mammifères* former, par leur nombre et leur mode de réunion, une sorte de tissu strié, qu'on a désigné sous le nom de *substance tubuleuse* ou *médullaire*, pour le distinguer du tissu sécréteur lui-même qui, placé au-dessus de lui, est connu sous la dénomination de *substance corticale*.

La substance tubuleuse est beaucoup plus pâle que

la corticale, qui est d'un rouge foncé, d'un aspect homogène ; la première forme de petits cônes striés, dont la base s'appuie sur le tissu glanduleux, et dont le sommet, résultat de la convergence de tous les petits tubes qui composent le même cône, se prolonge en mamelon, et vient se terminer dans une petite cavité membraneuse, infundibuliforme, le *bassinet*, rendez-vous commun de tous les canaux excréteurs du même rein, et qui constitue le commencement de l'uretère. Ce dernier s'abouche à la vessie, qui est chez les mammifères une véritable poche de dépôt pour l'urine, et qui nous offre les conditions organiques que réclame cette fonction, c'est-à-dire, une couche épidermique propre à la garantir du contact irritant du produit de la sécrétion rénale, et deux plans de fibres musculaires, à l'aide desquels cet organe chasse énergiquement le liquide accumulé dans son intérieur, ou s'oppose à ce que celui qui y afflue en sorte à mesure qu'il arrive ; les fibres qui agissent dans ce dernier sens se trouvent placées, comme on le conçoit, vers le col de la poche, vers l'entrée du canal éjaculateur, et elles y forment souvent une couche circulaire assez épaisse ; les fibres qui agissent pour l'expulsion de l'urine, sont au contraire celles du fond. L'urètre, reçoit chez le mâle, après un court trajet, les canaux éjaculateurs de l'appareil de la génération, puis il longe la face inférieure de l'organe excitateur, auquel il est réuni, et va s'ouvrir plus ou moins près de l'extrémité de cet organe. Chez la femelle, où le canal éjaculateur de l'appareil génital joue un rôle bien plus important que dans le mâle, ce conduit et l'urètre s'ouvrent séparément, dans un enfoncement urétro-sexuel connu sous le nom de *vulve* et qui constitue quelquefois, par sa profondeur, un véritable canal, comme on peut le voir chez les *didelphes*. L'urètre conserve néanmoins encore, dans un petit nombre de cas, des rapports étroits avec l'organe excitateur femelle; chez les *makis* et les *loris*, par exemple, il s'adosse à cet organe et se termine assez près de son extrémité libre.

Parmi le petit nombre des *mammifères* dont l'appareil urinaire s'éloigne de ce que nous pouvons nommer pour cette classe, l'état normal, nous citerons l'*ornithorhynque*. Chez cet animal, l'uretère se rend dans l'urètre qui, lui-même, s'ouvre dans le cloaque; et la vessie reste en-dehors des voies d'excrétion de l'urine; c'est absolument la disposition que nous avons vue chez les *reptiles*.

DEUXIÈME ORDRE.

GENRE UNIQUE.

APPAREIL DESTINÉ A CONTINUER L'ESPÈCE

ou

APPAREIL DE LA SÉCRÉTION GÉNÉRATRICE.

A. *DESCRIPTION GENERALE DE CET APPAREIL.*

Le mouvement de décomposition n'a pas pour but unique et pour seul résultat la réjection du détritus devenu étranger et nuisible à l'organisation. A l'époque où se termine la période de croissance de l'individu, et avant que commence son dépérissement, époque d'une durée très variable, pendant laquelle l'être vivant jouit de la plénitude de son énergie, le mouvement de composition conserve une activité supérieure à celle que réclamerait le développement individuel, et dont l'excédent est destiné à la conservation de l'espèce. L'observation nous apprend que ce but est atteint de deux manières : tantôt directement, par la supernutrition d'une partie du corps animé, qui se détache de celui-ci au bout d'un certain temps, et constitue un nouvel individu ; plus ordinairement par un véritable acte de décomposition, par une sécrétion, dont le produit, à la différence de tous les autres produits sécrétés, conserve la vie du sujet dont il émane, et une apti-tude de développement en vertu de laquelle il revêtira plus tard tous les caractères spécifiques de ce dernier.

Le premier mode est ce qu'on nomme la *génération scissipare*. Il ne peut se montrer, comme on le conçoit bien, que chez les animaux parfaitement homogènes, puisque toute partie du corps est alors apte à représenter l'être dont elle se sépare. Par cela même, nous n'aurons pas à chercher ici un appareil spécial de reproduction.

La génération par voie de sécrétion, ou par *germe,* la génération, proprement dite, pourra, au contraire, se montrer à tous les degrés de l'organisation, depuis les zoophytes amorphes et homogènes jusqu'au premier des mammifères. Il y a plus : ce mode sera le seul possible chez tous les êtres un peu complexes, et aussitôt que les fonctions se localiseront dans des points plus ou moins circonscrits, dans des organes plus ou moins caractérisés. Du reste, cette génération offrira elle-même des différences qui porteront sur le siége général de la sécrétion, sur la nature et les caractères de son produit immédiat, et sur les changemens qu'il subit jusqu'au moment où il se sépare de sa mère.

Quant à son siége général, la génération peut avoir lieu, ou indifféremment par tous les points de la surface externe, comme il arrive pour toutes les sécrétions, lorsque l'organisme est encore réduit à sa plus grande simplicité, ou dans une autre rentrée particulière de l'enveloppe modifiée et disposée en appareil plus ou moins spécial de reproduction.

Quant à sa nature et à celle de ses produits, la sécrétion qui nous occupe est ou *gemmipare* ou *ovipare*. On la dit gemmipare, lorsque le produit, formé plutôt par une sorte de bourgeonnement et d'extension de tissu que par une sécrétion proprement dite, constitue tout entier le germe du nouvel individu, et paraît de prime abord libre de toute enveloppe et de toute partie accessoire. La génération sera ovipare, lorsqu'au contraire le germe ne formant qu'une partie, et même la plus petite du produit, se trouvera renfermé dans des membranes qu'il lui faudra rompre pour vo'r le jour. Le *gemme* est donc un produit simple, qui ne représente que le rudiment du jeune sujet, tandis que l'*œuf* ou l'*ovule* est un produit composé. Le premier appartient aux organisations inférieures; le second aux animaux déjà un peu élevés.

Enfin, quant à l'état dans lequel se trouve le nouvel individu au moment où il se sépare de sa mère, nous remarquons qu'il quitte celle-ci tantôt à l'état de gemme ou d'œuf, tantôt après avoir acquis, pendant un séjour plus ou moins prolongé dans l'appareil de la génération, un développement suffisant pour permettre de reconnaître déjà en lui les caractères distinctifs de l'espèce à laquelle il appartient. Ce dernier cas constitue la *génération* ou mieux la *parturition vivipare*, et le premier la parturition *gemmipare* ou *ovipare*, selon qu'il s'agit d'un gemme ou d'un œuf. Quand le germe est renfermé dans des enveloppes, la période évolutionnaire qui sépare le moment de sa formation (la conception) de celui où il rompt ses membranes, est distinguée en général des périodes ultérieures sous les noms de vies embryonnaire et fœtale.

La génération se compose de plusieurs actes, dont la distinction nous conduira à comprendre et à déterminer la composition de l'appareil qui en est chargé, et l'importance relative de ses diverses parties constituantes. Ces actes se divisent, comme ceux de toute autre fonction, en deux parts, dont l'une comprend l'acte primitif, l'autre les actes secondaires.

L'acte primitif, indispensable, essentiel, est la production ou sécrétion du gemme ou de l'ovule. Les actes secondaires ont pour but ou de fournir au germe les conditions de son évolution, et de ses premiers développemens, ou de le séparer de sa mère.

La production du germe constitue souvent à elle seule la génération tout entière ; elle se présente alors comme un acte parfaitement simple, du moins à en croire les apparences. Cet acte ne consiste, ou ne paraît consister dans ce cas, qu'en une sécrétion gemmulaire ou ovulaire dont le produit, après être demeuré dans sa mère pendant un temps variable, abandonne celle-ci pour vivre d'une vie individuelle, et pour acquérir tout son développement.

Mais, à un certain degré de l'échelle de l'animalité, l'acte producteur du germe se divise en deux actes élémentaires qui sont alors, à l'égal l'un de l'autre, des conditions indispensables de la génération ; car cette fonction réclame dès ce moment leur concours, sans lequel elle devient impossible. De ces deux actes, l'un semble représenter et continuer l'acte primordial unique, et produit, à l'instar de celui-ci, les vésicules d'où sortiront les individus nouveaux, mais avec cette différence importante, que ces vésicules ne reçoivent plus, comme auparavant, toutes leurs conditions d'existence et de développement de leur organe producteur, et qu'ainsi elles ne constituent que des ovules encore imparfaits. C'est le second acte élémentaire de la génération qui amènera ces ovules à l'état parfait, qui en fera de véritables germes, qui complétera les conditions de leur fécondité. Ce second acte a pour résultat la sécrétion d'un fluide particulier, nommé *fluide séminal*, ou *prolifique*, *sperme*, lequel, mis en contact avec les ovules, leur fournit les matériaux d'une nutrition toute spéciale, évolutive, véritablement génératrice.

La partie essentielle et constante de tout appareil spécial de génération sera donc un organe producteur du gemme ou de l'ovule, ou du liquide séminal. Cet organe sera toujours identique et *unius generis* lorsque la génération consistera tout entière dans la production de l'ovule; il se présentera au contraire sous deux modes particuliers dès que la fécondation et la production de l'ovule se sépareront, et nous aurons alors deux sexes, deux genres d'organes sécréteurs ou essentiels pour la fonction : des *ovaires* qui ne produiront que des *ovules*, comme l'orgáne primitif, unique, ce qui caractérise le *sexe femelle*, et des *testicules* ou *glandes séminales*, qui ne produiront que des fluides fécondateurs, et caractériseront le *sexe mâle*.

La différence de ces deux genres d'organes ne se montrera d'abord, d'une manière manifeste, que par celle des produits. Tous deux seront disposés en canaux aveugles, dont les parois fourniront, ou des vésicules ou du sperme, sans que leur structure se montre modifiée d'une manière appréciable. Mais dans les organismes supérieurs, une différence notable se fera remarquer entre la structure des testicules et celle des

ovaires. Les premiers conserveront dans leurs élémens anatomiques, la forme canaliculée (1). Lorsqu'on
les analysera avec soin, on les trouvera composés par
un nombre considérable de vaisseaux sécréteurs extrêmement déliés, filiformes, d'une longueur prodigieuse, repliés un grand nombre de fois, pelotonnés
et entrelacés avec de nombreux vaisseaux sanguins,
et formant ainsi une sorte de parenchyme assez homogène, autour duquel le tissu cellulaire se condense en
une enveloppe fibreuse (l'*albuginée*). Les vaisseaux
séminipares des testicules se réunissent dans ce cas
en un certain nombre de troncs efférens, percent
cette dernière enveloppe, et viennent s'aboucher
dans le canal excréteur ou déférent, dont nous parlerons tout-à-l'heure. A ce degré de l'organisation,
l'ovaire se distingue du testicule par une structure celluleuse. Il forme alors des masses d'un volume très
variable, composées d'une enveloppe et d'un tissu
aréolaire, dans lequel on trouve les ovules deposés
en plus ou moins grand nombre. Dans cet état, l'organe dont il s'agit est en général complètement clos,
et ne peut communiquer avec l'extérieur que par la
rupture de son enveloppe, phénomène qui s'opère
toutes les fois que les vésicules acquièrent un certain
développement, soit après avoir été fécondées, soit
même indépendamment de toute influence séminale.

Les parties, qui viendront s'adjoindre à l'organe essentiel de la génération, et qui composeront avec lui
l'appareil auquel cette fonction est confiée dans les

---

(1) Cette règle offre peut-être des exceptions dans quelques vertébrés
inférieurs, comme nous le verrons.

organisations plus ou moins complexes, sont, en procédant de dedans en dehors :

Le conduit excréteur,

Une poche de dépôt,

Le canal éjaculateur dépendant de cette poche,

Des organes accessoires de secrétion.

Un organe excitateur.

Le *conduit excréteur* se distingue de plus en plus de l'organe principal, à mesure que celui-ci se spécialise davantage, et que la production du germe se concentre davantage aussi dans la partie la plus profonde de l'appareil. Il pourra être formé par la seule réunion des canaux multiples, dont se compose l'organe producteur, et, dans ce cas, il fera immédiatement suite à celui-ci. D'autres fois, et c'est surtout lorsque les cryptes producteurs se disposeront en masses glandiformes celluleuses, il pourra exister entre ces masses et leurs conduits excréteurs, une solution de continuité plus ou moins complète. Le canal, dont il s'agit, sera quelquefois très flexueux, surtout dans le sexe mâle, et contribuera par là, sans doute, à modifier et à perfectionner le liquide qui doit le parcourir, et qui ne pourra le traverser qu'avec une certaine lenteur. Dans le sexe femelle, le canal excréteur, connu sous les noms de *trompe* ou d'*oviducte,* sera assez généralement plus court que dans le mâle, à moins que l'ovule ne soit appelé à y subir un certain développement, ou même à y donner naissance à l'individu qu'il renferme. Ce conduit, à quelque sexe qu'il appartienne, pourra se terminer, ou séparément et distinctement à la surface externe, ou dans le cloaque ou dans la poche de dépôt.

La *poche de dépôt*, déjà bien moins constante que le canal excréteur, est formée par un renflement de la rentrée tégumentaire qui constitue l'appareil de la génération. Elle peut offrir trois dispositions différentes : souvent elle est paire, comme les parties précédentes, c'est-à-dire qu'il y a alors deux poches distinctes et parfaitement séparées l'une de l'autre ; d'autres fois, les poches se rencontrent plus ou moins près de leur extrémité vaginale, et forment ainsi un organe divisé dans une partie de son étendue, unique et médian dans le reste ; enfin la rencontre et la fusion des deux sacs pourront être complètes, et nous n'aurons alors qu'une seule poche. C'est dans lesexe mâle , l'organe dont il s'agit est constamment double , au moins dans sa partie la plus considérable et la plus profonde ; il constitue ce qu'on appelle les *vésicules séminales*, petits sacs qui , ainsi que l'indique leur nom , servent de réservoir au liquide fécondateur , lequel subit vraisemblablement quelques modifications pendant le séjour qu'il y fait. C'est dans le sexe femelle que la poche de dépôt a le plus de tendance à demeurer médiane et unique. On remarque une proportion assez constante entre son degré de fusion et de division et la fécondité ; celle-ci est généralement d'autant plus considérable, que l'organe en question est plus complètement double , et le nombre des produits est ordinairement assez restreint quand cet organe est parfaitement impair et médian. Appelée, dans la plupart des cas, à retenir l'œuf fécondé pendant un temps assez long pour permettre au germe de se développer beaucoup et de parcourir plus ou moins complètement les périodes de la vie fœtale , avant sa sortie de l'appareil, la poche de dépôt de l'appareil femelle prend quelquefois les noms de *matrice* ou d'*utérus*, et nous offre alors, dans sa forme et dans la constitution anatomique de ses parois, les conditions nécessaires pour retenir le produit de la génération, pour le nourrir pendant le séjour qu'il y fait, et pour l'expulser, quand le moment sera venu, en surmontant toute la résistance que le jeune animal, déjà développé, pourra rencontrer devant lui. D'autres fois, tout en conservant l'œuf fécondé jusqu'au moment où le jeune animal est en âge d'en sortir, elle ne fournit pas de nourriture à celui-ci ; c'est ce qui distingue la génération *vivipare* de la génération *ovovivipare*, qui peut également avoir lieu dans les cas où l'oviducte, sans fournir de dilatation sur son trajet, est assez long cependant pour retenir l'œuf plus ou moins long-temps.

La poche de dépôt manque, en effet, chez un très grand nombre d'animaux; alors le canal excréteur aboutit soit directement au-dehors, soit dans le cloaque, où il verse selon les sexes, ou le liquide prolifique ou le produit de la conception. Dans ce cas, lorsque celui-ci sort avant que le germe ait subi ses évolutions embryonnaires et fœtales, on dit de l'animal qu'il est simplement *ovipare*. L'œuf, en passant par le cloaque s'y enveloppe fréquemment d'une matière calcaire qui lui forme un tégument protecteur plus ou moins dur, qu'on désigne sous le nom de *coque*.

La poche de dépôt a presque toujours un *canal éjaculateur*. Celui-ci est beaucoup plus étroit dans l'appareil mâle que dans l'appareil femelle, où il porte le nom de *vagin*. Il aboutit à la surface externe de l'animal, soit séparément, comme cela a lieu chez la femelle, soit en s'abouchant au canal éjaculateur de l'urine, ce qui est le cas dans le mâle, et alors le canal unique qu'il forme avec ce dernier se réunit à l'organe excitateur, vers l'extrémité duquel il va s'ouvrir. L'indépendance et la largeur du *vagin* sont nécessitées par le double usage de ce conduit, puisqu'il doit admettre l'organe excitateur pendant l'accouplement, et qu'à l'époque de la parturition il doit livrer passage au jeune sujet parvenu dans la matrice au terme de la vie fœtale.

Des cryptes, réunis quelquefois chez le mâle en masses glandiformes lobulées, et formant ce qu'on nomme une *prostate*, disséminés au contraire, chez la femelle, dans les parois du vagin, versent dans les voies éjaculatrices un produit liquide, plus ou moins visqueux, mais dont la nature, vraisemblablement différente selon le sexe, est inconnue. Ce fluide, qui afflue surtout au moment de l'orgasme voluptueux occasioné par l'accouplement, et qui a sans doute, du moins chez le mâle, une grande part à cet orgasme, se mêle au sperme qui sort en même temps que lui, et sert vraisemblablement à augmenter la fluidité de ce dernier produit, et à favoriser par là son action fécondante.

L'appareil de la génération se complète enfin chez un grand nombre d'animaux, par la présence d'un organe d'excitation pair ou unique, selon les espèces. Cet organe a quelquefois pour usage principal de retenir l'individu femelle pendant l'acte fécondateur ; mais il sert ordinairement à la stimulation génératrice et à l'introduction du fluide séminal dans le vagin. Dans le premier cas, l'organe excitateur représente une paire d'appendices, qui se rattachent à l'appareil de la locomotion, par la prédominance de la couche musculaire qui entre dans leur composition. Dans le second cas, cette couche est moins développée ; mais, en échange, le système veineux sous-cutané y forme un parenchyme fibro-vasculaire érectile, un *corps caverneux* dans les vacuoles duquel le sang afflue au moment de l'excitation sexuelle, et qui, acquérant par là une grande roideur, permet à l'organe excitateur du mâle de pénétrer aisément dans le conduit éjaculateur de la femelle. Chez celle-ci, cet organe manque ou ne se trouve qu'à l'état rudimentaire (1), plus ou moins indépendant des conduits éjaculateurs, et placé au-dessus de leurs orifices. Il porte ici le nom de *clitoris*.

Tels sont les organes dont se compose un appareil complet de génération. Cependant, chez les animaux supérieurs, il faut y rattacher encore des organes de sécrétion qui fournissent au sujet nouvellement né, une alimentation complémentaire de celle qu'il avait trouvée dans le sein de sa mère. Mais, pour faire bien comprendre la place que méritent ces organes dans le système qui nous occupe en ce moment, il est nécessaire que nous disions quelques mots des divers modes de nutrition du jeune animal, depuis le moment où il ne constitue qu'un germe jusqu'à celui où il devient complètement indépendant de sa mère, sous le rapport de ses conditions d'existence. Ces modes sont au nombre de cinq, savoir :

La nutrition par continuité de substance,

La nutrition fécondante,

---

(1) Quand il acquiert un certain volume c'est accidentellement, et il se trouve alors dans un état vraiment anormal.

La nutrition vitelline ,
·La nutrition placentaire ,
La nutrition mammaire.

La *nutrition par continuité de substance* est celle
de la jeune pousse, du bourgeon du végétal et des
animaux scissipares ; c'est celle du germe qui se montre
à la surface d'une *hydre* et peut être encore de celui
qui se développe dans les canaux gemmipares de la
méduse ou dans les pseudovaires de l'*échinoderme* (1).

La *nutrition fécondante* est celle que fournit le
produit mâle ou séminal, et qui donne à l'ovule imparfait les conditions de son évolution embryonnaire.
Elle pourra avoir lieu dans l'intérieur de l'appareil ou
après que les ovules seront déjà sortis de celui-ci.

La *nutrition vitelline* s'exerce aux dépens d'une matière déposée, en quantité très variable, dans une poche
dépendant de l'appareil de l'absorption alimentaire
du jeune sujet encore renfermé dans ses membranes.
Elle sera quelquefois très passagère, d'autres fois elle

---

(1) On peut du moins admettre cette nutrition pour les premiers momens qui suivent l'apparition du gemme dans les ovaires des rayonnés
supérieurs. En dernière analyse, elle ne constitue qu'une prolongation
de l'acte producteur qui est, par conséquent, graduel dans la génération
gemmipare, tandis qu'il est instantané dans la génération ovipare, l'ovule
étant libre et flottant dans les aréoles de l'ovaire dès l'instant de sa formation.

Ce dernier fait vient d'être démontré, pour les ovules des mammifères,
par M. Coste, aux ingénieuses recherches duquel l'ovologie et l'embryogénie ont déjà de grandes obligations. M. Coste a parfaitement vu que les
vésicules de l'ovaire (vésicules de Graaf) et les ovules sont deux choses
tout-à-fait différentes ; que les vésicules ne sont autres que des cellules
même de l'organe, tandis que les ovules sont libres et immergés dans le
liquide qui remplit les premières.

durera plus ou moins long-temps. Dans ce dernier cas, elle suffira à toutes les évolutions de la vie fœtale, et mettra le jeune sujet en état de rompre son enveloppe, ce qui pourra avoir lieu, ou dans l'oviducte, ou plus ordinairement après que l'œuf aura été rejeté.

La *nutrition placentaire* existe chez les animaux les plus élevés, et y remplace presque complètement la précédente qui n'a, dans ce cas, qu'une durée éphémère. Elle a lieu dans la poche de dépôt et aux dépens des fluides nourriciers de la mère. Le placenta est une sorte de parenchyme vasculaire dépendant des enveloppes de l'œuf, et qui, s'appliquant contre les parois de la matrice, absorbe le fluide nutritif que cet organe lui cède par exhalation, imprime très probablement à ce fluide d'importantes modifications, et le transmet à l'appareil circulatoire du fœtus.

Enfin la *nutrition mammaire* vient terminer chez les animaux supérieurs, la première série d'actes qui suivent la génération. Des amas de cryptes, connus sous le nom de *glandes mammaires*, fournissent au jeune sujet, immédiatement après qu'il a quitté ses enveloppes, un fluide plus ou moins blanc, le *lait*, qui lui sert de premier aliment au début de sa vie extrà-utérine. Ce mode de nutrition succède ordinairement à une nutrition placentaire plus ou moins complète. Il est néanmoins des cas où il succède à la nutrition vitelline.

Je ne terminerai pas ces généralités sur l'appareil de la génération, sans ajouter encore quelques mots sur les diverses manières dont peuvent se présenter, chez les individus, les modifications sexuelles de cet appareil.

Quelquefois, comme nous l'avons vu, il est uni-sexuel, c'est-à-dire que toutes les conditions généra-trices existent réunies dans un appareil unique, qui se suffit à lui-même. Ce cas constitue l'*hermaphrodisme complet ou suffisant*. Tous les individus de l'espèce se ressemblent alors parfaitement.

Chez les espèces dont l'appareil se modifie, ici pour la production du germe, là pour la sécrétion du fluide fécondant, chez les espèces bisexuelles, en un mot, les deux sexes pourront se trouver réunis sur le même sujet ; malgré cela, celui-ci ne se suffira plus à lui-même pour accomplir sa reproduction, le concours de deux individus deviendra nécessaire, l'*herma-phrodisme sera insuffisant* (1). Dans ce cas encore, tous les individus de la même espèce sont semblables.

Dans un nombre de cas beaucoup plus considéra-ble, les sexes sont séparés sur des individus différens, et, au lieu de trouver tous les sujets de la même espèce semblables, nous les trouvons caractérisés, les uns par l'appareil mâle, les autres par l'appareil femelle. Il pourra même arriver que le caractère sexuel influe plus ou moins sur l'ensemble de l'organisation, et introduise entre les individus des deux sexes, des dif-férences secondaires telles, qu'elles pourront souvent suppléer à la vue de l'appareil lui-même pour faire reconnaître le sexe d'un sujet.

---

(1) Peut-être l'hermaphrodisme bisexuel est-il suffisant chez quelques espèces ; mais c'est un fait qui mérite confirmation ; en tout cas il n'y aurait pas alors accouplement des deux appareils, le germe ne serait fécondé qu'après sa sortie.

B. *DE L'APPAREIL DE LA GENERATION DANS LA SERIE ANIMALE.*

I.

Chez les AMORPHOZOAIRES et chez les ACTINOZOAIRES à organisation plus ou moins simple et homogène, chez des animaux même qui, bien que déjà plus composés, offrent comme les *ténias*, la répétition des mêmes parties dans chaque section de leur corps, la génération a souvent lieu par scissure, soit artificielle, soit naturelle. Quelquefois une partie de l'organisme se sépare spontanément pour constituer un nouvel individu ; mais ce cas est vraisemblablement assez rare. Le nombre des espèces qui peuvent se reproduire par scissure artificielle est beaucoup plus considérable. Coupez une de nos *hydres* d'eau douce, un *polype* quelconque, une *actinie*, un *ténia*, et même une *naïs*, et vous obtiendrez autant de sujets nouveaux que vous aurez fait de fragmens du corps entier.

Mais, si tous ces animaux ne possédaient que cette manière de continuer l'espèce, on ne pourrait pas dire qu'ils eussent une véritable génération. Ils jouissent, en outre, à commencer par les *éponges* elles-mêmes, de la faculté de produire des gemmes.

La génération gemmipare appartient aux deux types des ANIMAUX AMORPHES et des ANIMAUX RAYONNÉS. Mais nous trouvons ici des différences importantes entre les divers groupes dont ces types se composent, différences qui portent sur la partie productrice des gemmes, sur son canal d'excrétion, sur l'état du produit au moment de son apparition au-dehors.

Chez les *éponges*, les gemmes sont fournis indifféremment par tous les points de la surface, et rejetés par les oscules. Ce sont des globules hérissés d'espèces de poils, et qui se montrent dans un mouvement rotatoire très animé ; leur forme alors assez constamment la même et leur motilité ne porteraient-elles pas à soupçonner, dit M. de Blainville, que les éponges auraient, dans leur premier âge, une organisation plus arrêtée, moins simple, une vie plus complexe que dans la suite, et ne pourrait-on pas voir, dans les masses informes et immobiles qui représentent ces espèces, des agglomérations d'un certain nombre d'animaux plus ou moins atrophiés par la gêne qu'ils se causent réciproquement ?

Chez les *hydres* et les *sertullaires*, c'est encore de la surface entière que sortent les gemmes ; cependant il y a déjà ici quelque chose de plus fixe que chez les éponges, un commencement de localisation de la fonction. Les gemmes de ces animaux se forment dans des bourgeons qu'on voit s'élever sur différens points du corps.

Nous voyons apparaître un commencement d'appareil, pour la génération, chez les *polypes composés*, chez les *méduses*, chez les *actinies*, etc. Ici les gemmes, au lieu d'être fournis par la surface générale du corps, sont produits par des rentrées de cette surface, par des espèces de canaux aveugles qui représentent l'organe essentiel de l'appareil et son canal excréteur confondus encore en un seul et même organe ; ces canaux se rendent dans l'estomac, ils y versent leur produit, qui est ensuite rejeté par la bouche ou par les orifices multiples qui en tiennent quelquefois lieu.

Si nous nous élevons aux *échinodermes*, nous voyons la sécrétion et l'excrétion génératrices se localiser chacune dans une portion des canaux qui représentent l'appareil génital. Le produit, qui n'est encore, en apparence au moins, que d'une sorte, c'est-à-dire, un gemme, est sécrété dans la partie la plus profonde de cet appareil canaliforme ; il s'y accumule, de manière à composer de petites masses qu'on a nommées des pseudovaires, à cause de leur ressemblance avec les ovaires des animaux supérieurs. Le canal excréteur représenté par le reste de l'organe, vient s'ouvrir séparément au-dehors, près de la bouche chez les *astéries*, près de l'anus chez les *oursins*.

Jusqu'ici nous ne trouvons de bien évident qu'un seul genre d'appareil, l'appareil producteur du germe ou femelle, et cet appareil se suffit complètement à lui-même. Quelques anatomistes pensent cependant que l'appareil mâle est représenté, au moins chez quelques genres d'*échinodermes*, en particulier, chez les *astéries*, par un organe singulier, intestiniforme, situé intérieurement au-dessus de l'estomac et terminé au-dehors par un corps spongieux, madréporiforme, qui se trouve à la partie postérieure du dos. M. de Blainville pense qu'il y a également chez les *holothuries*, une partie fécondante en rapport avec l'organe femelle. Enfin MM. Spix et delle Chiaje ont cru pouvoir suivre l'existence de l'appareil mâle jusque chez les *actinies*, où il existerait, selon eux, des testicules filiformes. Dans tous ces cas, l'hermaphrodisme demeurerait complet ; car chaque individu se suffirait à lui-même et n'aurait pas besoin d'accouplement.

II.

Au dessus des animaux rayonnés, la génération est ovipare. Elle revêt déjà constamment ce caractère chez les MOLLUSQUES. Ici nous rencontrons, ou seulement un sexe unique qui réunit en lui les deux grandes conditions de l'acte générateur, puisqu'il produit des germes féconds ; ou deux sexes, et ceux-ci sont alors tantôt réunis sur les mêmes individus, tantôt séparés sur des individus différens.

Les *acéphalés* et un certain nombre de *céphalés gastéropodes* sont dans le premier cas ; ils jouissent de l'hermaphrodisme suffisant ; chaque individu, porteur d'un seul genre d'organe génital, d'un ovaire et de son canal excréteur, se suffit à lui-même et se reproduit sans le secours d'un autre sujet de son espèce. L'ovaire des *acéphalés* est tantôt simple, tantôt double, et se distingue bien de son conduit excréteur ou *oviducte*. Celui-ci offre quelquefois, dans une partie de son trajet, un renflement où se trouve, à certaines époques, une humeur laiteuse, qui pourrait fort bien faire l'office de fluide fécondant. L'endroit où se termine ce canal varie beaucoup. C'est ordinairement sur l'un des côtés, et le plus souvent à droite. Le jeune mollusque acéphale sort de l'oviducte après avoir déjà percé ses enveloppes.

La plupart des *céphalés gastéropodes* ou *céphalidiens* nous offrent les deux sexes réunis sur les mêmes individus, avec nécessité de l'accouplement de deux individus qui agissent réciproquement l'un à l'égard de l'autre, comme mâle et comme femelle. Les deux appareils sont quelquefois assez voisins, mais se terminent dans quelques espèces à une certaine distance l'un de l'autre ; d'autres fois ils s'abouchent dans un vestibule commun. L'ovaire est une sorte de glande, en général unique, placée en arrière dans le foie ; il en naît, par de nombreuses ramifications, un oviducte, long, très pelotonné, qui prend plus tard un diamètre assez considérable et des parois assez épaisses pour former là une sorte de poche de dépôt, qui se termine souvent immédiatement au dehors. L'appareil mâle a son organe sécréteur à gauche et au devant de l'ovaire ; vient ensuite le canal excréteur ou déférent, qui se replie souvent sur lui-même, s'unit à l'oviducte, et se change ensuite en un canal plus considérable, cylindrique, qui se dirige vers une sorte d'organe excitateur à la base duquel il se termine ordinairement. Cet organe excitateur est un long tentacule creux, contractile, qu'un muscle rétracteur ramène dans la cavité viscérale, et que des fibres annulaires font au contraire saillir et se dérouler au dehors, comme un doigt de gant. On voit quelquefois des espèces de cœcums s'aboucher à la terminaison du canal déférent ; ces organes sont-ils, comme on l'a dit, des vésicules séminales, ou doit-on les assimiler à des prostates, comme le pense M. de Blainville ? le lieu de leur terminaison et la manière dont ces organes se rattachent au conduit spermatique me font donner la préférence à cette dernière hypothèse. Un autre organe encore plus remarquable qui se rattache à l'appareil mâle des gastéropodes, est une poche ou vessie musculo-muqueuse, qu'on trouve près de la terminaison de cet appareil, et qui renferme une sorte de dard cornéo-crétacé, dont l'usage est encore inconnu; on sait seulement, qu'à l'époque des amours, l'animal lance ce trait hors de la poche qui le renferme. Les œufs des mollusques gastéropodes éclosent souvent dans l'oviducte, et les petits sortent vivans de celui-ci, comme dans la classe des acéphalés.

Enfin, dans les *céphalopodes* ou *céphaliens*, les sexes sont séparés sur des individus différens. L'appareil offre, du reste, à peu près la même disposition que dans les *gastéropodes* monoïques. Le renflement de l'oviducte présente peut-être encore un peu mieux le caractère d'une poche de dépôt ; dans le sexe mâle, on remarque aussi un renflement plus ou moins marqué du canal déférent à sa terminaison. Enfin, l'organe excitateur manque souvent, et quand il existe, il ne semble jamais être retractile à l'intérieur, mais seulement contractile ; il est alors toujours visible au côté droit de l'animal et en avant. Nous trouvons aussi parmi les mollusques dioïques quelques espèces vivipares.

III.

La séparation des sexes et leur individualisation, si je puis ainsi parler, deviennent beaucoup plus fréquentes chez les ENTOMOZOAIRES que nous ne les voyons chez les mollusques, et sous ce rapport l'appareil génital des premiers se montre en progrès sur celui des seconds. Non-seulement les animaux articulés extérieurement nous offrent à peine quelques exemples d'hermaphrodisme complet, mais l'hermaphrodisme insuffisant ou monoïque s'arrête lui-même aux degrés inférieurs du type. La différence des appareils mâle et femelle est aussi un peu plus prononcée que précédemment. Le produit est toujours un œuf qui prend dans l'oviducte une enveloppe plus ou moins solide, comme cela avait déjà lieu, du reste, chez les malacozoaires. Voici d'ailleurs les principaux caractères et les différences les plus importantes que nous offrent les organes génitaux dans les divers groupes des entomozoaires.

Chez les *apodes* et les *chétopodes*, chez les *annélides*, en un mot, ces organes sont encore très imparfaitement connus. Ces animaux sont les seuls articulés qui nous offrent la réunion des deux sexes sur le même individu, l'hermaphrodisme insuffisant ; quant à l'hermaphrodisme suffisant, il est douteux qu'on l'ait observé.

La *sangsue* possède deux testicules formés chacun par le pelotonnement d'un long vaisseau séminipare ; ces organes versent leur produit dans deux conduits déférens, courts et droits, qui aboutissent à la base de l'organe excitateur. Celui-ci est un long tube musculeux, retractile comme celui des mollusques gastéropodes, et creusé à sa surface de sillons qui reçoivent le sperme. Ce petit appareil s'ouvre à la partie antérieure de la face abdominale de l'animal. Un peu derrière son orifice se trouve celui de l'appareil femelle, appareil qui se compose d'une matrice assez large, de deux oviductes et de deux ovaires qui ressemblent beaucoup aux parties correspondantes de l'appareil mâle.

Chez l'*ascaride lombricoïde*, l'ovaire et le testicule offrent également la plus grande ressemblance. Tous deux sont formés par des vaisseaux repliés sur eux-mêmes. Mais l'appareil mâle se distingue plus loin par la présence d'un organe excitateur qui sort par l'extrémité postérieure du corps ; tandis que l'appareil femelle, après la réunion des deux oviductes en un vaisseau médian assez court, va s'ouvrir vers le tiers antérieur de la face abdominale.

Quelques *crustacés hétéropodes*, tels que les *apus*, n'ont présenté jusqu'ici qu'un appareil unique, l'appareil ovipare ou femelle, et paraissent être en conséquence dans le cas des mollusques acéphales.

Mais tous les autres *crustacés* nous offrent les deux sexes, et ceux-ci toujours portés par des individus différens. Tout hermaphrodisme cesse à partir de ce groupe, mais par une transition remarquable : l'appareil, du moins chez les *décapodes*, demeure double, mais devient unisexuel ; nous trouvons deux vulves chez la femelle, et deux verges chez le mâle. Ici les testicules, les ovaires et leurs canaux excréteurs forment une série de vaisseaux. Les testicules sont des canaux très déliés, très longs et repliés sur eux-mêmes, de manière à former de petites masses glandiformes lobulées ; c'est ce qu'on peut voir, par exemple, chez l'*écrevisse*, où, par leur réunion sur la ligne médiane, les deux testicules semblent n'en former qu'un, et ne se séparent que pour envoyer chacun un canal excréteur à la verge du côté correspondant. Chez le *crabe*, les deux testicules demeurent distincts l'un de l'autre. Les ovaires des *décapodes* ont également la forme vasculaire, et chaque oviducte se termine par une vulve distincte. Les œufs, après la ponte, demeurent ordinairement attachés sous la queue, où la viscosité qui les enduit, les fait adhérer aux fausses pattes.

Chez quelques *crustacés*, tels entre autres que les *daphnies*, parmi les *hétéropodes*, un seul accouplement suffit pour féconder plusieurs générations. Ce fait s'observe au reste chez plusieurs autres entomozoaires.

Dans les *octopodes* et les *hexapodes* nous trouvons très peu de différences entre les parties profondes et essentielles des deux genres d'appareils. Les organes de l'un et de l'autre sexe se composent également d'un certain nombre de canaux séminipares ou ovipares coniques (1) qui s'abouchent tous à un canal excréteur commun et médian, faisant la fonction d'oviducte dans la femelle, de canal déférent chez le mâle. A l'extérieur, la différence est plus prononcée; en ce que le conduit spermatique aboutit dans ce dernier sexe à un organe excitateur, tandis qu'il se termine par un simple orifice vulvaire dans la femelle. Chez les *octopodes*, l'organe excitateur est renfermé dans l'article terminal des palpes maxillaires, d'où l'animal le fait sortir au moment de l'accouplement. Chez les *hexapodes*, c'est dans le cloaque que se termine l'appareil génital; c'est là

---

(1) Les canaux séminipares des insectes sont souvent d'une longueur prodigieuse; ils se distinguent des ovaires en ce qu'ils sont fréquemment roulés sur eux-mêmes.

Un fait remarquable, c'est l'absence de tout appareil génital chez certains individus du genre *abeille*; cette sorte d'anomalie provient d'un défaut de développement des organes femelles, et ce qui le démontre, c'est non-seulement que quelques vestiges d'ovaires se montrent encore chez ces individus neutres, mais qu'en outre on parvient à les rendre féconds en leur fournissant une nourriture suffisante, en les traitant sous ce rapport comme la reine.

que se trouve alors l'organe excitateur ; l'insecte le fait saillir hors de l'anus, lorsqu'il veut s'accoupler. On ne connaît guère parmi les *hexapodes* que les *libellules* qui aient la verge autrement située ; cet organe est placé chez ces insectes, par une véritable exception, sous le premier segment de l'abdomen.

Nous venons de voir l'apareil de la décomposition génératrice se porter de plus en plus vers la partie postérieure du corps et s'associer même par ses issues avec les autres organes de sécrétion excrémentitielle. Ce fait va devenir constant dans le type des animaux articulés intérieurement, du moins pour ce qui concerne la situation postérieure de l'appareil et surtout sa terminaison extérieure ; cette communauté de siége entre les organes de la décomposition sera d'autant plus remarquable, qu'en même temps les organes qui commencent le mouvement de composition, se concentrent au contraire vers l'extrémité antérieure de l'organisme.

IV.

La séparation des appareils mâle et femelle, sur des individus différens, devient, dans le type des OSTÉOZOAIRES, non plus seulement le cas le plus commun, mais une loi à laquelle n'échappent que quelques espèces tout-à-fait inférieures. Revenus d'ailleurs à peu près à leur *minimum* de composition dans les premiers vertébrés que nous rencontrons en nous élevant sur l'échelle, ces appareils atteignent ensuite progressivement leur plus haute complication, et offrent, par une spécialisation également croissante de chacun des organes qui les constituent, des différences sexuelles tellement prononcées qu'elles effaceraient presque les analogies aux yeux d'observateurs superficiels. Ce progrès s'accomplit au reste à travers une multitude de variations de forme et de disposition qu'il est difficile, pour ne pas dire impossible, de rattacher au développement général de l'organisme. C'est ce que nous allons voir, en parcourant les cinq classes supérieures de la série.

Chez la plupart des *poissons*, l'appareil génital est réduit à son organe essentiel, à l'organe de sécrétion, qui s'ouvre directement à la surface externe, sans même nous offrir un véritable canal d'excrétion. Les testicules du mâle, connus vulgairement sous le nom de *laite* ou *laitance*, et les ovaires de la femelle, toujours pairs les uns et les autres, forment de grandes poches qui occupent une place considérable dans l'abdomen, et qui se réunissent en arrière pour s'ouvrir à la surface, par un orifice situé derrière l'anus. Ces organes acquièrent surtout beaucoup de volume à l'époque du frai. Les ovaires se montrent ici, pour la première fois, divisés par des lames intérieures en cellules ou petites loges, dans lesquelles les œufs sécrétés s'accumulent en nombre prodigieux. On a généralement admis une structure semblable pour les testicules des poissons, et si cette opinion était fondée sur autre chose que sur les premières apparences, les glandes séminales s'éloigneraient chez ces vertébrés du caractère qu'elles offrent dans le reste de la série. Treviranus ne croit pas à cette exception; s'appuyant sur les résultats de quelques dissections, cet habile physiologiste croit pouvoir affirmer que les testicules des poissons ne sont pas plus celluleux que ceux des autres animaux, mais qu'ils offrent une texture canaliculée, qu'ils se composent aussi de canaux séminipares repliés sur eux-mêmes. C'est un point d'anatomie qui réclame de nouvelles recherches.

Les poissons chez lesquels l'appareil génital est ainsi revenu à sa plus grande simplicité, c'est-à-dire tous les *osseux* et une partie des *cartilagineux*, ne connaissent pas l'accouplement des sexes. La femelle pond ses œufs, sans être fécondée, et les dépose dans l'eau; puis le mâle venant à les rencontrer, ou attiré vers eux, les arrose du sperme laiteux qui remplit à la même époque ses testicules.

Quelques *poissons cartilagineux*, les *squales* et les *raies* en particulier, nous offrent un appareil génital moins simple, qui permet et la fécondation par accouplement et même la parturition ovovivipare. Il se compose de l'organe sécréteur essentiel, de son conduit excréteur, d'une poche de dépôt, et d'un organe excitateur.

Dans l'appareil femelle de ces espèces, les ovaires ne sont pas très volumineux; on les trouve placés au-dessous du foie. Les œufs fécondés passent de l'ovaire dans un oviducte d'abord étroit, y prennent leurs enveloppes adventives, et arrivent bientôt dans une poche de dépôt assez grande, simple résultat de la dilatation du conduit excréteur. Le séjour que les œufs font dans ce sac est assez prolongé pour permettre au jeune animal d'y achever sa nutrition vitelline; il brise alors son enveloppe et passe dans le cloaque, pour quitter enfin sa mère.

Les testicules de ces *chondroptérygiens* sont deux

masses glanduleuses, dont le tissu se montre en partie granuleux et en partie homogène (1), et qui, larges et aplaties, s'étendent assez loin entre le rachis et le canal intestinal. Leur canal excréteur débute par un épididyme gros et long qui ne tient au testicule que par une sorte de pédicule long et mince. De là ce conduit, dont le calibre est considérable, va, en se repliant un très grand nombre de fois sur lui-même, se terminer dans une sorte de vésicule séminale ; celle-ci s'ouvre enfin dans le cloaque, par un orifice qui lui est commun avec celle du côté opposé. Deux appendices placés de chaque côté de la queue, composés de pièces articulées et de muscles, semblables en tous points à des appendices locomoteurs, représentent dans ces poissons l'oragne excitateur de l'appareil mâle, et complètent cet appareil. Ces derniers organes ne servent probablement ici qu'à saisir et à retenir la femelle pendant l'accouplement.

L'appareil génital ne nous présente pas un progrès sensible chez les *amphibiens* ; il ne se compose, comme dans la majorité des *poissons*, que de l'organe essentiel et de son conduit excréteur, et n'offre pas même les espèces d'organes excitateurs que nous venons de signaler chez quelques *chondroptérygiens*. Cet appareil se fait néanmoins remarquer, dans la classe que je viens de nommer, par quelques caractères qui ne doivent pas être passés sous silence, et par des variations dont nous indiquerons au moins les principales.

______

(1) Il ne s'agit ici que de l'apparence sous laquelle se présente le tissu testiculaire, car, en l'analysant, on le trouve comme toujours formé par des canaux très déliés.

Chez les *batraciens*, dans les *grenouilles*, par exemple, nous trouvons des ovaires assez volumineux, plus ou moins lobulés, placés dans la région lombaire, et remplis, au temps des amours, d'une quantité considérable d'œufs. Ces organes ne se continuent pas avec les oviductes, mais il existe entre les uns et les autres un intervalle que l'œuf doit franchir, pour passer dans le canal excréteur, ce qui constitue un progrès de localisation et de spécialisation des deux parties élémentaires de l'appareil (1). Après s'être revêtu, chemin faisant, d'enveloppes adventives, membraneuses et comme muqueuses, le germe est porté dans le cloaque, d'où il est ensuite mis au jour.

Le mâle porte deux testicules assez volumineux, surtout à l'époque du frai, et qui versent leurs produits chacun dans un canal déférent accolé à l'uretère du même côté; ce conduit se renfle à son extrémité en une sorte de vésicule de dépôt qui s'ouvre directement dans le cloaque. Le mâle se fait encore remarquer, dans les espèces dont il s'agit, par une sorte de renflement spongieux, dont son pouce se trouve muni et qui représente peut-être l'organe excitateur, ou pour mieux dire préhenseur, de quelques autres animaux appartenant aux classes voisines. Ce renflement sert au

---

(1) Si les amphibiens nous offrent le premier exemple de ce progrès de spécialisation, ils nous l'offrent encore bien imparfait, car le canal excréteur est, par son adhérence aux tissus voisins, dans l'impossibilité de se porter au devant des ovules; ceux-ci tombent en conséquence de l'ovaire dans l'abdomen, où nous les trouvons en très grand nombre, et là il faut qu'ils trouvent eux-mêmes l'orifice des oviductes et qu'ils s'y engagent. Il n'en sera plus ainsi chez les animaux à nutrition placentaire, car cette disposition n'y eût pas entraîné moins que la destruction de l'espèce, comme il est aisé de le concevoir en songeant aux grossesses extra-utérines et à leur issue.

batracien à se cramponner à sa femelle pendant l'espèce d'accouplement ou d'embrassement qui caractérise leurs amours. La tenant étroitement embrassée, il arrose alors de son sperme les œufs que celle-ci pond en ce moment en plus ou moins grande quantité : on voit une espèce de *crapaud*, connu, à cause de cela, par l'épithète d'accoucheur, travailler à la ponte de sa femelle, en se servant pour cela de ses pieds de derrière, et attacher ensuite les œufs à ses cuisses, pour les porter et leur donner des soins jusqu'au moment où ils éclosent. D'autres fois (chez le *pipa*) le mâle étale le produit de la génération sur le dos de sa femelle, l'arrose alors de son fluide séminal, et lorsque celle-ci retourne dans l'eau, la portion de son tégument qui porte la progéniture, se phlogose en quelque sorte, et form.' des cellules dans lesquelles les œufs demeurent déposés jusqu'au moment où le jeune animal rompt sesenveloppes.

Les *pseudosauriens* terrestres, les *salamandres*, sans avoir un appareil génital plus complet que les *batraciens*, se distinguent cependant de ceux-ci et des autres *amphibiens*, en ce que la dilatation terminale des oviductes est assez prolongée pour permettre aux œufs d'y séjourner et d'y éclore comme dans une double matrice; mais il n'y a pas encore de nutrition placentaire, et c'est, comme dans tous les cas analogues que nous avons déjà signalés, la nutrition vitelline qui sert au développement du jeune sujet. Du reste, cette parturition ovovivipare des *salamandres* nous indique que la fécondation a lieu, chez elles, par introduction du fluide séminal dans l'appareil femelle.

A leur sortie de l'œuf, les jeunes *amphibiens* n'offrent encore généralement qu'un développement imparfait, et se trouvent, sous plusieurs rapports, dans un état assez analogue à celui des poissons : on les désigne alors sous le nom de *têtards*. Ce n'est que plus ou moins long-temps après leur naissance, qu'ils subissent les évolutions qui leur donnent les caractères définitifs de la classe à laquelle ils appartiennent. Quelques-uns ne subiraient même qu'une métamorphose incomplète, s'il est vrai que l'état sous lequel on les a observés jusqu'ici soit leur état définitif. Ce serait le cas des *sirènes* et des *protées*.

Les autres vertébrés ovipares nous présentent tous, outre l'organe essentiel de l'appareil et son conduit, un organe excitateur, qui sert, ou à introduire la semence du mâle dans l'appareil de la femelle, ou seulement à retenir cette dernière pendant l'accouplement.

Chez les *reptiles*, l'ovaire renferme déjà beaucoup moins d'œufs que chez les *amphibiens*; l'oviducte, toujours distinct de cet organe et pair comme lui, débute par une sorte de pavillon, par lequel l'œuf s'introduit dans ce conduit excréteur ; celui-ci aboutit constamment dans le cloaque. Chez quelques *serpens*, tels surtout que les *vipères*, l'oviducte est assez long pour permettre au jeune animal de sortir de ses enveloppes, avant de quitter sa mère.

Chez les espèces de *reptiles* qui ne sont pas dans ce cas, et qui pondent des œufs, ceux-ci prennent dans l'oviducte une enveloppe plus ou moins solide, composée de matière animale et de sels calcaires.

Dans le mâle il y a un testicule plus ou moins long ou ovalaire de chaque côté, au-dessous des reins, et pour chaque testicule un canal déférent qui est partout très long et très souvent replié sur lui-même. Chez les *serpens*, les deux canaux déférens viennent s'ouvrir dans le cloaque, à la base de l'organe excitateur.

Ce dernier est double dans les deux groupes inférieurs de la classe dont il s'agit, chez les *ophidiens* et les *sauriens*, ce qui leur a mérité d'être réunis, par M. de Blainville, sous la dénomination commune de *reptiles bispéniens* ou à deux pénis. Chez les *crocodiles*, au contraire, et chez les *tortues*, l'organe excitateur est simple.

Composé de tissu vasculaire érectile, c'est-à-dire de deux *corps caverneux*, dont la réunion ou la séparation déterminent ou sa simplicité ou sa duplicité, le pénis des reptiles est, dans son état de repos, retiré dans la cavité du cloaque, et n'en sort que pendant l'érection. Lorsqu'il est simple, on le trouve creusé à sa face supérieure d'un sillon destiné à conduire dans l'appareil femelle la liqueur séminale que les canaux déférens versent à sa base. Quand il est double, il ne sert qu'à retenir la femelle pendant l'accouplement, et se montre souvent hérissé, sans doute en raison de cette destination, d'épines irrégulièrement disposées.

Les *oiseaux* se distinguent entre tous les vertébrés ovipares, sous le rapport qui nous occupe maintenant, en ce qu'au lieu de deux ovaires latéraux, il n'y en a qu'un, placé sur la ligne médiane et situé au dessous du foie. L'oviducte également unique qui correspond à cet organe, n'offre dans son trajet aucune dilatation qui puisse être comparée à une poche de dépôt; aussi les œufs ne s'y arrêtent-ils que pour se revêtir de leurs membranes adventives, dont la plus extérieure est toujours une coque dure et calcaire. Le canal dont il s'agit va se terminer directement dans le cloaque, du côté gauche. Il est probable que l'existence d'un seul ovaire et d'un seul oviducte chez les *oiseaux*, provient de ce que les glandes ovipares de chaque côté se sont rencontrées et confondues, et de ce que l'un des oviductes, le droit (puisque celui qui reste s'abouche à gauche dans le cloaque) a été arrêté dans son développement.

Le mâle a deux testicules : ces organes situés sur les côtés de l'aorte, au dessus des reins, sont composés d'un parenchyme assez mou : il en part plusieurs vaisseaux séminifères, qui se réunissent pour former les deux canaux déférens, lesquels nous offrent une marche passablement sinueuse. Ces conduits s'élargissent en une sorte de vésicule de dépôt, un peu avant leur terminaison, qui a lieu dans le cloaque.

Dans la plupart des espèces de cette classe, l'organe excitateur n'est représenté que par un double prolongement verruqueux peu considérable, érectile, et qu'on voit dans le cloaque à l'endroit où s'abouchent les conduits séminaux. Mais il est quelques espèces, le *canard*, l'*autruche*, par exemple, chez lesquels nous trouvons ces rudimens de pénis remplacés par une verge unique assez volumineuse et assez prolongée, creusée à sa face supérieure, comme celle des tortues, d'un sillon qui sert à conduire le sperme dans l'appareil femelle, pendant l'accouplement. Cette verge retirée habituellement dans le cloaque, en sort seulement pendant l'érection ; plusieurs paires de muscles contribuent à la mouvoir.

L'appareil génital des *oiseaux* acquiert à l'époque des amours, un développement bien supérieur à celui qu'il présente dans les autres momens ; ce cas est au reste celui de tous les animaux qui ne se reproduisent que dans certaines saisons.

Un fait que nous ne devons pas passer sous silence, c'est l'influence remarquable qu'exerce le sexe sur les autres caractères anatomiques et physiologiques de ces animaux, et notamment sur leur taille, sur leur coloration, sur leur voix. Ici, tous les avantages de cette influence sont en faveur du mâle. Ces différences sexuelles, dont quelques insectes offrent déjà des exemples frappans, se retrouveront très souvent dans la classe où nous allons voir l'appareil générateur arrivé à son summum de développement.

Il est inutile de dire que cette classe est celle des *mammifères*. Ce n'est pas sans transition que l'appareil génital se complète chez ces animaux. En effet, nous rencontrons, en abordant le groupe naturel qu'ils composent, des espèces qui nous rappellent, par leurs organes reproducteurs, non moins que par plusieurs autres traits, l'état où nous avons trouvé tout-à-l'heure ces organes chez les ovipares. Chez les *monothrèmes*, c'est-à-dire chez l'*échidné* et l'*ornithorhynque*, les canaux déférens et les oviductes se terminent dans le cloaque, comme chez les *reptiles* et les *oiseaux*. Le jeune animal quitte ses membranes pendant qu'il est dans le sein de sa mère, mais la nutrition vitelline suffit encore à son développement fœtal. En échange, il jouit, de plus que les animaux précédens, d'une nutrition mammaire. Cette singularité d'organisation, jointe à la forme de l'ornithorhynque et de l'échidné, a fait long-temps hésiter sur la place qu'il convenait d'assigner à ces animaux dans les cadres zoologiques ; on a beaucoup agité, depuis quelques années, la question de savoir s'ils méritaient d'être réunis aux mammifères, ou s'ils appartenaient encore aux vertébrés ovipares ; mais l'existence aujourd'hui incontestable de glandes mammaires, chez les *monothrémes*, résout définitivement ce problème. Ces espèces n'en conservent pas moins, dans le groupe supérieur auquel elles se rattachent, un caractère tout-à-fait exceptionnel.

Nous voyons se compléter, chez les *mammifères*, la série des divers modes de nutrition génératrice. A la nutrition vitelline qui terminait jusqu'ici cette série, viennent se joindre, dans l'ordre physiologique, la nutrition placentaire et la nutrition mammaire. Ce progrès devait nécessairement modifier l'appareil qui nous occupe, dans sa composition et dans la forme et la disposition de ceux de ses organes qui existaient déjà dans les classes précédentes. Nous verrons tout-à-l'heure en quoi consistent ces modifications.

L'appareil génital des mammifères se compose :

1° De l'organe essentiel, sécréteur du germe ou du fluide fécondateur ;

2° D'un canal excréteur de ces produits ;

3° D'une poche de dépôt ;

4° Du canal éjaculateur de cette poche ;

5° D'un organe excitateur ;

6° De glandes accessoires ;

7° Enfin de glandes mammaires.

Ces diverses parties de l'appareil reproducteur varient beaucoup, d'abord selon le sexe, ou, ce qui revient au même, selon la part qu'elles sont appelées à prendre dans la reproduction, puis selon les divers groupes de mammifères. Pour faire connaître ces deux ordres de différences, nous séparerons l'histoire des deux sexes, et passant en revue dans chacun d'eux tous les organes que nous venons d'énumérer, nous commencerons par déterminer leur caractère typique; après quoi nous indiquerons les principales variations qu'ils offrent dans la première classe des vertébrés.

APPAREIL FEMELLE.

L'appareil femelle des mammifères se distingue de celui des animaux moins élevés par les nouvelles conditions qu'il présente, pour fournir au germe les nutritions placentaire et mammaire. Ces conditions consistent principalement : 1° dans la présence, le développement et la structure anatomique de la poche de dépôt, où le jeune sujet est appelé presque toujours à séjourner, pendant un temps plus ou moins long, et à parcourir toutes les périodes de la vie embryonnaire et fœtale, en se nourrissant aux dépens de sa mère; 2° dans la présence et le développement des glandes nouvelles, destinées à fournir à l'animal qui vient de naître, un premier aliment en rapport avec l'état de ses organes digestifs. A ces deux conditions capitales s'en joignent quelques-unes de moindre importance, qu'il sera facile de reconnaître dans la description particulière que nous allons faire maintenant de chacune des parties constituantes de l'appareil femelle des mammifères.

Organe sécréteur du germe ou ovaire. L'ovaire est toujours pair dans les animaux de cette classe. Il est représenté par des corps ovoïdes, peu volumineux, composés d'un tissu spongieux, très vasculaire, présentant un certain nombre de vésicules plus ou moins apparentes et volumineuses, selon l'âge et la saison où l'on en fait l'examen. Les plus externes de ces petites cellules se montrent souvent assez grosses chez les sujets pubères, et donnent à la surface de l'ovaire un aspect bosselé. Par suite de leur accroissement elles finissent par surmonter la résistance que leur présente l'enveloppe de l'organe, rompent cette membrane et laissent tomber leur contenu dans le canal excréteur, qui le conduit dans la poche de dépôt. Là les ovules se développent, s'ils ont été fécondés. La place des vésicules qu'ils occupaient est ensuite marquée sur l'ovaire, par une petite cicatrice.

Nous remarquons peu de différences importantes entre les ovaires des divers groupes de mammifères. Chez quelques-uns, ces organes sont lobulés, et les vésicules très apparentes : c'est ce qu'on observe particulièrement chez quelques *rongeurs* et chez les *hérissons*, dont les ovaires représentent des espèces de grappes.

Canal excréteur. Le conduit excréteur porte, dans l'appareil femelle des animaux qui nous occupent, la dénomination de *trompe*. Il la doit à l'évasement plus ou moins grand qu'il offre à son point de départ, évasement dont les bords se prolongent souvent en appendices frangés (*corps frangés*), et à la faveur duquel la trompe, plus ou moins indépendante de l'ovaire, reçoit les ovicules qui se détachent de celui-ci. Dans le reste de sa longueur, ce conduit excréteur se rétrécit considérablement ; il vient, après une marche quelquefois assez sinueuse, s'aboucher à la poche de dépôt. Il est double, comme l'organe producteur. Formées, ainsi que tout le reste de l'appareil, par une rentrée du tégument, les trompes nous offrent, dans leur composition anatomique, non-seulement la couche dermique qui forme la base de ce dernier, non-seulement un réseau vasculaire passablement apparent, mais encore, dit-on, un plan de fibres contractiles.

Poche de dépôt. La poche de dépôt des femelles de mammifères est un organe de forme très variable, et qui, bien différent des simples renflemens des oviductes, que nous avons rencontrés jusqu'ici, est destiné, non-seulement à conserver l'ovule fécondé jusqu'au terme de son développement fœtal, mais à lui fournir les matériaux d'une nutrition qui remplace la nutrition vitelline des espèces précédentes, je veux dire de la *nutrition placentaire.* Cet organe porte alors le nom de *matrice*, qui indique les relations nouvelles que le germe y contracte et y entretient avec sa mère ; car il s'y rattache à celle-ci par une partie éminemment vasculaire, connue sous le nom de *placenta*, et il y reçoit d'elle, non pas par continuité de substance, mais par absorption, la nourriture dont il a besoin, et qu'il ne trouve pas en lui-même, comme l'animal ovipare. On nomme gestation le temps très variable, selon les espèces, pendant lequel la femelle des mammifères conserve ainsi dans la poche de dépôt les produits de la génération, pour leur fournir la nutrition placentaire.

Envisagée sous le rapport de sa conformation, la matrice offre trop de différences, selon les espèces de mammifères, pour se prêter à une description générale. Elle est néanmoins toujours composée de deux moitiés, qui sont symétriques, comme les *trompes* auxquelles elles correspondent, et les différences dont nous venons de parler dépendent presque uniquement de la manière dont ces deux parties de l'organe utérin se comportent l'une à l'égard de l'autre.

Quelquefois elles seront complétement distinctes, et demeureront séparées, depuis la trompe qui leur donne naissance, jusqu'au canal éjaculateur, au fond duquel elles s'ouvriront séparément : c'est ce qu'on voit chez le *lièvre*, et, selon M. Geoffroy Saint-Hilaire, chez les *marsupiaux* encore vierges. D'autres fois les deux matrices commenceront à se rencontrer et à se réunir, mais à leur orifice vaginal seulement : c'est encore parmi les *rongeurs* que ce cas se rencontre; et c'est en particulier celui du *cochon d'Inde*. Dans un nombre d'espèces beaucoup plus considérable, la réunion commencera plus haut, et donnera naissance à une cavité médiane plus ou moins étendue, sur les parties latérales et supérieures de laquelle les portions encore distinctes et non réunies des poches de dépôt figureront deux espèces de cornes, d'où le nom de *matrices à cornes*, donné, dans ce cas, à l'organe qui nous occupe. Cette disposition est celle qui s'observe chez le plus grand nombre des mammifères, chez presque tous les *rongeurs*, chez les *ruminans*, les *solipèdes*, les *pachydermes*, les *gravigrades*, etc. Enfin, nous trouvons un petit nombre d'espèces, chez lesquelles les deux poches de dépôt se confondent dans toute leur étendue, pour former un organe médian, symétrique, n'offrant qu'une seule cavité dans toute sa longueur. Telle est sa forme chez les *édentés*, chez les *singes*, et dans l'*espèce humaine*. Assez ordinairement la matrice se termine, du côté du canal éjaculateur, par une portion rétrécie, qu'on nomme le *col*, pour la distinguer du *corps* de l'organe. Cette partie fait quelquefois une certaine saillie dans ce dernier conduit (*museau de tanche*), comme nous le voyons chez les *singes* et chez la *femme*.

La matrice des mammifères subit, pendant la gestation, des changemens de volume, de forme et de développement en tous sens, qui sont d'autant plus considérables que le jeune animal fait un plus long séjour dans cet organe, qu'il y atteint un plus grand volume, enfin, que, toutes choses égales d'ailleurs, le nombre des fœtus est plus considérable.

Pour répondre à sa destination, la poche de dépôt devait encore offrir ici quelques modifications dans le développement relatif des diverses couches du tégument rentré qui la constitue. Avant tout, la nutrition placentaire exigeait la présence d'un système vasculaire sanguin considérable, et qui vînt abondamment abreuver par ses dernières ramifications la surface où cette nutrition devait avoir lieu. C'est ce que nous offre en effet la matrice des mammifères. Sa surface interne, dépourvue de couche épidermique, est tapissée par un réseau vasculaire membraniforme, qui constitue là ce qu'on nomme ordinairement une membrane muqueuse, et cette couche est tellement abreuvée de fluide nourricier, et ce fluide s'en exhale si aisément, que, dans notre espèce et peut-être aussi chez un petit nombre d'autres, l'organe qui nous occupe éprouve, pendant le temps de la fécondité de l'animal, un flux sanguin, périodique, destiné sans aucun doute à délivrer cet organe d'un surcroît de sang, qui reste sans emploi lorsqu'il n'y a pas gestation. Aussitôt après la conception, ce flux cesse de paraître ; le réseau vasculaire utérin, plus développé et plus abreuvé qu'auparavant, prend un aspect spongieux, et devient le siége d'une exhalation dont le produit, au lieu de s'écouler au dehors, est absorbé par la partie vasculaire ou placentaire de l'embryon, appliquée exactement et comme collée contre la paroi qui lui fournit sa nourriture.

La couche contractile de la matrice offre également un développement considérable, qui augmente pendant la gestation et contribue à donner plus ou moins d'épaisseur aux parois de cet organe. Toutefois ce développement de la couche contractile offre des degrés très différens, selon les espèces ; il est proportionné aux efforts que devront faire les parois utérines pour se débarrasser du jeune animal parvenu au terme de sa vie fœtale, et ces efforts eux-mêmes seront en rapport avec la résistance que le fœtus éprouvera de la part des parties qu'il doit franchir, pour arriver au dehors. Par cette raison, nulle part les parois de la matrice n'ont autant d'épaisseur que chez la femme, chez qui, indépendamment des autres causes de résistance, la longueur du col utérin, et la couche épaisse de fibres musculaires qui le renforcent, établissent un véritable antagonisme entre cette partie de l'organe et son corps. Elles en conservent encore passablement chez les *singes*, et cela par la même cause ; mais elles en offrent beaucoup moins dans les autres espèces. Chez les *didelphes*, la matrice est tout-à-fait membraneuse, et ne subit qu'un changement presque inappréciable après la conception : c'est ce qu'il est aisé de concevoir, en songeant au peu de séjour qu'y fait le jeune animal et au peu de volume qu'il offre au moment où il quitte les parties internes de l'appareil, pour venir s'attacher au mamelon de sa mère (1).

Canal éjaculateur. Chez les vertébrés ovipares ou ovovivipares, le produit de la génération était reçu en dépôt, et conduit au dehors par le cloaque, c'est-à-dire qu'il n'avait pas encore d'issue particulière. Cette confusion cesse chez les mammifères, dans l'un et l'autre sexe, et nous voyons succéder à la poche de dépôt un canal particulier qui, chez la femelle, est connu sous le nom de *vagin* ; ce conduit sert ici tout à la fois à admettre l'organe excitateur mâle qui porte le fluide fécondant jusqu'à l'orifice de la matrice, et à livrer passage au jeune animal qui est expulsé par cette poche, au terme de la gestation. On conçoit donc que le vagin devra être, sinon toujours très large

---

(1) Il est même peut-être permis de douter que la nutrition placentaire existe le moins du monde chez les *didelphes*. Ces animaux ne pourraient-ils pas être considérés comme passant de la nutrition vitelline à la mammaire, comme font les *monothrèmes*, avec cette différence, que chez ceux-ci la nutrition vitelline parait l'emporter, et que la génération et son appareil portent encore le caractère ovipare, tandis que chez les animaux à bourse la nutrition mammaire tient le premier rang et a la plus grande part à l'éducation du germe dont elle s'empare dans son premier âge ?

primitivement, du moins très dilatable ; il le sera d'autant plus que le volume du fœtus arrivé au terme de la vie intra-utérine sera plus considérable, et à cet égard il existe de notables différences entre les diverses espèces de mammifères. L'extensibilité de ce canal est due à la présence de rides, la plupart dirigées dans le sens de sa longueur, et qui, en s'effaçant, multiplient considérablement sa surface. La longueur du vagin varie également beaucoup.

Les femelles des *didelphes* nous offrent, par une exception dont nous ne connaissons pas d'autre exemple dans la même classe, un double vagin représenté par deux canaux en forme d'anse. On a long-temps envisagé ces conduits comme faisant encore partie de la matrice ; mais il est impossible de méconnaître qu'ils sont préparés pour recevoir le double gland de la verge des mâles; et l'on doit les considérer, sans aucun doute, comme analogues au canal éjaculateur ordinaire , avec cette différence qu'au lieu d'être simple et médian, comme chez les autres mammifères, ce canal a conservé la duplicité qui est un des caractères des parties plus profondes de l'appareil.

Les parois du vagin se montrent renforcées, dans les grands mammifères, par une couche assez développée de fibres contractiles; une membrane muqueuse plus ou moins ridée, comme nous l'avons dit, très vasculaire et très riche en cryptes mucipares, en forme la couche superficielle.

Ce canal établit la communication des parties internes avec les parties externes de l'appareil femelle. La réunion de celles-ci , en y joignant l'orifice externe de l'urètre, constitue ce qu'on nomme la *vulve*. Envisagée d'une manière générale, la vulve présente de grandes différences, selon les espèces de mammifères. Dans la plupart, elle débute extérieurement par une sorte de dépression ou de fente, le plus souvent longitudinale, qui conduit ordinairement à une sorte de canal, dont la longueur peut égaler et même surpasser celle du vagin, comme cela se voit chez l'*ours*. M. Geoffroy Saint-Hilaire a proposé pour ce canal, l'épithète d'*urétro-sexuel*; il l'a appliquée spécialement à celui des *didelphes*, lequel avait été pris pour le vagin, par les mêmes anatomistes qui regardaient le double vagin de ces animaux comme appartenant à leur matrice. Chez quelques *rongeurs*, tels que l'*agouti* et le *cochon d'Inde*, chez les *makis*, et dans notre espèce, le conduit vulvaire est réduit à une simple dépression, et les parties qui constituent la vulve, savoir, l'organe excitateur, et les orifices de l'urètre et du vagin, sont situés superficiellement et rangés sur une même ligne d'avant en arrière. Dans ce cas, il n'y a pas lieu à confondre la vulve avec le vagin; mais il n'en serait pas de même, lorsque la première constitue aussi un canal, si deux circonstances anatomiques assez constantes ne venaient alors à notre aide. Ces circonstances sont la situation de l'orifice urétral et la présence de rides, ou d'étranglemens à l'entrée du vagin. En effet, le point où s'ouvre l'urètre, chez les femelles de la plupart des mammifères, peut être considéré comme placé sur la limite du vagin et de la vulve; nous trouvons, en outre, l'entrée du canal éjaculateur, du moins chez les individus vierges, rétrécie, tantôt par un simple étranglement annulaire, comme cela se voit chez le *chien*, le *chat*, les *rumi-nans*, quelquefois par des rides transversales, plus rarement par un repli membraneux, connu sous le nom d'*hymen*, et dont notre espèce offre l'exemple le plus remarquable, mais non point l'exemple unique, ainsi qu'on l'a cru long-temps (1).

A l'extérieur, la vulve présente quelquefois des replis tégumentaires, connus sous le nom de grandes et de petites lèvres. Les grandes lèvres réunies à leurs deux extrémités, forment sur les côtés de l'appareil génital deux bourrelets assez prononcés, qui en protègent l'entrée : elles manquent assez souvent. Quant aux petites lèvres, on ne les trouve que dans notre espèce ; elles protègent spécialement l'entrée du vagin, et sont composées d'un double repli de la membrane tégumentaire déjà considérablement amincie, sensible et étendue sur une couche de tissu érectile : ces parties prennent une grande part à l'orgasme vénérien. Chez les autres mammifères, leur absence est compensée par la fluxion sanguine qui se fait autour de la vulve à l'époque des amours.

Organe excitateur. Connu dans le sexe femelle sous le nom de *clitoris*, l'organe excitateur s'y montre beaucoup moins développé que dans le sexe mâle, mais toutefois avec des différences très grandes, selon les espèces qu'on étudie.

Il est ordinairement placé sur la limite antérieure de la vulve ; quelquefois cependant il en est plus ou moins distant, comme cela a lieu chez la *civette*. On

____

(1) En effet, chez l'ours, l'hyène, le daman, etc., la muqueuse vaginale présente à son début un plissement analogue à l'hymen de la femme.

trouve à sa base un repli tégumentaire, un *prépuce* plus ou moins manifeste, et quelquefois même assez développé pour le cacher (1). D'un volume peu considérable chez quelques espèces, très gros dans quelques autres, par exemple, chez les *singes*, la plupart des *carnassiers* et des *rongeurs*, il fait quelquefois saillie à la partie antérieure de la vulve, et sert alors souvent à conduire l'urine, en lui fournissant un sillon que ce liquide suit à la sortie de l'urètre. Chez les *loris*, ce sillon est converti en un canal complet, et l'organe excitateur femelle se rapproche ainsi beaucoup, par sa structure, de celui de l'autre sexe. Il renferme aussi quelquefois, à l'instar de ce dernier, un petit osselet, comme on le voit dans la *loutre*. Enfin, dans les *didelphes*, la tête ou le *gland* du clitoris offre une bifurcation.

Organes de la nutrition mammaire. Ces organes existent constamment dans la première classe des vertébrés, et caractérisent parfaitement les animaux qui la composent. Destinés à fournir au nouveau-né sa première nourriture, ils se distinguent des autres parties de l'appareil par leur situation extérieure ; c'est-à-dire qu'ils n'appartiennent plus au tégument rentré, mais au tégument demeuré au dehors. En effet, les glandes mammaires sont des amas de cryptes dépendant de la peau proprement dite, et qui s'ouvrent à sa surface. Comme tous les organes sécré-

---

(1) La membrane prépuciale est pourvue, déjà chez les femelles, d'un grand nombre de cryptes qui sécrètent une humeur très abondante et très odorante, surtout chez certaines espèces, par exemple, chez les *rats*, etc.

teurs, ceux-ci peuvent être divisés en partie essentielle ou sécrétrice, et partie accessoire ou excrétrice. La partie essentielle est formée par des paquets de petits cryptes, qu'on trouve sous la forme de granulations, au dessous du derme, où ils sont souvent plongés dans un tissu cellulaire abondant et graisseux, riche en vaisseaux sanguins et lymphatiques. La partie excrétrice de ces cryptes n'est pas toujours très apparente ; mais d'autres fois elle forme des canaux plus ou moins longs, qui se rassemblent dans une sorte de tubercule extérieur, formé de tissu érectile, et à la surface duquel ces canaux s'ouvrent par un ou plusieurs orifices. Ce tubercule est ce qu'on nomme le *mamelon*. Chez beaucoup de mammifères, il préexiste à la succion par laquelle le jeune animal se procure le produit de la sécrétion mammaire ou le *lait;* d'autres fois il ne se forme que sous l'influence de cette succion ; et dans ce cas la mamelle n'est pas naturellement apparente au dehors, et son existence peut facilement être méconnue et niée. C'est ce qui a eu lieu, pendant long-temps, pour l'*ornithorhynque* et l'*échidné* ; jusqu'au moment où Meckel trouva, dans le tissu cellulaire des aines de l'*ornithorhynque*, deux glandes auxquelles il ne manquait qu'un mamelon, pour être entièrement semblables aux glandes mammaires les plus parfaites des animaux supérieurs. Dès lors il devint indubitable que si, par l'organisation de leurs organes génitaux proprement dits, et par la forme de leur bouche, les monothrèmes s'éloignaient des mammifères pour se rapprocher des oiseaux, l'existence de leurs mamelles, jointe à bien d'autres traits de leur organisation, leur méritaient néanmoins une place parmi les premiers. Les *monothrèmes* sont, comme le démontre M. de Blainville, des mammifères chez lesquels la nutrition mammaire succède immédiatement à la nutrition vitelline, laquelle se prolonge assez pour rendre inutile la nutrition placentaire.

La situation et le nombre des mamelles varient beaucoup, selon les familles et même selon les espèces d'une même famille. Quant à leur situation, nous les trouvons rangées symétriquement de chaque côté de la ligne médiane, et occupant, tantôt, à la fois, les aines, l'abdomen et le thorax, tantôt seulement une ou deux de ces régions : ce dernier cas est le plus commun. Quelques *rongeurs* seuls, le *leming* et certains *rats*, par exemple, ont en même temps des mamelles inguinales, abdominales et pectorales. La plupart des espèces du même ordre, et beaucoup de *carnassiers*, n'en portent que de pectorales et d'abdominales ; quelques espèces n'en ont que d'abdominales et d'inguinales. Chez les *ruminans*, les *solipèdes*, les *didelphes* et les *monothrèmes*, il n'y a que des mamelles inguinales ; chez les *pachydermes*, tels que le *cochon*, il n'y en a que d'abdominales ; enfin, chez les *gravigrades*, la plupart des *quadrumanes*, et chez l'*homme*, nous n'en trouvons que de pectorales.

Quant au nombre de ces organes, il est généralement, mais non constamment, proportionné à celui des petits. Il varie entre deux et quatorze (1). C'est parmi les *rongeurs* que nous trouvons les espèces les plus

---

(1) Nous parlons ici du nombre des mamelons plutôt que de celui des glandes mammaires, car quelquefois il y a plus d'une glande pour un mamelon.

riches, sous ce rapport; tels sont l'*agouti*, le *lapin*, etc. Après eux, viennent les *carnassiers* de la famille des *plantigrades* et de celle des *digitigrades*, parmi lesquels nous rencontrons le *chien* et le *hérisson*, qui ont jusqu'à dix mamelles, tant pectorales qu'abdominales. Parmi les *pachydermes*, le *cochon* se distingue par dix mamelles abdominales. Quand les mamelles ne sont que *pectorales*, elles sont réduites pour l'ordinaire à une seule paire, comme nous le voyons chez l'*éléphant*, le *lamantin*, les *singes* et l'*homme*; quand elles ne sont qu'inguinales, leur nombre ordinaire est d'une ou deux paires; cependant il peut dépasser ce chiffre, comme nous le voyons chez les *didelphes*, dont l'appareil mammaire mérite d'arrêter un moment notre attention. Cet appareil est destiné à fournir leur nourriture à des petits qui lui arrivent encore à l'état embryonnaire, et qui ont franchi, presque sans s'y arrêter, la partie de l'appareil génital qui représente la matrice. Il faut donc qu'il supplée aux fonctions de la poche de dépôt, et fasse l'office d'une seconde matrice : c'est en effet ce qui a lieu et ce qui a mérité le nom *de didelphes* à ces singuliers mammifères. Chez eux, le canal vulvaire ou urétro-sexuel, au fond duquel débouchent les deux vagins, conduit le produit encore informe de la conception (1) dans une

______

(1) Pour avoir une idée de la petitesse et du peu de développement que présente l'embryon des *didelphes* au moment de sa descente dans la poche de sa mère, qu'on lise sur ce sujet les observations du docteur Barton. On verra que dans les espèces qui, telles que le *sarigue bicolore*, ont la taille d'un chat, les embryons ne sont à leur sortie de l'utérus que de petits corps gélatineux du poids d'environ un grain.

poche extérieure, formée par deux replis plus ou moins considérables de la peau du ventre. Ces replis ne forment pas toujours une poche proprement dite; mais le plus ordinairement ils en constituent une par leur rencontre. Le tégument qui les compose entraînant avec lui des muscles et des os particuliers que nous décrirons plus tard (1), il s'ensuit qu'ils sont mobiles et susceptibles d'être, selon le besoin, rapprochés ou éloignés. Au fond de la bourse formée par ce double pli tégumentaire, nous trouvons les mamelles, indiquées à la surface par un certain nombre de petites saillies ou mamelons. Les embryons toujours multiples des animaux dont il s'agit, viennent s'y attacher et s'y greffer en quelque sorte au moment de leur naissance, et cela, comme on le voit, dans la suite de leur développement, par la bouche. Les mamelons augmentent de volume à mesure que grandit le petit qui y est attaché. La bourse elle-même subit aussi un développement plus ou moins marqué, pendant l'espèce de gestation dont elle est le siège; et lorsque déjà les petits sont en âge d'en sortir, elle leur sert encore pendant un certain temps d'abri ou de refuge contre le danger.

APPAREIL MALE.

Les conditions physiologiques qui nécessitaient les importantes modifications que nous avons observées

---

(1) Les os marsupiaux : nous verrons qu'ils peuvent exister indépendamment d'une bourse abdominale.

dans l'appareil femelle des mamm'fères, ne se retrouvent plus dans les fonctions de l'appareil mâle : malgré cela, ces modifications, tout en perdant beaucoup de leur importance, n'ont pas complètement disparu dans ce dernier, et bien qu'il ne s'agisse plus ici ni de nutrition placentaire, ni de nutrition mammaire, nous verrons encore une poche de dépôt évidente, et même des traces plus ou moins manifestes de mamelles. L'appareil est aussi complet dans un sexe que dans l'autre ; il s'est définitivement séparé dans tous deux du conduit intestinal ; il ne différera guère que par le développement proportionnel de chacune de ses parties. C'est ce qu'il nous reste à démontrer.

Organe sécréteur ou essentiel. L'organe sécréteur mâle ou le testicule des mammifères est toujours double, d'une forme globuleuse ou plus souvent encore ovoïde, et nous présente un parenchyme composé, comme toujours, de canaux séminipares nombreux, déliés, de vaisseaux sanguins et lymphatiques, unis par du tissu cellulaire et soutenus par une enveloppe fibreuse (tunique albuginée). La grosseur des testicules varie beaucoup, selon les espèces ; elle augmente généralement à l'époque des amours. Leur situation normale est dans l'abdomen, au voisinage des reins ; c'est là que nous les trouvons toujours, au moins pendant le premier âge, et quelquefois pendant toute la vie, comme cela a lieu dans les *monothrèmes*, les *cétacés*, et les *gravigrades*. Mais, chez la plupart des espèces, les glandes en question s'éloignent plus ou moins de leur situation primitive, soit temporairement et pendant l'époque des amours, soit de très bonne heure, et pour toute la vie. On les voit alors s'engager dans des ouvertures, que leur fournissent les plans musculaires des parois abdominales, et traverser ainsi la couche contractile sous-cutanée : tantôt alors ils s'arrêtent au-dessus de cette couche, soit dans les aines, comme chez les *chameaux*, soit au périné, comme chez les *civettes*, tantôt ils descendent dans un double sac formé par le tégument, et qui représente les grandes lèvres que nous observons quelquefois dans l'autre sexe. Ce sac est le *scrotum*. Sa duplicité n'est pas constante, car quelquefois, chez les *didelphes*, par exemple, les deux testicules s'y trouvent appliqués immédiatement l'un contre l'autre ; d'autres fois, au contraire, comme chez les *lièvres*, le scrotum est divisé, même au dehors, en deux bourses assez distinctes ; mais le plus ordinairement sa division n'existe qu'intérieurement, où elle est produite par une cloison celluleuse, et elle ne se traduit à l'extérieur que par la présence d'un raphé placé sur la ligne médiane.

En descendant dans les bourses, les testicules poussent devant eux les parties placées sur leur passage, savoir : quelques fibres musculaires, qui viennent fournir au scrotum une légère couche de fibres contractiles (*muscle cremaster*), et un repli de la séreuse péritonéale, qui les entoure, et leur forme l'enveloppe connue sous le nom de *tunique vaginale*, à la faveur de laquelle ils demeurent isolés et mobiles au milieu des tissus environnans. Ces organes entraînent en même temps avec eux, comme on le conçoit bien, les vaisseaux qui viennent s'y ramifier et leur canal excréteur, parties dont la réunion constitue le *cordon des vaisseaux spermatiques*. Ce faisceau, dont l'une des extrémités demeure dans l'abdomen, entretient par sa présence l'ouverture par laquelle les testicules sont sortis de cette cavité ; de là le danger des hernies, danger qui existe à peine pour les espèces dont le tronc affecte la position horizontale, mais qui n'est que trop réel pour celles qui ont l'habitude d'une position verticale, par conséquent pour notre espèce.

Canal excréteur. Ce conduit fait toujours suite aux vaisseaux séminipares qui forment la substance du testicule. Il résulte de la réunion de ces petits canaux, qui, après s'être successivement abouchés les uns aux autres, et avoir traversé un ruban fibreux connu sous le nom de *corps d'hygmore*, finissent par ne former qu'un conduit unique pour chaque testicule. Ce conduit se replie d'abord sur lui-même un très grand nombre de fois, et constitue par cette disposition l'*épididyme*, petite masse proportionnée au développement de la glande séminale, et qui se montre ordinairement appliquée contre celle-ci. Au-delà de l'épididyme, le canal excréteur prend l'épithète de *déférent* Chez les mammifères qui ont un scrotum, ce conduit se joint au cordon des vaisseaux spermatiques, et traverse l'ouverture qui a livré passage au testicule, pour aller reprendre dans l'abdomen ses rapports et ses issues ordinaires. Ses parois, dans ce cas, offrent plus d'épaisseur que dans les espèces chez lesquelles il demeure tout entier avec le testicule, dans la cavité abdominale. Chez celles-ci, la marche du conduit déférent est très sinueuse. On remarque souvent sur son trajet, et plus ou moins près de sa terminaison, des renflemens considérables, qui sont dus, dans quelques espèces, à une modification remarquable des parois de ce canal. Chez les *solipèdes*, par exemple, celles-ci prennent tout-à-coup, à quelque distance des vésicules séminales, une structure celluleuse, et se montrent abreuvées d'un produit gélatiniforme. On voit quelque chose d'analogue chez plusieurs *ruminans*.

Poche de dépôt. La poche de dépôt est représentée dans l'appareil mâle par deux réservoirs à parois membraneuses, les *vésicules séminales*, qui communiquent par un canal court et étroit avec les conduits déférens, et forment avec ceux-ci un angle plus ou moins prononcé. Leur disposition rappelle celle de la vésicule biliaire. Ces vésicules n'existent que chez une partie seulement des mammifères, chez l'*homme*, les *quadrumanes*, un certain nombre de *carnassiers*, tels que les *cheiroptères* et quelques *plantigrades*, chez les *rongeurs*, les *gravigrades* et les *pachydermes*. Chez les autres animaux de cette classe, la poche de dépôt de l'appareil mâle n'est représentée que par de simples renflemens des canaux excréteurs. La forme de ces organes varie beaucoup, selon les espèces. Ils figurent assez ordinairement des espèces de boyaux plus ou moins anfractueux et divisés intérieurement, et présentent souvent des espèces d'appendices ramifiés. Quelquefois cependant leur forme est plus simple et leur cavité sans division ; c'est ce qu'on voit, par exemple, chez les *makis*. Leurs parois généralement minces sont, dans quelques cas, parsemées de cryptes, qui leur donnent une apparence glanduleuse.

Entre t-il du tissu contractile dans leur composition? C'est ce qu'il n'est pas possible de démontrer anatomiquement ; on ne peut que conclure sa présence de la manière brusque et énergique dont le sperme est lancé hors de ces petites poches.

Les vésicules séminales sont constamment doubles, excepté chez les *lièvres*, où les deux vésicules se confondent et n'en forment qu'une seule.

Canal éjaculateur. Le canal éjaculateur de l'appareil mâle des mammifères ou plutôt de leurs vésicules séminales est également double. Il part des poches de dépôt et va se terminer, dans l'urètre, en recevant, plus ou moins près de sa terminaison, le canal déférent du même côté. Dans la plupart des cas cette jonction n'a lieu qu'au moment où les deux conduits arrivent à l'urètre, et quelquefois même chacun d'eux s'abouche séparément dans celui-ci. D'autres fois, au contraire, et c'est le cas de l'homme et des singes, la rencontre du canal éjaculateur avec le canal déférent se fait plus tôt et il en résulte un canal commun, qui bientôt atteint le conduit urétro-sexuel (1).

Organes accessoires de sécrétion génitale. Les organes dont nous voulons parler n'appartiennent qu'aux mammifères. Nous n'en avons pas fait mention en nous occupant de l'appareil femelle, parce qu'ils ne s'y montrent pas avec des caractères aussi prononcés et aussi spéciaux que chez le mâle. Nous les observons néanmoins dans les deux sexes, au voisinage du conduit éjaculateur et surtout vers sa terminaison. Chez la femelle ils sont représentés par des cryptes plus ou moins nombreux, disséminés autour du vagin, et versant à la

---

(1) L'urètre ne doit il pas en effet être considéré, à partir de ce point chez le mâle, comme l'analogue de la cavité vulvaire ou urétro-sexuelle de la femelle ?

surface de celui-ci, surtout au moment de l'orgasme produit par le coït, une humeur abondante, muqueuse, et qui exhale une odeur *sui generis* assez forte. Chez le mâle, ces cryptes se réunissent pour former des glandes plus ou moins considérables, dont la plus importante et la plus constante est celle que nous connaissons sous le nom de *prostate*. La prostate paraît manquer chez quelques *mammifères*, du moins comme corps glanduleux distinct. Chez ceux qui la possèdent, nous la trouvons généralement située vers l'origine de l'urètre, canal qu'elle embrasse même plus ou moins complètement dans quelques espèces, chez l'*homme*, les *quadrumanes*, les *chéiroptères*, par exemple. Elle verse dans ce conduit, au voisinage de sa jonction avec les canaux éjaculateurs, un fluide incolore, visqueux, particulier, qui, sécrété en très grande abondance au moment de l'émission du sperme, se mêle à ce dernier produit, et concourt, selon toute vraisemblance, à faciliter son action sur le produit de l'appareil femelle. On sait que, du moins pour notre espèce, l'ablation des testicules ne suffit pas pour priver complètement les sujets qui y sont soumis de la faculté d'entrer en érection, et d'éprouver à quelque degré l'orgasme qu'amène le coït : cet orgasme est accompagné chez eux de l'émission d'une certaine quantité de fluide prostatique, dont le passage dans l'urètre est peut-être la cause de la sensation de plaisir qu'ils éprouvent alors.

La forme et le volume de la prostate varient beaucoup dans les divers ordres de mammifères. Elle est très volumineuse chez les *cétacés*, chez les *carnassiers*. Elle ne forme le plus souvent qu'une seule glande dont la masse laisse tout au plus apercevoir l'indice d'une division lobulaire ; c'est ainsi que nous la trouvons en particulier chez l'*homme*, chez les *singes*, les *carnassiers*, etc. mais dans quelques cas elle se compose de plusieurs masses distinctes : cette glande est alors ordinairement double, comme cela se voit chez les *ruminans*, ou quadruple, ce qui a lieu dans l'*éléphant* et dans le *cheval*. Quand elle se montre ainsi divisée, son tissu est aussi moins dense, plus celluleux, et n'a pas l'apparence charnue qu'il offre chez l'*homme*. Le nombre des ouvertures par lesquelles cette glande débouche dans l'urètre varie beaucoup.

Outre la prostate, nous trouvons encore chez un grand nombre de *mammifères* d'autres organes de sé-crétion, notamment une paire de petites glandes, connues sous le nom de *glandes de Cowper*, qui viennent s'ouvrir chacune par un seul canal dans la partie bulbeuse de l'urètre. Ces glandes sont quelquefois parenchymateuses, et tel est leur cas chez les *carnassiers*, les *quadrumanes*, les *ruminans* ; d'autres fois, elles ne sont que vésiculeuses, et c'est ainsi qu'elles se présentent chez quelques *rongeurs*, tels que la *marmotte*, etc. Fort petites dans quelques espèces, chez l'*homme*, par exemple, où elles ne dépassent pas le volume d'un pois, les glandes de Cowper atteignent chez d'autres des dimensions beaucoup plus considérables ; ainsi, chez le *chameau* elles ont la grosseur d'un œuf de pigeon ; chez plusieurs *rongeurs*, et chez l'*éléphant*, elles sont aussi très volumineuses. Leur produit est visqueux, demi-transparent, d'une teinte légèrement bleuâtre : on ne lui connaît d'autre usage que celui de lubrifier le canal de l'urètre.

Organe excitateur. L'organe excitateur, qui n'était que rudimentaire dans l'appareil femelle des mammifères, parce qu'il n'y rendait que des services d'une importance médiocre, joue au contraire un grand rôle, et acquiert un développement remarquable dans l'appareil mâle. Il s'y montre très spécialement organisé pour un accouplement parfait, c'est-à-dire pour s'introduire dans le canal éjaculateur de l'autre sexe, pour y produire l'excitation nécessaire à l'accomplissement des fonctions génératrices, pour y porter le fluide fécondateur.

L'organe excitateur mâle, ou la *verge*, le *pénis* des mammifères, est une sorte d'appendice érectile placé au-devant de l'anus, et percé dans toute sa longueur d'un canal qui donne passage à l'urine et aux fluides séminaux. Cet appendice tient plus ou moins immédiatement par sa racine aux os pubiens ; il est parfaitement libre par son extrémité opposée. La direction de celle-ci et celle de l'organe entier sont surtout déterminées par la disposition variée qu'affectent certains replis tégumentaires destinés à les protéger. En effet, outre son tégument propre, la verge reçoit de l'enveloppe générale des prépuces, espèces d'expansions ou de pincemens, qui tantôt la laissent libre et pendante à l'extérieur, dans l'état de repos, tantôt la retiennent plus ou moins étroitement appliquée contre la paroi abdominale, et la contraignent de se diriger ou vers l'anus, ou vers l'ombilic, lui livrant issue quelquefois vers l'un de ces points et quelquefois vers l'autre. Les cas où l'organe excitateur est ainsi renfermé dans un fourreau adhérent à la paroi de l'abdomen sont les plus communs ; nous ne connaissons guère que *l'homme*, les *quadrumanes* et les *chéiroptères* qui aient la verge et ses replis tégumentaires libres et pendans.

Le volume de la verge varie beaucoup chez les divers ordres de mammifères. C'est chez les *proboscidiens* que cet appendice nous offre le plus de développement. Il est tellement long chez l'*éléphant*, que pour pouvoir être logé tout entier dans son fourreau, il s'y reploie, et forme une véritable S. Après l'éléphant, ce sont les *solipèdes*, et après ceux-ci les *ruminans*, qui nous présentent la verge la plus volumineuse.

Quant à la forme de l'organe excitateur, elle est en général plus ou moins exactement cylindrique. Sa partie terminale se distingue ordinairement des autres, et constitue ce qu'on nomme le *gland*. Le gland ne répond pas toujours à l'idée que son nom rappelle. Si quelquefois il se montre sous la forme d'un renflement ovalaire ; dans un grand nombre de cas, il n'est représenté que par une sorte de cône grêle et alongé. Il offre, au reste, des différences nombreuses et considérables, et varie non-seulement d'une famille ou d'un genre à l'autre, mais d'une espèce à l'espèce voisine (1).

Ainsi, dans quelques cas, cette partie de la verge est ovalaire, comme nous le voyons chez l'homme,

---

(1) Ce sceau de la spécificité placé ainsi à l'entrée de l'appareil chargé de la reproduction de l'espèce, est bien digne d'être remarqué. Qui ne voit là comme une garantie de l'intégrité et de la conservation de celle-ci? Les différences dont il s'agit ne sont cependant pas tellement grandes, du moins en général, que tout croisement entre des espèces voisines soit impossible; l'existence des produits hybrides, chez les mammifères eux-mêmes, est un fait trop connu et trop incontestable pour qu'on puisse nier la possibilité de ce croisement; mais la rareté de ces produits atteste assez que la nature a mis d'étroites limites à ses propres écarts.

ainsi que chez quelques *singes* : d'autres fois, chez les *solipèdes*, par exemple, elle est cylindrique, comme le reste de l'organe : très souvent elle est conique, plus ou moins alongée, plus ou moins grêle et effilée, c'est ce que nous observons chez plusieurs *digitigrades*, et notamment dans le genre *chat*. Chez quelques animaux, le gland présente des espèces de bourrelets qui lui donnent des formes plus ou moins singulières, celle d'un champignon, par exemple, que nous voyons à des degrés différens chez les *sapajous* et chez le *rhinocéros*. Enfin, chez les *didelphes*, le gland se bifurque pour s'approprier au double vagin de la femelle, et l'urètre lui-même se partage entre ses moitiés.

J'ai dit plus haut que l'organe excitateur mâle des mammifères était par sa composition anatomique éminemment propre à s'introduire dans le conduit éjaculateur de la femelle, pour y porter et l'excitation et le fluide fécondant que réclame la génération. C'est ce qu'il me reste à démontrer.

A quelle condition la verge pouvait-elle s'introduire dans le canal destiné à la recevoir, et franchir les obstacles que lui offrent ou l'étroitesse, ou la direction de ce canal, ou même assez souvent les replis et les brides qui en occupent l'entrée ? A la condition de pouvoir se raidir contre ces obstacles, et acquérir, au moins dans le moment de l'accouplement, une consistance et une inflexibilité plus ou moins grandes. Cette condition se trouve remplie de deux manières, dans la composition anatomique de l'organe qui nous occupe : d'abord, et constamment par la présence d'un tissu érectile très abondant, puis quelquefois par celle d'un os plus ou moins considérable, dont nous avons déjà signalé la première apparition dans le clitoris de quelques femelles.

Le tissu érectile est l'élément prédominant de la verge; il se retrouve dans toutes ses parties, mais surtout dans deux masses alongées, qu'il forme à lui seul, et qui lui doivent leur dénomination de *corps caverneux*. Ces masses s'étendent ordinairement des os pubiens jusqu'à l'extrémité ou près de l'extrémité de l'organe excitateur. A peu de distance de leur origine, elles se rencontrent et s'unissent, pour ne former, dès ce moment, qu'une seule masse symétrique, une sorte de cylindre creusé à sa face inférieure d'un sillon plus ou moins large, dans lequel se loge le canal urétro-sexuel. Une couche fibreuse et très dense enveloppe le tissu fibro-vasculaire, qui constitue les corps caverneux, et envoie des espèces de brides dans l'intérieur de celui-ci. Cette disposition permet à la verge de soutenir l'effort d'une turgescence sanguine suffisante pour faire succéder à sa flexibilité et à sa mollesse naturelles un haut degré de raideur et de dureté. Chez les *cétacés*, la couche fibreuse des corps caverneux est tellement épaisse, qu'elle forme environ la moitié du diamètre total de l'organe excitateur.

Nous retrouvons encore du tissu vasculaire érectile dans les parois du canal urétro-sexuel, et surtout à à l'extrémité de ce conduit. Ici le tissu dont il est question forme par son abondance la partie terminale de la verge, c'est-à-dire, le gland (1). L'urètre, après avoir longé la face inférieure de l'organe excitateur, où il se

---

(1) Quelquefois cependant le gland est formé en partie par le corps caverneux qui se prolonge alors jusqu'à l'extrémité du penis.

loge dans le sillon médian qui résulte de la jonction des deux corps caverneux, l'urètre, dis-je, va s'ouvrir par un orifice de forme très variable, selon les espèces et selon la forme du gland, tantôt à l'extrémité de celui-ci, tantôt un peu avant cette extrémité, quelquefois un peu sur le côté. Nous avons déjà dit que chez les *didelphes*, ce canal participe à la division du gland, et se trouve ainsi disposé pour distribuer le fluide séminal dans les deux moitiés de l'appareil femelle.

Enfin, chez beaucoup de mammifères, un os plus ou moins développé et placé surtout dans la partie terminale de la verge, vient augmenter la consistance de celle-ci, et concourt à faciliter son introduction dans le vagin et son action stimulante sur ce conduit. Cet os, de forme très variable, se rencontre déjà chez les singes; mais il est surtout très commun chez les carnassiers : souvent il compose à lui seul la partie résistante du gland, et détermine sa forme et ses dimensions.

La raideur et la dureté de la verge suffisent ordinairement à l'excitation qu'elle doit produire sur l'appareil femelle, et, dans ce cas, la peau qui revêt le gland, est douée d'une sensibilité exquise, qu'elle doit à sa finesse, à l'abondance de son réseau nerveux, sensibilité qui s'exalte par la fluxion sanguine érectile du tissu sous-jacent, et qui se conserve à la faveur de l'abri, que le repli préputial fournit au gland. Mais il est des *espèces* chez lesquelles ce dernier est disposé pour une excitation beaucoup plus énergique que celle qui peut résulter du simple frottement d'un corps raide, mais uni, sur une surface plus ou moins irritable. Chez ces espèces, le gland porte des papilles ou des écailles d'une certaine consistance, quelquefois même des épines, des pièces dentelées, des crochets. Plusieurs *rongeurs*, tels que le *cochon d'Inde*, l'*agouti*, le *castor*, ont leur gland couvert d'écailles. Celui du *cochon d'Inde* est armé en outre de deux cornes ou crochets renfermés dans une poche qui se déroule au dehors, et les fait saillir au moment de l'érection. Celui de l'*agouti* se distingue par deux lames cartilagineuses placées sur ses côtés, tenant à lui par un de leurs bords, et libres par l'autre, qui est dentelé comme une scie.

Les espèces du genre *chat* ont l'extrémité de la verge hérissée d'épines, dont la pointe se dirige en arrière. On conçoit quelle excitation doivent produire de pareilles armes ; aussi les amours de ces animaux sont-ils plutôt accompagnés de douleur que de plaisir, du moins chez la femelle, qui cependant se montre en général très désireuse des caresses du mâle.

Le gland et les replis prépuciaux des mammifères sont semés de cryptes plus ou moins nombreux, qui sécrètent une humeur sébacée, fort odorante. Ces cryptes et leur produit sont quelquefois très abondans, notamment chez les *carnassiers* et chez les *rongeurs*. Les premiers forment même, dans quelques espèces, des amas glandiformes, et nous voyons des poches annexées au prépuce recueillir l'humeur sécrétée par ces organes ; c'est ce qui a lieu en particulier chez le *castor* et chez le petit *ruminant* connu sous le nom de *musc* (le *moschus moschiferus*.

Tous deux nous fournissent des produits sébacés, d'une odeur prononcée et *sui generis*, que la médecine met à contribution, à titre de stimulans, le *castoreum* et le *musc*. Les poches dans lesquelles se forment et s'accumulent ces substances, s'ouvrent comme le prépuce, chez le *castor*, près de l'anus; chez le *chevrotain porte-musc*, vers l'ombilic.

Il est de toute vraisemblance qu'un des usages d'une humeur aussi odorante que celle qui est sécrétée par les cryptes prépuciaux, doit être, au moins chez beaucoup d'espèces, d'avertir les individus de sexes différens du moment du rut. Cette humeur est, en effet, beaucoup plus abondante à cette époque que dans tout autre moment.

Les mammifères mâles portent comme leurs femelles des organes mammaires ; mais ces organes demeurent sans usage chez eux, et semblent n'exister que pour compléter l'analogie des deux appareils.

Deuxième Division.

APPAREILS SPÉCIALEMENT DESTINÉS A ÉTABLIR
LES RELATIONS DE L'ANIMAL AVEC LE MONDE EXTÉRIEUR.

CONSIDÉRATIONS GÉNÉRALES SUR CES APPAREILS.

Les relations de l'animal avec le monde extérieur consistent dans l'action de ce monde sur l'organisme, et dans l'action de l'organisme sur le monde ; c'est donc aussi une double action qui va de la surface au centre, et du centre à la surface. C'est ici, comme pour la nutrition, la surface qui intervient pour recevoir du dehors et transmettre à l'organisme, pour recevoir de l'organisme, et donner ou rendre au dehors ; c'est encore la surface, c'est l'enveloppe et ses dépendances qui nous fourniront les appareils que nous avons maintenant à étudier.

Lorsque c'est le monde extérieur qui agit sur l'organisme, l'enveloppe intervient comme protectrice, ou comme agent sensible, comme organe de sensation ; elle se modifie en conséquence. Lorsqu'au contraire, c'est l'organisme qui agit sur le dehors, cette même enveloppe devient organe de mouvement. C'est nécessairement toujours sur la partie la plus superficielle que portent les modifications qui font du tégument un instrument de sensation ou de protection ; c'est, au contraire, sur sa partie la plus profonde, que porteront celles qui doivent le convertir en appareil locomoteur. Remarquons toutefois que cette localisation, toute générale qu'elle soit, n'existera pas encore dans les ébauches inférieures de l'organisme animal, et qu'elle demeurera même long-temps imparfaite ; car les tissus les plus superficiels conserveront l'élément locomoteur jusqu'à un degré déjà assez élevé de l'échelle. Et lorsque la protection nécessitera la solidification des couches superficielles, la locomotion se servira des pièces plus ou moins résistantes qui représenteront alors ces couches, comme d'auxiliaires passifs, de leviers pour mouvoir l'animal. L'isolement parfait des deux ordres d'appareils, de ceux de la protection et des sensations d'une part, et de celui de la locomotion de l'autre, n'aura lieu que dans le type le plus élevé de la série. Ici la locomotion aura ses pièces solides, ses leviers à elle, tirés des couches sous-peaucières ; mais, comme nous le verrons, elle en prêtera à son tour une partie pour protéger les organes centraux et intérieurs.

Ainsi, pour connaître les appareils spécialement affectés aux relations de l'animal avec le monde extérieur, nous devons étudier : 1° la partie la plus superficielle du tégument externe, en un mot, la peau et ses dépendances avec toutes les modifications qu'elle subit, pour fournir des APPAREILS DE DÉFENSE ET DE SENSATIONS EXTERNES ; 2° la couche profonde de ce même tégument qui, d'abord confondue avec la première, se distingue d'elle, se développe et se modifie pour former UN APPAREIL DE LOCOMOTION plus ou moins complet.

C'est cette double étude qui va nous occuper maintenant.

PREMIER GENRE.

APPAREILS DE DÉFENSE ET DE SENSATIONS EXTERNES.

Au premier coup-d'œil et en se plaçant au point de vue physiologique, il semble contradictoire de réunir la défense et les sensations externes dans un même genre d'appareils; il y a plus : les conditions de texture réclamées par ces deux ordres de fonctions, sont nécessairement opposées, et l'on a droit de s'étonner que nous ne séparions pas, au moins à titre de sous-genre, la partie du tégument qui sert à la protection, de celle qui est préposée à la sensation. Mais qu'on y réfléchisse un instant, et l'on reconnaîtra l'impossibilité d'une pareille subdivision. Le tégument, en effet, ou pour spécialiser davantage, la peau ne se partage pas nettement en deux parties, dont l'une serait chargée de protéger l'organisme, et l'autre de ressentir l'impression des corps extérieurs. Quelquefois, il est vrai, la peau n'est que protectrice, au moins dans une partie, la plus grande peut-être de son étendue; mais je ne pense pas qu'on puisse jamais la considérer comme exclusivement sensoriale, pas même dans les endroits où les conditions de la protection sont arrivées à leur minimum, et celles de la sensation, à leur maximum; car, par cela seul que la peau représente le tégument extérieur, elle protége, quelle que soit d'ailleurs son organisation. Ici, la spécialisation a dû trouver une limite que nous ne méconnaîtrons pas, en essayant une division que la suite de ce chapitre ne cesserait de condamner. Nous décrirons la peau comme un seul appareil général, affecté tout à la fois à la défense et à la sensation; nous verrons d'abord quelles modifications elle subit, selon qu'elle doit être plus éminemment organe protecteur ou organe de sensibilité; nous passerons en revue les différences qu'elle offre, sous ce double rapport, dans la série animale; enfin, après avoir achevé l'étude de l'appareil dans son ensemble, nous ferons celle des appareils spéciaux que fournit le tégument, dans quelques endroits plus ou moins limités, pour procurer à l'individu, non plus une sensation vague et générale, mais la notion particulière de telle ou telle qualité, de tel ou tel phénomène du monde qui l'entoure.

DU TÉGUMENT COMME APPAREIL GÉNÉRAL DE DEFENSE ET DE SENSATION.

A. DESCRIPTION GENERALE DE CET APPAREIL.

J'ai déjà fait connaître la composition anatomique de la peau, la division de ses élémens en organiques et inorganiques ou produits; j'ai esquissé, aussi complètement qu'il était nécessaire, les caractères de chacune de ses couches ; j'ai dit ce qu'étaient ses parties accessoires, les cryptes et les phanères. Je ne reviendrai donc pas ici sur cette analyse du tégument, et renvoyant pour ce sujet aux premières pages de ce travail, je me renfermerai maintenant dans l'examen des modifications que subit l'enveloppe dans ses diverses parties, pour servir à la sensation et à la protection. Ces modifications sont faciles à prévoir, et peu de mots suffisent pour les indiquer.

Elles représentent, comme je l'ai dit, deux ordres opposés de conditions organiques : en d'autres termes, les modifications que subit la peau toutes les fois qu'elle doit servir plus particulièrement à la protection, sont le contraire de celles qui lui deviennent nécessaires pour sentir le monde extérieur ; il est rare que le tégument revête au même degré les caractères d'organe protecteur et ceux d'organe sensorial. Or, voici les changemens qu'il éprouve à mesure qu'il s'éloigne de l'un de ses rôles, pour revêtir plus complètement l'autre.

Est-ce à la défense de l'organisme qu'il est spécialement appelé ? Nous voyons le derme perdre sa souplesse, devenir plus serré, recevoir dans ses mailles ou se revêtir à sa surface de substances cornées ou calcaires, qui forment ce que nous nommons un têt, une coquille, etc. Son système vasculaire diminue ou disparaît même quelquefois, du moins à sa surface et partout où un dépôt vient faire obstacle à son développement. Le pigmentum, sécrété ou avant ce dépôt ou en même temps que lui, le colore quelquefois de teintes variables. Quant aux nerfs, ils n'ont que faire dans un organe plus ou moins pétrifié, et leur sensibilité ne manquerait même pas d'y devenir une source de douleurs, sous l'influence des parties dures, qui exerceraient alors une pression continuelle sur ces cordons, comme cela arrive accidentellement dans l'espèce d'altération épidermique désignée sous le nom de *cors*.

Les parties inorganiques de la peau jouent ici un rôle important, du moins dans un grand nombre de cas. C'est souvent à l'épiderme devenu plus ou moins épais, plus ou moins dur, qu'est confiée la défense ; il forme alors des pièces cornées de grandeur, de figure, de dispositions très variées, que nous nommons des *écailles* (1). D'autres fois il recouvre seulement, et sans avoir acquis d'épaisseur, la couche la plus extérieure d'une coquille, qui l'a poussé au devant d'elle.

Les cryptes et les phanères sont nombreux dans les parties de la peau consacrées à la défense, et servent à celle-ci, les cryptes en sécrétant souvent des fluides qui, par leur abondance, protégent l'animal contre les atteintes du dehors, les phanères en couvrant le corps ou quelques unes de ses parties de ces nombreuses productions solides que nous nommons des plumes, des poils, des piquans, des cornes, des ongles, productions dont nous aurons à nous occuper à mesure qu'elles se montreront dans la série.

---

(1) Les parties dures qui ont reçu le nom d'écailles, ne sont pas toutes des produits épidermiques. Il en est d'autres, nous le verrons un peu plus bas, qui appartiennent au derme lui-même (ex. celles des poissons), et d'autres encore qui sont des produits de phanères (ex. dans le pangolin).

La peau doit-elle, au contraire, devenir plus particulièrement organe de sensation? Nous voyons, à mesure que ce caractère sera plus prononcé, ses couches inorganiques s'amincir, s'amollir de plus en plus, les phanères se raréfier, et leurs produits se modifier jusqu'à devenir des instrumens parfaitement propres à transmettre à la surface sensoriale, l'action du monde extérieur; les cryptes ne sécrètent plus que des fluides propres à entretenir la souplesse du tégument; le réseau nerveux se prononce toujours plus, et jusqu'à former dans certains points une couche assez manifeste. Le réseau vasculaire prend aussi du développement et vivifie le premier par l'abondance de ses fluides nourriciers; par lui, l'organe sensorial stimulé par les impressions du dehors, entre dans une sorte d'érection qui exalte puissamment sa sensibilité; le pigmentum manque dans quelques points, abonde dans quelques autres, et agit alors, comme modérateur de certains agens physiques. Quant au derme, toujours souple, jamais encroûté de sels calcaires, il se couvre souvent de petites inégalités qui concourent à la sensation, en faisant saillir le réseau nerveux et en contribuant ainsi à former, avec ce dernier élément combiné avec la couche vasculaire, ce que nous nommons des *papilles sensitives*.

La couche musculaire intervient souvent d'une manière utile, comme auxiliaire de l'organe sensorial, en dirigeant cet organe vers les agens extérieurs dont l'animal veut acquérir la connaissance (1). Elle intervient également lorsque la peau

---

(1) Il ne faudrait pas penser néanmoins que la couche contractile

revêt éminemment le caractère d'organe de défense ;
mais elle sert alors le plus souvent à retirer les parties
exposées sous l'abri de l'appareil protecteur, comme
cela a lieu, bien que différemment, chez les *mollus-*
ques, chez les *tortues*, chez le *hérisson*.

DE LA PEAU DANS LA SERIE ANIMALE.

I.

Chez les ANIMAUX AMORPHES, la peau n'existe pas
encore comme couche particulière, à moins qu'on ne
veuille donner ce nom à la matière gélatineuse et
sémi-fluide qui couvre la surface des *éponges*. La surface de l'organisme n'a donc pas encore subi la moindre modification, pour servir à la protection ou à la
sensation.

II.

Si nous pouvons en dire à peu près autant des RAYON-
NÉS inférieurs, il n'en est déjà plus de même pour les
espèces plus élevées de ce type. La peau commence
à s'apercevoir chez beaucoup de *polypes*, sous la forme

---

sous-peaucière agira d'autant plus comme auxiliaire de la sensation, qu'elle
sera plus généralement unie ou même qu'elle sera complètement confondue avec le tégument; c'est plutôt le contraire qui aura lieu : car l'activité et la sphère des fonctions sensoriales grandissent à mesure que nous
nous élevons dans la série; tandis que l'union générale du tégument et
de la couche contractile augmente en sens inverse, et n'est jamais plus
complète que chez les êtres inférieurs, où cette union n'indique absolument que la confusion primitive de tous les élémens organiques.

d'une pellicule extrêmement mince, dont le caractère le plus intéressant est d'exhaler une matière riche en sels calcaires, qui, se déposant à la surface de l'animal, lui fournissent un organe de protection, une loge, un abri, dont la forme variera beaucoup, et surtout avec celle de l'animal. Quelquefois simples, plus souvent réunies en nombre considérable, ces loges forment des *polypiers*, les uns lamelliformes, les autres arborescens, etc. Chez les *méduses*, le tégument n'est guère plus distinct que chez les *polypes*; ce n'est qu'une sorte de réseau qui peut être comparé, pour sa finesse, à une toile d'araignée (1). Cependant nous le voyons déjà se solidifier dans quelques espèces, par le dépôt d'une matière qui se concrète à différens degrés. L'irritation urticaire que détermine, au dire des observateurs, le contact des méduses, serait produite, à ce qu'il paraît, par un fluide exhalé de l'enveloppe de ces animaux, et qui servirait ainsi à leur défense. Les *actinies*, inférieures sous d'autres rapports aux *méduses*, ont une peau plus distincte, plus épaisse, et qui fournit souvent une grande quantité de pigmentum coloré et une matière visqueuse très abondante, fort utile sans doute pour protéger l'animal.

Mais, pour voir le tégument acquérir une certaine importance, nous devons arriver aux rayonnés tout à fait supérieurs. Chez eux, la peau revêt un caractère assez remarquable pour servir à désigner le groupe entier des espèces que leur organisation place à la tête du type. Les *échinodermes*, en effet, doivent leur

---

(1) De là le nom d'*arachnodermaires* donné par **M. de Blainville** à ce groupe de rayonnés.

nom à ce tégument solide, que surmontent une multitude d'épines, de poils ou de tubercules plus ou moins développés. Tel est du moins celui des *astéries* et des *oursins*. Le derme, chez ces animaux, s'amincit plus ou moins, pour faire place à une matière calcaire qui se dépose dans l'intérieur même de cette couche, et qui, composée de grains agglutinés, forme des plaques polygonales ou des pièces de formes diverses, souvent immobiles et jointes par engrenures (*oursins*), d'autres fois articulées de manière à jouir d'une certaine mobilité (*astéries*). Ces pièces portent des parties saillantes, des espèces de tubercules sur lequels s'articulent des organes très remarquables, qui, chez les *oursins*, ressemblent que'quefois, par leur finesse et leur position couchée, à des poils, mais qui, plus souvent, représentent des épines ou des piquans, et forment à l'animal un appareil défensif très efficace (1). La peau des *astéries* est ordinairement aussi tuberculeuse, et porte dans quelques endroits des épines mobiles; mais ces épines sont bien moins remarquables que celles des *oursins*.

Parmi les pièces qui composent le têt calcaire des *oursins* et des véritables *astéries*, il en est qui présentent des trous disposés par doubles séries, comme les arbres d'une allée de jardin; d'où le nom d'*ambulacre* donné à cette partie de la surface de l'animal. Ces trous livrent passage à des appendices ou tentacules qui paraissent servir spécialement à la locomotion, mais qui peuvent bien représenter en même temps des organes de toucher.

---

(1) De là les noms d'*oursin* et de *hérisson de mer* donnés à ces espèces.

Les *holoturies*, bien que comprises dans le groupe des *échinodermes*, en raison de leur organisation, ne justifient nullement cette dénomination par la nature de leur peau. Celle-ci n'est point incrustée de matière calcaire ; elle est molle, flexible, mais d'une certaine épaisseur, et assez distincte de la couche musculaire sous-jacente. L'absence de vaisseaux proprement dits, à ce degré de l'échelle, nous explique pourquoi nous ne trouvons pas chez ces animaux le derme couvert d'un réseau vasculaire ; le pigmentum n'y manque pas pour cela, il s'y montre coloré ; et nous ne pouvons nous refuser à admettre ici la présence de l'élément nerveux, en voyant la sensibilité dont jouit l'enveloppe. On n'a pu reconnaître encore l'épiderme sur la peau des *holothuries*. Il paraîtrait donc, qu'autant celle des *astéries* et des *oursins* était organisée pour la défense, autant celle des espèces dont il s'agit le serait pour la sensation. D'ailleurs ces espèces possèdent aussi, comme les autres échinodermes, des tentacules rétractiles qu'elles font sortir de leur tégument, et qui, s'ils servent surtout à la locomotion, ne sont toutefois probablement pas étrangers aux fonctions sensoriales.

III.

Si l'organisation générale de la peau fait un progrès des *échinodermes* aux MOLLUSQUES, ce progrès est encore bien peu sensible pour l'anatomiste : il est vraisemblable que la présence d'un appareil spécial de circulation dans le type que nous abordons maintenant, vient ajouter ici un réseau vasculaire aux autres élémens de l'enveloppe ; il est à peu près certain que l'élément nerveux, qui, dans le groupe supérieur des rayonnés, commençait seulement à se dégager du tissu général, et qui est déjà bien autrement développé dans les malacozoaires, vient y prendre sa place à la surface du tégument. Mais s'il nous est permis d'admettre ces faits *à priori*, de les conclure des fonctions de la peau, c'est-à-dire, de l'abondance de sa sécrétion et de sa sensibilité, nous n'avons encore pu nous convaincre de leur réalité par l'expérience ; nous n'avons pu poursuivre les nerfs de l'enveloppe jusqu'à la surface, nous n'avons pas injecté son réseau vasculaire. La peau, dans cette division du règne animal, ne présente distinctement à l'observation que sa couche dermique, assez souvent du pigmentum, et un produit crétacé, connu sous le nom de *coquille ;* l'épiderme n'en est représenté que par une couche de mucus desséché. On ne peut guère y mettre en doute la présence d'un système crypteux ; cependant ce système se révèle plutôt par l'abondance de son produit, par la mucosité qui sort de l'enveloppe, que par ses caractères anatomiques : tout ce qu'on aperçoit, quand on cherche la source de cette mucosité, c'est la multitude de pores et de lacunes qui criblent la surface tégumentaire. Quant à des phanères, il n'en existe que pour certaines sensations particulières, comme nous le verrons en traitant des appareils spéciaux des sens.

Le derme des mollusques se confond encore avec l'élément contractile, ce qui lui conserve une très grande mobilité. Il est ordinairement peu dense, celluleux, et présente dans un grand nombre de cas, tantôt à sa surface, tantôt dans une grande maille, ce que nous nommons une *coquille*, dépôt calcaire qui réclamera tout à l'heure notre attention.

Lorsque la coquille manque, le derme est beaucoup plus épais que lorsqu'elle existe. Obligé de servir lui-même à la protection, il acquiert quelquefois alors une consistance et une densité considérables, et peut même prendre un caractère cartilagineux, comme nous le voyons dans quelques *acéphales*, tels que les *ascidies* et les *biphores*. Par la même raison, le derme d'un mollusque testacé sera plus épais là où cesse la coquille que dans les points qu'e le couvre ; il le sera davantage, chez les espèces nues, à la partie supérieure ou dorsale du corps, qu'à la partie inférieure. Le séjour de l'animal influe aussi sur l'épaisseur du derme. Les mollusques terrestres ont, toutes choses égales d'ailleurs, cette couche plus épaisse que les espèces aquatiques, et surtout que celles d'entre ces dernières qui ne quittent jamais l'eau.

Les couches vasculaire et nerveuse de la peau des mollusques n'étant pas distinctes pour l'œil, et s'annonçant seulement, comme nous l'avons dit, l'une par l'abondance des sécrétions cutanées, l'autre par la sensibilité plus ou moins manifeste du tégument externe, le degré de développement de ces couches et leurs différences ne peuvent que se conclure des différences que présentent ces mêmes phénomènes ; on conçoit ainsi que l'élément nerveux sera bien plus abondant, lorsque la peau sera nue, que lorsqu'elle se trouvera revêtue d'une coquille ; il se prononcera davantage aussssi à la partie antérieure du corps, dans les espèces de prolongemens qu'on observe quelquefois sur les bords du manteau, autour de la bouche, etc., que dans les autres points de la surface.

Le pigmentum n'est évident que dans un certain nombre de cas; il est en rapport avec l'exposition plus ou moins habituelle à la lumière, et avec l'intensité de celle-ci. Placé quelquefois à la surface du derme lui-même, comme nous le voyons sur la limace rouge, il se trouve d'autres fois, c'est-à-dire, dans les espèces testacées, porté par la coquille, qui est alors colorée de nuances plus ou moins vives, plus ou moins variées.

La coquille, principal moyen de défense de la plupart des mollusques, est formée, ai-je dit, par le dépôt d'une matière calcaire dans une maille du derme, ou plus souvent encore à la surface de celui-ci.

Cette matière se dépose par couches, dont les plus récentes poussent au dehors les plus anciennes. Mais ce mode de formation n'est pas toujours facile à reconnaître dans la coquille. Il l'est chez quelques espèces, chez les *huîtres*, par exemple, qui ont ce qu'on nomme une *coquille lamellée*. Chez d'autres, au contraire, la disposition des particules calcaires se rapproche plus ou moins de la fibrosité, sinon dans toute l'épaisseur du coquillage, du moins dans ses parties les plus extérieures; les couches internes demeurent quelquefois alors lamellées et revêtent un caractère *nacré* ou *vitreux*.

Les *sèches* se distinguent entre les animaux de leur type par la structure de l'espèce de coquille qu'elles portent sur le dos, et que l'on connait, dans le commerce, sous le nom d'*os de la sèche*. C'est une plaque très obronde, bombée sur ses deux faces, couverte d'une lame de consistance vitrée, et formée dans le reste de son épaisseur, d'une succession de lames crétacées, celluleuses, de grandeurs décroissantes, et réunies entre elles par des espèces de colonnes verticales.

La coquille des mollusques est composée d'un nombre variable de pièces, qu'on nomme des valves. Quelquefois elle en présente trois et même davantage, et porte alors le nom de *multivalve*. Cette disposition, sans être étrangère aux mollusques proprement dits, appartient plus particulièrement encore à des espèces intermédiaires à ce type et à celui des entomozoaires, et dont M. de Blainville a fait ses deux classes des *nématopodes* et des *polyplaxiphores*. Quelques *acéphales* ont une coquille supplémentaire en forme de tube, et qui enveloppe l'animal, et une coquille bivalve qui le recouvre incomplètement ; on dit alors que le coquillage est *tubivalve*. Tous les autres acéphales testacés sont *bivalves*, c'est-à-dire, n'ont que deux valves de grandeur égale ou inégale, selon les groupes. Enfin, nous trouvons, mais seulement dans les espèces céphalées, un très grand nombre de coquilles *univalves*.

Je ne m'arrêterai pas à décrire ici les formes si variées de ces divers genres de coquilles : c'est un sujet qui intéresse essentiellement le zoologiste, mais qui nous entraînerait au-delà des limites que nous devons donner à cette esquisse de l'organisation animale. Qu'il me suffise donc d'ajouter aux détails précédens, que les pièces calcaires qui protégent le corps de la majorité des malacozoaires, n'occupent pas toujours la même partie de la surface de ces animaux. Les coquilles bivalves sont généralement placées sur les flancs, mais quelquefois aussi elles correspondent au ventre et au dos. Il paraît que les univalves recouvrent toujours le dos.

La peau des mollusques forme ordinairement des replis ou des extensions, qui sont quelquefois assez considérables, pour fournir à l'animal une enveloppe protectrice connue sous le nom de *manteau*. Le manteau peut avoir la forme d'un sac, comme chez les *brachiocéphalés*, ou celle de feuillets plus ou moins larges, qui peuvent être flottans, comme dans les *huîtres*, ou qui peuvent se réunir par leur bord libre, et se prolonger sous la forme de tubes simples ou multiples, comme dans les *tarets*, les *fistulanes*, etc. Les parties libres des bords du manteau fournissent souvent elles-mêmes des expansions tentaculiformes, qui servent à la sensation, comme la peau des véritables tentacules, dont nous aurons occasion de parler plus tard. C'est à des expansions du même genre qu'il faut attribuer les saillies de diverses formes, souvent épineuses, que présentent beaucoup de coquilles; en effet, celles-ci toujours dépendantes de la partie du tégument qui s'étend pour constituer le manteau, se moulent sur ce dernier, et reproduisent plus ou moins exactement ses inégalités et sa configuration.

IV.

Les fonctions les plus élevées de l'animalité, et par conséquent les organes qui en sont chargés, acquièrent chez les ANIMAUX ARTICULÉS extérieurement un développement et une énergie qui influent d'une manière marquée sur les caractères de la peau.

La locomotion, en effet, qui prend, dans le type supérieur des invertébrés, une activité et une importance qu'elle n'avait pas encore eues, emprunte le secours du tégument, et le modifie pour son usage d'une manière remarquable. La fibre contractile généralement plus distincte, plus fasciculée qu'auparavant, comme nous le verrons plus tard, mais encore essentiellement attachée au derme, le façonne de manière à en tirer tout le parti possible, pour augmenter sa puissance et la diversité de ses effets. L'organisation semble préluder sur le tégument, à former pour la locomotion ce système d'agens passifs et de leviers que nous verrons apparaître bientôt sous le nom de squelette, mais qu'elle empruntera alors à un autre système protecteur plus profond et plus spécial.

Pour cela, la peau des ENTOMOZOAIRES se fractionne en segmens plus ou moins nombreux, susceptibles de se mouvoir les uns à l'égard des autres, par suite de l'amincissement et de la souplesse que conserve cette membrane au passage d'un segment à l'autre. Le tégument constitue ainsi des séries de pièces articulées ensemble, plus ou moins dures dans la plupart des cas, molles dans quelques autres.

C'est dans les classes inférieures du type qui nous occupe, et surtout dans les espèces aquatiques abritées contre les circonstances nuisibles du dehors, que le tégument conserve sa mollesse naturelle. Tel est le cas des *apodes* et des *chétopodes*. Et l'on conçoit qu'alors, par cela même que l'enveloppe ne prend pas de solidité, les segmens sont moins distincts, et la forme articulée peu prononcée. Dans les classes plus élevées, au contraire, le tégument acquiert, soit généralement, soit seulement sur certaines parties, une consistance cornée ou calcaire, qui est en rapport avec les besoins de la protection et de la locomotion. Voici d'ailleurs les caractères et les différences que nous présentent la peau et ses diverses parties chez les animaux articulés.

La solidité de la peau est souvent en rapport avec l'âge de l'animal. Chez les espèces à métamorphoses, par exemple, la larve n'a presque jamais une enveloppe aussi solide que l'insecte parfait, ni même que la chrysalide. Parmi les espèces qui naissent avec leur forme définitive, telles que les *décapodes*, nous trouvons aussi que tant que l'animal grandit, sa peau conserve une certaine mollesse, et se renouvelle même dans sa partie superficielle ; tandis qu'une fois l'accroissement terminé, elle se solidifie et n'est plus changée.

En général le tégument des parties dorsales et antérieures du corps est plus dense que celui de la face inférieure et de l'abdomen ; celui des appendices locomoteurs et masticateurs se distingue également par sa solidité qui est d'ailleurs en rapport avec les mœurs de l'animal. L'insecte qui ronge le bois, celui qui creuse la terre, ont, le premier des mâchoires, le second des pattes revêtues d'une peau bien plus solide que les espèces qui vivent d'alimens mous, que celles qui ne se servent de leurs appendices que pour marcher ou nager.

Si nous étudions séparément les élémens de l'enveloppe des animaux articulés, voici ce que l'observation nous apprend.

Le derme, quelquefois assez fort, est plus ou moins

serré, d'autres fois si mince qu'on le distingue très difficilement de la couche contractile sous-jacente.

Le réseau vasculaire qu'on ne saurait supposer chez les espèces privées de circulation, n'est pas non plus appréciable chez les autres.

Le pigmentum n'en existe pas moins très évidemment dans tous les animaux articulés qui vivent exposés à la lumière ; et il produit fort souvent à la peau les teintes les plus vives.

L'épiderme se montre aussi très souvent, et c'est même à lui que l'enveloppe doit sa solidité, avant l'âge adulte ; l'animal le rejette à mesure qu'il aurait fait obstacle à son accroissement.

L'appareil crypteux de la surface externe est tout à fait nul, ou du moins très peu développé dans ce type. Quant à des phanères, il en existe, comme nous le verrons plus tard, pour certains sens spéciaux ; mais il est douteux qu'on en trouve pour la défense. M. Strauss admet cependant que les poils de certains *hexapodes*, et en particulier ceux des *hannetons*, sont sécrétés par de véritables bulbes ; il paraît certain, en échange, que les productions piliformes qui hérissent la peau de certaines *chenilles*, de plusieurs *annélides*, etc., sont de simples prolongemens dermiques ou épidermiques.

Mais pour connaître un peu mieux le tégument externe des entomozoaires, il est indispensable que nous jetions un coup d'œil sur ses caractères, dans chacune des classes qui composent cette intéressante division des invertébrés.

La peau des *apodes* se distingue par son adhérence intime avec la couche contractile sous-posée, par son extrême finesse, par l'absence plus ou moins complète d'épiderme et de prolongemens épidermiques. Elle est quelquefois couverte d'un pigmentum abondant et très coloré, comme nous le voyons chez les *sangsues*; enfin des cryptes disséminés ou groupés versent ordinairement à la surface une humeur plus ou moins visqueuse.

Celle des *chétopodes* présente à peu près le même caractère. Le pigmentum est nul chez les espèces qui vivent abritées dans des tubes ou autrement; il existe au contraire et se manifeste par une couleur rouge ou noire chez plusieurs autres espèces qui restent exposées à la lumière : chez celles-ci, la peau est plus épaisse et plus sèche que chez les tubicoles. Outre une matière muqueuse abondante, la peau d'un grand nombre de *chétopodes* fournit une certaine quantité de matière cornée ou crétacée, qui forme ou des espèces de poils, d'épines groupées symétriquement sur les côtés du corps et destinées à la locomotion (*néréides*), ou des tubes, dont la forme peut se rapprocher de celle des coquilles univalves, mais qui en diffèrent cependant, d'abord en ce que ces tubes n'adhèrent point à l'animal qu'ils protègent, puis en ce qu'ils sont ouverts à leurs deux extrémités. Quelquefois même l'animal emprunte la partie solide de son tube au monde extérieur, et ne fournit que le ciment muqueux qui entre dans sa composition.

Les autres entomozoaires, à commencer par les *myriapodes*, ont généralement une peau plus ou moins complétement solidifiée et préparée pour la défense et pour la locomotion, sauf sur quelques points où elle paraît conserver les caractères réclamés par la sensation, comme nous le verrons en parlant des sens spéciaux. La fibre contractile tient encore au tégument, mais elle ne se confond pas avec lui et se divise en faisceaux plus ou moins distincts.

Chez les *crustacés*, la solidification de la peau, qui augmente des *hétéropodes* aux *décapodes*, tient au dépôt d'une matière calcaire, plus ou moins abondante dans la couche la plus externe du derme lui-même, comme on le voit très bien dans une *langouste* (1). Cette couche, que recouvre le pigmentum et une lame épidermique, jouit d'une certaine indépendance qui permet à l'animal de s'en débarrasser à mesure que sa crue se fait ; elle est remplacée par une extension de la couche sous-jacente qui s'encroûte à son tour, après avoir reproduit un nouveau pigmentum et un nouvel épiderme. Les choses se passent, en général, autrement chez les *myriapodes*, les *octopodes* et surtout chez les *hexapodes*. Ici, le derme prend tout entier une consistance cornée ; au dessus de lui viennent se déposer, comme à l'ordinaire, un pigmentum plus ou moins manifeste, et un épiderme d'une consistance et d'une épaisseur quelquefois assez notables ; cette dernière couche prédomine surtout d'une manière remarquable chez les larves d'*hexapodes*, tandis que le derme s'y montre au contraire mince et encore peu distinct de la couche charnue sous-jacente.

Les pincemens tégumentaires qui constituent les ai-

---

(1) Le derme de la langouste se divise en trois couches, dont la plus profonde reste membraneuse, la suivante prend déjà une consistance cornée, et la troisième forme la lame calcaire dont il est question ici.

les de l'insecte parfait sont généralement d'un tissu plus mince et moins consistant que celui qui couvre le reste du corps. Ces appendices sont couverts, dans la plupart des cas, de petites écailles qui s'enlèvent comme une poussière avec une extrême facilité : ce sont ces squammules qui teignent les ailes des insectes, et en particulier celles des *lépidoptères*, des couleurs souvent si vives, si variées et si riches que nous admirons chez eux.

Nous observons, en général, quant à la colorisation des entomozoaires, qu'elle est, comme dans les autres groupes, en rapport avec le degré de lumière qui éclaire le séjour habituel de l'animal. Ainsi les *crustacés*, et particulièrement les espèces tout à fait aquatiques ou habitant des lieux obscurs, sont peu ou point colorées; tandis que les espèces éminemment aériennes, telles surtout que les *hexapodes*, et parmi ces derniers, les *lépidoptères*, sont parées des plus belles nuances, surtout dans les climats où la lumière solaire a le plus d'intensité. Il est toutefois fort remarquable que quelques espèces nocturnes portent aussi des couleurs très vives.

Le tégument de quelques *hexapodes* se distingue aussi dans certains points par l'éclat lumineux qu'il projette pendant la nuit ; ce phénomène de phosphorescence est dû à la sécrétion d'une humeur particulière.

V.

La peau atteint enfin son *summum* de spécialisation et d'indépendance chez les VERTÉBRÉS. Nous la voyons se séparer chez eux de la fibre contractile sous-jacente, qui ne se rattache plus à elle que dans certains endroits, pour former ce qu'on nomme des *muscles peauciers*; ailleurs les fibres charnues prendront leurs points d'appui sur un squelette intérieur, comme nous le verrons dans un chapitre suivant.

A mesure aussi que nous nous éleverons dans ce type, nous verrons se dessiner de mieux en mieux, avec leurs caractères particuliers, les diverses couches que nous avons signalées dans la composition du tégument : du reste, l'âge, le séjour, influeront sur le développement relatif de ses couches, et des parties accessoires de la peau, savoir des cryptes et des phanères ; mais ces derniers surtout se distingueront par des différences remarquables dans les cinq classes que nous avons à parcourir.

Chez les *poissons*, le tégument nous présente, à côté de nombreuses différences, quelques caractères généraux. Toujours très adhérent au tissu sur lequel il repose, il n'a cependant pas de peaucier proprement dit, et ne jouit pas encore d'une indépendance suffisante pour être mobile. Le derme est en général mou et d'une épaisseur médiocre, il est couvert d'un réseau vasculaire abondant, et sur celui-ci nous voyons un pigmentum qui porte, dans beaucoup d'espèces, des couleurs variées très vives, surtout dans les climats les plus chauds, couleurs toujours plus prononcées sur la partie dorsale que sous l'abdomen de l'animal, et qui sont sujettes à s'altérer beaucoup, soit lorsqu'on sort celui-ci de l'eau, soit par l'effet de la mort. Enfin, il est douteux que l'épiderme existe, du moins ordinairement : car chez quelques espèces à peau lisse et non muqueuse, telles que le *maquereau*, etc., nous pouvons considérer comme une sorte d'épiderme la couche superficielle du tégument; cette couche est vraisemblablement remplacée dans les autres cas par la mucosité abondante qui lubrifie la surface tégumentaire des poissons. .

L'existence des cryptes dans la peau de ces vertébrés n'a été admise qu'à la vue de cette mucosité et pour expliquer son origine. On a cru, il est vrai, pouvoir regarder comme preuve de leur existence des séries symétriques de pores que nous apercevons quelquefois sur les côtés du corps et autour de la tête ; mais l'observation n'a pas appris que ces pores appartinssent réellement à des cryptes. On n'est pas mieux autorisé à considérer comme un appareil crypteux, le système de lacunes ou de canaux cutanés cartilagineux ou même interosseux qui, chez certains poissons, chez le *congre* par exemple, offrent leurs orifices béans sur les côtés du museau et vont de là, en se renflant d'espace en espace, se prolonger quelquefois dans toute la longueur de l'animal. Mais la membrane qui tapisse ces lacunes, ne paraît pas, bien qu'éminemment vasculaire, contenir des cryptes, et les lacunes elles-mêmes ne renferment pas de mucosité (1). En somme, il est plus que probable que la peau des poissons exhale par toute sa surface la mucosité qui la couvre, comme celle des autres

---

(1) On fera bien de consulter sur ces singulières lacunes la description qu'en donne M. de Blainville dans ses *Principes d'Anatomie comparée* (t. I, pag. 153 et suiv.). Les bornes de ce conspectus ne me permettent pas de m'arrêter sur ce fait particulier, dont nous ignorons encore l'importance physiologique.

animaux exhale le mucus concret qui forme l'épiderme. Trouvons-nous dans cette classe de vertébrés des bulbes et des produits phanériques à la surface externe? Nous n'en connaissons d'autres que ceux qui fournissent les appareils de la vue et de l'ouïe, et dont il ne sera question que plus tard; mais il n'en existe pas pour la protection. Ce sont le derme et le réseau vasculaire qui fournissent ou produisent ici des instrumens de défense; ces instrumens ne consistent, chez le plus grand nombre des espèces, qu'en de petites lames cornées ou même calcaires, de forme très variable, et qui constituent des écailles du second genre ou dermiques, lesquelles couvrent en s'imbriquant toute la surface de l'animal. Ces écailles, plus ou moins adhérentes au derme, sont logées dans de petites poches aplaties comme elles, qui résultent du pincement de la couche vasculaire, par la face interne de laquelle elles paraissent être produites; il faut donc déchirer la partie superficielle de la peau pour les mettre à nu. Simplement cornées dans le plus grand nombre des espèces qui les portent, c'est-à-dire chez la plupart des *poissons osseux*, ces petites concrétions squammiformes sont calcaires dans quelques genres, chez les *lépisostées* par exemple, dans plusieurs espèces de *trigles*, etc.

Quelquefois, comme chez les esturgeons, parmi les poissons cartilagineux, et chez les *coffres* et d'autres espèces à squelette osseux, que M. de Blainville a réunies dans son groupe des *hétérodermes*, les écailles imbriquées sont remplacées par des plaques plus ou moins complétement calcaires qui se rencontrent et s'unissent par leurs bords et qui forment une sorte de têt osseux. Ces pièces, d'une forme ordinairement polygonale, différentes selon les espèces et selon les parties du corps, sont assez généralement indépendantes, le derme reprenant, en passant de l'une à l'autre, sa consistance molle et sa flexibilité. Ailleurs cependant, comme on le voit sur la tête d'une espèce de *trigle*, elles s'engrènent les unes dans les autres, à la manière des os du crâne, par des sutures dentelées. Nous observons sur un certain nombre des plaques osseuses dont il s'agit, ou des simples tubercules, ou des espèces de *cornes* (dans quelques coffres), ou même des piquans, des productions piliformes qui ne proviennent, comme les plaques elles-mêmes, que du derme, et ne sont pas plus qu'elles, pas plus que les simples écailles, des produits phanériques. Il en est de même des saillies épineuses et des piquans qui couvrent la peau rude et tuberculeuse de plusieurs *poissons cartilagineux*; mais ici, ainsi que chez les *tétraodons* et les *diodons* parmi les hétérodermes osseux, les premières apparences pourraient être trompeuses, car les piquans de ces poissons sont souvent mobiles et se trouvent implantés assez profondément dans le derme pour atteindre jusqu'à la couche musculaire sous-cutanée et pour en recevoir des fibres, à l'aide desquelles, de couchés qu'ils sont dans leur état de repos, ils sont redressés à la volonté de l'animal (1). Cette disposition que nous retrouverons plus tard pour quelques produits véritablement phanériques, semblerait annoncer que les épines des *diodons*, des *tétraodons,* etc., prennent aussi naissance dans des bulbes; mais l'observation

____

(1) **Ce redressement est** complété par le gonflement du corps.

prouve qu'il n'en est pas ainsi, et que ces productions appartiennent directement au derme lui-même.

Quelques poissons se distinguent entre tous les autres par une peau nue ou à peine couverte parfois de très petites écailles que le dessèchement fait seul apercevoir ; cette peau est alors ordinairement plus ou moins gélatineuse ; elle l'est beaucoup, par exemple, chez les *lamproies*, les *myxinés*, les *baudroies*, ce qui n'empêche pas qu'en même temps le derme ait assez d'épaisseur ; elle l'est moins et acquiert de la résistance dans les *anguilles*, où l'on commence à voir quelques petites écailles.

Chez d'autres espèces, les *maquereaux*, les *chimères*, etc., le tégument n'est protégé que par une pellicule épidermique très mince.

Si nous passons aux *amphibiens*, nous voyons la peau, encore adhérente chez les espèces inférieures, se détacher dans le groupe supérieur des *batraciens*, du tissu sous-jacent. Sa composition est assez complète ; elle possède des organes spéciaux de sécrétion muqueuse ; mais ce progrès, qui s'harmonise parfaitement avec le caractère encore mou et gélatineux que conserve ici le tégument, n'est pas complété par l'existence de bulbes phanériques, et l'épiderme lui-même n'est encore représenté que par une couche de mucus plus ou moins concret, qui se détache de temps en temps comme fait l'épiderme des *serpens*. Cette peau des amphibiens est entièrement nue : dans les *pipas* seulement elle est couverte de petits tubercules granuleux, un peu encroûtés de matière calcaire ; quant aux tubercules verruqueux des *crapauds*, ils sont formés par des amas de cryptes, et la défense n'est généralement confiée dans toute cette classe qu'à la mucosité abondante qui s'exhale de tous les follicules répandus à la surface du corps. On sait les fables que l'on a débitées sur la prétendue incombustibilité des *salamandres*; elles n'avaient d'autre raison que la propriété que possède ce pseudo-saurien, d'éteindre les charbons sur lesquels on le place, par l'abondance de la viscosité qu'il verse sur eux. La peau des *amphibiens* est donc, en général, plutôt une membrane muqueuse, qu'un tégument vraiment défenseur. Voici du reste ce que nous observons quand nous étudions ces diverses couches.

Son derme, bien que généralement assez épais, est d'un tissu peu dense et peu fibreux. La couche vasculaire est très développée. Le pigmentum est abondant, surtout dans certaines régions, et peut offrir des colorations très variées et très vives. Le système nerveux, sans donner naissance à des papilles, doit être aussi passablement développé, si l'on en juge par le nombre des nerfs qui vont se distribuer à la surface. Nous avons déjà dit que l'épiderme manquait.

Il en est bien autrement dans la classe des vrais *reptiles*, où cette couche anorganique va jouer un rôle important pour la protection. Le caractère général de l'enveloppe, dans cette classe, est d'avoir une certaine densité, d'adhérer plus ou moins intimement aux muscles, et quelquefois même aux os sous-jacens, enfin de présenter à sa surface des pièces écailleuses ordinairement d'une autre nature que celles des *poissons*.

On conçoit qu'avec cette disposition éminemment protectrice de la peau des *reptiles*, son réseau vasculaire et sa couche nerveuse doivent s'effacer considérablement; le pigmentum existe et présente même des teintes variées. Mais ce sont les caractères et les dispositions du derme, et surtout de l'épiderme, qui méritent ici notre principale attention; car c'est ordinairement par le concours de ces deux couches que se forment les pièces squammeuses. Le derme y contribue, dans la plupart des cas, en fournissant une multitude de saillies formées par des espèces de pincemens de cette membrane, qui est ici toujours plus ou moins résistante; puis l'épiderme, en se moulant sur ces saillies, et en y acquérant plus ou moins de consistance, leur donne la solidité que nous leur connaissons. Il existe, dans la classe qui nous occupe, des cryptes, ou organes spéciaux de sécrétion, pour le tégument; mais leur nombre et leur siége sont généralement très limités. Nous connaissons également, chez beaucoup de *reptiles,* des phanères qui produisent ou des ongles pour armer l'extrémité des doigts, ou des cornes.

Tel est, en somme, le caractère général de la peau dans le groupe dont nous parlons; mais des différences intéressantes se font remarquer, à cet égard, comme à tant d'autres, entre les divers ordres qui composent ce groupe.

En l'abordant, selon notre habitude, par les espèces inférieures, par les *ophidiens,* nous trouvons le tégument couvert d'écailles qui rappellent encore plus ou moins, par leur forme et leur disposition souvent imbriquée, celle des *poissons,* bien qu'elles ne soient pas, comme nous l'avons vu, de même nature; lorsqu'elles s'imbriquent ainsi, c'est que l'épiderme, qui constitue leur partie solide, dépasse le derme, au lieu de suivre seulement et de reproduire ses saillies. Ailleurs l'épiderme, en se moulant sur de simples éminences du derme, de formes diverses, et quelquefois fort peu prononcées, constitue, non plus des écailles, mais de véritables plaques, dont les bords se rencontrent au lieu de s'imbriquer. On en voit souvent sur la tête d'assez grandes, disposées d'une manière régulière et fixe. En général, la forme, la disposition et les combinaisons des squammes épidermiques des *ophidiens* sont assez constantes pour fournir de bons caractères de classification aux zoologistes. Les *serpens*, comme au reste tous les reptiles, dépouillent, à certaines époques, leur robe écailleuse pour en revêtir une nouvelle. La coloration de leur pigmentum offre des nuances très variées, parmi lesquelles il en est même de très vives, et jamais cette coloration n'est aussi prononcée qu'au moment où l'animal vient de changer d'épiderme. Les seuls cryptes cutanés que nous connaissions dans ce groupe se voient autour de l'anus de quelques espèces, des *amphisbènes*, par exemple ; ils s'ouvrent là par une série de pores disposés en fer à cheval, et qu'on découvre sous les écailles qui entourent l'ouverture postérieure de l'intestin.

Chez les autres *reptiles bispenniens*, c'est-à-dire dans le sous-ordre des *sauriens*, le tégument tend de plus en plus à perdre le caractère protecteur qu'il porte à un degré si éminent dans la sous-classe précédente. Cependant il présente encore des saillies tuberculeuses ou squammiformes, et se montre revêtu d'un épiderme qui conserve encore une certaine épaisseur et une certaine consistance dans quelques genres, surtout au-dessus des tubercules et des squammes. A défaut d'un appareil crypteux général, dont on pourrait cependant soupçonner l'existence dans quelques espèces, nous trouvons à la partie interne des cuisses, chez la plupart des *sauriens,* des follicules disposés en série, qui s'ouvrent au dehors par des pores très visibles, connus, à cause de leur siége, sous le nom de *pores fémoraux;* ces pores fournissent, par la constance de leur nombre dans chaque espèce, de bons caractères distinctifs, dont les zoologistes n'ont pas manqué de faire usage. Nous voyons apparaître dans ce groupe le système phanérique cutané, qui produit, à l'extrémité des doigts, des ongles tantôt petits et aigus, comme dans les *geckos,* tantôt plus ou moins forts et crochus, notamment chez les *iguanoïdes.*

Le système de coloration varie beaucoup et se compose de nuances diverses ou uniformes, selon les espèces; l'âge, le climat influent beaucoup sur ces nuances, qui sont quelquefois très vives, par exemple encore chez quelques *iguanoïdes.* Le *caméléon* (f. des *agamoïdes*) se distingue, comme on le sait, par les changemens instantanés qu'éprouve sa coloration; il doit cette singulière disposition au développement considérable de son réseau vasculaire, dont le degré de pléthore, pouvant augmenter ou diminuer beaucoup, selon les influences d'excitation ou de débilitation que subit l'animal, modifie et fait varier par cela même très promptement l'état anatomique et physiologique de la surface.

Ce sont les *lacertoïdes,* et surtout ceux des animaux de cette famille qui se rapprochent le plus des formes ophidiennes, soit par l'éloignement ou le raccourcissement des membres, soit même par leur disparition partielle ou entière, qui conservent le tégument le plus protecteur; nous trouvons même dans ce groupe une espèce d'écailles très rapprochée des écailles des *poissons*. Ainsi, dans les *scinques* et les *orvets*, le derme, fort mince, est presque entièrement couvert de petits sacs résultant des pincemens de la couche vasculaire surmontée du pigmentum ; et l'on voit dans ces loges des écailles subosseuses dont la structure varie ; cette production est plus ou moins adhérente au derme.

C'est dans les *geckos*, au contraire, que le tégument a le plus perdu son caractère protecteur ; il est devenu plus ou moins nu et mou, plus ou moins adhérent, et se rapproche davantage des conditions favorables à la sensation, l'épiderme étant en général fort mince. Ces animaux se font remarquer par l'espèce de pelotte que forme la peau de leurs doigts en s'élargissant de chaque côté de ceux-ci ; à leur surface inférieure, ces pelottes digitales portent des saillies transversales, espèces de squammes séparées par des sillons plus ou moins profonds, et armés à leur bord libre d'une production cornée divisée en dents de peigne ; cette disposition permet aux *geckos* de s'attacher aux moindres saillies des surfaces sur lesquelles ils se tiennent placés, et même de s'y maintenir contre leur propre poids, jusqu'à pouvoir marcher sous une voûte ou sous un plafond.

La peau redevient très protectrice dans l'ordre des *crocodiles*. Elle doit ce caractère à deux causes différentes : sur le dos et les flancs, à des plaques osseuses développées dans l'intérieur du derme, et de même nature que celles des poissons ; sur les parties inférieures du corps, à des plaques épidermiques. Nous retrouvons un certain nombre de ces dernières sur le dos et sur la queue, où elles se relèvent en crêtes. Du reste, le derme est assez épais, surtout à la face dorsale de l'animal; le réseau vasculaire a peu de développement; le pigmentum est manifeste et colore différemment les faces dorsale et abdominale; la partie sensoriale du tégument paraît être très rudimentaire. Le système crypteux général semble exister chez ces animaux, du moins voyons-nous une sorte de pore au milieu du bord postérieur de chaque squamme du corps; nous en trouvons aussi qui sont épars sur la peau de la mâchoire inférieure. Mais ce que le système crypteux nous offre ici de plus intéressant et de plus positif, c'est un amas de follicules qu'on aperçoit de chaque côté, entre les branches de la mâchoire inférieure, sous la forme d'une glande ovale, et qui verse à la surface, par une lacune ou espèce de fente cachée dans les plis de la peau du gosier, une humeur musquée, dont l'abondance augmente sensiblement à l'époque du rut.

Sans avoir de muscle propre ou de peaucier, le tégument des *émido-sauriens* reçoit des muscles rachidiens superficiels, de petits faisceaux qui vont s'attacher séparément à chaque rangée des tubercules squammeux du dos et de la queue; chacun de ces tubercules reçoit deux faisceaux.

Dans les *tortues*, la peau est encore éminemment protectrice; mais nous ne rencontrons que des écailles épidermiques, et celles-ci le plus souvent sous la forme de plaques plus ou moins grandes, supportées par des saillies du derme imbriquées ou non. Le tégument diffère au reste, à cet égard, comme à plusieurs autres, selon la partie du corps qu'on examine. En général, le derme est plus épais sur les membres et le col, notamment aux régions externes et dorsale de ces parties, que sur les endroits où il recouvre immédiatement le système osseux, savoir sur le crâne, sur la carapace et sur le plastron. Il est plus distinct chez les *dermochélydes*, ou *tortues à cuir*, qui ont le derme le plus prononcé. La couche vasculaire, toujours assez peu développée, l'est en général en raison inverse de l'épaisseur de l'épiderme. La couche colorante se montre en rapport avec le séjour; elle est plus abondante dans les espèces terrestres que dans les aquatiques. Les papilles nerveuses manquent à peu près complétement. Quant à l'épiderme, très mince chez certaines tortues marines ou fluviales, telles que le *luth* et les *trionyx*, un peu plus épais et formant déjà des plaques écailleuses chez d'autres genres aquatiques, chez les *chélonées*, il couvre la carapace et le plastron de plaques écailleuses plus ou moins épaisses, et les membres de tubercules squammeux de plus en plus prononcés à mesure que les espèces deviennent plus terrestres.

On ne connaît pas de cryptes chez les *chéloniens*; quant à des phanères cutanés, ils ne possèdent, comme les *sauriens* et les *crocodiles*, outre ceux qui fournissent des appareils de sens spéciaux, que quelques bulbes pour la production des ongles qui arment les doigts médians.

Jusqu'aux *reptiles* inclusivement, nous avons vu la protection confiée ou à des parties solidifiées de l'enveloppe, ou à des produits exhalés du tissu même de celle-ci. Il n'en est plus de même dans les deux classes

supérieures de la série, et nous allons voir désormais
des organes spéciaux être chargés presque exclusivement de fournir des instrumens de défense aussi bien
que des armes offensives. Ces organes, on le prévoit,
ne seront autres que des bulbes phanériques. Déjà il
en existait, comme nous le verrons plus tard, à partir
des animaux invertébrés, pour les sensations spéciales;
déjà nous en avons signalé dans les *reptiles sauriens*,
émydo-sauriens et *chéloniens*, où ils commençaient
à fournir les productions piliformes qui, en s'aggluti-
nant, constituent les ongles. Mais le système phanérique était encore réduit à un rôle très limité.

Chez les *oiseaux*, il se généralise et se charge de
pourvoir à la protection; il fournit pour cela un produit particulier qui caractériserait à lui seul cette grande
classe de vertébrés. Les plumes, c'est le nom de ce
produit, répondent, à tous égards, par leur composition
et par leur nature, au rôle qui leur est confié. Destinées à garantir l'organisme non seulement des atteintes
générales auxquelles la nature avait opposé jusqu'ici
des écailles, des coquilles, etc., mais à lui conserver sa
haute température, elles jouissent des propriétés réclamées pour cette fonction; elles sont, selon l'expression des physiciens, éminemment mauvaises conduc-
trices du calorique. La locomotion les emploie en outre
comme de précieux auxiliaires.

On sent que le système phanérique protecteur ne
pouvait prendre tant d'importance et de développement qu'aux dépens de la sensibilité générale de la
surface, qui ne jouit effectivement encore que de très
peu d'activité.

Les cinq couches, tant organiques qu'inorganiques

du tégument, existent constamment chez les oiseaux.

Le derme a peu d'épaisseur partout où il est protégé par des plumes; il en a davantage et devient même plus ou moins inégal dans les points où le système phanérique vient à manquer, comme cela a lieu généralement aux membres postérieurs, dans une étendue qui varie beaucoup, selon les espèces.

Le réseau vasculaire offre beaucoup de développement, comme on peut le prévoir en songeant au nombre des bulbes producteurs qu'il doit alimenter; ce réseau joue surtout un très grand rôle dans la composition des appendices érectiles, tels que les crêtes, etc., qui parent la tête et le commencement du cou de plusieurs *gallinacés*.

Il n'y a de pigmentum disposé en couche sur le derme que dans les points qui ne sont pas couverts de plumes : c'est ce qu'on voit surtout sur les jambes et les pieds, que ce produit, alors assez abondant, colore diversement en noir, en jaune, en bleu, en rouge; quant à la coloration en rouge des appendices tégumentaires des *gallinacés*, elle est toute vasculaire. La couche nerveuse doit être extrèmement rudimentaire et ne forme pas de papilles sensoriales; on ne saurait considérer comme telles aucunes des saillies que présente le derme. Peut-être cependant cette couche a-t-elle un peu de développement sur la peau qui couvre la face palmaire des doigts chez certains oiseaux *préhenseurs*, tels que les *perroquets;* mais, dans les espèces qui marchent beaucoup, il n'en peut jamais être de même.

L'épiderme est mince partout où les plumes sont chargées de la protection; il s'épaissit aux points où manquent ces produits, et forme même alors ou des plaques squammeuses ou des callosités ; ainsi les tarses et la face dorsale des doigts sont couverts d'un épiderme plus ou moins épais, quelquefois tuberculeux et quelquefois aussi divisé en plaques plus ou moins squammiformes, dont la configuration offre assez de constance pour fournir des caractères de classification aux zoologistes. Les callosités se voient sur les points où la peau éprouve des pressions et des frottemens habituels, et notamment à la face inférieure des doigts.

Le système crypteux du tégument externe est peu prononcé chez les oiseaux ; il n'y a chez eux de bien évident qu'un amas de follicules placé au dessus du coccyx, et qui forme là une masse mamillaire plus ou moins adipeuse que tout le monde a remarquée.

C'est le système phanéreux qui est, dans cette classe, la partie la plus intéressante de la peau, puisque, ainsi que nous l'avons dit, c'est lui qui donne à l'enveloppe le caractère éminemment, j'ai presque dit exclusivement protecteur qu'elle nous présente encore ici.

Ce système fournit plusieurs productions plus ou moins cornées. Les plus nombreuses sont les plumes ; elles couvrent généralement presque toute la surface de l'oiseau ; les poils simples se montrent aussi, mais rarement et sur des parties fort limitées ; enfin nous trouvons toujours à l'extrémité de chaque doigt des poils agglutinés formant des ongles, et quelquefois nous en trouvons d'autres qui revêtent certaines saillies osseuses de la tête et des membres, et constituent des éperons ou des espèces de cornes. Indiquons successivement les caractères et les variations qu'offrent ces trois genres de produits.

Les bulbes qui produisent les plumes sont assez considérables, mais ne diffèrent en rien des autres phanères par leur composition ; nous y trouvons comme toujours une capsule fibreuse que tapisse intérieurement, d'abord le réseau vasculaire surmonté ou non d'un pigmentum colorant, et enfin une partie nerveuse qui va se terminer avec le réseau vasculaire dans une pulpe productrice. Celle-ci a une forme déterminée dans les bulbes qui produisent les plumes, et c'est de cette forme que résulte celle du produit, par cela même que ce dernier se moule sur la pulpe qui l'exhale. Ainsi se constituent successivement les deux parties dont une plume est ordinairement composée ; la lame d'abord, ou la portion destinée à paraître au dehors, portion pleine intérieurement, formée dans le moment de la plus grande activité du phanère, et moulée sur la forme primitive de la pulpe productrice ; puis le tube, portion creuse qui accuse un décroissement dans l'activité et une altération dans la forme de cette même pulpe. En général, la lame est la partie la plus longue de la plume ; elle se compose elle-même d'une tige médiane qui se termine en pointe, concave et creusée d'un sillon sur une de ses faces, convexe et lisse sur la face opposée, et portant des lamelles ou *barbes* plus ou moins fines qui s'implantent obliquement sur leur axe commun, barbes qui en portent elles-mêmes souvent sur leurs bords d'autres beaucoup plus petites connues sous le nom de *barbules ;* ce sont ces barbules qui, en s'entre-croisant avec celles des barbes contiguës, permettent à la lame de la plume d'opposer à l'air une certaine résistance. La tige est formée intérieurement d'une matière médullaire blanchâtre, extérieurement d'une substance cornée. C'est cette dernière couche, demeurée à peu près seule, qui constitue le tube, partie creuse et à peu près cylindrique, comme l'indique son nom ; le tube se termine à son extrémité bulbaire par une pointe arrondie, percée d'un trou qui livrait passage à la pulpe génératrice de la plume jusqu'au moment où la plume a cessé de croître (1).

____

(1) Je ne puis mieux faire comprendre le mode de génération des plumes qu'en citant ici les détails que donne sur ce sujet M. de Blainville, dans le 1er volume de ses *Principes d'Anatomie comparée*, page 105 et suiv.

La cavité du bulbe est entièrement remplie, dit notre savant anatomiste, par une matière subgélatineuse, vivante, ayant une forme déterminée et offrant à sa surface des stries ou cannelures dont la disposition indique la forme de la plume. Le principal de ces sillons occupe le dos du bulbe et s'étend plus ou moins d'une extrémité à l'autre, en diminuant seulement de largeur et de profondeur : les autres, beaucoup plus fins, tombent obliquement et régulièrement par paires de chaque côté du sillon principal, et ils commencent dans la ligne médiane et centrale du bulbe. Il est fort probable que chacun de ces sillons latéraux reçoit lui-même des sillons tertiaires et beaucoup plus fins, du moins dans les plumes complètes ; mais c'est ce que je ne puis assurer que par analogie, ne les ayant pas vus.

De cette structure du bulbe producteur, il résulte que lorsqu'il vient à exhaler la matière de la plume, qui se dépose par grains non adhérens, à peu près comme le pigmentum, il se forme réellement une succession de cônes non distincts ; mais ces cônes ne s'emboîtent pas d'abord les uns les autres, ils se fendent le long de la ligne médiane inférieure, où les filets cornés, produits des sillons, se réunissent, et dans la longueur même de ces filets cornés, très probablement à l'endroit des sillons tertiaires. C'est ainsi que se forme la lame de la plume, ou la partie dont l'axe est plein et solide et qui est pourvue de barbes et de barbules. Mais lorsque le bulbe a produit cette partie qui est sortie au fur et à mesure de la capsule rompue à son extrémité, il a considérablement diminué d'activité vitale, et, soit que les sillons s'effacent, ou bien que sa base n'en offre plus, il exhale de toute sa circonférence, de la matière cornée qui forme alors un tube complet. Ce tube renferme donc la pulpe, et

Les plumes présentent des différences assez nombreuses de structure, de forme, de grandeur, de quantité, d'arrangement, qui se rattachent le plus ordinairement au rôle particulier dont elles sont chargées et à la place qu'elles occupent; elles varient aussi sous le rapport de leur coloration, et ces dernières différences sont surtout spécifiques, bien que plus ou moins soumises à l'influence du climat, du sexe et de l'âge. J'esquisserai rapidement l'histoire de ces variations, en tant qu'elles intéressent la physiologie, négligeant celles dont la considération importe plus particulièrement à la science de la classification des animaux.

Les différences de structure sont peu considérables et ne portent guère ici que sur la proportion des parties cornée et médullaire qui prédominent tour à tour, selon que la plume a besoin de raideur, de résistance, ou de souplesse; la première l'emporte, par exemple, dans les plumes qui servent au vol, la seconde dans celles qui composent le duvet.

---

comme l'extrémité de celle-ci, à mesure qu'elle diminue se retire, elle produit des espèces de cloisons en forme de verres de montre; c'est ce qu'on nomme l'ame de la plume : ce n'est autre chose que la succession de l'extrémité des cônes qui composent le tube.

« Cependant, la cause organique qui avait déterminé le sang à se porter en si grande abondance dans les bulbes des plumes, qui les avait forcés de sortir en partie, et de faire, pour ainsi dire, hernie au dehors de la peau par un pore correspondant, venant à cesser, la partie du bulbe qui était extérieure disparaît peu à peu, la capsule se réduit en poussière écailleuse, la pulpe diminue de jour en jour dans le tube de la plume, et il ne reste plus sous le derme que la partie essentielle et primitive de ce bulbe; la plume y tient à peine et n'adhère presque que par le derme qui l'entoure à sa base : aussi tombe-t-elle avec la plus grande facilité, mais suivant des lois de l'organisme, pour être remplacée par celles que le bulbe reproduit. »

La forme varie au contraire de bien des manières. Elle peut dépendre d'abord de la longueur proportionnelle de la lame et du tube, puis de la disposition du nombre et de la dimension des barbes. Les plumes destinées au vol, celles de l'aile et de la queue, se font remarquer par un tube plus ou moins long; celui des plumes de recouvrement est au contraire assez court. La lame des premières est en général plus allongée et plus résistante que celle des secondes, qui offre en échange plus de largeur proportionnelle. Il peut arriver que le tube existe seul, et alors il sert au combat; c'est ce qui a lieu pour les plumes qui garnissent l'aile du *casoar à casque*. D'autres fois le tube porte deux lames superposées, comme nous le voyons dans le *casoar de la Nouvelle-Hollande;* d'autres fois encore un tube très court porte une lame très longue et très souple; mais alors la plume sert plutôt d'ornement que d'instrument de vol ou de protection; tel est le cas des plumes caudales du *paon.*

Les barbes qui composent la lame ont des longueurs très différentes; en général elles sont proportionnellement plus courtes dans les plumes locomotrices que dans celles de recouvrement. Il en existe presque toujours sur les deux côtés de l'axe, où elles sont rangées symétriquement, sauf que dans la plupart des cas celles d'un côté sont plus longues que celles de l'autre, comme nous l'observons surtout pour les plumes locomotrices; quelquefois aussi les barbes ne se montrent que sur un seul côté de l'axe.

Chez les *oiseaux de proie nocturnes*, les barbes portent, outre les barbules, des espèces de poils soyeux qui s'appliquent sur la lame et lui donnent un aspect velouté ; on pense que c'est à cette disposition que les oiseaux de cette famille doivent de ne faire presque aucun bruit en vo'ant.

Les plumes allongées, à lame résistante, modifiées pour le vol, sont désignées sous le nom générique de *pennes*. On distingue les pennes des ailes et les pennes de la queue. Les premières se subdivisent encore en *primaires*, et *secondaires* ou *cubitales*, selon qu'elles appartiennent aux parties de l'aile qui représentent la main ou à celle qui représente l'avant-bras ; les pennes de la main sont ensuite désignées, selon qu'elles s'implantent sur le pouce, sur les autres doigts ou sur le métacarpe, par les noms de *polliciales*, *digitales* ou *métacarpiennes*. Du nombre et de la longueur proportionnelle de ces différentes pennes alaires résulte la forme des ailes, qui varie beaucoup et qui a, comme on le conçoit bien, une très grande influence sur la nature et sur la force du vol. Quant aux pennes caudales, destinées à diriger l'oiseau, elles ont reçu l'épithète de *rectrices*. Elles sont placées par paires et d'une manière symétrique, et leur ensemble ou la queue présente des formes assez diverses, selon que toutes les pennes qui la composent sont égales ou inégales, et selon que, dans le second cas, ce sont les pennes du milieu ou celles des extrémités qui l'emportent en largeur.

Les autres plumes servent de couvertures et sont exclusivement protectrices : ordinairement courtes, squammiformes, elles offrent cependant sur quelques parties, telles que l'aile et la queue, une certaine longueur, et peuvent même se développer considérablement, comme nous le voyons pour les plumes caudales du *paon*, qui dépassent de beaucoup les pennes de la même partie. Ce luxe de développement appartient au sexe mâle et se rattache généralement à l'époque des amours. Quelques pennes caudales peuvent aussi nous le présenter.

Les plumes recouvrantes sont en général implantées obliquement et de manière à s'imbriquer comme les tuiles d'un toit. Il en est cependant quelques unes qui se trouvent plus ou moins perpendiculaires à la surface : quand elles sont courtes, ce qui est le cas le plus ordinaire, elles figurent alors une sorte de velours ; plus longues et placées sur la tête, elles forment souvent des houppes, des aigrettes, etc.

L'abondance du plumage est en rapport avec le besoin de protection, par conséquent avec le climat, le séjour habituel et les habitudes. Elle est d'autant plus grande dans les espèces, qu'elles habitent des pays plus froids, qu'elles s'élèvent davantage dans les hautes régions de l'atmosphère, ou que leurs habitudes sont plus aquatiques. Ce sont les oiseaux terrestres et marcheurs qui ont le plumage le moins fourni.

Quant à la coloration des plumes, elle varie, comme on le sait, de la manière la plus merveilleuse, et peut offrir toutes les nuances depuis les plus vives jusqu'aux plus ternes. Toujours indépendante de la couleur du tégument (qui est précisément incolore dans les endroits protégés par le plumage), celle des produits qui nous occupent se montre très souvent à la fois dans deux conditions ; c'est-à-dire qu'outre leur couleur fixe, due à la matière qui les teint, beaucoup de plumes revêtent des nuances accidentelles, et se montrent sujettes à une sorte d'irisation, qui résulte de la mamière dont les rayons lumineux tombent sur elles et se trouvent décomposés et réfléchis par les barbes et les barbules.

En général, les plumes les plus exposées à la lumière, par conséquent celles du dos, des ailes et du col, sont plus vivement colorées que celles qui se trouvent abritées, telles que le duvet du ventre ou des parties couvertes par les ailes. L'âge, le sexe, l'époque de l'année, influent dans la plupart des espèces d'une manière remarquable sur la coloration. La femelle et le jeune oiseau sont beaucoup moins bien partagés à cet égard que le mâle adulte, et cette différence se prononce encore davantage au moment des amours. C'est ce qu'on peut voir surtout chez plusieurs *gallinacés*, entre autres chez le *paon* et chez les *faisans*. Un certain nombre d'oiseaux font cependant exception à cette règle ; les *corbeaux*, les *perroquets*, plusieurs *palmipèdes*, quelques *échassiers*, enfin les *oiseaux de proie*; chez ceux-ci cependant le plumage, bien que semblable dans les deux sexes, n'est pas, comme chez les premiers, le même dans la jeunesse que dans l'âge adulte.

Outre les plumes, nous trouvons, mais rarement, dans la classe des oiseaux des produits pileux simples; nous en trouvons, par exemple, à la racine du col, chez les mâles des *dindes*, autour de la mâchoire supérieure de l'*engoulevent*, etc. Quelquefois aussi les plumes du duvet nous offrent, dans le jeune animal, une apparence piliforme.

En échange, il existe toujours des poils agglutinés et formant de la matière cornée ; outre le bec, qui, comme nous l'avons dit ailleurs, appartient au système phanérique du tégument des mâchoires, et y représente l'appareil dentaire des autres vertébrés, nous voyons ici constamment des ongles à l'extrémité de chacun des doigts des membres postérieurs, et même, chez quelques espèces, au pouce et aux premiers doigts du membre modifié pour le vol. Les ongles des pieds sont nécessairement en rapport avec les habitudes de l'animal. Les oiseaux qui volent plus qu'ils ne marchent les ont en général plus pointus, plus longs et plus courbés, surtout s'ils doivent s'en servir pour attaquer et déchirer une proie vivante ; dans ce dernier cas, les ongles ont une force considérable, comme nous pouvons nous en convaincre en examinant les serres des aigles et des autres oiseaux du même ordre. Par leur base, les ongles des oiseaux enveloppent toujours complétement la phalange onguéale à laquelle ils appartiennent.

Quelques espèces, mais en petit nombre, sont armées encore d'autres productions cornées qui revêtent certaines saillies apophysaires, soit de la tête, comme dans le *casoar à casque*, soit du métacarpe, comme dans le *kamichi* (1) et les *jacanas*, soit enfin du tarse, comme chez plusieurs *gallinacés ;* les ongles anormaux, placés ainsi sur la longueur des membres, portent les noms d'*éperons* ou d'*ergots*.

Le tégument arrive enfin, chez les *mammifères*, à son plus haut degré de perfectionnement, et comme appareil protecteur et comme appareil sensorial. Non

---

(1) Le Kamichi porte deux éperons à chaque aile, et outre cela une corne sur le sommet de la tête.

seulement la protection est confiée ici, comme chez les *oiseaux*, à un système spécial d'organes tégumentaires au système phanéreux; mais en outre les produits de ce système, cessant de se partager entre la fonction de la locomotion et celle de la défense, comme cela devait avoir lieu pour des animaux destinés à s'élever dans le milieu atmosphérique, sont désormais exclusivement et tout à fait spécialement protecteurs. Quant à son caractère d'organe sensorial, c'est-à-dire à son caractère le plus élevé, la peau des mammifères tend à le revêtir et le revêt dans quelques espèces, notamment chez l'homme, à un degré jusqualors inconnu, même chez les animaux dont le tégument avait conservé de la mollesse (1).

L'esquisse des traits généraux et des principales différences que présente dans ce groupe de vertébrés l'enveloppe considérée soit dans son ensemble, soit dans chacune de ses parties constituantes, va démontrer parfaitement le double progrès que j'indique ici.

Considérée dans son ensemble, la peau des mammifères, toujours parfaitement distincte des couches sous-jacentes, et unie à elles par un tissu cellulaire tantôt lâche et tantôt serré, selon les régions de l'animal, recouvre en général le corps, de manière à en reproduire exactement les formes; mais quelquefois, plus étendue que les parties qu'elle doit couvrir, elle forme des replis plus ou moins considérables qui constituent

---

(1) En effet, les animaux inférieurs à tégumens mous sécrètent en général une mucosité plus ou moins abondante qui sert à la protection et nuit par cela même plus ou moins à la sensation. D'ailleurs le système nerveux cutané de ces espèces, bien que plus abondant en général que celui des espèces à tégument encroûté ou défendu par des instrumens solides, demeure cependant incomparablement moindre que celui des mammifères.

ou des loges, comme la double bourse testiculaire nommée *scrotum* (représentée par les grandes lèvres dans
le sexe féminin), ou de simples plis, comme sont
entre autres ceux qui couvrent les régions scapulaire
et lombaire du *rhinocéros des Indes*, ou enfin des expansions plus ou moins larges, étendues, soit entre des
appendices locomoteurs et fournissant à ceux-ci les
surfaces propres à permettre le vol, ainsi que nous le
voyons dans les *chéiroptères*, soit entre les doigts,
modifiés alors pour la natation, comme c'est le cas
chez la *loutre*, le *castor*, l'*ornithorhynque*, etc.
Cette dernière disposition se trouvait au reste chez
les *oiseaux palmipèdes*, chez plusieurs *reptiles*, et
c'est par une extension tégumentaire analogue que se
changent en nageoires les membres rudimentaires des
poissons. Enfin, à côté de ces plissemens, nous place-
rons ceux qui forment les nageoires caudale et dorsale
des *cétacés*, et qui sont tout à fait comparables à ceux
qui constituent, avec ou sans le concours de supports
ou rayons osseux, les nageoires médianes des poissons,
formant ce que M. de Blainville désigne sous le nom
de *lophioderme*.

L'épaisseur très variable du derme diminue, en général, à mesure qu'on approche de l'espèce humaine.
Comme toujours, ce caractère est surtout proportionné aux besoins de la défense; c'est-à-dire qu'il
change avec la partie du corps, et que le derme sera
plus épais sur les points les plus exposés à l'action des
circonstances extérieures, par exemple sur le dos et sur
les parties externes des membres (1), que ur la face

______

(1) Il n'y a guère d'exception à cet égard que chez les espèces qui ont

abdominale du tronc et interne des appendices. Nulle part cette couche n'est plus considérable et plus dense que sur les extrémités qui s'appuient sur le sol pour la marche. Elle devient ordinairement alors plus ou moins calleuse. Ailleurs, par exemple, sur les lèvres, autour des narines, sur les paupières, à l'entrée de l'appareil génital, le derme s'amincit beaucoup et perd plus ou moins les caractères réclamés par la défense pour revêtir ceux qu'exige la sensation. A quelques exceptions près, parmi lesquelles nous citerons l'homme, les espèces les moins velues sont celles qui ont le derme le plus épais, comme on peut s'en convaincre en comparant la peau de l'*éléphant*, qui n'est guère protégée que par sa propre épaisseur, avec celle du *mouton*, qu'une toison épaisse met à l'abri des influences nuisibles du dehors. Mais, de tous les genres de mammifères, il n'en est aucun qui nous offre un derme aussi épais que celui des *tatous*; la peau de ces animaux est, par une sorte d'anomalie, incrustée de sels calcaires, comme le têt des *crustacés*; elle se trouve convertie sur toute la partie supérieure de la tête, du tronc, de la queue et des membres, ainsi que sur les côtés de l'animal, en une large couverture solide, composée d'une multitude de petites pièces polygonales, dans l'intervalle desquelles le derme demeure mou et flexible, et qui, plus ou moins rapprochées, se disposent, ici en bouclier, ailleurs en bandes parallèles,

---

plus ou moins les habitudes bipèdes ; aussi chez l'homme la différence dont il s'agit est-elle réduite à très peu de chose. Chez les quadrupèdes, qui pour se défendre se renversent sur le dos, le derme abdominal présente une épaisseur notable : c'est ce qu'on peut voir chez le *blaireau* et le *paresseux*.

mais d'une manière un peu différente dans chaque espèce.

A sa surface, le derme présente assez généralement des inégalités qui, parfois très petites et très peu apparentes, se prononcent dans d'autres cas, principalement sur quelques parties, au point de former de grosses papilles tuberculeuses ou squammiformes et imbriquées. C'est ce qu'on voit surtout sur la queue de plusieurs *rongeurs*, tels que les *castors*, les *rats*, les *marmottes*, les *gerboises*, et sur celle des *sarigues*, parmi les *marsupiaux*.

Quand l'enveloppe protectrice doit, pour remplir son office, prendre le caractère sensorial et avertir l'animal de la présence des corps environnans par le toucher, au lieu de le préserver d'une manière toute mécanique des influences extérieures, le derme, au lieu de prendre de l'épaisseur et de la densité, devient au contraire assez mince. C'est ce qui a lieu chez certains mammifères nocturnes dont les membres sont modifiés pour le vol ; chez les *chéiroptères*, l'expansion cutanée qui leur constitue des espèces d'ailes conserve un degré de finesse remarquable, et le derme s'y convertit, en outre, dans quelques points, en filets de tissu élastique, à l'aide desquels la peau se replie quand le membre entre en repos. Nous voyons aussi le derme conserver une finesse assez grande dans l'espèce humaine, dont le tégument est aussi bien plus sensorial que protecteur, mais, comme nous le savons, à des degrés très différens, selon les régions du corps.

Les besoins de la défense variant avec le séjour, nous voyons les espèces que leurs habitudes exposent constamment aux influences nuisibles des circonstances extérieures, être pourvues d'un derme beaucoup plus épais que celles qui peuvent s'abriter; les *éléphans* et plusieurs grands mammifères sont dans le premier cas, le second est celui de la plupart des *rongeurs*.

On remarque enfin, dans la classe qui nous occupe, une augmentation croissante dans l'épaisseur et surtout dans la consistance du derme à mesure que l'animal s'éloigne du moment de sa naissance. Cette couche est aussi généralement plus mince chez la femelle que chez le mâle.

Le réseau vasculaire, toujours exactement moulé sur le derme, est assez évident chez les *mammifères*. Il est dans chaque animal proportionné, dans son développement, à l'activité vitale de la membrane tégumentaire et de la partie que couvre celle-ci; par conséquent c'est dans la jeunesse de l'individu que ce réseau est le plus considérable; il l'est également dans certains endroits, tels que les lèvres et les joues dans notre espèce, et s'y annonce, du moins chez la race blanche, par une couleur rosée qui, chez les races colorées, est plus ou moins complétement masquée par les teintes foncées du pigmentum.

Quant au pigmentum lui-même, son existence n'est rien moins que constante dans la classe dont il s'agit; lorsqu'il existe, il varie beaucoup et sous plusieurs rapports. On peut établir en règle que les espèces très velues n'ont pas de pigmentum dans les mailles de leur réseau vasculaire; ce produit n'est évident que chez les *mammifères* à peau plus ou moins nue, tels que l'*homme*, les *chéiroptères*, *les proboscidiens*, les *cétacés;* nous en trouvons chez les *singes* à la face et au voisinage des parties génitales externes où le tégument est resté à découvert. Et parmi les espèces qui possèdent ainsi du pigmentum, sa quantité peut être généralement évaluée d'après l'intensité des teintes qu'il donne à l'enveloppe. C'est ce qui se voit surtout en comparant entre elles les diverses races de notre espèce : pâle chez l'homme de race caucasique, et plus ou moins dominée par celle du réseau vasculaire, elle se rembrunit de plus en plus en prenant diverses nuances de rouge ou de jaune, à mesure que nous passons de cette race à la mongole, à l'américaine, et enfin à l'éthiopienne, qui nous offre une teinte plus ou moins voisine du noir. Chez les autres espèces, nous ne trouvons guère que du gris et du brun de plusieurs nuances ; quelques *singes* seulement nous présentent des teintes plus vives sur les parties nues de leur tégument ; tels sont entre autres le *mandrill*, qui porte du bleu et du rouge carmin sur la face, du rouge encore au pourtour des organes génitaux, et le *mico*, petit singe dont la face, la paume des mains et les oreilles offrent aussi du carmin.

L'élément nerveux de la peau est abondant chez les mammifères ; à en juger par la quantité de nerfs qui se perdent dans cette membrane, et par le degré de sensibilité dont elle jouit, la couche nerveuse doit offrir aussi des degrés fort différens de développement, selon les parties du corps, selon que le tégument revêt plus ou moins le caractère d'organe protecteur, qu'il est couvert d'un épiderme plus épais, de poils plus nombreux.

L'épiderme, toujours très distinct, présente des différences faciles à apercevoir. Son développement et sa densité augmentent beaucoup avec l'âge, et sont du reste toujours en rapport avec les besoins de la défense, par conséquent en proportion inverse de la sensibilité de la peau, ou, ce qui revient au même, de son système nerveux. Quand la défense est confiée au système phanérique ou au derme lui-même plus ou moins solidifié, l'épiderme peut demeurer fort mince. Son rôle spécial, dans la fonction toute passive de la protection, est de garantir les parties sous-cutanées de l'effet des frottemens et des pressions habituelles ; aussi le trouvons-nous très épais sur les points des appendices locomoteurs qui sont en contact avec le sol et qui supportent le poids du corps. Quelquefois alors il n'y a qu'épaississement et condensation de la couche épidermique ; c'est ce qu'on voit sur la face palmaire des quatre mains des *singes*, et sur la plante des pieds chez l'*homme*. Mais d'autres fois le développement de l'épiderme est tel qu'il constitue des espèces de plaques ou bourrelets plus ou moins durs, comme cornés, qu'on désigne sous le nom de callosités, et l'on distingue alors en zoologie chacune de ces callosités par des noms qui indiquent leur siége (1). Nous en observons à des degrés divers de développement chez les *rongeurs*, chez les *carnassiers*, et surtout chez les grands *mammifères*, tels que l'*éléphant*, le *rhinocéros*, l'*hippopotame*, etc., qui s'appuient presque complétement sur une large callosité, véritable semelle épidermique revêtant la partie terminale de leurs pieds.

---

(1) Elles peuvent être *polliciales*, *digitales*, *carpiennes*, etc. La fourchette des solipèdes n'est que la callosité du seul doigt qui reste dans cette famille.

Les *singes* de l'ancien continent, qui ont l'habitude de s'asseoir sur leurs tubérosités ischiatiques, les *chameaux*, qui s'appuient dans le repos sur la poitrine et sur les articulations des membres, portent également sur ces parties des callosités épidermiques.

La protection de la surface contre les frottemens est confiée, dans quelques endroits, à des produits onctueux fournis par des cryptes. C'est ce que nous voyons par exemple sur les replis mobiles de la verge, désignés sous le nom de *prépuce*, ainsi que sur la jonction des membres avec le tronc au côté interne de l'articulation, ou sur les surfaces correspondantes de deux membres qui glissent l'un sur l'autre. Quant aux cryptes plus généralement répandus sur le tégument, leur fonction paraît être encore de protéger l'organisme, mais d'une autre manière, c'est-à-dire en défendant la peau contre l'action desséchante de l'atmosphère. Aussi ce système est-il d'autant plus développé et son produit d'autant plus abondant, que le climat est plus sec et plus chaud; c'est ce dont on peut se convaincre en comparant la peau du *nègre* avec celle des habitans des zônes tempérées. Mais il est encore, chez les *mammifères*, d'autres cryptes agglomérés en masse sur certaines parties du corps, dont l'utilité nous est généralement inconnue. Ils ne présentent, quant à leur structure, non plus que les autres, rien qui mérite une mention particulière; mais quelques uns des groupes qu'ils forment demandent à être cités comme propres à certaines espèces de la classe dont nous sommes occupés. Le plus remarquable peut-être de ces amas de cryptes, est celui qui contitue le *larmier* des *cerfs* et de plusieurs *antilopes*. Ce groupe, que son nom ne doit nullement faire rattacher à l'appareil la-crymal, est situé dans une poche au dessous de l'angle interne de l'œil, poche ordinairement logée dans une excavation osseuse et s'ouvrant au dehors par une fente assez étroite. Il y a dans le *sanglier du Cap* une sorte de sillon analogue au *larmier du cerf*. D'autres fois c'est dans l'aîne que nous trouvons des cryptes agglomérés; il en existe, entre autres, chez les *anti-lopes*, qui versent leur produit dans un repli cutané disposé en *poche inguinale*, et connu sous ce nom. Ailleurs ce sera sur le dos que nous découvrirons une masse de cryptes cutanés; tel est le cas du *pécari* : chez lui aussi c'est dans un sac commun que tous les cryptes groupés de la sorte viennent verser leur pro-duit, et celui-ci sort ensuite par une petite fente lon-gitudinale qui se voit lorsqu'on écarte les poils qui sur-montent le dos.

Enfin on peut encore citer comme appartenant au système crypteux de la peau, la glande temporale de l'*éléphant*, masse ovalaire dont le nom indique assez le siége, et qui vient s'ouvrir au dehors par un canal excréteur dont les parois ressemblent beaucoup au tégument externe. Cette glande sécrète une humeur visqueuse et fétide, dont l'abondance est beaucoup plus grande, surtout chez le mâle, à l'époque des amours qu'à toute autre; on peut supposer que son usage est d'avertir les sexes différens de l'époque du rut.

C'est par son système phanéreux et par la nature particulière du produit qui en émane, que la peau des mammifères se distingue le plus de celle des autres animaux, et qu'elle revêt le plus complétement les caractères d'un appareil de protection à mesure qu'elle dépouille davantage ceux d'organe sensorial. Ce n'est plus en général à des frottemens ou à des pressions externes qu'elle oppose ce nouveau moyen de défense ; c'est plus particulièrement, comme chez les oiseaux, à l'action des circonstances atmosphériques, et quelquefois aux attaques d'un ennemi. Le produit dont il est question a reçu le nom générique de poil. Nous avons déjà vu paraître le poil sur des points limités de la peau des *reptiles* et des *oiseaux* ; chez les mammifères, il se généralise, se montre sous toutes les formes, et devient caractéristique de la classe aux yeux du zoologiste.

Le bulbe qui produit le poil est en général beaucoup plus petit que celui qui fournit la plume ; il est ovalaire et présente du reste la structure de tout bulbe phanérique. La pulpe productrice qui en occupe la cavité, excrète à sa surface des couches successives d'une matière cornée, qui se montre quelquefois plus molle intérieurement, plus consistante et colorée à l'extérieur. La succession de ces couches, dont les plus récentes poussent devant elles les plus anciennes, forme le poil, qui sort du bulbe par un pore extérieur, en se faisant accompagner des couches vasculaire et épidermique, lesquelles demeurent attachées autour de la base du poil et la soutiennent.

Les poils peuvent demeurer simples et isolés les uns des autres, ou s'agglutiner et constituer des parties cornées qui prennent diverses formes, selon la partie qu'elles occupent et le rôle qu'elles doivent remplir.

Les poils simples présentent un grand nombre de différences que les zoologistes étudient avec soin. Ici je dois me borner à indiquer celle dont la raison physiologique est plus ou moins connue.

Il est des poils raides peu ou point flexibles, à pointe aiguë et résistante, évidemment destinés à défendre l'animal contre les attaques de son ennemi; on leur donne plus spécialement le nom de *piquans*. Leur structure a ceci de particulier, qu'ils sont composés de deux matières, l'une interne, l'autre corticale; la première molle, médullaire, incolore; la seconde beaucoup plus dense, tout à fait cornée et colorée dans la plupart des cas; celle-ci envoie parfois dans l'intérieur de l'autre des prolongemens en forme de cloison, comme nous le voyons chez le *porc-épic* commun et chez le *hérisson*, espèces chez lesquelles l'enveloppe cornée dont je parle a passablement d'épaisseur. Cette écorce est généralement très épaisse chez l'*échidné*; elle s'y montre très dure et très lisse. Il est des cas où la matière médullaire est extrèmement rare et semble même avoir disparu; les poils sont alors creux : tels sont ceux du *pécari*, qui, sous ce rapport, se distingue du *sanglier*, son représentant dans notre continent. D'autres fois au contraire la matière spongieuse prédomine et n'est entourée que d'une écorce fort mince; le poil devenu alors plus ou moins fin, conserve encore de la raideur, mais se montre en même temps très cassant; il ne peut donc plus protéger à la manière des piquans, mais seulement comme les poils ordinaires.

Ceux-ci, composés d'une seule substance, de l'externe, sont assez résistans à la rupture et se partagent en deux espèces : l'une comprend des poils plus ou moins raides et grossiers, droits et en général couchés les uns sur les autres, dont les soies du *sanglier* et les crins de la queue du *cheval* nous donnent les exemples

les mieux caractérisés ; ceux de la seconde espèce sont beaucoup plus fins, beaucoup plus flexibles, se contournent en tous sens sur eux-mêmes, et se mêlent de manière à se perdre les uns dans les autres ; ils forment ce que nous nommons de la *laine* ou de la *bourre ;* ils sont surtout communs dans la famille des *ruminans.* Ces deux sortes de poils interviennent différemment pour la défense. Les poils soyeux ne sont guère appelés, en général, qu'à opposer une résistance aux actions mécaniques qui pourraient menacer l'animal, aussi ne sont-ils nulle part plus grossiers et mieux caractérisés que sur les parties dorsales du tronc et externes des membres. Les poils laineux et ceux de la bourre, toujours très longs et très touffus, sont au contraire plus spécialement chargés de s'opposer aux effets d'une température froide, à la soustraction du calorique ; aussi sont-ils en général beaucoup plus communs chez les espèces du Nord que chez celles de la zône torride ; et, dans les pays qui sont alternativement chauds et froids, la bourre tombe et repousse selon les besoins de la saison. Cependant elle n'existe jamais seule, et toujours la laine est entre-mêlée de quelques poils plus droits et plus raides qui forment ce qu'on désigne sous le nom de *jar* dans nos *ruminans* à laine.

La couleur des poils, ou ce qu'on nomme le *pelage,* varie beaucoup dans la classe des *mammifères ;* cependant plusieurs teintes qui existaient dans le système phanéreux des *oiseaux,* manquent chez les premiers ; tels sont le rouge proprement dit, le bleu, le vert et le jaune pur. Du reste, nous faisons ici les mêmes observations que dans les classes précédentes, à l'égard de l'influence du climat sur la vivacité des couleurs et sur les différences qui existent entre les diverses parties du corps, en raison du degré de lumière qui les éclaire : toutes choses égales d'ailleurs, les couleurs les plus vives appartiennent aux mammifères des pays chauds ; dans le Nord au contraire l'albinisme est très fréquent et s'empare de beaucoup d'espèces qui portent des nuances plus ou moins vives dans les climats mieux favorisés de l'action solaire. L'albinisme est également un résultat assez constant de l'âge ; les teintes de l'animal adulte sont les plus prononcées, celles du jeune en diffèrent, en général, par une nuance plus claire et quelquefois par des dispositions transitoires qui constituent ce qu'on nomme une *livrée*. Enfin les parties inférieures du tronc et internes des membres sont généralement plus pâles que les parties opposées.

Outre les poils simples qui forment la couverture ordinaire du corps des mammifères, nous avons dit que nous trouvions encore, chez ces annimaux, des poils composés, c'est-à-dire des poils qui, venant à s'agglutiner par groupes plus ou moins considérables, constituent des pièces cornées. La forme de ces pièces varie beaucoup et dépend avant tout de l'usage auquel elles sont destinées, usage qui varie lui-même considérablement.

Nous en trouvons d'abord qui remplacent les poils simples pour la protection du corps entier ; elles prennent alors la forme d'écailles tranchantes à leur bord libre, et qui, bien que très distinctes par leur origine des écailles dermiques des *poissons* et des épidermiques des *reptiles*, les rappellent néanmoins les unes et les autres par leur siége, leur usage, et leur disposition imbriquée. Ces fausses squammes, qu'on peut appeler *écailles phanériques*, se voient sur les *pangolins*, dont elles couvrent la plus grande partie du corps, des membres et de la queue ; elles protègent admirablement ce faible *édenté* contre la voracité des grands carnassiers qui tentent d'en faire leur proie, et qui ne gagnent que des blessures à tous les assauts qu'ils lui livrent.

Le plus ordinairement c'est à armer les extrémités des doigts que sont employées les pièces cornées formées par l'agglutination des poils. Elles constituent alors ce qu'on nomme génériquement un *ongle*, et naissent du tégument de la dernière phalange des doigts, désignée pour cette raison par la dénomination de *phalange onguéale*. Mais l'ongle est appelé à rendre plus d'un genre de service, et se modifie en conséquence. Il ne sert, dans certaines espèces, qu'à protéger l'extrémité des doigts ; chez d'autres il arme cette extrémité d'un instrument d'attaque ou d'industrie.

Quand il est essentiellement protecteur, il constitue ou l'ongle proprement dit, ou l'ongle en *sabot*, selon qu'il protège plus ou moins complétement la phalange terminale.

L'ongle proprement dit est celui que nous voyons chez l'*homme* et chez les *quadrumanes*; il ne manque à aucun doigt, si ce n'est au pouce des extrémités postérieures de l'*orang-outang*; placé seulement sur la face dorsale du doigt, il conserve une forme plus ou moins aplatie ; son bord libre est tranchant et tend à se courber en avant et à se disposer en crochet quand on laisse prendre à l'ongle tout son accroissement ; il tend par conséquent à prendre un peu le caractère d'un instrument d'attaque.

Le *sabot* protège beaucoup plus complétement que l'ongle proprement dit. Formé de poils qui naissent à la fois de toute l'étendue de la phalange, le sabot entoure celle-ci comme le fait la chaussure dont il porte le nom ; aussi remplit-il le même usage, l'animal touchant au sol par l'ongle lui-même. Cette espèce d'ongle n'appartient, comme on le conçoit parfaitement, qu'à des animaux plus ou moins exclusivement phytophages ; et parmi les herbivores, ce sont les espèces dont les pieds sont réduits, au moins pour la marche, au plus petit nombre de doigts, qui nous offrent de vrais sabots ; les mieux caractérisés se voient chez les *ruminans* et surtout chez les *solipèdes.*

Parmi les autres modifications que subissent les ongles, nous signalerons d'abord celles qui en font des instrumens propres à creuser la terre. Nous rencontrons ces modifications chez les *taupes*, chez la plupart des *édentés terrestres*, et chez les *rongeurs* qui habitent des terriers ; elles rappellent plus ou moins la forme des sabots.

Enfin, quand les ongles doivent servir d'instrumens pour grimper, pour s'accrocher, ou pour attaquer et saisir une proie, ils prennent une forme nouvelle qui en fait ce qu'on nomme des *griffes.* La griffe est un ongle plus ou moins prolongé au devant de la phalange sur laquelle il a sa racine, enroulé sur lui-même latéralement, conique, pointu et plus ou moins recourbé en crochet. Nous rencontrons cette modification, surtout chez les *carnassiers* et chez les *rongeurs,* à différens degrés de développement et avec quelques variations de formes. Chez les *carnassiers,* ce sont en général les griffes des membres antérieurs qui sont les plus fortes et les plus aiguës (1), tandis que chez les *rongeurs* qui grimpent les quatre membres sont également bien armés.

Il arrive fréquemment que tous les ongles du même membre ne se ressemblent pas ; ainsi, dans les *makis*, l'ongle de l'indicateur, et quelquefois celui du médius de la main postérieure, sont beaucoup plus longs que ceux des autres doigts, et se prolongent en pointe au delà de la phalange. Chez les *fouisseurs*, il n'y a souvent que deux ou trois ongles qui soient propres à creuser la terre. En un mot, nous observons beaucoup d'anomalies dans la longueur proportionnelle et dans la configuration des ongles des mammifères ; mais la plupart de ces particularités n'ayant pas encore de valeur physiologique dans l'état actuel de la science, et n'intéressant que la zoologie, sont par cela même en dehors du cadre de ce travail.

Outre les écailles et les ongles, les poils composés forment encore un genre d'instrument plus offensif que défensif, et qui est connu sous le nom de *cornes*. Les cornes proprement dites ne se rencontrent que chez un petit nombre de mammifères, chez quelques *ruminans*, chez les *rhinocéros* et chez l'*ornithorhynque*. Dans ce dernier nous trouvons une sorte d'éperon ou d'ergot surmontant une éminence osseuse du tarse, et qui offre ceci de particulier qu'il est percé à son extrémité d'un orifice correspondant à un orifice analogue de l'espèce d'apophyse sur lequel l'ergot est placé.

---

(1) Les chéiroptères font exception sous ce rapport, et à tel point qu'ils manquent d'ongles au moins à quatre de leurs doigts antérieurs ; mais la locomotion propre à cette famille de carnassiers explique suffisamment cette anomalie.

Chez les *ruminans* à cornes, nous trouvons celles-ci implantées sur le front, au nombre de deux dans la plupart des cas ; les poils qui les composent sont produits par des bulbes qui circonscrivent des saillies de l'os frontal, et, comme il n'y a de bulbe qu'à la base de ces saillies, et que le sommet en est dépourvu, il en résulte que la corne conserve un espace vide à son centre, et qu'elle grandit par la formation d'une série d'anneaux dont les plus nouveaux poussent les plus anciens devant eux. Ces derniers étant les plus petits, en raison du peu de développement qu'avait l'éminence frontale au moment de leur formation, il s'ensuit que cette espèce de corne est plus ou moins pointue à son extrémité libre ; elle peut du reste varier beaucoup dans sa direction et dans sa forme, comme on le voit en comparant entre elles celles des *bœufs*, des *moutons*, des *chèvres*, des *antilopes*, et des diverses espèces de chacun de ces genres.

Le chanfrein des *rhinocéros* est surmonté d'une ou deux cornes (1) qui servent, comme celles des *ruminans*, à repousser les attaques de l'ennemi ; mais ces cornes ne sont pas creuses comme les précédentes ; elles proviennent chacune d'un groupe de bulbes phanériques serrés les uns contre les autres, et dont les produits s'agglutinent en une masse compacte et conique.

La peau et ses dépendances jouissent, chez les mammifères, d'une mobilité très prononcée, au moins sur certaines parties du corps. Elles doivent cette mobilité au développement que prend, dans cette classe, un

---

(1) Une dans l'espèce d'Asie, deux dans celle d'Afrique.

plan de fibres contractiles qui vient se rattacher spécialement à l'enveloppe chez les vertébrés supérieurs. Ce plan, qui manque tout à fait dans les deux classes inférieures de ce type, qui n'apparaît que chez les *ophidiens*, parmi les *reptiles*, prend déjà un peu plus de développement chez les *oiseaux*, et commence à s'y fasciculer ; mais il n'acquiert véritablement quelque importance que dans la classe qui nous occupe en ce moment. On distingue surtout ici des muscles plus ou moins larges qui meuvent quelque partie plus ou moins étendue du tégument, et d'autres faisceaux plus petits qui s'attachent en particulier à certains bulbes pilifères, pour changer momentanément, dans certaines circonstances, la position de leurs produits.

Le peaucier proprement dit peut être divisé en deux grandes portions : l'une destinée à la tête, et nommée *céphalique* ; la seconde, étendue sous la peau du tronc, et désignée sous le nom de *gastro-thorachique*. La portion céphalique se subdivise elle-même en portion supérieure, ou *cervico-nasale*, et portion inférieure, ou *thoraco-faciale*. La portion du tronc se subdivise de son côté en trois autres : une *brachio-dermienne*, une *scapulo-dermienne*, et une *gastro-humérienne*. Chacune de ses subdivisions peut à son tour se fasciculer plus ou moins, selon que l'exigent les mœurs particulières de l'animal, son mode de station, ou les besoins de la défense ; leur développement varie également selon qu'elles sont appelées à une action plus ou moins énergique, plus ou moins fréquente.

Parmi les exemples que j'en pourrais citer, je me bornerai à ceux qui nous montrent plus particulièrement le développement du peaucier en rapport avec

les besoins de la défense. Chez le *porc-épic*, mais surtout chez le *hérisson*, animaux protégés par des piquans qu'ils hérissent au moment du danger pour les
opposer à leur ennemi, nous trouvons attaché au
derme qui porte cette armure un muscle gastro-thorachique très épais. Il n'offre pas d'autre particularité
chez le *porc-épic*; mais chez le *hérisson*, qui jouit à
un plus haut degré de la faculté de s'abriter sous sa
cuirasse épineuse, nous trouvons la portion scapulaire
de cette partie du peaucier extrêmement développée et formant un large disque musculaire, ovale,
qui s'étend de la queue à la racine du col, et d'où
partent d'autres faisceaux du thorachique ou du céphalique, qui irradient, ceux-ci vers la tête, ceux-
là vers la queue ou sur les côtés du tronc jusque
sous le ventre; c'est à cette disposition remarquable
que le hérisson doit la faculté de se rouler complétement sur lui-même et de retirer sa tête et ses
membres dans l'espèce de bourse que lui forme, par
sa contraction, son disque musculaire; ne présentant
à son ennemi qu'une surface hérissée de piquans, que
relève cette même contraction du peaucier dans lequel
ces piquans sont comme enfoncés. Bien qu'implantés
aussi jusque dans le peaucier thorachique, les piquans
du porc-épic, malgré l'épaisseur de ce muscle, ne pourraient se relever uniquement à l'aide de sa contraction;
aussi chacun d'eux reçoit-il un petit faisceau musculaire
qui, du tissu cellulaire sous-dermien, se porte à la face
dorsale de leur base. La même particularité se remarque
chez le *pangolin*, chez l'*échidné*; et, bien que l'observation ne l'ait pas encore démontrée directement, il est
permis d'admettre des muscles analogues pour tous les

mammifères qui ont la faculté de redresser leurs poils sur une partie quelconque du corps.

Ici se termine l'esquisse que j'avais à faire du tégument externe, étudié comme appareil de protection et comme appareil de sensation générale ou de simple toucher passif. Je passe maintenant à celle des modifications particulières que subit l'enveloppe, soit dans ses couches constituantes, soit dans ses dépendances, pour fournir des appareils de sens spéciaux, pour faire connaître à l'animal telle ou telle qualité, tel ou tel phénomène du monde qui l'entoure.

CONSIDÉRATIONS GÉNÉRALES SUR LES SENS SPÉCIAUX ET SUR LEURS APPAREILS.

Les sens spéciaux ne sont, sous un rapport, que des modifications du sens général ou du toucher passif; car c'est toujours par un contact que le monde extérieur se révèle à l'individu. Les différences que nous remarquons entre ces sens proviennent de la manière dont a lieu ce contact, et du résultat, c'est-à-dire du genre de sensation et de révélation qui s'ensuivent.

Le contact peut être immédiat ou médiat, en d'autres termes il peut avoir lieu ou par l'application directe du corps étranger sur la surface de l'organisme, ou à distance et par l'intermède d'un agent de transmission qui porte à l'animal, non plus le corps lui-même, mais son image ou ses ébranlemens moléculaires. On voit déjà que ce dernier mode de contact, étendant beaucoup la sphère des rapports de l'animal avec le monde qui l'entoure, appartient au perfectionnement de l'organisme, et suppose déjà, dans les êtres qui le présenteront, un certain degré de complication.

Quant aux sensations elles-mêmes, elles offrent chacune un caractère tellement spécial, tellement incomparable, qu'elles ne sauraient être mesurées ni classées d'après leur plus ou moins d'éloignement du type primitif et commun.

Ce sera donc le procédé extérieur de leur production, je veux dire le mode de contact du corps étranger avec la surface qui doit le sentir, qui nous fournira le moyen de coordonner les sens spéciaux et leurs appareils, de manière à exprimer leur ordre d'apparition dans l'organisme animal, ou, ce qui revient au même, la spécialisation progressive de leurs organes ; car, ainsi que nous le verrons, les sens qui paraîtront les derniers seront ceux dont les appareils seront le plus spéciaux.

Les sens qui s'exercent par l'application immédiate des corps extérieurs sur la surface sensoriale formeront un premier groupe ; nous les disposerons ensuite entre eux selon que leur fonction s'exercera sur la masse des corps ou sur leurs molécules dissoutes ou suspendues dans un fluide, qui pourra être liquide ou gazeux. Nous aurons alors, 1° le sens qui apprécie, par le contact immédiat, l'étendue, la forme, la résistance des corps, et que nous nommons le *toucher actif* ; 2° le sens qui goûte les corps, c'est-à-dire qui les apprécie par certaines propriétés moléculaires qui se révèlent à la surface sentante lorsqu'ils sont dissous dans un liquide fourni par celle-ci, en un mot le sens du *goût* ;

3° le sens de l'*odorat* ou celui qui fait connaître d'autres propriétés moléculaires des corps suspendus d'avance dans un fluide liquide ou gazeux, notamment dans l'air atmosphérique. — Un second groupe composé des deux sens qui agissent par contact médiat nous offrira, en suivant toujours l'ordre de la spécialisation de l'appareil et de l'apparition dans la série, d'abord, 4° le sens qui nous fournit l'image des corps, ou le sens de la *vue*; 5° celui qui nous instruit de leurs ébranlemens moléculaires, ou le sens de l'*ouïe*. Nous aurons donc cinq *espèces* d'appareils sensoriaux à étudier; mais, avant d'aborder cette étude, commençons par voir ce que nous devons entendre par un appareil de sensation externe spéciale.

Tout appareil de ce genre comprendra, 1° une surface sentante, sa partie essentielle, qui sera la peau elle-même modifiée surtout dans la proportion de sa couche nerveuse, et probablement aussi dans l'organisationde cette couche et du nerf dont elle est l'épanouissement, d'où résultera sa sensibilité particulière; 2° une partie de perfectionnement qui, par une influence physique ou chimique sur l'agent modificateur du sens, déterminera la limite, la netteté, et, par cela même, le caractère définitif de son action.

Nous allons voir, en parcourant l'histoire particulière des appareils sensoriaux, que leur organisation, en général, s'éloignera d'autant plus de celle de la peau, simple organe de toucher passif, que nous approcherons davantage du sens de l'audition. Les changemens les plus prononcés porteront sur la partie de perfectionnement; cependant ils finiront aussi par devenir manifestes jusque dans la couche nerveuse elle-même ; je dis manifestes pour l'œil, car la spécialité des fonctions de chaque sens ne permet pas de mettre en doute celle de son système nerveux, bien qu'elle ne porte pas toujours un caractère anatomique évident. Des cinq appareils que nous devons étudier, trois ne nous offriront qu'une modification fort simple de la surface et des couches de la membrane cutanée elle-même ; les deux autres résulteront d'une modification de phanères placés en général symétriquement et par paires sur les deux côtés de la ligne médiane céphalique. On peut reconnaître dans cette division anatomique celle que nous avons établie physiologiquement, en séparant les sens qui s'exercent par contact immédiat de ceux qui sont affectés par le monde extérieur à des distances plus ou moins considérables, au moyen d'agens intermédiaires. Chacun de ces groupes d'appareil formera pour nous un sous-genre.

PREMIER SOUS-GENRE.

APPAREILS SENSORIAUX EXTERNES AGISSANT PAR CONTACT IMMÉDIAT.

Première espèce.

APPAREIL DU TOUCHER ACTIF.

A. CONSIDÉRATIONS GÉNÉRALES SUR CET APPAREIL.

Si nous devions classer le *toucher volontaire* d'après le degré de complication qu'il suppose à l'organisme, et par conséquent d'après le moment de son apparition dans la série, nous devrions lui assigner la place la plus élevée et le mettre même au dessus de la vue et de l'ouïe ; mais, envisagé dans sa nature, je veux dire sous le rapport de la sensation qu'il procure comparée à la sensation tactile générale, et dans son organe essentiel, il redescend de ce rang élevé et mérite à peine le titre de sens spécial ; car ce sens n'est que le toucher porté à sa plus haute puissance, le toucher voulu, exécuté avec intelligence. Le simple toucher passif ne donnait à l'animal qu'une connaissance générale du monde extérieur; il l'avertissait d'une certaine résistance au dehors de lui; il mesurait à peine le degré de cette résistance et le rapport des températures extérieures avec celle de l'être sentant; il appréciait encore le déplacement des corps en contact avec celle-ci; mais ce sens n'allait pas plus loin par lui-même. Il lui fallait, pour franchir cette limite et pour acquérir toute l'activité et toute la précision dont il est susceptible, l'intervention d'un certain degré d'intelligence et de volonté, et le secours d'une disposition particulière dans les organes sous-cutanés, qui mît la surface sensoriale à la disposition et sous la direction de l'animal. Avec ces secours, le toucher devient apte à donner la mesure plus ou moins exacte des sensations diverses qu'il n'éprouvait que vaguement dans son état de passiveté; il peut apprécier l'étendue d'un corps en se mettant en rapport avec la succession des points de résistance que ce corps lui oppose, sa forme par la direction de ces points de résistance appréciés ou simultanément ou successivement; il peut faire connaître la proximité ou l'éloignement des êtres qui sont à sa portée par le temps qu'il met à parvenir jusqu'à eux.

Ainsi les sensations que donne le toucher actif sont essentiellement les mêmes que celles qui sont fournies par le simple toucher; elles n'en diffèrent que par leur netteté, que parce qu'elles précisent et complètent ce qui jusqu'alors demeurait vague et incomplet; mais les conditions organiques que réclame ce sens n'en sont pas moins assez prononcées pour nous engager à distinguér son appareil du tégument général et pour nous autoriser à ne pas en séparer l'histoire de celle des appareils des sens véritablement spéciaux ; aussi bien le toucher comparé à ceux-ci a-t-il une spécialité aussi réelle que celle d'aucun d'eux.

C'est toujours à l'extrémité des appendices que nous trouverons l'appareil du toucher actif, comme il est aisé de le concevoir. Pour le former, la peau et les parties sous-jacentes se modifieront de manière à réunir la double condition d'un organe qui doit, et sentir les corps, et pouvoir s'appliquer aussi exactement que possible sur eux, pour apprécier leur forme. En conséquence, le tégument nous offrira un derme très flexible, surmonté de petites saillies ou papilles, une couche vasculaire peu considérable, des nerfs très nombreux, dont les extrémités viendront s'épanouir sur les papilles du derme ; en même temps l'épiderme s'amincira, mais ne disparaîtra jamais complétement ; sa présence est en effet nécessaire pour limiter la sensation qui, trop vive sans cela, deviendrait douloureuse et ne remplirait plus sa destination. De leur côté, les parties sous-jacentes à la peau se disposent de la manière suivante : le tissu cellulaire forme, au dessous d'elle, une sorte de coussinet élastique, qui sert tout à la fois à prévenir une pression douloureuse de la peau contre les parties dures, et à lui fournir le moyen de se mouler plus exactement sur les corps qu'elle doit sentir. Outre cela, et toujours pour cette dernière fin, l'appareil entier se trouve divisé dans sa longueur, et brisé transversalement de manière à offrir des parties susceptibles de s'écarter et de se rapprocher alternativement l'une de l'autre, en même temps que de se fléchir chacune de son côté sur les corps dont elles doivent apprécier la forme. Voyons les exemples que la série animale va nous offrir de cette disposition.

B. DE L'APPAREIL DU TOUCHER ACTIF DANS LA SÉRIE ANIMALE.

I.

Le toucher actif qui doit faire connaître, non seulement la présence des corps, mais leur forme, exige, comme nous l'avons vu, un certain degré de volonté et par conséquent d'intelligence. C'est dire que ce sens et son appareil ne pourront exister chez les animaux dont le système nerveux ne permet pas de supposer ces hautes facultés. Nous ne les chercherons donc ni dans les AMORPHES, ni chez les RAYONNÉS, bien que nous voyons chez ceux-ci des appendices qui, par leur nombre et leur disposition en lanières flexibles, pourraient assez bien se mouler sur les corps.

II.

Serons-nous plus heureux chez les MOLLUSQUES et chez les ENTOMOZOAIRES? Mais, à supposer que le système nerveux central de ces invertébrés présentât les conditions que réclame le sens qui nous occupe, l'examen de leurs appendices ne nous permettrait guère d'admettre chez eux autre chose que des organes de toucher passif plus ou moins sensibles.

Parmi les MOLLUSQUES, il n'y a que les *brachiocéphalés*, c'est-à-dire les *poulpes*, les *calmars* et les *sèches*, qui fassent peut-être exception à cet égard ; les longs tentacules garnis de ventouses qui entourent leur bouche étant assez bien disposés et organisés pour s'appliquer sur une étendue considérable de la surface d'un corps, de manière à embrasser celui-ci et à discerner sa configuration.

Mais, pour ce qui concerne les ANIMAUX ARTICULÉS, la solidité ordinaire du tégument, dans la plupart des espèces, ne laisse pas supposer l'existence d'organes tactiles, et la conformation des appendices, plus mous et plus sensibles, désignés par le nom de palpes et d'antennes, n'autorise à leur attribuer qu'une sensibilité plus ou moins exquise. Les entomozoaires mous, tels que les *sangsues*, les *lombrics* et les *larves*, peuvent à la vérité sentir les corps par une peau nue et flexible, et se mouler même sur eux ; mais ils ne les touchent encore que par un trop petit nombre de points pour juger de leur forme, en admettant, contre toute invraisemblance, que ces espèces soient douées d'assez d'intelligence pour exercer ce jugement.

III.

Chez les VERTÉBRÉS, l'état du système nerveux permet certainement l'exercice actif et volontaire du toucher ; mais les autres conditions d'existence de ce sens (je veux dire son appareil) manquent souvent. Elles manquent d'abord à peu près complétement dans les trois classes inférieures de ce type.

Les seules parties qui, chez les *poissons*, en général

ne soient pas couvertes d'écailles, savoir les extrémités des membres, sont disposées pour former une rame, et ne peuvent, malgré le grand nombre de leurs articulations, s'appliquer un peu exactement à la surface des corps ; ceci serait possible, jusqu'à un certain point, chez les espèces où quelques rayons de ces nageoires sont libres, comme cela se voit chez les *trigles;* mais le système nerveux des appendices est trop peu abondant pour qu'on puisse leur supposer une certaine activité tactile. Cette activité ne saurait être contestée en échange aux appendices nommés *barbillons,* que portent autour du museau certaines espèces, surtout parmi celles qui vivent dans la vase, telles que les *esturgeons,* les *silures,* les *gades;* mais ces prolongemens cutanés, malgré la grosseur des nerfs qu'ils reçoivent, ne peuvent être que des organes de toucher général plus ou moins délicats, leur forme et leur disposition s'opposant à ce qu'ils embrassent un corps dans plusieurs sens. La même objection peut être faite pour les poissons serpentiformes à peau nue, puisqu'ils ne peuvent toucher les corps que par le diamètre longitudinal du leur (1).

---

(1) M. Jacobson a, sinon découvert, au moins complétement observé et décrit des organes fort singuliers qui se voient chez les *squales* et les *rayes,* et auxquels il attribue une sorte de fonction tactile. M. de Blainville, en se rangeant à l'opinion du célèbre physiologiste suédois, décrit comme il suit les parties dont il est question.

« Ces organes sont situés sur les parties latérales et surtout inférieures de la tête ou de la partie antérieure du tronc ; ils consistent en des espèces de noyaux ganglioniformes, placés sous la peau dans quelque angle musculaire, formés par une capsule fibreuse, assez peu distincte peut-être, et dont toute la cavité est remplie par un très grand nombre de petits mamelons plus ou moins saillans, qui sont l'origine d'autant de petits tubes tous se dirigeant vers la circonférence. Ces tubes, qui ont reçu cha-

Par sa nudité, la peau des *amphibiens* semblerait assez propre à fournir des organes de toucher actif ; mais aucune des parties qu'elle revêt n'est disposée pour embrasser les corps, de manière à sentir un peu complétement leurs formes ; d'ailleurs, sur les doigts, qui sont essentiellement préparés pour la locomotion, la peau repose sur le système osseux et lui adhère, ce qui ne permet pas de supposer que ces parties terminales des membres soient ici le siége d'une sensibilité telle que celle qui est exigée pour le toucher volontaire.

Les *reptiles* ne paraissent guère mieux favorisés, sous le rapport du sens qui nous occupe, que les ani-

---

cun par leur extrémité renflée un énorme filet nerveux, semblent se prolonger ou se continuer en dehors de la capsule avec autant d'autres longs filets assez semblables à des brins de vermicelle, qui vont en formant quelquefois des inflexions ou en s'épanouissant sous le derme, se terminer par autant d'orifices un peu contractés et saillans sous le museau ou sur les parites latérales de la tête, ainsi qu'aux deux faces des nageoires pectorales ; ces tubes sont formés par une enveloppe fibreuse, et ne contiennent qu'une matière gélatineuse qui semblerait pouvoir être rejetée au dehors. Ces organes paraissent donc être quelque chose d'intermédiaire au phanère et au crypte ; en effet, ce sont des phanères par la grande quantité de système nerveux qu'ils reçoivent et la pulpe dont ils sont remplis ; mais ce sont des cryptes par leur assemblage en groupes plus ou moins considérables et par leur ouverture à l'extérieur : il y en a un très petit à la lèvre inférieure, un autre un peu plus gros au devant de la supérieure ; mais le plus considérable occupe l'angle qui se trouve entre le muscle constricteur des mâchoires et la masse branchiale ; il en naît deux masses de tubes, une inférieure qui s'irradie dans tous les sens, en se portant sous la nageoire pectorale élargie, en avant, en dehors et en arrière, l'autre supérieure : celle-ci se subdivise en plusieurs faisceaux distincts, un antérieur qui suit tout le bord du long cartilage de la mâchoire, un postérieur qui se termine sur le dos, un autre postérieur dont les tubes s'ouvrent à l'occiput ; enfin les externes s'irradient en dessous dans la peau de la nageoire. »

maux de la classe précédente. Leur derme, générale-ment épais, appliqué plus ou moins immédiatement sur les os, reçoit peu de nerfs; leur épiderme est, même pour les doigts, dur et écailleux; enfin leurs extrémités sont nulles ou exclusivement locomotrices.

Les reptiles serpentiformes, tant *ophidiens* que *sauriens*, ne figurant jamais qu'une seule lanière, ne sauraient sentir les corps dans une étendue convenable, à supposer que les écailles plus ou moins considérables qui les couvrent ne fissent pas obstacle à la sensation tactile. Chez les *sauriens*, dont les doigts ont un certain développement, s'écartent avec facilité, et sont brisés de manière à ce qu'ils puissent bien saisir les objets, le système épidermoïde et l'état du derme laissent à peine soupçonner qu'un reste de sensibilité puisse animer encore ces organes. Peut-être les *caméléons* font-ils exception à cet égard, la peau qui revêt leurs doigts paraissant un peu plus flexible et un peu mieux organisée pour le toucher que celle des autres espèces. On en peut dire autant de celle qui revêt leur queue, et cette partie étant susceptible d'enroulement, étant ce qu'on nomme *prenante*, nous pourrions la croire également organisée pour une sorte de toucher volontaire si, comme nous l'avons déjà fait remarquer pour les animaux serpentiformes en général, un organe composé d'une seule lanière n'était pas dans l'impossibilité d'embrasser un objet de manière à donner une idée de sa forme.

Enfin les *crocodiles* et les *tortues* sont également incapables d'acquérir cette notion, ne fût-ce que par la nature de la peau qui revêt leurs appendices; ces parties sont en outre tout à fait mal conformées pour la préhension chez les *tortues* marines et terrestres, où par la réunion des doigts elles forment, là des rames, ici des moignons.

Il faut arriver aux *oiseaux* pour trouver des conditions d'organisation plus complètes pour le toucher volontaire ; mais on ne cherchera ces conditions que dans les extrémités postérieures, et on pourra s'attendre à les rencontrer d'autant moins que l'espèce sera plus marcheuse , et d'autant plus au contraire que sa locomotion sera plus complétement confiée aux appendices antérieurs. Chez les oiseaux, les doigts sont susceptibles d'un assez grand écartement, et le nombre des phalanges qui les composent leur permet un genre de flexion, à la faveur duquel ils peuvent s'appliquer exactement sur les corps et en suivre la forme ; le derme qui revêt ces parties est supporté par une couche de tissu cellulaire qui a parfois assez d'épaisseur ; il est lui-même d'une consistance convenable , couvert de saillies papilliformes , et animé d'un système nerveux assez abondant ; enfin l'épiderme est naturellement assez mince ; mais les habitudes de l'animal peuvent donner lieu à son épaississement, qui, à mesure qu'il augmente, diminue la sensibilité tactile. Aussi doit-elle être presque complétement éteinte chez les *oiseaux coureurs*, les *autruches* et les *casoars ;* bien faible chez les *gallinacés* et plusieurs *échassiers*, tels que l'*outarde*, le *kamichi*, etc. ; elle doit se montrer un peu supérieure chez les *passereaux*, et acquérir un certain développement dans les *oiseaux de proie*. Les *perroquets* se servent beaucoup de leurs pieds pour leur locomotion, mais seulement pour s'accrocher aux branches d'arbres et non pour marcher ; or, comme ces parties, formées de doigts parfaitement opposables, leur servent en outre à prendre les fruits dont ils se nourrissent, on conçoit qu'elles revêtent à un haut degré la disposition d'organes de toucher volontaire, et que leur tégument a pu et dû même conserver la sensibilité nécessaire à ce sens. Aussi les *perroquets*, dont M. de Blainville a fait un ordre particulier sous le nom de *préhenseurs*, sont-ils probablement mieux doués à cet égard que tous les autres oiseaux.

Mais ce n'est que chez les *mammifères* que le toucher actif atteint toute sa finesse et s'élève à son plus haut développement. On n'a pas de peine à le concevoir, en songeant aux progrès immenses que les facultés intellectuelles et la volonté font dans les êtres de cette classe. Plusieurs parties du corps peuvent se modifier ici en organes tactiles : ce sont le nez, les lèvres, et surtout les extrémités des membres, tant antérieurs que postérieurs. La queue peut aussi devenir prenante par ses dernières vertèbres, qui sont alors toujours fort nombreuses ; mais lors même qu'elle offre une surface susceptible de sensation, ce qui n'existe que chez les *singes du nouveau continent* (1), cette espèce de membre ne peut encore sentir les corps qu'à la manière des animaux serpentiformes, c'est-à-dire que suivant un seul diamètre.

---

(1) Les *sarigues* ont une queue prenante, mais plutôt squammeuse que papilleuse ; plusieurs *phalangers*, quelques *rongeurs* tels que le *porc-épic à queue prenante*, quelques *fourmiliers*, le *kinkajou* parmi les *carnassiers*, ont cette partie couverte de poils, comme le reste de la peau.

L'*éléphant* et le *tapir* ont leur nez seul modifié pour le toucher et la préhension ; il forme alors ce qu'on nomme une trompe. La trompe de l'éléphant, bien plus développée que celle du *tapir*, permet à cet animal, par son extrême flexibilité, jointe à sa longueur, d'aller prendre les objets à une certaine distance ; elle remplace parfaitement un bras. Cette partie se termine par deux lèvres opposables, couvertes d'une peau très papilleuse et très nerveuse, et assez larges et flexibles pour pouvoir s'appliquer sur les corps de manière à étudier leur forme.

D'autres espèces, parmi lesquelles se distingue le *cheval*, touchent et prennent les objets avec leurs lèvres, qui, dans ce cas, acquièrent un grand développement, beaucoup de mobilité, et sont animées de nerfs abondans. Les *singes*, et l'ordre entier auquel ils appartiennent, sont caractérisés par leurs quatre mains, qui sont de bons organes de toucher actif, soit à cause de la disposition du pouce, qui est plus ou moins opposable aux autres doigts, soit par l'organisation *de la peau des mains*, dont le derme repose sur une couche passablement épaisse de tissu cellulaire.

Cependant ces conditions de perfectionnement n'atteignent leur plus haut degré que chez *l'homme*, dont la faculté tactile est aussi supérieure à celle des *quadrumanes* que son intelligence est au dessus de la leur. *L'homme* n'a pour le toucher que deux mains au lieu de quatre que possèdent les *singes* ; mais, tandis que chez ceux-ci l'opposition du pouce avec les autres doigts était imparfaite comme on doit s'y attendre lorsque les extrémités doivent servir à la fois à la marche et à la préhension, chez *l'homme*, le pouce est complétement opposable et fait pince avec le reste de l'organe. Puis la peau de la face palmaire des mains, soutenue partout par un coussinet élastique de cellulosité, et n'étant jamais appelée à s'appuyer sur le sol, doit à la souplesse de son derme, au nombre de papilles qui couvrent sa surface, à l'abondance de son système nerveux, enfin à la finesse de son épiderme, une esquise sensibilité qui lui fait sentir nettement toute la surface des corps sur lesquels s'appuie cette extrémité.

Deuxième espèce.

APPAREIL DU GOUT.

A. CONSIDERATIONS GENERALES SUR CET APPAREIL.

Le premier sens par contact immédiat nous fait connaître les corps extérieurs sous des rapports susceptibles d'être analysés et définis ; il nous révèle la matière principalement par son impénétrabilité et par sa forme, c'est-à-dire par les limites de l'impénétrabilité et la direction de ces limites. Les deux autres appareils qui sentent les corps immédiatement nous feront connaître ceux-ci par des qualités plus intimes, simples, et qui par conséquent échapperont à toute analyse et à toute définition ; ils nous feront pénétrer dans leur nature, et nous en donneront des idées entièrement nouvelles, qu'aucun autre sens ne pourra nous fournir. Les sensations que nous devons au goût et à l'odorat sont des sensations qui président à la vie végétative de l'être animé; c'est le monde extérieur à l'état moléculaire, et tel que le réclame la fonction toute moléculaire de l'assimilation , agissant sur l'être sensible de manière à lui faire connaître ses rapports avec la nutrition. Ne pourrait-on pas dire que l'exercice du goût et de l'odorat est un premier essai de combinaisons nutritives, auquel préside et que juge la sensibilité ? En effet, non seulement, dans ces deux fonctions sensoriales, la sensation est toujours précédée par un travail de combinaisons chimiques qui se passe à la surface de l'organe, mais encore ce dernier se trouve constamment, du moins celui du goût, au début des appareils préparateurs du mouvement de composition.

Ce sera donc à l'entrée du canal alimentaire que nous trouverons l'appareil qui doit nous occuper, et l'analogie nous porte à le placer plus spécialement encore sur la saillie plus ou moins mobile que nous nommons la *langue*, saillie que nous avons déjà fait connaître ailleurs, et qui ne sert qu'accessoirement à la gustation. Il fallait que cet appareil fût intérieur pour conserver dans tous les milieux un degré d'humidité sans lequel la partie chimique de sa fonction serait devenue impossible, et qu'il fût au commencement de l'appareil alimentaire, puisque cette fonction avait un rapport direct avec celle de ce système d'organes ; enfin sa position sur une saillie musculaire mobile donnait à l'appareil du goût la facilité de se porter au devant des corps sapides et de pouvoir les chercher et les suivre dans toute l'étendue de la cavité buccale.

Pour le constituer, le tégument lui-même se modifie dans une petite étendue, de manière à présenter aux corps sapides une surface qui non seulement soit en état de sentir ces corps, mais qui puisse les préparer à se faire sentir, en leur fournissant des sucs capables de les dissoudre ou même de réagir plus ou moins sur leur composition.

Cette modification de l'enveloppe consiste : 1° dans

le peu d'épaisseur, de densité et de consistance du derme ; 2° dans l'abondance du système vasculaire, qui forme quelquefois des espèces de petits bourgeons ; 3° dans la proportion et surtout la spécialisation de l'élément nerveux ; 4° dans l'extrême minceur ou la nullité de la couche épidermique ; 5° enfin dans le nombre des cryptes, qui est ici considérable, pour fournir les principaux liquides dissolvans ou modificateurs des corps sapides. Le caractère le plus apparent de la peau modifiée pour sentir les saveurs, est d'offrir à sa surface ce qu'on nomme des *papilles*, petites saillies nerveuses et vasculaires, avec lesquelles il ne faut pas confondre d'autres saillies qui leur ressemblent plus ou moins par leur volume, leur forme et leur siége, mais qui s'en distinguent par leur nature épidermique.

Il n'y a du reste, comme on le voit, rien de bien spécial, du moins sous le point de vue anatomique, dans la modification que subit le tégument pour devenir un appareil de goût, et c'est surtout par un caractère jusqu'ici tout physiologique, par la spécialité de la sensibilité de l'élément nerveux, que cet appareil se distingue nettement de toutes les autres parties de la peau rentrée. Cependant il sera possible de déterminer jusqu'à un certain point le degré d'énergie et de perfection du sens, 1° d'après le développement des cordons nerveux qui viendront animer la surface gustatrice ; 2° d'après l'existence et le développement des papilles dans lesquelles ces cordons semblent venir se terminer ; 3° d'après le nombre de ces papilles, qui forment comme autant de petits organes particuliers ; 4° d'après la quantité de fluide versé sur la surface de l'appareil, quantité qui fait présumer le nombre des cryptes producteurs de ces fluides.

Le perfectionnement de cet appareil est généralement en rapport avec les habitudes alimentaires, avec le séjour, avec l'âge.

Quant aux habitudes alimentaires, on peut remarquer d'abord que l'organe du goût est bien moins développé chez les espèces qui se nourrissent constamment d'un même genre d'aliment que chez celles qui peuvent choisir entre des alimens de plusieurs genres ; ensuite les espèces très voraces qui avalent sans mastication, ou qui prennent leurs alimens dissous dans un liquide, seront également moins bien favorisées que celles qui ont l'habitude de mâcher et d'insaliver leur nourriture prise à l'état solide.

Quant au séjour, il paraît que les animaux aquatiques sont inférieurs, sous le rapport du goût, aux animaux aériens.

Quant à l'âge enfin, l'utilité de la gustation, pour les fonctions nutritives, permet de concevoir, et l'observation prouve assez bien, que le goût et son appareil sont plus développés et plus actifs à l'époque de la croissance et de la plus grande énergie vitale de l'individu qu'aux époques suivantes.

La considération du régime et du séjour ne nous donnera peut-être pas toujours la raison des différences que nous allons trouver entre les divers groupes de la série, sous le rapport du perfectionnement de l'appareil qui nous occupe, soit dans son ensemble, soit surtout dans chacune de ses parties. Quelquefois la cause de ces différences pourra nous échapper ; mais ce sera en quelque sorte par exception. On verra en outre que, malgré le rang inférieur qu'il occupe parmi les autres sens, le goût va se développant, bien qu'à travers quelques fluctuations dépendant des habitudes alimentaires, à mesure qu'on s'élève des animaux inférieurs à ceux des ordres les plus élevés.

B. *APPAREIL DU GOUT DANS LA SERIE.*

I.

Nous trouvons au commencement de la série un grand nombre d'animaux qui ne choisissent pas leur nourriture, et qui avalent indistinctement toutes les matières qu'ils trouvent autour d'eux, soit en dissolution, soit en masse, quitte à rejeter celles-ci lorsqu'elles sont réfractaires à l'action de l'estomac. Evidemment le goût et son appareil seraient ici sans objet ; outre cela, l'observation anatomique ne nous montre sur aucune partie du tégument de ces animaux les caractères d'une surface gustatrice ; nous pourrons donc en conclure que le goût n'existe pas chez les êtres en question. Cette division comprend non seulement les ANIMAUX AMORPHES qui, privés de rentrée digestive, ne sauraient en posséder les appareils auxiliaires, mais encore tous les RAYONNÉS et, parmi les MOLLUSQUES eux-mêmes, au moins toute la classe des *acéphalés*.

II.

L'appareil qui nous occupe commence à se montrer dans les MOLLUSQUES *céphalés*. La plupart de ces malacozoaires ont à la partie inférieure de la bouche une saillie linguale fort courte chez les uns, plus ou moins prolongée chez d'autres, et qu'il est permis de considérer comme le siége du goût chez ces animaux ; cependant le tégument qui couvre cette saillie ne diffère pas très sensiblement de celui des parties externes du corps, et porte même souvent des pièces plus ou moins solides qui font l'office de dents.

Les ENTOMOZOAIRES doivent peut-être se ranger à côté des mollusques sous le rapport de l'appareil du goût, en ce sens au moins que cet appareil ne se montre d'une manière un peu évidente que dans la classe supérieure du type, et même dans un seul ordre de cette classe, chez les *orthoptères*. Ces insectes, qui paraissent jouir à un assez haut degré de la faculté de sentir les saveurs, possèdent un petit renflement qu'on regarde comme lingual, et qui se distingue par un tégument plus mou et plus humide que celui des parties voisines. Les autres *hexapodes* manquent de ce renflement ; cependant, comme ils paraissent posséder plus ou moins le sens du goût, on a cherché quel pouvait en être le siége. Ainsi, par exemple, on a voulu voir une modification de la langue dans la trompe qui sert de suçoir aux *lépidoptères* ; mais, comme je l'ai dit ailleurs, cette partie n'est qu'une transformation des organes masticateurs. Il est possible cependant que la sensibilité gustative se trouve dans cet organe, peut-être à son extrémité, ou plus vraisemblablement encore à sa racine. M. de Blainville serait également disposé à regarder comme un organe de goût le bourrelet charnu et spongieux qui termine la trompe des *mouches*.

Chez les autres animaux articulés extérieurement, il n'est plus possible d'assigner au goût un siége un peu précis, bien que ce sens paraisse exister encore, au moins chez quelques uns de ces animaux, quand on observe leurs mœurs.

III.

Au reste, ce n'est véritablement que chez les VERTÉBRÉS que l'observation a fait connaître l'appareil du goût, et ce n'est même que par analogie avec ce que nous voyons ici qu'on a indiqué comme le siége de ce sens les saillies linguiformes que nous offre la bouche chez les *mollusques céphalés* et chez les *orthoptères*. En effet, le goût paraît résider exclusivement, chez les animaux vertébrés, sur la langue, partie dont nous avons déjà fait mention et signalé les différences en traitant de l'appareil de l'absorption alimentaire auquel elle appartient plus particulièrement. C'est sur la portion libre, mobile, extensible de la langue, à sa face supérieure, et surtout sur ses bords, que le tégument se montre le plus manifestement sensible aux saveurs. Mais la modification qu'il subit pour cela se présente à différens degrés, selon la classe dans laquelle on l'étudie.

Les *poissons*, animaux généralement très voraces, et qui, pour la plupart, avalent leur proie sans mastication, ne nous offrent pas de tégument réellement modifié pour le goût; au contraire, le plus ordinairement, tant qu'ils ont un bourrelet linguiforme sur le plancher de la bouche (et ce bourrelet n'appartient pas encore, chez eux, au système hyoïdien), il est couvert d'une peau plus ou moins rugueuse, et souvent même revêtue de granulations cornées ou de pièces osseuses ; chez les autres *poissons*, la place de la langue est très fréquemment couverte de dents pointues. Remarquons toutefois que, dans cette classe, nous retrouvons tous les nerfs qui animent la langue dans les autres classes de vertébrés.

Les *amphibiens* ont tous, à l'exception du *pipa*, une langue, qui est quelquefois assez développée, comme chez les *grenouilles*, etc., où elle a sa partie libre dirigée en arrière. Cet organe porte un tégument mou, qu'humecte une grande quantité de viscosité. On y aperçoit, chez les *salamandres*, de très petites papilles ; mais, dans les autres espèces, il est à peu près lisse.

La membrane gustatrice et l'organe qui la porte, varient beaucoup chez les *reptiles*, même souvent d'un genre à l'autre. La langue des *ophidiens* et des *lacertoïdes* offre généralement peu de surface ; son tégument est plus ou moins dense, peu propre à recevoir des impressions sensoriales. En échange, les *iguanes*, les *agames* et les *geckos* ont une saillie linguale plus large, plus molle, et surtout plus papilleuse (1). Les *crocodiles*, au contraire, manquent de cette saillie ; tandis que les *chéloniens*, qui mâchent leur nourriture, et par conséquent la goûtent indubitablement aussi, ont une langue développée, dont le tégument est mou et couvert de papilles.

---

(1) J'ai parlé ailleurs de la singulière forme de la langue du caméléon ; je ne reviendrai pas sur ce sujet, puisque la particularité dont il est question intéresse bien plus la préhension que la dégustation de l'aliment.

Dans les *oiseaux*, la langue est réduite à sa portion hyoïdienne ou postérieure, et n'est susceptible, en général, que de mouvemens de totalité exécutés par des muscles extrinsèques. Le tégument gustatif est soutenu par la première pièce médiane de l'hyoïde, sur laquelle il se trouve souvent appliqué immédiatement ; ce tégument est d'un tissu plus ou moins serré, et ne porte que rarement de véritables papilles sensoriales ; toutefois son système vasculaire est abondant et son système nerveux encore davantage, et, sous ce rapport du moins, l'appareil du goût se trouve en progrès dans cette classe. Il y a d'ailleurs, à cet égard, entre les oiseaux, des différences qui sont, comme ordinairement, assez bien en rapport avec celles des habitudes. Ainsi les *perroquets*, qui mâchent et paraissent choisir leur nourriture, ont une langue charnue, couverte d'un tégument assez mou, et même de papilles ; l'épiderme qui revêt celui-ci est très mince ; mais au dessous de cette couche est un dépôt de pigmentum assez épais, destiné peut-être à affaiblir un peu l'impression produite sur les papilles. D'un autre côté, les *grimpeurs*, les *passereaux*, les *gallinacés*, les *coureurs*, la plupart des *échassiers*, et quelques *palmipèdes*, tels que les *pélicans*, etc., ont généralement un appareil de goût très imparfait. Tous ces animaux, les uns granivores, les autres exclusivement carnivores, ou avalant tout ce qu'ils rencontrent, et ne paraissant pas goûter leur nourriture, nous offrent, à quelques exceptions près, qui s'expliquent elles-mêmes, la plupart, par des différences d'habitudes, une langue peu ou point charnue, souvent fort petite, revêtue d'une peau sèche, dénuée de papilles, et parfois même cornée

ou portant des espèces de crochets presque cartilagineux; d'autres fois il existe en même temps des saillies
cornées plus ou moins longues et pointues et de formes
très diverses, et des papilles molles, nerveuses, portées
par une langue plus développée et mieux organisée pour
le goût; c'est ce que nous voyons en particulier chez
plusieurs *palmipèdes*, notamment chez les *canards*,
animaux qui n'avaient pour retenir les proies vivantes
dont ils se nourrissent, que leur bec et leur langue. Il
est remarquable que les *oiseaux de proie*, et quelques
autres espèces éminemment carnassières, offrent une
langue passablement large et assez molle ; celle des
flamands est même couverte de fines papilles.

Mais chez les *mammifères*, l'appareil dont il s'agit
se dessine bien autrement que dans aucun animal des
classes précédentes.

La langue est toujours terminée par une partie
molle, flexible, mobile, plus ou moins large, et qui
se meut par elle-même au moyen d'un muscle spécial,
d'un peaucier, dont les fibres, dirigées en tous sens,
s'unissent intimement au tégument qui les couvre. Ce
tégument lui-même est composé d'un derme plus ou
moins mou, généralement peu dense, d'un réseau vasculaire assez développé pour communiquer une couleur rouge à la surface linguale, d'un système nerveux
abondant, comme on peut en juger par le volume et
le nombre des papilles, ainsi que par le nombre et la
grosseur des cordons nerveux qui se terminent dans la
membrane gustatrice. Le pigmentum manque, du
moins ordinairement, et l'épiderme est, en général, très
mince, excepté que sur certaines saillies papilliformes

du derme, auxquelles il fournit des espèces de couvertures cornées.

Plusieurs espèces de papilles se font remarquer, au reste, à la surface de la langue des mammifères, et chaque espèce en occupe une région déterminée.

Nous trouvons d'abord des papilles molles, d'une structure à la fois nerveuse et vasculaire, dont la forme varie, et cela probablement à cause des différences qui existent dans la quantité de leur élément vasculaire, qui prédomine plus ou moins ; les unes plus fines, *coniques*, occupent surtout la pointe et les bords de la langue ; les autres, plus grosses, et vraisemblablement plus riches en réseau capillaire sanguin, représentent des espèces de végétations pédonculées, *fongiformes*, qu'on trouve disséminées entre les papilles de la pointe et celles du milieu de la langue.

Celles-ci forment une seconde espèce ; elles sont *coniques*, composées d'une saillie du derme, revêtues d'une sorte d'étui épidermique, de consistance cornée, et représentent ordinairement des espèces d'épines ou d'ongles dont la pointe se dirige en arrière. On vient de voir qu'elles occupent la région moyenne de la langue.

Enfin, à la région postérieure de celle-ci, nous observons un nombre très variable d'éminences disposées en général symétriquement, et de manière à figurer une courbe ouverte en avant, ou quelquefois un **V**, comme c'est le cas chez l'homme. La forme infundibulaire de ces éminences leur a valu l'épithète de *caliciformes*, et leur composition celle de *glandes à calice*.

En effet, ces petits organes représentent à peu près tout le système crypteux de la langue des mammifères, système qui, laissant aux papilles nerveuses toute la partie antérieure et libre de cet organe, est venu se localiser à sa partie postérieure. Les cryptes linguaux sont, du reste, comme toujours, aidés dans leur fonction spéciale, à l'égard des substances sapides, par les glandes salivaires, bien que le rôle principal de celles-ci soit tout autre, ainsi que nous l'avons vu en traitant de l'appareil de l'absorption alimentaire.

Quant aux différences que présentent entre eux les divers ordres de mammifères, sous le rapport de l'appareil du goût, il est généralement facile de saisir leurs rapports avec les habitudes alimentaires ou avec le mode de préhension de l'aliment, du moins pour ce qui concerne la proportion et le développement des diverses sortes de papilles ; mais il n'a pas encore été possible de trouver la raison des grandes différences que nous remarquons, sous le rapport du développement du système crypteux, c'est-à-dire du nombre des glandes calicinales.

Les mammifères qui varient le moins leur nourriture, en même temps qu'ils ne la mâchent point, ont leur membrane buccale le moins modifiée possible pour la gustation ; tel est, en général, le cas des *édentés* : ces animaux ont un tégument lingual lisse et couvert d'un enduit visqueux qui, destiné à la préhension de la nourriture, doit plutôt nuire qu'aider à l'exercice du goût. Quand, au contraire, l'animal se nourrit de plusieurs sortes de végétaux, ou que sa nourriture est plus ou moins mélangée de matières végétales et animales, la surface gustatrice de la langue, toujours assez étendue, est humide, couverte de papilles molles, et manque de papilles cornées, comme on peut le voir chez les *cochons*, chez l'*éléphant*, chez quelques *rongeurs*, tels que les *rats*, chez le *chien*, parmi les *carnassiers*, chez les *quadrumanes*, et surtout chez les *singes*, parmi ces derniers, enfin chez l'*homme*, qui, de tous les êtres de sa classe, est celui qui varie le plus ses alimens, non seulement par le nombre des espèces de substances qu'il choisit, mais encore par les préparations qu'il leur fait subir. Sa langue ne porte que des papilles vasculo-nerveuses, tant coniques que fongiformes. Il en est de même de celle des *singes*, et peut-être même le nombre de ses papilles fongiformes est-il proportionellement plus considérable; en échange, et sans qu'on puisse en dire la raison, le nombre des glandes calicinales est, dans cette famille, inférieur à ce qu'il est dans notre espèce; mais il est probable que la différence, à cet égard, n'est pas aussi grande qu'on l'a cru.

Chez les espèces essentiellement carnassières, notamment chez celles du genre *chat*, chez les *hyènes*, les *civettes*, etc., les papilles nerveuses sont moins saillantes, et l'on voit s'élever, sur la région moyenne de la surface linguale, un certain nombre de papilles coniques, armées d'un étui corné, tranchant, et dont l'animal paraît se servir pour faire sortir le sang de sa victime, en la léchant. On voit aussi des papilles cornées, mais moins nombreuses et moins fortes, chez les *didelphes carnassiers*, tels que les *sarigues*.

Les animaux qui se nourrissent d'alimens plus ou moins homogènes et grossiers, soit de racines, de feuilles et de branches, comme le font certains *rongeurs*, l'*hippopotame*, le *rhinocéros*, soit d'herbes desséchées, comme font assez volontiers les *solipèdes*, ont le tégument de la langue plus dense, plus sec, plus ou moins dépourvu de papilles molles, et parfois même armé de quelques papilles cornées, ainsi que nous le voyons chez le *porc-épic*.

Enfin quand, avec un mode d'alimentation végétale peu varié, mais composé néanmoins en général de substances herbacées, le mammifère doit se servir de sa langue comme d'un organe préhenseur, nous apercevons sur la surface de cet organe de nombreuses éminences papillaires, coniques, dont la pointe se dirige en arrière; ce cas est celui de la plupart des ruminans, surtout des grandes espèces de cet ordre, des *chameaux*, par exemple, chez lesquels ces papilles cornées sont très nombreuses.

Troisième espèce.

APPAREIL DE L'ODORAT.

A. DESCRIPTION GENERALE DE CET APPAREIL.

L'odorat, comme nous l'avons déjà vu, ressemble parfaitement au goût, non seulement en ce qu'il s'exerce encore par le contact immédiat du corps à sentir avec la surface sensoriale, mais en ce qu'il nous révèle, dans l'intérêt de la nutrition, certaines qualités moléculaires, simples, et sans analogie pour nous, qualités que nous nommons des *odeurs*, et qui constituent physiologiquement la spécialité de ce sens, comme les *saveurs* constituaient celle du goût. Mais l'odorat diffère quelque peu de ce dernier par ses conditions d'existence. Les corps extérieurs ne viennent plus ici, comme pour le goût, se dissoudre tout entiers à la surface sensoriale elle-même, et sous l'influence des liquides qui l'humectent ; mais le milieu qui les entoure se charge de cette dissolution, et en porte ensuite le résultat, c'est-à-dire les molécules dont il s'est chargé, jusqu'à l'appareil olfactif ; et, comme un très petit nombre de molécules odorantes suffit à la sensibilité de l'organe, il arrive le plus ordinairement que celui-ci sent des corps qui ne cèdent que des quantités presque inappréciables de leur substance au milieu dans lequel ils sont immergés, des corps par conséquent qui continuent à exister dans leur état de masse. Il suit de là, que l'odorat nous fait connaître des substances placées à distance de nous, et dont les émanations seules viennent frapper notre surface sensoriale. Nous pourrons donc apprécier par lui non seulement les qualités odorantes des êtres qui nous entourent, mais encore, jusqu'à un certain point, leur distance et leur situation dans l'espace par rapport à nous (1).

Il n'y aura cependant pas une différence essentielle entre la modification du tégument qui constituera un appareil d'olfaction, et celle qui en fait un appareil de goût; à la rigueur, la modification peut être la même, et il n'y a que la spécialité de l'élément nerveux qui doive absolument changer. Aussi verrons-nous que, sauf cette différence fondamentale, presque toutes les autres porteront sur les conditions de perfectionnement, et non sur les conditions d'existence de la fonction.

Le tégument olfacteur n'est donc que la peau modifiée dans ses diverses couches pour exercer une ac-

---

(1) Il importe de remarquer pour le sens de l'odorat comme pour celui du goût, qu'il est des corps parfaitement insipides et des corps parfaitement inodores, et que bien que la dissolubilité d'un corps soit une condition de la manifestation de sa sapidité, elle n'en donne pas pour cela la mesure : de même une substance peut se dissoudre et charger abondamment de ses molécules le milieu qu'habite un animal sans affecter sa surface olfactive, tandis qu'un autre corps beaucoup moins soluble, ou comme on dit beaucoup moins volatil, l'affectera vivement.

tion à la fois chimique et sensoriale, par voie de contact immédiat ; il constitue alors ce qu'on nomme la *membrane pituitaire* ou *olfactive*.

Cette membrane occupe constamment la partie antérieure de l'animal ; si nous disons que cela a toujours lieu, ce n'est pas que l'on puisse toujours reconnaître distinctement l'appareil ; mais on peut conclure son existence et sa position, et de la situation constamment antérieure de la portion du système nerveux qui l'anime, et des services que rend sa fonction, puisqu'elle avertit l'animal du voisinage des corps nuisibles ou utiles vers lesquels ils s'avance (1). En général, nous trouvons aussi cet appareil en rapport avec celui de l'absorption alimentaire, auquel il rend des services ; cependant, comme ce rapport de situation était beaucoup moins nécessaire que celui qui existe entre l'appareil du goût et le conduit digestif, il a pu manquer quelquefois. La membrane modifiée pour l'olfaction se présente dans les conditions suivantes, lorsqu'on l'étudie soit dans ses caractères essentiels, soit dans ses caractères de perfectionnement, chez un animal un peu favorisé sous ce rapport.

Le derme est plus ou moins adhérent aux tissus sousposés ; il est d'un tissu plus serré que celui de l'appareil du goût, et ne présente jamais de papilles à sa surface. Le réseau vasculaire est abondant, et colore presque toujours à lui seul la membrane dont il fait partie. Le système nerveux est aussi toujours considérable, à en juger par l'activité du sens et par les cordons qui se

---

(1) D'ailleurs les molécules olfactives devaient frapper bien mieux une surface que la progression du corps porte au devant d'elles.

rendent à l'appareil ; mais il ne se termine pas dans des papilles, et paraît se fondre dans tout le tissu de la pituitaire. Enfin l'épiderme manque ou n'existe qu'à peine.

On n'aperçoit pas de cryptes à la surface de l'appareil de l'olfaction ; cependant il doit en exister, si l'on en juge par l'humeur muqueuse abondante qui lubrifie cette surface ; car cette humeur ne saurait être, au moins chez les animaux supérieurs, le produit d'une simple transsudation.

Le perfectionnement de l'appareil résultera, non seulement d'un plus grand développement des modifications qui portent sur le tissu même de la membrane olfactive, et notamment de l'abondance croissante de son élément nerveux spécialisé, mais de l'étendue que cette membrane pourra prendre souvent, à la faveur de certaines dispositions du système solide sous-jacent, qui, en formant ce qu'on nomme des *cornets* ou lames diversement enroulées, et des *sinus,* lui permettront de se replier un plus grand nombre de fois dans un espace donné, multiplieront sa surface et coerceront le véhicule chargé des molécules odorantes ; enfin l'appareil gagnera beaucoup aussi lorsque, venant à se placer sur le passage du fluide respiré, il pourra recevoir dans un temps donné une plus grande quantité de ces molécules ; d'autant plus que l'animal pourra, de la sorte, aspirer à volonté le milieu dans lequel elles sont suspendues.

Nous allons voir maintenant, en suivant l'appareil olfactif dans les principaux groupes de la série, qu'il s'y montre dans des conditions bien différentes. Il pourra se trouver ou à l'extérieur, porté sur une sorte d'appendice, ou, plus ordinairement, rentré dans une cavité qui, selon que l'animal respirera dans l'eau ou dans l'air, sera isolée de la grande rentrée du tégument qui va constituer les appareils des absorptions alimentaire et gazeuse, ou communique ravec cette partie de l'enveloppe.

B. APPAREIL DE L'ODORAT DANS LA SERIE.

I.

Nous ne trouvons aucun indice, ni physiologique, ni anatomique, d'un appareil d'olfaction au dessous des MOLLUSQUES, et même des *mollusques céphalés*.

Mais, arrivés à cette division du règne animal, il n'est guère possible de méconnaître ce sens et son appareil. Celui-ci consiste en une membrane olfactive fort peu différente du reste du tégument de l'animal, partout où ce tégument a conservé sa mollesse; mais cette membrane est animée par des cordons nerveux qui viennent des ganglions cérébraux, et elle est portée par des appendices tentaculaires inutiles à la locomotion, et que l'observation nous permet de regarder non seulement comme des organes de sensation générale, mais comme doués spécialement de la sensibilité olfactive. Ces tentacules sont situés sur la tête, en avant des autres appendices ; ils varient beaucoup, pour leur forme, dans chaque ordre, presque dans chaque famille, et même d'un genre à l'autre. Ils sont tuberculeux, coniques, longs ou courts, souvent indépendans et ne portant que la membrane olfactive, d'autres fois réunissant à celle-ci les yeux, qu'ils portent ou sur un renflement de leur base ou sur quelque partie de leur longueur.

Ces organes n'existent pas chez tous les mollusques céphalés. Il est remarquable qu'ils manquent au groupe supérieur de cette division, aux *brachiocéphalés*, et jusqu'à présent nous ignorons même par quels organes ces espèces, dont l'organisation est d'ailleurs si avancée, connaissent les odeurs ; car les tentacules qui entourent leur bouche sont des organes locomoteurs, destinés à la préhension de l'aliment, capables de palper celui-ci, en même temps que de le saisir, mais très vraisemblablement hors d'état d'en sentir les qualités odorantes ; faut-il pour cela refuser ce dernier sens aux *brachiocéphalés?* Nous avons peine à le croire, tout en nous refusant à admettre que les mollusques respirent par toute la surface nue de leur peau, ainsi que le voudraient plusieurs physiologistes, qui ne prennent en considération que la ressemblance de cette enveloppe avec une membrane pituitaire, oubliant que cette condition ne suffit pas, et qu'un organe d'olfaction réclame des nerfs spéciaux, et ne saurait, en conséquence, être représenté par le tégument général.

II.

La considération de la fixité du système nerveux dans sa distribution, et l'analogie avec ce que nous verrons dans le type supérieur de la série, permet encore de regarder comme portant la membrane olfactive, chez les ENTOMOZOAIRES, la première ou les premières paires des appendices céphaliques, que nous connaissons, chez ces animaux, sous le nom d'*antennes*.

Ici la modification du tégument n'est pas très prononcée ; celui-ci n'est même demeuré mou que dans les articulations et à l'extrémité de l'appendice. Toutefois, en observant les mœurs des animaux articulés, on ne peut leur refuser l'odorat, et ce sens paraît même assez aiguisé chez plusieurs espèces.

Les antennes manquent non seulement dans les *molluscarticulés*, ou *cirripèdes*, mais dans les *annélides apodes ;* elles commencent à paraître avec les appendices locomoteurs, chez les *annélides* de la première classe, ou *chétopodes*, puis chez les *myriapodes*, et dans les diverses classes de *crustacés ;* ici nous en trouvons deux paires, tantôt très petites, comme dans les *crabes*, tantôt fort longues, comme dans la plupart des *astacoïdes*, chez les *écrevisses*, par exemple. L'odorat des *crustacés* est, en général, très fin. Faut-il le placer à la fois dans les deux paires d'antennes, ou n'existe-t-il que dans l'une d'elles ? C'est ce qu'il est difficile de décider ; mais s'il ne réside que dans une seule paire, c'est très probablement dans l'antérieure.

Les *octopodes* manquent, comme on le sait, d'antennes, et nous ne connaissons, chez ces animaux, aucune partie qui semble les remplacer. Ces parties reparaissent chez les insectes, ou *hexapodes*, et, dans cette classe, nous les voyons se développer progressivement à mesure que nous passons des *aptères* aux *diptères*, puis successivement aux *hyménoptères*, aux *hémiptères*, aux *orthoptères*, aux *coléoptères*, et enfin aux *lépidoptères*, qui, sous le rapport de la longueur de leurs antennes, occupent le premier rang parmi les *hexapodes*.

III.

La membrane olfactive se retire, chez les ANIMAUX VERTÉBRÉS, dans une cavité qui lui est fournie par l'é- cartement des os de la face. C'est un premier perfec- tionnement ; car cette disposition met la membrane sensoriale à l'abri des modifications que doivent lui imprimer les circonstances extérieures, et qui de- vaient nécessairement nuire plus ou moins à sa fonc- tion ; puis elle concentre les molécules odorantes dans un espace où elles rencontrent presque de tous côtés la surface olfactive, et où leur véhicule pourra, sous l'influence d'une température supérieure à celle du de- hors, se dilater de manière à porter ces molécules en- core plus complétement contre les parois de l'appareil. Mais de grandes différences existent néanmoins entre les cinq classes de vertébrés, sous le rapport de la dis- position de cet appareil. La plus saillante de ces diffé- rences est celle que nous observons entre les animaux qui respirent dans l'eau, et ceux qui respirent dans l'air ; chez les premiers, la cavité olfactive ne forme encore qu'un sac ouvert d'un seul côté, à la surface ; chez les seconds, cette poche débouche d'une part à l'extérieur, de l'autre, dans les voies de la respiration, ou mieux l'appareil se complique d'une sorte de con- duit qui livre passage à l'air pendant l'acte respiratoire, et qui se trouve placé au dessous de la cavité senso- riale, comme nous le verrons tout à l'heure.

Les *poissons*, d'après ce que nous venons de dire, nous offriront donc, pour appareil d'olfaction, une

simple poche ouverte seulement à la surface externe
du corps. Cette poche, composée du tégument sensorial et d'une membrane fibreuse qui lui sert de support
et qui se confond encore avec lui par une connexion
intime, sera toujours placée à la partie antérieure de
l'animal, le plus souvent à la face supérieure du museau ; mais parfois aussi elle pourra se trouver, comme
la bouche, à sa face inférieure, ainsi qu'on le voit, à
des degrés différens, chez plusieurs *chondroptérygiens*, notamment chez les *chimères*, les *rayes* et les
squales. Comprise déjà fréquemment, mais d'une manière quelquefois incomplète, dans l'écartement des
os de la face, ainsi que nous l'observons dans la plupart, sinon dans tous les *poissons osseux*, la loge olfactive est quelquefois cependant en dehors de ces os.
Elle offre une étendue très variable, selon les espèces ;
dans beaucoup de cas, des plis de la pituitaire, diversement arrangés, viennent augmenter encore beaucoup
sa surface. L'appareil olfacteur des poissons n'a, le plus
ordinairement, qu'une seule ouverture de chaque
côté ; mais il peut en avoir deux, toujours extérieures
l'une et l'autre ; de ces orifices, l'un, antérieur, est quelquefois porté par une sorte de prolongement tubuliforme, notamment dans les espèces qui vivent dans la
vase, comme les *anguilles* ; il peut être incompléte-
ment fermé par la disposition de ses bords ; l'orifice
postérieur est, au contraire, béant. Quelques *poissons
cartilagineux* nous offrent, au lieu d'un appareil
pair, un seul appareil médian, symétrique, ouvert par
une seule ouverture extérieure, mais qui peut se prolonger en arrière en une sorte de canal, que nous
voyons même s'ouvrir dans l'arrière-gorge, chez les

myxinés; dans les *lamproies*, au contraire, il se termine en cul-de-sac.

Les poissons nous offrent, au reste, une grande diversité dans la disposition de leur appareil olfacteur; mais ces variations n'ont, dans l'état actuel de la science, qu'une faible importance physiologique, et ne peuvent donner lieu à des considérations générales.

Chez les *amphibiens*, l'appareil qui nous occupe commence à se mettre en communication avec les voies respiratoires, et il s'y met d'autant plus complétement que l'espèce échappe davantage à l'existence aquatique. Nous voyons alors l'un des orifices de chaque narine s'ouvrir à la face palatine de la bouche, sur un point qui tendra à devenir de plus en plus postérieur, et qui sera tout à fait pharyngien dans la première classe des vertébrés. La membrane sensoriale est molle, colorée en noir, rarement plissée.

Dans les *saurichtyens*, c'est-à-dire dans la *sirène* et le *protée*, espèces qui ne nous sont encore parvenues qu'avec des caractères plus aquatiques que terrestres, qui n'appartiennent peut-être pas à leur état définitif, l'espèce de canal qui constitue encore la cavité olfactive est immédiatement sous-cutané, en dehors, par conséquent, du système osseux de la face, et s'ouvre par de très petits orifices, antérieurement à l'extrémité supérieure du museau, postérieurement en dedans de la lèvre supérieure. La pituitaire est encore plissée, du moins chez le *protée*, ce qui remplace un peu, comme chez les *poissons*, les avantages que les animaux aériens trouvent dans le passage d'un courant d'air par l'appareil qui nous occupe.

Dans les autres amphibiens, la membrane pituitaire tapisse une poche, dont les parois ne lui fournissent aucune saillie, mais commencent à se distinguer d'elle, en conservant toutefois le caractère du tissu fibreux; cette poche s'engage plus ou moins sous l'os nasal, et s'ouvre à la fois au dehors et dans la bouche; son orifice buccal ou palatin est encore très antérieur, plus ou moins distant de la ligne médiane; l'externe, chez plusieurs espèces, est pourvu d'une sorte de demi-opercule semi-cartilagineux, et un peu mobile.

C'est chez les *cœcilies* que le sac olfactif est le plus engagé dans l'écartement des os de la face, et que l'orifice postérieur est placé le plus en arrière.

Sous ce rapport, les *cœcilies* nous conduisent tout naturellement aux *reptiles* proprement dits, ou écailleux, et d'abord aux *ophidiens*. Dans ce sous-ordre, la loge olfactive est un sac large et court, de forme obronde, enchâssé dans l'écartement des os faciaux, plus ou moins couvert par ceux du nez, et dont les parois sont encore soutenues par une membrane fibreuse que recouvre une pituitaire molle, noirâtre, sans plissement, si ce n'est aux endroits où les os voisins font saillie; ce sac s'ouvre à l'extérieur par un petit orifice percé dans un cartilage nasal, et rejeté sur les côtés du museau; à l'intérieur, les deux cavités olfactives viennent s'aboucher dans un enfoncement commun, sur la ligne médiane palatine.

La poche olfactive des *sauriens* est peut-être un peu plus grande que celle des *ophidiens*; ses parois tendent à devenir plus complétement cartilagineuses et même osseuses, et commencent à offrir quelques légères saillies produites par les os voisins, ce qui donne à l'appareil une étendue plus considérable ; ainsi commencent à se trouver réunies deux conditions de perfectionnement que nous avons rencontrées séparément, l'une chez les *poissons*, la seconde chez les premiers vertébrés aériens ; d'une part, une surface sensoriale large et disposée de manière à pouvoir retenir les molécules odorantes ; de l'autre, un courant d'air qui multiplie le nombre de ces molécules, et qui leur donne une impulsion propre à rendre leur contact plus sensible.

Mais ces deux conditions de perfectionnement sont bien autrement manifestes dans les deux ordres supérieurs de *reptiles*, chez les *émydo-sauriens*, ou *crocodiles*, et chez les *chéloniens ;* sous ce rapport, ces derniers sont inférieurs aux premiers, et méritent que nous intervertissions le véritable ordre zoologique établi sur l'ensemble de l'organisation.

Chez les *tortues*, en effet, la poche olfactive n'offre encore qu'une étendue médiocre ; mais elle commence à se diviser et présente trois compartimens successifs, dont le postérieur, qui est le plus grand, est séparé du moyen par une saillie dermo-cartilagineuse assez prononcée pour pouvoir être regardée comme une sorte de cornet.

Chez les *crocodiles*, l'appareil est très étendu, et se divise assez bien en partie respiratoire et partie olfactive. La première commence presque à l'extrémité du museau, et s'étend jusqu'à l'os basilaire ; la partie olfactive elle-même comprend trois grandes cellules à parois semi-cartilagineuses, et un cornet assez long et bilobé. L'orifice antérieur de l'appareil est fermé par une sorte d'opercule semi-lunaire, que meut un muscle propre attaché à l'os incisif et au nasal. Quant à la membrane olfactive elle-même, elle est molle et épaisse.

Dans la classe des *oiseaux*, la cavité olfactive n'a, par elle-même, qu'une étendue assez médiocre ; mais la surface de la pituitaire est considérablement augmentée par la disposition des feuillets cartilagineux qui la soutiennent. Ces feuillets forment dans chaque cavité latérale une seule masse, composée de trois parties, savoir : un cornet postérieur et supérieur sous-orbitaire, espèce de lame enroulée sur elle-même ordinairement en forme d'entonnoir ; une autre lame plus ou moins enroulée, second cornet, séparé du premier par un sillon, et étendu d'avant en arrière ; enfin, en avant et en dehors, une masse cartilagineuse, ordinairement divisée en trois feuillets ou cornets plus épais et d'un tissu plus blanc que les premiers, recouverts en partie par la membrane cornée du bec, et formant l'orifice antérieur des narines. La membrane sensoriale qui se développe sur tout ce petit appareil cartilagineux n'est plus noire, comme dans les classes précédentes, mais plus ou moins rougie par son réseau vasculaire, surtout supérieurement.

Les différences que présentent les oiseaux, sous le rapport du développement de l'appareil qui nous occupe, portent essentiellement sur la proportion et la forme des trois parties de la masse cartilagineuse nasale ; il n'y a guère moyen de les rattacher à des considérations générales ; cependant on peut dire que les espèces très carnassières et de haut vol, telles que les oiseaux de proie, et, parmi ces espèces, celles qui préfèrent les cadavres aux proies vivantes, ont la cavité olfactive mieux disposée que les espèces granivores, telle sque les *passereaux* et les *gallinacés*. Les *échassiers*, en général, quelques *palmipèdes*, comme les *pélicans*, etc., sont aussi fort mal partagés à cet égard ; la masse des cornets est plus ou moins réduite chez eux, et les lames de ceux-ci s'enroulent fort peu. Quelques *échassiers* manquent aussi plus ou moins de la cloison qui sépare les deux narines, en sorte que, chez eux, ces cavités communiquent l'une avec l'autre ; tel est le cas des *hérons*, des *grues*, des *cigognes*, etc.

L'orifice antérieur ou externe de l'appareil est embrassé par la susbtance du bec ; quelquefois plus ou moins saillant et porté par un tube très court, par exemple chez l'*engoulevent*, cet orifice ne peut jamais être fermé ou dilaté sous l'influence de muscles attachés sur ses bords ; il est seulement couvert, dans certains oiseaux, tels que les *gallinacés*, d'une sorte d'opercule squammiforme, fourni par la troisième partie de la masse cartilagineuse nasale, et qui ne peut être mis en mouvement.

Les conditions de perfectionnement de l'appareil olfactif se complètent chez les *mammifères*. Soit qu'on examine la nature de la membrane, soit qu'on évalue sa surface et les dispositions à la faveur desquelles cette surface a pu se multiplier, soit enfin qu'on porte ses regards sur les modifications que subit la partie extérieure de la poche, pour recueillir et introduire dans sa cavité les molécules odorantes, on demeure convaincu que l'odorat atteint, dans cette classe, son plus haut degré d'énergie.

Quant à la membrane pituitaire, elle se distingue ici généralement par l'abondance de son tissu vasculaire, qui forme une véritable couche spongieuse dans laquelle dominent les vaisseaux veineux, et qui est susceptible d'une sorte d'érection qui doit augmenter beaucoup sa sensibilité. L'élément nerveux paraît prendre ici la disposition réticulaire, car il n'y a pas de papilles sensoriales. Le pigmentum et l'épiderme manquent très certainement, et si la surface du tégument olfactif semble quelquefois formée par une membrane plus serrée que la partie plus profonde, cela n'est dû qu'à la couche vasculaire mêlée à la nerveuse qui offre une condensation superficielle.

Il y a enfin ici beaucoup de cryptes qui sécrètent une humeur visqueuse abondante, propre à retenir les molécules odorantes.

Cette membrane tapisse, comme cela avait plus ou moins complétement lieu dans les classes précédentes, une double cavité formée par l'écartement des os de la face, c'est-à-dire ici et chez les oiseaux, par la lame criblée de l'ethmoïde qui livre passage aux filets du nerf olfactif, et par différentes parties des os maxillaire supérieur, incisif, et palatin postérieur, enfin par les os propres du nez et le prolongement fibro-cartilagineux qui complète celui-ci dans la classe qui nous occupe; la lame perpendiculaire de l'ethmoïde, celle du vomer, et une lame cartilagineuse, complétent la partie solide de la cloison qui sépare les deux cavités latérales, cloison toujours complète, dans les mammifères, au contraire de ce que nous avons vu chez quelques oiseaux, où l'absence de sa partie cartilagineuse laisse communiquer les deux fosses nasales.

L'orifice antérieur de celles-ci, plus ou moins rapproché de celui du côté opposé, se voit à l'extrémité d'une partie dermo-cartilagineuse plus ou moins saillante, propre aux animaux dont il s'agit ; c'est ce qu'on nomme le *nez*, partie composée de plusieurs pièces assez distinctes, pour être mises en mouvement par des muscles particuliers ; cette disposition permet à l'animal de modifier volontairement le degré d'ouverture de sa narine antérieure, et même quelquefois de porter celle-ci dans telle ou telle direction.

L'orifice postérieur, entouré de parties osseuses qui concourent à former en arrière les parois de la cavité, demeure immobile et invariable.

La surface sensoriale est agrandie, chez les mammifères, d'abord, comme chez les oiseaux, par la présence de lames enroulées ou cornets, puis par une disposition qui n'existait pas encore jusqu'alors, au moins d'une manière évidente, je veux dire par des lacunes creusées dans l'épaisseur des os voisins et communiquant avec la cavité olfactive, lacunes connues sous le nom de *sinus*.

Les cornets ne sont plus cartilagineux, mais osseux ; les lames qui les forment sont très minces, d'un tissu réticulé, plus ou moins transparent, et peuvent être contournées en tous sens ; leur nombre varie beaucoup, mais il est quelquefois si grand que la cavité nasale semble être complétement remplie de cornets. Si l'on consulte l'analogie, et qu'on assimile les cornets osseux des mammifères aux cornets cartilagineux des oiseaux, on sera tenté de regarder les premiers comme des parties indépendantes des os de la face, et appartenant spécialement à l'appareil olfactif ; cependant il est difficile de décider cette question, qui n'a d'ailleurs pas, au point de vue physiologique, l'importance qu'elle peut offrir sous d'autres rapports. Quelle que soit, au reste, la solution qu'on lui donne, les cornets se rattachent, au moins par leurs connexions, aux os qui concourent à former les parois du sac qu'ils remplissent, et nous pouvons les diviser d'après celui de ces os avec lequel ils sont en rapport, en naso-frontal, sphénoïdal et maxillaire, division préférable à celle exprimée par les épithètes de supérieur, moyen et inférieur; car ces épithètes, justes pour l'homme et quelques espèces voisines, cessent de l'être pour beaucoup d'autres. Chacun de ces cornets peut se subdiviser plus ou moins. La pituitaire les dépasse souvent, et forme alors des espèces de bourrelets dans lesquels la couche vasculaire est très abondante.

Les sinus sont également au nombre de trois, désignés par le nom des os dans lesquels ils sont creusés, et qui sont les mêmes que ceux qui donnent leurs noms aux cornets. Le sinus frontal, supérieur ou antérieur, selon le cas, occupe l'intervalle des tables du frontal, et s'étend même quelquefois dans toutes les parois osseuses du crâne. Le sinus sphénoïdal ou postérieur est creusé dans le corps du sphénoïde; le maxillaire ou externe occupe le corps de l'os de ce nom. En pénétrant dans ces cavités, où elle fait en quelque sorte hernie, la pituitaire s'amincit beaucoup. Il est à remarquer que la grandeur des sinus et les contours des cornets augmentent avec l'âge.

L'appareil olfactif nous offre peut-être encore plus de différences, dans la classe des mammifères, que dans celle des oiseaux, sous le rapport de son développement et de ses conditions de perfectionnement, et pour ce qui concerne l'étendue de sa cavité, le nombre, la grandeur, les subdivisions et les anfractuosités des cornets ; il en existe beaucoup aussi, quant à l'étendue des sinus.

Ces différences sont assez évidemment en rapport avec les habitudes de l'animal, notamment avec les habitudes alimentaires ; cependant on ne saurait faire de cette observation une loi rigoureuse, applicable à tous les cas. C'est en général parmi les animaux plus ou moins herbivores ou fructivores que se trouvent les espèces dont l'appareil est le moins développé, tant dans ses parties essentielles que dans ses parties de perfectionnement. Tel est surtout le cas de la plupart des *rongeurs*. Leur cavité nasale a peu d'étendue ; leurs cornets sont petits et peu divisés ; leurs sinus manquent souvent en partie ; le nez est petit et peu mobile. Les *éléphans* et les *solipèdes* ont aussi une cavité médiocre et des cornets assez simples ; mais leurs sinus sont fort grands ; ceux de l'*éléphant* pénètrent dans toute l'étendue des os du crâne. Le nez se fait aussi remarquer, dans cette espèce, par sa prodigieuse longueur, qui le transforme en une *trompe*, mais, comme nous l'avons vu ailleurs, pour un tout autre but que l'odorat ; la membrane tégumentaire daus ce prolongement nasal n'est pas modifiée pour l'olfaction, comme dans la cavité supérieure, et tout est disposé, dans la trompe de l'éléphant, pour lui donner une grande force et une grande étendue de mouvemens. Nul doute cependant que cette faculté de locomotion ne soit un bon auxiliaire pour le sens qui nous occupe, en permettant à l'animal de recueillir des molécules odorantes dans toutes les directions sans changer de place.

Le plus grand développement de l'appareil olfactif se voit chez les *carnassiers*, surtout chez les espèces omnivores, telles que le *chien*, l'*ours*, la *hyène*. Chez ces animaux, les cornets sont tellement gros, subdivisés ou anfractueux, qu'ils remplissent la cavité olfactive, ne laissent entre eux que des méats semblables à des fentes, et ressemblent à une masse de cellulosité; la partie inférieure de l'appareil, qui représente le canal respiratoire, est occupée elle-même par ces lames osseuses, qui tamisent ainsi l'air forcé de passer dans leurs interstices à chaque mouvement respiratoire.

Ces carnassiers ont en outre des sinus assez grands, bien qu'ils ne dépassent pas le frontal; leur nez atteint la partie terminale du museau, et se trouve percé, dans cet endroit, de deux narines à bords mobiles et couverts d'un tégument nu, mou et enduit d'une humeur muqueuse. Les autres carnassiers offrent aussi un système de cornets assez complexe, mais moins considérable cependant que les précédens; le nez, chez eux, tend aussi à se raccourcir, par conséquent à devenir moins terminal, et perd plus ou moins sa mobilité. On remarque dans d'autres groupes, dans celui des *didelphes*, que les espèces carnassières ont également des cornets plus développés que les espèces plus ou moins phytophages. Il faut compter encore parmi les mammifères les mieux organisés pour l'olfaction, les *cochons*, qui non seulement ont la cavité nasale remplie par des cornets fort gros et très divisés, mais qui présentent, en outre, des sinus plus étendus que ceux d'aucune autre espèce; ces cavités s'étendent dans toute la boîte crânienne, dans le sphénoïde postérieur, dans les apophyses ptérygoïdes, dans l'apophyse malaire du temporal, et jusque dans l'os zygomatique.

Les *ruminans*, bien qu'herbivores, ont un appareil

d'olfaction encore assez complet. La cavité a beaucoup d'étendue, les cornets sont grands, mais peu subdivisés ; les sinus s'étendent jusque dans les saillies osseuses qui portent les cornes.

Parmi les *quadrumanes*, les espèces les plus omnivores, les *makis*, se rapprochent assez des *carnassiers* par le développement de leur poche olfactive et de ses cornets ; ils ont au reste, comme les carnassiers omnivores, un museau allongé, à narines terminales. Les *singes*, surtout ceux de l'ancien continent, sont beaucoup moins bien partagés à cet égard ; et l'homme lui-même, bien qu'omnivore, nous offre une cavité nasale assez médiocre, des sinus peu étendus, des cornets assez simples. Mais peut-être cette imperfection est-elle rachetée chez lui par la sensibilité de la membrane pituitaire, par la grande activité du système nerveux encéphalique, enfin par la forme et la grandeur du nez qui, semblable à une pyramide ouverte à sa base, semble mieux disposé pour recueillir les molécules odorantes qui émanent du sol, que le nez plus ou moins tubuleux et horizontal des carnassiers eux-mêmes ; d'où je ne prétends cependant pas inférer que notre odorat puisse égaler celui de ces derniers, celui du *chien* ou de l'*ours*, par exemple.

Les *cétacés* sont, de tous les mammifères, ceux qui ont l'appareil olfactif le plus imparfait, et cela non plus en raison de leur mode d'alimentation, puisqu'ils sont carnivores, mais pour une raison toute différente. Ces mammifères, habitans d'un liquide dans le sein duquel ils ne peuvent pas respirer, avaient besoin d'une disposition particulière dans la partie antérieure de leur appareil respiratoire, pour empêcher que l'eau qu'ils avalent, en saisissant leur proie, ne parvînt dans cet appareil. C'est aux dépens de l'appareil qui nous occupe qu'ils possèdent cette disposition. Chez eux, la cavité nasale est tout entière convertie en canal respiratoire, et fait suite à la trachée artère qui remonte à angle droit jusqu'à cette cavité; celle-ci représente un conduit qui, au lieu de se diriger, comme dans les autres animaux, d'arrière en avant, se porte de bas en haut, et va s'ouvrir par un orifice, le plus souvent unique, à la racine du front (1); c'est cet orifice qui forme, chez les *cétacés*, ce qu'on nomme l'évent; il est fermé, dans l'état de repos, par une sorte d'opercule fibro-musculaire, et donne issue à l'eau que l'animal avale en saisissant les proies dont il se nourrit. Les cornets manquent probablement tous, à moins qu'on ne veuille considérer comme leurs analogues une partie osseuse qui se trouve rejetée dans une sorte de sinus maxillaire; mais ce sinus lui-même ne communiquant pas avec la cavité nasale, ces parties ne servent en tout cas pas à l'olfaction. Outre cela, la membrane qui tapisse cette cavité est sèche, dure, fibreuse, et ne semble point organisée pour sentir les molécules odorantes. Peut-être la propriété olfactive appartient-elle cependant à une partie de cette membrane, qui tapisse des espèces de poches placées dans le bourrelet fibro-musculaire qui forme la narine; du moins le tégument devient-il ici beaucoup plus mou et présente-t-il des plis plus ou moins nombreux.

---

(1) C'est du moins la situation constante de l'orifice osseux, le cutané peut varier et se trouver beaucoup plus loin, jusqu'à l'occiput, par exemple, dans quelques *dauphins*.

DEUXIÈME SOUS-GENRE.

APPAREILS SENSORIAUX QUI SONT AFFECTÉS PAR LE MONDE EXTÉRIEUR D'UNE MANIÈRE MÉDIATE.

Quatrième espèce.

APPAREIL DE LA VUE.

A. DESCRIPTION GÉNÉRALE DE CET APPAREIL.

Nous arrivons maintenant à l'étude des deux appareils sensoriaux sur lesquels les corps exercent leur action médiatement. Ce sont les appareils de la vue et de l'ouïe. Ces appareils sont destinés à nous faire connaître non plus des propriétés chimiques, mais des phénomènes physiques ; ils doivent transmettre à la surface sensoriale non plus les corps eux-mêmes, mais leurs images ou l'écho de leurs agitations moléculaires, et cela à des distances plus ou moins grandes, et par le moyen d'agens intermédiaires. Ces appareils seront nécessairement plus compliqués que les précédens ;

car, au lieu d'être construits, comme ceux-ci, d'après les exigences fort simples d'une pure dissolution moléculaire, ils devront l'être d'après les lois plus complexes des phénomènes physiques dont ils seront chargés de nous révéler l'existence et les modalités, et représenteront de véritables instrumens propres à recueillir et à transmettre avec netteté l'image ou les vibrations qui leur arrivent de distances plus ou moins considérables, en deux mots des instrumens d'optique et d'acoustique. Aussi ces organes seront-ils, surtout à leur plus haut degré de perfectionnement, beaucoup plus spéciaux que ceux des autres sens (1); et, au lieu de ne nous offrir, comme ceux-ci, qu'une portion de la surface tégumentaire un peu modifiée dans une étendue plus ou moins grande, et dont les limites sont avant tout celles du système nerveux qui l'anime, les appareils de la vue et de l'ouïe constitueront des organes tout à fait à part, parfaitement limités, qui occuperont une très petite étendue, et qui, empruntés non plus au tégument proprement dit, mais à ses parties de perfectionnement, à son système phanéreux, seront modifiés au point qu'il faudra des efforts d'analyse pour y reconnaître l'organisation générale des bulbes cutanés : c'est au savoir et à la sagacité de M. de Blainville que la science doit ce beau fait d'anatomie générale.

Des deux appareils sensoriaux dont il nous reste à

---

(1) Ici comme toujours la spécialisation de l'organe est en rapport avec l'élévation de la fonction, car la vue et l'ouïe occupent certainement le premier rang parmi les sens externes, ne fût-ce que parce qu'elles étendent considérablement la sphère des rapports de l'individu avec le monde extérieur.

traiter maintenant, le plus général, le plus important, sans contredit, est celui de la vue ; c'est, en conséquence, par lui que nous commencerons.

L'appareil ou l'organe de la vue est un instrument dépendant de l'enveloppe, à l'aide duquel l'animal perçoit à distance les images, c'est-à-dire plus ou moins exactement la forme et la grandeur des corps, au moyen de la lumière diversement colorée qu'ils réfléchissent jusqu'à lui (1).

Pour quiconque connaît, je ne dis pas la nature de la lumière, que nous n'avons pas à rechercher ici, mais ses lois, c'est-à-dire son mode de propagation, pour qui sait comment les corps la réfléchissent et la décomposent, comment elle en traverse quelques uns, et quelle influence les différences de leur densité et de leur forme, de leur nature, exercent sur sa marche ; pour qui connaît enfin la double loi de la réflexion et de la réfraction de la lumière, et je dois supposer ces notions à tous mes lecteurs, il est aisé de concevoir d'avance les conditions d'existence et de perfectionnement d'un appareil de vision.

On sent que cet appareil devra se composer et d'une surface nerveuse dont la sensibilité toute spéciale donnera à l'animal la connaissance de la lumière, de ses modes et de ses degrés divers, et d'un ensemble de parties destinées à régler la marche des rayons lumineux

---

(1) Cette action de la lumière sur l'animal n'a rien de commun, on le conçoit, avec celle que ce modificateur exerce manifestement sur beaucoup d'êtres qui, bien que privés d'organes de vision, recherchent néanmoins la bienfaisante influence de l'agent lumineux ; cette dernière action est toute moléculaire, elle a lieu dans l'intérêt de la nutrition, comme nous l'apprennent les effets de l'étiolement, et ne donnent à l'être qui l'éprouve aucune notion sur les corps qui l'entourent.

réfléchis par les objets extérieurs, en sorte que ces rayons viennent peindre les corps qui les renvoient sur la surface sensoriale; en d'autres termes, il y aura de toute nécessité, dans un organe de vision, outre la partie essentielle sensible, un véritable instrument d'optique comparable, d'une manière générale, à celui que nous connaissons sous le nom de *chambre obscure.* C'est, en effet, ce que nous apprend l'observation, comme il nous reste à le rappeler brièvement.

Un appareil de vision, un *œil,* est un phanère modifié qui nous présente, comme tout organe de ce genre, des parties vivantes et des produits. Il nous offre d'abord, extérieurement, une enveloppe fibreuse, connue ici sous le nom de *sclérotique,* percée en arrière pour le passage des vaisseaux et des nerfs de l'appareil, et, en avant, pour la communication de celui-ci avec le monde extérieur ; mais cette seconde ouverture est toujours occupée par une partie transparente, la *cornée,* disque membraneux, de forme ronde ou polygonale, qui complète en avant les parois du bulbe oculaire. A l'intérieur de l'enveloppe fibreuse, s'étale une membrane vasculaire très distincte, une *choroïde,* qui exhale et porte à sa surface une couche plus ou moins épaisse d'un pigmentum de couleur foncée. Cette seconde membrane est également percée, en arrière, pour le passage du système nerveux, et même encore de quelques vaisseaux de l'organe ; en avant, elle se détache généralement de la fibreuse à l'endroit où celle-ci se convertit en *cornée,* et, devenue libre, elle forme derrière cette partie transparente une sorte de diaphragme percé à son centre d'une ouverture, d'une *pupille,* dont la grandeur et la forme sont souvent variables. Enfin le système nerveux vient à son tour couvrir la couche vasculaire de cette troisième membrane qu'on connaît sous le nom de *rétine*.

Ainsi se trouve circonscrite une cavité qui représente une véritable chambre obscure avec son orifice, et un verre transparent et réfringent au devant de celui-ci, cavité dont la toile de fond jouit de la sensibilité nécessaire pour donner à l'animal la connaissance des images qui viendront s'y peindre. A la rigueur, l'organe peut se concevoir, réduit aux élémens que nous venons d'énumérer, en supposant la cornée disposée pour modifier convenablement la marche des rayons lumineux. Mais, en général, nous voyons distinctement d'autres milieux réfracteurs se joindre à ce premier verre, et concourir avec lui, par l'heureuse combinaison de leur densité, de leur force, de leur nature respective à la composition d'un instrument de dioptrique dont l'art n'a pu jusqu'à présent atteindre l'admirable perfection. De ces milieux, qui sont au nombre de trois, l'un représente la partie pulpeuse du phanère, les autres des produits. Le premier est ce corps pultacé, semi-fluide, d'une transparence si pure, que nous nommons le *corps vitré;* c'est une partie organisée, composée d'un tissu celluleux très délié, et d'une matière diffluente particulière. Les vaisseaux de l'œil pénètrent jusque dans cette partie pour l'alimenter. Au devant de l'humeur vitrée, nous voyons le *cristallin,* partie inorganique composée de couches concentriques d'autant plus solides qu'elles sont plus centrales, espèce de cristallisation parfaitement translucide et de forme plus ou moins arrondie. Enfin une humeur exhalée tout à fait fluide, l'*humeur aqueuse*, placée entre la cornée et le cristallin de l'un et de l'autre côté de l'iris, dont elle traverse l'orifice pupillaire, complète le système des milieux réfringens de l'appareil qui nous occupe, parties dont nous ne pouvons achever la description que plus tard, en les étudiant chez les animaux supérieurs.

La perfection de cet appareil dépend surtout du développement proportionnel, de la forme, de la combinaison des milieux qui dirigeront la lumière; non seulement ces circonstances sont calculées de manière à concentrer le plus de rayons possible vers un foyer commun, mais, en outre, la combinaison des milieux différens est tellement heureuse ici, qu'elle réussit à neutraliser l'inégalité de la réfraction des divers rayons, à prévenir ce que les physiciens nomment l'*aberration de réfrangibilité*, d'où résulte l'irisation, qui nuit à la netteté de l'image. La mobilité de l'ouverture pupillaire contribuera à cette netteté, en proportionnant le champ de la lentille à la quantité des rayons qui doivent la traverser, et qu'elle peut concentrer vers son foyer; en diminuant, en un mot, par là l'*aberration de sphéricité*. Quelquefois aussi l'animal jouira de la faculté de modifier volontairement à quelque degré ses forces réfringentes, de telle sorte qu'il pourra, selon le besoin, déplacer le foyer des rayons convergens. Enfin je citerai encore, parmi les conditions de perfectionnement de l'appareil de la vue, la situation plus ou moins heureuse des yeux, la faculté de les mouvoir volontairement et de les porter ainsi sur tel ou tel objet, puis l'abri que le bulbe oculaire pourra trouver dans les parties qui l'avoisinent, notamment dans le système solide et dans certaines expansions tégumentaires, le secours que lui fourniront les cryptes du voisinage, tant pour prévenir son détachement que pour le nettoyer des corpuscules qui pourraient s'arrêter sur la cornée et intercepter plus ou moins les rayons lumineux.

Mais nous ne pouvons acquérir une idée complète de l'œil et des perfectionnemens dont il est susceptible, qu'en étudiant cet organe dans les divers groupes d'animaux qui le possèdent.

B. *APPAREIL DE LA VUE DANS LA SERIE ANIMALE.*

I.

Nous ne trouvons rien qui ressemble à un appareil de vue avant d'arriver aux divisions supérieures des MOLLUSQUES, aux *céphalés*. Ces animaux nous présentent une paire d'yeux simples, mais dont la situation et le développement varient beaucoup, selon le groupe où nous les étudions.

Dans toute la section inférieure des céphalés, ces yeux sont réduits à un état plus ou moins rudimentaire, au point qu'on ne peut étudier, le plus souvent, que leur situation. C'est à peine si l'on possède quelques observations sur leur structure dans quelques espèces mieux favorisées que les autres sous ce rapport. Ainsi, dans la famille des *limacinés*, l'organe de la vue est quelquefois assez gros pour permettre d'y distinguer une cornée, une couche choroïdienne noire, et même une rétine et un cristallin. Swammerdamm dit y avoir reconnu l'iris et son orifice. M. de Blainville a vu dans l'œil de la *volute couronne d'Ethiopie* une pupille et, derrière celle-ci, un gros cristallin. Mais, en général, comme je le disais tout à l'heure, il faut se contenter, dans toute cette section, de noter la situation des yeux. Ces organes sont tantôt sessiles, tantôt pédiculés, tantôt placés à la base des tentacules, tantôt sur quelques points de leur longueur, quelquefois à leur extrémité, comme nous le voyons dans nos *hélices*, notamment dans nos *limaçons*, dont tout le monde a pu observer les tentacules oculaires complétement rétractiles.

Dans les mollusques supérieurs, dans les *brachiocéphalés*, l'appareil de la vision est facile à étudier, et nous connaissons surtout assez bien celui des *sèches*, sans pouvoir toutefois donner une détermination certaine de toutes ses parties, et ramener à la règle les anomalies qu'il offre, comme on va le voir.

Les yeux de ces animaux sont volumineux, et occupent une assez grande place de chaque côté de la tête. Placés dans des cavités très grandes et formées en partie par le cartilage céphalique, ces organes ont peu de convexité à leur face antérieure, ce qui est, au reste, assez généralement le cas chez les animaux aquatiques, pour une raison que nous dirons plus tard. Voici du reste ce que l'on aperçoit dans l'œil de la sèche. Tout à fait extérieurement se trouve une enveloppe épaisse et spongieuse, percée en avant d'un grand trou rond, à bords libres et tranchans; est-ce une sclérotique dépourvue de cornée, et devons-nous voir, dans cette disposition, l'indice de l'indépendance originelle de ces deux parties, ou cette première membrane nous représente-t-elle une couche choroïdienne terminée par l'iris et sa pupille? C'est ce que je n'ose décider. Quoi qu'il en soit, à l'intérieur de cette enveloppe en est une seconde décidément choroïdienne, couverte d'une couche de pigmentum, et qui se divise antérieurement en deux feuillets, dont l'un continue à accompagner la membrane externe, et l'autre s'en détache, fournit en arrière une zone de ces plis rayonnans que l'on connaît sous le nom de procès ciliaires, et pénètre dans l'intervalle des deux moitiés du cristallin. On voit ensuite, mais seulement dans la partie postérieure de la cavité oculaire, une partie épaisse, blanche, espèce de sclérotique intérieure, dure et cartilagineuse en arrière, percée dans ce point pour le passage du nerf optique qui vient s'épanouir en une rétine plus épaisse que celle d'aucun autre animal. Les milieux dioptriques de cet œil assez singulier sont, en arrière, un corps vitré très fluide que soutient une membrane hyaloïde d'un tissu sec ; un cristallin gros, très convexe, composé de deux portions de sphère de diamètre différent, séparées par un feuillet de la choroïde ? Ce feuillet représenterait-il l'iris, et la portion de cristallin placée au devant de lui serait-elle une cornée transparente ? Cela n'est pas impossible ; il est plus vraisemblable cependant que la cornée est remplacée ici par la peau elle-même qui se prolonge sur le globe de l'œil, en s'amincissant beaucoup et en acquérant une transparence parfaite.

L'œil des sèches possède deux petits muscles qui ne lui donnent que bien peu de mobilité. Il manque de paupières et de glandes particulières ; ce qui s'explique très bien par le séjour qu'habite ce brachiocéphalé.

II.

L'appareil de la vision devient beaucoup plus commun dans le type des ENTOMOZOAIRES que dans le précédent ; car on en trouve au moins des traces dans toutes les classes d'animaux articulés. Très ordinairement aussi, comme nous allons le voir, les yeux de ces animaux sont nombreux, ce qui augmente sinon la puissance visuelle, au moins la faculté d'apercevoir le monde extérieur par un plus grand nombre de côtés. Mais, en échange de ces avantages, nous trouvons peut-être l'organisation de l'œil un peu moins complexe ici que chez les *brachiocéphalés*. La sclérotique et la cornée ne semblent être que des parties un peu modifiées du derme lui-même ; le cristallin manque, et l'organe n'est jamais mobile dans une cavité orbitaire.

Ce qui caractérise les yeux des entomozoaires entre ceux de tous les autres êtres de la série animale, ce n'est pas seulement leur nombre, mais les deux manières dont ils se présentent à notre observation ; tantôt nous les trouvons, comme à l'ordinaire, simples et isolés, et occupant alors divers points de la partie antérieure de la tête, tantôt nous les voyons, agglomérés en très grand nombre, former deux masses assez considérables sur les régions latérales de la même partie. On nomme *stemmates* les yeux simples et isolés, les autres ne sont désignés que par l'épithète de *composés*.

La structure de ces yeux est très difficile à étudier. Les stemmates surtout sont d'une telle petitesse que nous ne savons rien d'un peu positif sur leur organisation. Quant aux yeux composés, ils sont formés extérieurement par la réunion d'une multitude de petites cornées. Chacune de celles-ci, selon M. de Blainville, qui a fait ses observations sur la *langouste*, est doublée par une couche colorée, qui est une choroïde percée d'une pupille. Des bords de cette ouverture part un petit tube membraneux qui va s'appliquer sur un mamelon d'une masse subgélatineuse, translucide, qui représente ou le cristallin, ou plutôt l'humeur vitrée ; cette masse s'appuie à son tour sur un gros ganglion nerveux qui semble offrir une alvéole pour chaque tube oculaire. M. Marcel de Serres, d'accord en cela avec Swammerdam et avec Cuvier, a vu dans les yeux composés des *insectes*, des collections de petites cornées diversement colorées par elles-mêmes, indépendamment du pigmentum choroïdien. Selon ces observateurs, un filet nerveux viendrait s'épanouir et se mouler dans la concavité de chaque cornée, après avoir traversé et la membrane vasculaire et sa matière colorante.

Cette manière de concevoir la structure des yeux composés ramène, comme on le voit, leur organisation particulière à une grande simplicité, puisque toute leur partie dioptrique se réduirait à la cornée.

Les différences qu'on a remarquées jusqu'à présent entre les entomozoaires, sous le rapport de l'appareil de la vue, portent presque exclusivement sur le nombre des yeux, sur leur grosseur, sur l'existence isolée ou simultanée des stemmates et des yeux composés, sur la place qu'occupent ces organes. Ces différences, celles du moins qui portent sur le volume et sur le nombre, peuvent dépendre des habitudes alimentaires de l'animal, un peu du séjour, beaucoup de l'âge, et plus encore, s'il se peut, du groupe.

On conçoit que les espèces éminemment carnassières, qui poursuivent des proies vivantes, par exemple les *carabes*, les *cicindèles*, les *elaphus*, parmi les *insectes coléoptères*, les *mantes*, parmi les *orthop-*

tères, etc., auront, toutes choses égales d'ailleurs, un système oculaire plus développé que les autres espèces. On a observé aussi que les *coléoptères nocturnes* manquent de choroïde, et présentent en échange une cornée colorée d'une teinte très foncée. Les larves ont souvent un appareil de vision différent de celui de l'insecte parfait. Celles des *diptères* sont même le plus souvent aveugles ; d'autres, notamment celles des *coléoptères*, ont des yeux simples, tandis que l'insecte métamorphosé n'en a que de composés. Quant aux différences qui se rattachent aux groupes zoologiques, voici en peu de mots les plus manifestes :

Chez les *apodes*, on n'aperçoit souvent rien qui ressemble à des yeux ; c'est le cas de tous les *intestinaux*, ce dont on conçoit bien la raison. D'autres animaux de la même classe, tels que les *sangsues*, nous offrent quelques points noirs symétriquement rangés à la partie antérieure du corps, et qu'on est porté à regarder comme des yeux rudimentaires. La même chose se voit chez les *annélides chétopodes*. Si ces points représentent les yeux, ce ne sont certainement que des yeux ébauchés incapables de servir à la vision.

Il faut quitter les annélides et arriver aux *myriapodes* pour voir de véritables yeux. Depuis cette classe aux *décapodes* inclusivement, les organes dont nous parlons sont toujours composés ; les petites cornées qui les forment deviennent de plus en plus nombreuses ; ces masses oculaires sont très souvent sessiles ; mais quelquefois elles se trouvent portées par un pédicule, comme on le voit dans les *décapodes*. Il peut arriver qu'elles se réunissent sur la ligne médiane pour n'en former qu'une ; tel est le cas des espèces de crustacés qu'on désigne, à cause de cette particularité, sous le nom de *monocles*.

Les *octopodes* n'ont que des stemmates disposés par paires à la partie antérieure et supérieure du céphalo-thorax; le nombre de ces paires varie d'un groupe d'*arachnides* à l'autre. Quelques octopodes parasites paraissent privés de tout organe de vision.

Enfin, dans la classe des *hexapodes*, la plupart des ordres possèdent à la fois des yeux composés et des stemmates; tels sont les *orthoptères*, les *hémiptères*, les *lépidoptères*, les *névroptères*, les *hyménoptères*, et presque tous les *diptères*. D'autres, les *coléoptères* et les *aptères*, n'ont que des yeux composés.

III.

L'appareil de la vision devient tout à la fois plus simple et plus complet chez les ANIMAUX VERTÉBRÉS; plus simple en ce que nous ne voyons jamais dans ce type qu'une seule paire d'yeux; plus complet en ce que ces yeux se perfectionnent notablement dans leurs parties essentielles et dans leurs parties accessoires. Ces organes occupent une place plus ou moins considérable des parties antérieures et plus ou moins latérales de la tête, où ils sont logés et abrités en partie dans une cavité orbitaire fournie par le système solide. Nous devons étudier successivement leurs parties essentielles ou les membranes qui constituent les parois du bulbe oculaire, les parties contenues dans l'organe et qui servent d'instrumens dioptriques, enfin les parties accessoires qui meuvent l'œil, l'abritent, ou servent à le nettoyer.

I. MEMBRANES OU ENVELOPPES DU BULBE OCULAIRE.

Ces membranes sont constamment au nombre de trois chez les *ostéozoaires*, savoir, de dehors en dedans : la fibreuse, ou sclérotique ; la vasculaire, ou choroïde ; et la nerveuse, ou rétine.

La sclérotique des animaux vertébrés est formée par un tissu fibreux plus ou moins dense, quelquefois assez mou, quelquefois aussi converti en cartilage, ou encroûté, dans une partie de son étendue, de sels calcaires qui forment une zone de pièces osseuses plus ou moins large, ordinairement à la partie antérieure du bulbe. Cette membrane forme un sphéroïde plus ou moins imparfait, percé à sa face antérieure et à sa face postérieure : à sa face antérieure pour recevoir la cornée, disque membraneux toujours incolore dans ce type. La nature de la cornée est peu connue ; mais il est assez probable que cette membrane n'est qu'une modification particulière de la sclérotique. Il est à remarquer que la proportion d'eau qui doit entrer dans sa composition est rigoureusement déterminée ; trop abreuvée de liquide, la cornée perd sa transparence. En arrière c'est, nous l'avons dit, pour l'entrée du nerf dans l'œil que la sclérotique est percée.

La *choroïde* se moule sur la face intérieure de la fibreuse, et la tapisse jusqu'à l'endroit où celle-ci se continue avec la cornée ; là elle s'isole et forme toujours derrière ce verre transparent cette espèce de diaphragme vertical que nous connaissons sous le nom d'*iris*. La choroïde est également percée à sa partie antérieure et à sa partie postérieure : en avant, par la *pupille*, orifice plus ou moins grand, de forme variable, selon les animaux, qui occupe ordinairement le centre de l'iris; en arrière, de trous qui donnent encore passage au nerf de l'organe, et à quelques vaisseaux qui ne sont pas entrés dans la composition de la membrane qui nous occupe. Derrière l'iris, avant de fournir cette cloison et d'abandonner définitivement la face interne de la sclérotique, la choroïde forme ce qu'on nomme le *cercle* et les *procès ciliaires*; le cercle, ou ligament ciliaire, est une sorte de zône grisâtre qui est placée sur la limite de la partie adhérente de la membrane vasculaire, et qui attache celle-ci à la sclérotique plus intimement qu'elle ne l'est ailleurs; les procès ciliaires représentent un rayonnement de plis de la choroïde, plis triangulaires, ayant leur base vers le cercle du même nom, et convergeant vers l'axe pupillaire par leur sommet, qui se dirige en arrière.

A sa partie postérieure, la membrane vasculaire offre un aspect différent, selon la face par laquelle on l'examine; cette différence vient de la position respective que prennent ses artérioles et ses veinules; les premières forment la surface intérieure, les secondes la surface extérieure de cette toile. La couche interne ou artérielle se montre ordinairement couverte de villosités; mais quelquefois elle prend une texture serrée et comme fibreuse; c'est alors ce que les auteurs nomment une membrane *ruischienne*. Les deux sortes de vaisseaux sont plus entremêlées dans la section antérieure de la choroïde.

C'est à sa nature éminemment vasculaire que l'iris doit les changemens qu'il éprouve dans son étendue, et qui nous deviennent sensibles par l'élargissement ou le rétrécissement de la pupille ; on a voulu attribuer ces changemens à des fibres musculaires ; mais l'observation n'a jamais montré ces fibres, et il est impossible d'en concevoir *à priori* dans l'intérieur d'un bulbe phanérique. Enfin un pigmentum plus ou moins abondant et foncé couvre intérieurement la choroïde, et transsude même quelquefois jusqu'à l'enveloppe fibreuse, au point de la teindre aussi ; ce produit forme une couche épaisse sur les procès ciliaires et sur la face postérieure du diaphragme oculaire ; on voit quelquefois une seconde espèce de matière colorante argentée ou dorée qui s'étale en lame à l'intérieur de la choroïde, et surtout à la face intérieure ou iridienne du même diaphragme.

Sur la choroïde vient se déployer à son tour la *toile nerveuse* ou *rétine*, formée par le nerf optique qui a traversé les deux enveloppes extérieures. La rétine, arrivée à la racine des procès ciliaires, diminue souvent d'épaisseur, et se continue fréquemment jusqu'à la capsule du cristallin, avec laquelle elle va se confondre après avoir formé, sur toute sa circonférence antérieure, une seconde couronne de plis très fins ou des procès ciliaires rétiniens.

La structure de la rétine résulte d'une sorte de toile cellulaire, dans les mailles de laquelle se dépose une pulpe nerveuse qui peut-être s'arrête à la base des procès ciliaires, point où, comme nous venons de le voir, la membrane s'amincit souvent beaucoup.

II. APPAREIL DIOPTRIQUE.

L'appareil dioptrique de l'œil des vertébrés comprend, outre la cornée, dont nous avons déjà fait mention, un *corps vitré*, un *cristallin*, une *humeur aqueuse*.

Le *corps vitré* représente la pulpe vivante du bulbe phanérique. Il forme, dans le fond de celui-ci, une masse plus ou moins volumineuse, moulée en arrière sur la concavité de la chambre oculaire, et appuyée sur la toile nerveuse, creusée en avant d'une fossette qui reçoit le cristallin. Cette partie de l'œil, par son admirable transparence, est comparable, ainsi que l'indique son nom, au verre le plus pur, et surpasse même, sous ce rapport, le plus beau produit de l'industrie humaine. Le corps vitré est formé par une cellulosité très fine qui, après lui avoir fourni une enveloppe, connue sous le nom de *membrane hyaloïde*, pénètre dans son intérieur et forme de grandes loges dans lesquelles se dépose la pulpe transparente ; l'artère centrale de la rétine donne une branche pour alimenter cette partie véritablement organisée de l'appareil dioptrique.

Le *cristallin* est logé dans la dépression de la face antérieure du corps vitré, et nous offre un volume beaucoup moins considérable que celui-ci, du moins chez les vertébrés supérieurs. Sa forme varie beaucoup, depuis celle d'un sphéroïde plus ou moins parfait, jusqu'à celle d'une lentille dont les faces seraient d'une convexité différente. Il est enveloppé d'une poche membraneuse ou capsule transparente comme lui, dont le tissu, quoique homogène en apparence, pourrait bien participer encore à l'organisation, si nous en jugeons par la présence d'une branche de l'artère rétinienne qui vient se ramifier dans toute sa partie postérieure. Mais ce qu'il y a de certain, c'est que le corps du cristallin lui-même n'est pas vivant, et qu'il représente un simple produit ou dépôt, la partie morte du bulbe phanérique. La matière de ce dépôt se trouve disposée par couches concentriques, dont la plus externe est liquide, la suivante semi-fluide et pultacée, et celles qui sont plus intérieures dans un état de solidité ou de cristallisation d'autant plus complet qu'on s'approche davantage du noyau du cristallin ou de sa partie la plus anciennement formée. Cette disposition stratifiée et ces différences de densité interviennent, comme on le conçoit, d'une manière très importante dans la fonction dioptrique du corps dont il s'agit.

L'humeur aqueuse est un liquide exhalé, qui occupe les intervalles qui peuvent exister entre les diverses parties des chambres oculaires ; nous la trouvons surtout des deux côtés de la pupille, dans l'espace qui sépare le cristallin de la cornée, toutes les fois que la sphéricité du premier et l'aplatissement de la seconde ne sont pas trop considérables. L'humeur aqueuse est aussi parfaitement translucide. Elle est exhalée on ne sait trop par quelle portion du bulbe, peut-être par une membrane analogue aux séreuses, dont il serait possible que le feuillet nommé par les auteurs *membrane de l'humeur aqueuse* fît partie (1).

III. PARTIES ACCESSOIRES.

Les parties annexées à l'appareil de la vision des ani-

----

(1) Ce feuillet est une lame comparable à du papier gélatine, qu'on détache de la face intérieure de la cornée. Il est très probable que cette partie est vivante, bien que son aspect homogène n'y laisse pas apercevoir les caractères d'un tissu organisé.

maux vertébrés, pour concourir à sa conservation et à son perfectionnement, sont de plusieurs sortes. Ce sont ou des organes locomoteurs, des muscles qui, soumis à la volonté, permettent à l'animal de diriger ses yeux vers les objets qu'il a intérêt de connaître, ou des abris que fournit le système solide et le tégument voisin, ou enfin des organes de sécrétion et de nettoiement. Prenons une connaissance générale de ces divers élémens de perfectionnement, qui nous offriront ensuite, la plupart, de grandes différences, selon la classe de vertébrés où nous les étudierons.

1° *Appareil locomoteur.* L'appareil locomoteur de l'œil se compose de plusieurs faisceaux musculaires, le plus ordinairement au nombre de six, et qui s'attachent par leurs extrémités, d'une part au système solide qui environne et protège l'œil, de l'autre à l'enveloppe fibreuse de celui-ci. De ces six muscles, quatre sont *droits*, c'est-à-dire se portent directement dans le sens du diamètre antéro-postérieur de l'organe, un à sa partie supérieure, un à l'inférieure, et les autres sur les côtés; les deux muscles qui restent coupent la direction des premiers, l'un en dessus, l'autre en dessous; ce sont des *muscles obliques*.

2° *Parties protectrices de l'œil.* L'œil est reçu en partie dans une cavité plus ou moins grande et profonde qui lui est fournie, le plus ordinairement, par une modification et quelquefois par un simple écartement des pièces antérieures du squelette. La direction de cette cavité varie considérablement, et tend, en général, à se rapprocher de plus en plus de celle de l'axe du corps.

Outre cet abri permanent, l'œil des animaux vertébrés en reçoit un plus **ou** moins temporaire du tégument voisin, qui forme au devant de lui des replis qu'on nomme des *paupières*. On compte trois paupières, qui se montrent à des degrés très divers de développement, depuis celui où elles ne forment que de simples bourrelets immobiles, jusqu'à celui où elle représentent des voiles mobiles, capables de couvrir toute la surface extra-orbitaire de l'œil. Des trois replis palpébraux, deux ont une direction horizontale ; le troisième, placé verticalement, est connu sous le nom particulier de *membrane nictitante*. Les paupières horizontales sont les plus constantes et généralement les plus développées.

Des deux lames tégumentaires qui forment chaque paupière, l'externe ressemble à la peau voisine et s'en distingue tout au plus par sa minceur, et quelquefois par plus ou moins de transparence ; l'interne, distinguée sous le nom de *conjonctive,* prend, au contraire, l'aspect des membranes muqueuses, en continuant à s'amincir de plus en plus, passe du repli palpébral sur la surface même de l'œil, s'y attache souvent d'une manière plus ou moins intime, et passe au devant de la cornée, dont elle partage alors la diaphanéité ; quelquefois cette peau amincie peut demeurer sans adhérence avec la cornée ; d'autres fois, et c'est ce qui a lieu chez les animaux supérieurs, elle paraît s'arrêter au bord de ce disque. Dans l'intervalle de leurs deux feuillets, les paupières renferment fréquemment des pièces cartilagineuses ; on y voit également des fibres musculaires, outre des faisceaux de même nature qui, de l'orbite, viennent se rattacher à ces replis pour les mouvoir.

Enfin des cryptes disséminés ou agglomérés, et formant alors ce qu'on nomme des *glandes lacrymales.,* sont annexés au globe oculaire pour le lubrifier. On voit ordinairement un amas de ce genre entre l'œil et l'orbite, à la partie supérieure externe de celui-ci : c'est la glande lacrymale proprement dite ; un autre amas, placé du côté interne de l'orbite, porte le nom de glande lacrymale interne, ou d'Harderus. Il ne faut pas la confondre avec la *caroncule lacrymale,* petite masse crypteuse plus ou moins rouge et entremêlée de poils qu'on voit aussi à l'angle interne de l'œil. Enfin, tandis que ces divers organes sécréteurs versent sur ce dernier un fluide séreux, quelques cryptes isolés, placés vers le bord des paupières, fournissent une humeur grasse, muqueuse, sébacée, mais toujours assez peu abondante. Les larmes, au contraire, le sont quelquefois au point qu'il leur faut des voies d'écoulement particulières. Des orifices, situés vers l'angle nasal de l'œil, les reçoivent et les conduisent dans un canal d'abord renflé en *sac lacrymal,* et qui va se terminer dans la cavité olfactive.

Des poils implantés au bord libre des paupières, et connus sous le nom de *cils,* et d'autres qui couvrent une saillie au dessus des orbites, et forment ce qu'on nomme des *sourcils,* contribuent à la protection de l'appareil de la vue chez un certain nombre de vertébrés.

Etudions maintenant les modifications de cet appareil dans les cinq classes de ce type.

Les yeux des *poissons* se font remarquer par leur aplatissement en avant et leur forte convexité en arrière. On en distingue très bien les diverses membranes.

Entre la sclérotique et la choroïde, on remarque une couche de pigmentum argenté, qui appartient à cette dernière membrane, et se continue sur l'iris. Ce diaphragme est peu vasculaire, par conséquent peu érectile, ce qui explique pourquoi l'ouverture pupillaire n'est généralement pas susceptible de mouvemens appréciables. Entre la choroïde et sa couche nacrée, nous voyons, au pourtour de l'entrée du nerf optique dans le bulbe oculaire, un bourrelet composé en grande partie par des vaisseaux, vrai ganglion vasculaire, désigné sous le nom de *ganglion choroïdien.*

Les poissons ont une rétine fort épaisse et composée de deux couches, dont l'interne naît du nerf d'une manière très évidente ; on voit celui-ci, membraneux et plissé en cylindre, se déployer en traversant les enveloppes de l'œil, et fournir, en s'irradiant, la toile rétinienne. Il arrive quelquefois que le nerf optique se trouve divisé en plusieurs parties ; c'est ce qu'on voit notamment dans le *cheilodiptère aigle.*

La partie dioptrique se distingue, dans la classe qui nous occupe, par un cristallin sphérique et tellement volumineux qu'en arrière il refoule l'humeur vitrée et en réduit considérablement la masse, et qu'en avant il ne laisse entre lui et la cornée, qui est fort aplatie, aucun intervalle où puisse se loger une humeur aqueuse.

L'œil des poissons est logé dans un orbite qui n'est fourni qu'en partie par le système solide ; un bourrelet cutané orbiculaire complète cette cavité. Ce bourrelet représente seul l'abri palpébral, en y joignant un rudiment de paupière tout à fait immobile. Six muscles, dont quatre droits et deux obliques, meuvent le globe oculaire. Il n'y a point encore ici d'appareil lacrymal, circonstance qui s'explique autant par la considération du milieu qu'habitent les poissons, que par la place inférieure qu'ils occupent sur l'échelle zoologique.

Les différences que nous avons observées entre ces animaux, sous le rapport de l'appareil de la vue, sont peu considérables et peu importantes. Elles se réduisent presque à des différences de développement, et sont en rapport avec certaines habitudes. Ainsi les poissons voyageurs, ceux qui vivent en pleine mer, tels que les *harengs*, les *maquereaux*, etc., ont les yeux assez gros, tandis que, chez les espèces qui séjournent dans les mêmes lieux et qui se tiennent près du littoral, ces organes sont, en général, plus ou moins petits. Parmi ceux qui vivent dans la vase, il en est qui sont complétement privés d'yeux; c'est le cas des *myxines*, parmi les *chondroptérygiens*, et de l'*aptérichte* (*cécilie* de Brander et Lacépède), parmi les *osseux*. M. de Blainville, qui a cherché très inutilement l'œil chez la *myxine*, fait, à ce sujet, une observation fort digne d'attention. « On remarque bien à l'extérieur, dit-il, une sorte de petit renflement coloré à l'endroit où l'œil devrait être ; mais, en enlevant la peau, j'ai trouvé que cette saillie est formée par un amas de petits grains vers lesquels arrivent des filamens nerveux et vasculaires. Le rudiment de l'organe avait-il été décomposé ? »

On trouve enfin, chez quelques poissons, l'appareil de la vue dans un état d'anomalie réel ou apparent. Ainsi les *anableps* ont des yeux plus rapprochés, dont la cornée se trouve transversalement partagée par une bande opaque en deux moitiés, qui ont chacune leur courbure particulière ; et comme la même bande se trouve adhérer à l'iris, il s'ensuit que ce diaphragme oculaire et son ouverture sont également divisés : du reste les autres parties de l'œil sont dans leur état ordinaire.

Dans les *pleuronectes*, les deux yeux se trouvent du même côté ; mais, comme cela tient à la torsion de la tête, cette anomalie n'est qu'apparente.

En passant des *poissons* aux *amphibiens*, nous ne trouvons pas un progrès bien prononcé dans l'appareil de la vision. Le cristallin conserve sa forme sphérique, la rétine son épaisseur. La cavité orbitaire n'est pas soutenue complétement par le système osseux ; il n'y a pas encore de glande lacrymale. La cornée cependant devient très convexe, ce qui achève de donner au bulbe oculaire une forme globuleuse, et nous commençons à voir des paupières mobiles. Du reste, nous trouvons de notables différences dans les caractères des diverses parties de l'œil, selon le groupe que nous étudions.

D'abord cet organe n'est que rudimentaire dans les *cécilies* et dans les *protées*, qui sont certainement aveugles. Chez les *pseudo-sauriens* ou *salamandres* il est fort saillant, au moins quand l'animal est hors de l'eau ; la cornée est très bombée, le cristallin sphérique, la rétine très épaisse. L'iris est percé d'une pupille transversale ; il y a des ébauches de paupières horizontales.

Les *grenouilles* ont de gros yeux saillans. La sclérotique, dure et comme cartilagineuse, se termine par une cornée très convexe en avant. La choroïde est, comme chez les *poissons*, couverte extérieurement d'un pigmentum argenté, indépendamment de la couche noire qui revêt sa face interne. Cette membrane commence à former derrière l'iris un cercle de petites saillies, qu'on peut regarder comme des *procès ciliaires* incomplets, et qui, prolongées en replis, vont s'attacher fortement à la capsule du cristallin. La pupille est rhomboïdale ; le cristallin, un peu moins sphérique que précédemment, est petit et permet au corps vitré d'occuper une assez grande place.

L'œil des *grenouilles* se meut dans l'orbite par le moyen de deux paires de muscles obliques. Il est abrité par deux paupières, dont la supérieure, immobile par elle-même, s'abaisse néanmoins en même temps que le globe oculaire ; tandis que l'inférieure, pourvue de muscles abaisseurs et releveurs, se meut indépendamment de l'œil, et vient le recouvrir, en passant même sous le bord de la première paupière. Cette paupière inférieure est fort grande, et représente en même temps la troisième.

Il n'y a encore dans ce groupe ni glande ni canal lacrymal.

Les *pipas* se distinguent des autres *batraciens* par la petitesse de leur œil, qui est en outre complétement dépourvu de paupières. La pupille en est ronde et le cristallin sphérique.

Les *reptiles* proprement dits, ou écailleux, vont nous offrir quelque chose de plus complet dans l'organisation de l'appareil qui nous occupe, mais avec des différences qui nous obligent à parcourir sans autres généralités les divers groupes dont cette classe se compose.

Chez les *ophidiens*, le bulbe oculaire est presque sphérique, aussi bien que le cristallin ; la pupille est ronde. Nous trouvons, pour mouvoir ce bulbe, quatre muscles droits et deux obliques. La peau de son pourtour ne fournit pas de replis palpébraux, mais seulement un bourrelet placé sur le bord de l'orbite ; après avoir formé ce bourrelet, le tégument se porte, sans y adhérer, au devant de la cornée, dont il partage la transparence. On voit en arrière de l'œil, quelquefois en grande partie hors de l'orbite, notamment chez les *couleuvres*, une glande lacrymale que plusieurs anatomistes ont prise pour la glande du venin, mais par erreur, puisque cet organe est plus développé chez les *couleuvres* que chez les espèces venimeuses ; dans les *serpens à sonnettes*, par exemple, il est assez réduit pour être contenu tout entier dans l'orbite. C'est cette glande qui paraît composer tout l'appareil lacrymal des *serpens*. On ne saurait y rattacher une sorte de poche qui se voit dans les *trigonocéphales* et les *crotales* au devant de l'œil, au fond d'un enfoncement de l'os maxillaire ; la peau qui tapisse cette poche n'est pas crypteuse et offre de l'épiderme.

Les différences qu'on observe entre les *serpens*, sous le rapport de l'œil, portent sur son développement. Les espèces venimeuses ont des yeux plus petits et surtout plus couverts par le bord orbitaire que les *couleuvres* et les *boas*. Chez le *typhlops* l'œil est tellement réduit qu'il n'est plus visible à l'extérieur.

Chez les *sauriens*, les yeux sont sphériques. La sclérotique est soutenue en avant par une série de pièces osseuses disposées circulairement. La cornée est toujours très bombée. La choroïde fournit ordinairement des procès ciliaires ; mais ces replis sont encore très fins. Pour les mouvemens du globe oculaire, il y a six muscles dont deux obliques ; chez les *geckos* seuls ces derniers manquent. La peau forme, au bord supérieur de l'orbite, une sorte de saillie palpébrale, soutenue par plusieurs pièces osseuses ; en bas il y a une autre paupière plus large et plus mobile, soutenue par une plaque cartilagineuse ; enfin on voit une paupière verticale à peu près ou tout à fait immobile. L'appareil lacrymal commence à se compléter dans ce sous-ordre de reptiles ; outre une glande assez considérable qui se voit souvent à la face interne de la troisième paupière, on aperçoit un large canal, qui entre dans la cavité nasale, après avoir traversé un trou de l'os unguis.

Les yeux des *caméléons* et des *geckos* se distinguent de ceux des autres *sauriens* par quelques particularités. Chez les *caméléons*, l'œil est gros et saillant ; la sclérotique est soutenue en avant par un cercle d'écailles ; l'iris, qui est fort petit, ainsi que la cornée, porte en avant un pigmentum argenté comme celui des *poissons*, et offre une pupille ronde ; le cristallin est très petit et sphérique. Les paupières sont peu fendues ; la peau qui passe devant le globe oculaire se moule sur lui, en conservant son épaisseur et toujours hérissée de tubercules ; elle se ride circulairement et présente une très petite fente un peu en dedans de l'axe de l'organe.

L'œil des *geckos* se distingue surtout par un iris large percé d'un trou ovale, dont le grand diamètre est vertical, et par l'absence de paupières ; on ne voit à la place de celles-ci qu'un bourrelet cutané orbiculaire, et un petit pli situé à l'angle interne de l'œil et qui nous représente l'ébauche de la paupière verticale.

Les yeux des *crocodiles* sont encore à peu près sphériques. La sclérotique, mince et laissant transparaître la couleur noire de la choroïde, se termine sans cercle de pièces solides par une cornée épaisse et très convexe.

La choroïde offre des procès ciliaires très distincts. L'iris, très érectile, est percé d'une pupille allongée verticalement. Le cristallin est lenticulaire, peu comprimé.

Le globe de l'œil est reçu dans un orbite très large, mais qui, par sa position supérieure, laisse à découvert une grande partie de ce bulbe. Il y a, pour les mouvemens de celui-ci, les six muscles ordinaires et un petit muscle choanoïde.

L'œil des crocodiles est protégé par trois paupières toutes mobiles, et dont la verticale est transparente. Cet organe possède enfin une grosse glande lacrymale dont le produit pénètre par un orifice dans un conduit nasal.

Chez les *tortues*, le globe oculaire est aussi presque sphérique. La sclérotique est mince, mais soutenue en avant par une série d'écailles courtes, imbriquées, et qui circonscrivent la cornée. Celle-ci se fait remarquer par son peu d'étendue et par sa forme ovale; son plus grand diamètre est le transversal. La choroïde, épaisse, chargée et même imprégnée d'un pigmentum très noir, ne fournit que des procès ciliaires peu prononcés. L'iris offre une pupille ronde. Le cristallin est très convexe, surtout chez les espèces aquatiques. L'œil, reçu dans un orbite fort grand, s'y meut à l'aide des six muscles ordinaires et d'un choanoïde fort développé. Les trois paupières sont mobiles; les deux horizontales portent, comme le reste du tégument, des écailles épidermiques. Nous voyons s'adjoindre au système oculaire des *chéloniens* un appareil lacrymal composé de deux glandes, dont la principale est placée en dehors et en haut, l'inférieure en dedans et en bas; mais on n'aperçoit pas de sac nasal.

En passant aux *oiseaux*, nous voyons l'appareil de la vue s'élever au plus haut degré de perfectionnement. Non seulement il est, dans cette classe, aussi complet que possible, mais chacune de ses parties s'y trouve, en outre, disposée à tous égards pour donner à la fonction toute l'énergie dont elle est susceptible. Cette supériorité des oiseaux sur tous les animaux précédens était réclamée par leur genre de vie. Destinés à s'élever dans l'atmosphère, souvent à des hauteurs considérables, à voir les objets de loin et dans un milieu d'autant plus rare que la région atmosphérique où ils se trouvent est plus haute, ces vertébrés, on le conçoit, avaient besoin d'un œil plus parfait que les vertébrés aquatiques et même que tous ceux qui vivent à la surface du sol, sans en excepter même les *mammifères*. C'est surtout à son volume proportionnel, à la mollesse et à la pulposité de la rétine, peut-être enfin à la faculté de changer la position du cristallin que cet organe doit ici sa perfection. Voici ses principaux caractères.

Proportionnellement à la tête, l'œil des oiseaux est beaucoup plus grand que celui des autres animaux. Celui d'un *aigle* de deux pieds de hauteur a jusqu'à dix-huit lignes de diamètre ; celui des *pigeons* est également fort considérable. La forme du bulbe oculaire s'éloigne plus ou moins de la sphéricité dans cette classe, surtout par la diminution du diamètre antéro-postérieur.

La sclérotique est soutenue en avant par une série de pièces osseuses squammiformes, placées entre deux lames de cette enveloppe, et formant un cercle autour de la cornée. Celle-ci est en général grande et convexe ; souvent même elle est portée en avant par le cercle osseux de la sclérotique, disposé comme une sorte de tube.

La choroïde forme des procès ciliaires peu saillans, mais très adhérens par leur extrémité à la capsule cristalline. L'iris est large, spongieux en avant, très érectile, et percé d'une pupille ronde qui s'éloigne du centre de ce diaphragme, pour se porter un peu en dedans.

C'est probablement à cette même choroïde qu'il faut rattacher une partie membraneuse, plissée, connue sous le nom de *bourse* ou de *peigne*, et qui semble propre aux *oiseaux*, bien qu'on en aperçoive déjà quelques légers indices chez plusieurs *poissons*, tels que les *trigles*, les *perches marines*, etc., et peut-être chez les *crocodiles*, parmi les *reptiles écailleux*. Le peigne est un corps noir, plus ou moins comprimé, portant quelquefois sur ses deux faces des plis parallèles, qui lui ont valu son nom ; d'autres fois plissé circulairement, à la manière d'une bourse dont les cordons sont serrés. Ce corps naît des bords d'une fente par laquelle le nerf optique pénètre à la face intérieure du bulbe oculaire, et logé dans une dépression de l'hyaloïde (ce qui lui donne l'apparence de traverser l'humeur vitrée); il se porte vers le côté interne de la capsule cristalline, à laquelle il n'est pas probable qu'il adhère immédiatement.

La rétine des oiseaux est très épaisse, et plus pulpeuse que celle de tout autre animal, ce qui indique une sensibilité plus exquise. Arrivée à quelque distance du cristallin, elle s'épaissit encore, s'attache fortement à l'hyaloïde, puis s'amincit et fournit un cercle de procès rétiniens, qui vont se fixer par leur extrémité à la capsule cristalline.

L'humeur vitrée, entourée d'une membrane hyaloïde très forte, moulée en arrière sur la partie du bulbe qu'elle occupe, excavée en avant pour recevoir le cristallin, est baignée par une assez grande quantité d'humeur aqueuse.

Le cristallin est lenticulaire, plus convexe en arrière qu'en avant, et jouit d'une certaine liberté; il se pourrait fort bien que sa position fût susceptible de changer non seulement dans le sens de son axe, mais encore suivant son plan.

La saillie de la cornée et l'aplatissement de la face antérieure du cristallin, mettent entre ces deux parties un intervalle considérable, ou si l'on veut, de grandes chambres oculaires, que remplit une humeur aqueuse abondante.

Le système osseux de la tête offre à l'œil une cavité orbitaire plus complète que dans les classes précédentes. Cet organe s'y meut par le moyen des six muscles ordinaires; les obliques naissent tous deux de la partie antérieure de la paroi interne de la cavité, d'où ils se portent de dedans en dehors, l'un en dessus, l'autre en dessous du bulbe.

Il y a toujours trois paupières plus ou moins développées et mobiles. Des deux horizontales c'est l'inférieure qui est la plus grande et la plus mobile. Quant à la paupière verticale ou *nictitante*, nulle part elle n'offre autant de développement que chez les *oiseaux* : c'est un grand repli triangulaire de la conjonctive, transparent, placé à l'angle interne de l'œil, et qui peut s'étendre comme un rideau sur toute la face antérieure de celui-ci, au moyen d'une disposition toute particulière et fort remarquable. Le voile dont il s'agit a son bord libre dirigé obliquement de haut en bas, et de dehors en dedans. Son angle externe supérieur est fixé au cercle osseux de la sclérotique. Inférieurement la membrane nictitante reçoit le tendon grêle et allongé d'un *muscle pyramidal* adhérent aussi à la sclérotique, vers la partie interne et postérieure du globe de l'œil; ce tendon, parti de la pointe du muscle, qui est dirigée en haut, ne se rend pas directement au bord libre de la paupière nictitante, mais il se porte d'abord en dehors, et arrivé vers la partie supérieure du nerf optique, traverse un canal courbe qui lui est fourni par un autre muscle, le *muscle carré;* c'est après avoir passé dans cette espèce de poulie de renvoi, que se dirigeant en bas et en dedans, la corde tendineuse va s'attacher au voile palpébral, qu'elle doit tirer, comme on le conçoit, de dedans en dehors, à la manière d'un rideau.

Nous trouvons chez les oiseaux deux glandes lacrymales, l'une externe et l'autre interne, celle-ci plus grosse que l'autre. Deux orifices fort grands, situés à l'angle interne des paupières, reçoivent les larmes et les versent immédiatement dans un sac nasal qui s'ouvre par un grand orifice, dans la cavité du nez.

Parmi les différences que l'appareil de la vue nous offre chez les oiseaux, il en est qui sont évidemment en harmonie avec les habitudes diverses de ces animaux; ainsi nous observons que les oiseaux qui doivent poursuivre leur proie et s'en emparer de vive force, ont, à quelques exceptions près, l'œil plus développé que les espèces qui se nourrissent plus facilement. Ainsi encore, les espèces qui ne sortent que la nuit ou à la chute du jour, nous offrent des yeux plus grands que les espèces diurnes; chez les premières, la surface visuelle est plus large, le bulbe plus aplati; la cornée, très saillante, est portée sur une espèce de tube que forme la zône osseuse de la sclérotique. Les élémens nerveux et vasculaires de l'appareil jouissent, dans ces mêmes oiseaux, d'une activité vitale plus énergique qu'à l'ordinaire, et à laquelle suffit l'excitation produite par un très petit nombre de rayons lumineux. On remarque également un rapport sensible entre le séjour ordinaire de l'animal, et le développement et la forme de ses yeux ou de quelques unes de leurs parties. Par exemple, les espèces les plus aériennes, celles qui s'élèvent le plus haut et peuvent demeurer le plus long-temps dans les hautes régions de l'atmosphère, avec la faculté de voir ce qui se passe au dessous d'elles, sur la terre, se distinguent par la grandeur de leur globe oculaire, général, comme on peut surtout le voir chez les *oiseaux de proie diurnes*, et chez certains *échassiers*; c'est chez ces oiseaux que nous voyons le cristallin s'éloigner le plus de la forme sphérique; ce corps est évidemment plus convexe dans les *gallinacés*, par exemple, qui vivent habituellement sur le sol, et surtout chez les oiseaux aquatiques qui poursuivent leur proie en plongeant sous l'eau, comme les *canards*.

Les différences de l'appareil de la vue qui ne peuvent se rattacher manifestement aux mœurs et qui appartiennent seulement au groupe, les différences purement zoologiques, sont, en général, bien moins importantes dans la classe qui nous occupe que dans les précédentes; elles ne portent guère que sur le volume proportionnel, le degré de convexité de l'œil, de la cornée, du cristallin, sur le nombre des plis du peigne, sur le développement relatif des paupières. Ces différences, quoique dignes d'être étudiées, ne doivent pas entrer dans une simple esquisse de l'organisation. Je passe donc à l'œil des *mammifères*.

On ne s'étonnera pas de trouver ici l'appareil de la vue dans un état plutôt inférieur que supérieur à ce qu'il était chez les *oiseaux*. La différence des habitudes explique celle que nous rencontrons sous ce rapport entre les deux groupes qui dominent la série, et ce n'est pas la première fois que nous avons vu les animaux du second groupe, mieux favorisés que ceux du premier : on n'a pas oublié que l'appareil respiratoire des *oiseaux* est disposé, en faveur de leur locomotion aérienne, pour une hématose bien plus active que celui des *mammifères*. Les traits d'infériorité ou de rétrogradation qui peuvent être remarqués dans les organes de la vue de ces derniers, sont surtout les suivans. L'œil des *mammifères* est proportionnellement plus petit que celui des *oiseaux*, sa forme est plus sphérique, l'iris est moins large, moins érectile, et par suite de ceci, la pupille est moins variable. La rétine paraît être aussi moins pulpeuse, par conséquent moins délicate. Enfin, l'absence du peigne chez les *vertébrés* de la première classe rend leur œil moins complet que celui des animaux de la seconde.

A cela près, l'appareil des *mammifères* nous offre toute la perfection qu'on peut s'attendre à rencontrer dans une organisation supérieure ; et nous pouvons leur appliquer, en y renvoyant le lecteur, la description typique que nous avons donnée de l'appareil de la vue chez les vertébrés en général. Nous devons toutefois signaler encore quelques caractères qui appartiennent plus spécialement à l'œil des animaux qui nous occupent, et indiquer rapidement les différences principales que nous présente cet organe dans les divers groupes de cette division zoologique.

La sclérotique des *mammifères* est molle et purement fibreuse dans toute son étendue ; la choroïde et la rétine fournissent chacune une couronne de *procès* généralement prononcés. La membrane vasculaire se fait remarquer dans plusieurs groupes par une coloration particulière, qui occupe une étendue plus ou moins considérable de sa couche interne, autour de l'entrée du nerf optique, et dont l'utilité n'est pas connue ; je veux parler de cette espèce de tache, connue sous le nom de *tapis*. Elle existe chez beaucoup de *carnassiers*, tels que les *chiens*, les *civettes*, où elle est d'un blanc mat, chez la *loutre*, le *lynx*, où elle offre une teinte bleuâtre, chez le *lion*, le *chat domestique*, etc., où nous la voyons d'un jaune doré ; nous la retrouvons chez les *cétacés*, blanche ou bleuâtre ; chez les *solipèdes* et les *ruminans*, le tapis existe également, et se montre gris vert pâle.

La membrane nerveuse nous présente aussi une tache découverte par Sœmmering ; elle est jaune, transparente au milieu, avec un petit enfoncement ovalaire. Observée seulement dans notre espèce, et dans les *singes*, la *tache de Sœmmering* est restée jusqu'à ce jour une simple particularité, dont on ignore encore l'importance physiologique.

Le système musculaire de l'œil est passablement développé chez les *mammifères* : non seulement il est sans exemple qu'il se compose de moins de six muscles, mais on voit souvent deux couches de muscles droits, dont l'externe représente les faisceaux ordinaires, et l'interne plus courte, quelquefois indivise, ressemble à une sorte d'entonnoir qui embrasse la partie postérieure du globe oculaire ; cette forme a valu à cette seconde couche le nom de *muscle choanoïde* (1).

Ce muscle existe chez tous les *carnassiers*, où il est bien divisé, chez les *rongeurs*, où nous le trouvons très petit, chez les *solipèdes* et les *ruminans*, chez lesquels, ordinairement sans division, il se présente comme un véritable entonnoir autour du nerf optique.

Les paupières horizontales des *mammifères* se font remarquer par les cartilages qui sont compris dans leur épaisseur, et surtout, par les poils que nous trouvons sur leurs bords, dans certaines espèces, et qui sont connus sous le nom de *cils*. On voit également dans cette classe seule des *sourcils*, c'est-à-dire, une rangée d'autres poils protecteurs de l'appareil, placés au dessus de l'orbite ; mais cette dernière particularité ne s'observe elle-même que chez l'*homme*, et se rattache à la situation verticale qu'il affecte naturelle-

---

(1) On la rencontre déjà quelquefois, comme nous l'avons vu, dans les classes précédentes, chez plusieurs *amphibiens* et chez quelques *reptiles*, surtout chez les *tortues*.

ment, par une véritable exception dans la classe dont cet être fait partie. La troisième paupière est en général moins prononcée chez les *mammifères* que chez les *oiseaux*. Son développement semble même marcher chez les premiers en sens inverse de la progression zoologique ; assez considérable chez les *ruminans*, chez les *solipèdes*, chez les *proboscidiens*, la paupière verticale décroît chez les *carnassiers*, se réduit davantage encore chez les *singes*, et laisse à peine de faibles traces dans l'espèce humaine. Elle est souvent soutenue par une petite lame cartilagineuse, et ne jouit ordinairement d'aucune mobilité ; quand ce repli de la conjonctive est mobile, il doit cet avantage à des fibres musculaires qui, détachées de l'orbiculaire, viennent se prolonger jusque dans son épaisseur, comme on le voit chez l'*éléphant*.

L'appareil lacrymal nous offre une ou deux glandes, dont le volume est en rapport inverse. L'interne cachée derrière la paupière verticale, disparaît avec celle-ci, et manque même déjà chez les *quadrumanes*.

En indiquant les principaux traits qui caractérisent l'appareil de la vue des *mammifères*, j'ai déjà été conduit à signaler quelques unes des différences qu'il présente dans les divers groupes de cette classe. Il me reste à faire mention de quelques autres ; je choisirai surtout celles dont l'importance est manifeste.

Chez les *mammifères* aussi, on remarque un rapport assez constant entre le développement de l'œil et les caractères, les mœurs, les habitudes. Les espèces faibles et timides ont souvent cet organe fort gros, et peuvent, à la faveur de son activité, apercevoir au moins de très loin l'ennemi auquel la fuite seule peut les dérober; c'est ce qu'on observe chez un certain nombre de *rongeurs*, chez le *lièvre*, par exemple. De leur côté, les mammifères éminemment carnassiers, jouissent du même avantage, destinés qu'ils sont à poursuivre des proies vivantes. Ici encore nous trouvons, comme dans la classe précédente, que les animaux qui ne cherchent leur nourriture que pendant la nuit, et celles qui jouissent, comme le *cheval*, de la faculté d'y voir dans l'obscurité, ont les yeux plus gros, l'iris plus large et plus contractile, par conséquent aussi, la rétine plus délicate que les espèces des mêmes groupes, qui n'y voient que pendant le jour. Tel est le cas de quelques *singes* du nouveau continent, des *tarsiers*, de l'*aye-aye*, des *chats*, des *gerboises*, et de plusieurs autres. Cependant, si les mœurs d'un animal le portent à vivre habituellement hors de toute lumière, dans une obscurité absolue, l'œil diminue beaucoup, et peut même se réduire à un bulbe rudimentaire, complétement caché sous la peau. Ce cas est celui du *rat-taupe aveugle* ou *zemni*, petit rongeur, qui n'offre pour tout œil qu'un petit grain noir, couvert par une peau aussi épaisse et aussi velue que celle des parties voisines.

On a pensé que c'était du *zemni* que les anciens voulaient parler, lorsqu'ils disaient que la *taupe* est aveugle, car le petit carnassier qui porte ce dernier nom a des yeux visibles à l'extérieur, mais si petits et si cachés sous les poils voisins, que l'animal doit écarter ceux-ci par ses muscles cutanés, lorsque, sortant de sa demeure souterraine, il vient jouir de la lumière. La *taupe* nous offre donc aussi un exemple du rapport qui existe entre les mœurs d'un animal et le degré de développement de son appareil de la vue.

Les modifications que subit cet appareil, selon que le mammifère vit habituellement dans le milieu atmosphérique, ou dans l'eau, ne sont encore connues qu'imparfaitement : nous observons seulement que la cornée est d'autant plus plane, et que le cristallin offre d'autant plus de sphéricité que les habitudes sont plus aquatiques, ce qui s'accorde avec ce que nous avons vu dans les classes précédentes ; c'est ce qu'on peut observer au plus haut degré chez les *cétacés*. Dans les mammifères terrestres, au contraire, la cornée fait plus ou moins de saillie, et le cristallin s'aplatit en proportion : l'homme passe pour être de tous les mammifères, celui dont le cristallin s'écarte le plus de la forme sphérique. Les parties accessoires de l'œil, les replis palpébraux et l'appareil lacrymal diminuent aussi chez les espèces qui vivent dans l'eau.

Outre les différences que je viens de résumer et dont on peut apprécier la raison physiologique, les yeux des mammifères en présentent beaucoup d'autres qui jusqu'à présent n'ont qu'une valeur purement zoologique, bien qu'il soit présumable qu'elles s'harmonisent aussi bien que les premières avec les habitudes particulières de chaque groupe. Ces différences portent d'ailleurs aussi presque exclusivement sur le développement proportionnel de l'œil et de ses diverses parties, sur le degré de convexité de la cornée et du cristallin. Je me bornerai à signaler la modification que présentent quelquefois la forme de la cornée, et plus souvent encore celle de la pupille. Chez les *ruminans*, les *solipèdes*, et quelques autres animaux ongulogrades, la cornée et l'ouverture iridienne ont un peu plus d'étendue transversalement, que verticalement. Nous retrouvons encore une pupille transversale chez les *cétacés*. Celle de quelques *carnassiers digitigrades* se fait remarquer au contraire, par la longueur de son diamètre vertical, comme nous le voyons dans nos *chats*. Partout ailleurs cette ouverture est ronde.

La *tache de Sœmmering* et le *tapis* dont nous avons parlé plus haut, établissent encore entre les mammifères des différences du même ordre, puisque nous avons vu qu'il était impossible, dans l'état actuel de la science, d'assigner une finalité à ces deux particularités anatomiques.

Cinquième espèce.

APPAREIL DE L'OUIE.

A. *DESCRIPTION GENERALE DE CET APPAREIL.*

Il me reste enfin à parler d'un dernier appareil sensorial, qui, comme le précédent, donne à l'être animé la connaissance du monde extérieur, à l'aide d'un agent intermédiaire. L'appareil de l'ouïe est celui par lequel l'organisme animal connaît les vibrations moléculaires dont se trouvent accidentellement agités des corps placés à une distance plus ou moins grande ; vibrations qui, communiquées au milieu ambiant, et transmises par lui à l'appareil, déterminent la sensation spéciale du son ou du bruit. Par cette sensation l'animal pourra apprécier plus ou moins exactement la distance du corps vibrant, sa direction, et jusqu'à un certain point, sa nature. Par elle il pourra entretenir avec ses semblables des rapports sociaux, connaître les dispositions des autres animaux à son égard, être averti de l'approche d'un ennemi. L'ouïe suppose donc, chez les êtres qui en jouissent, une certaine supériorité d'organisation, et nous n'en chercherons pas l'appareil aux degrés inférieurs de l'échelle ; nous le verrons même apparaître plus tard que celui de la vue.

M. de Blainville démontre parfaitement que c'est encore un bulbe phanérique modifié qui constitue cet appareil, ou du moins ses parties essentielles et constantes. Mais quelles sont les modifications particulières que subit pour cela l'organisation générale du phanère ? Ramenées à leur état le plus simple, ces modifications se bornent à convertir celui-ci en un sac plus ou moins spacieux, dont les parois sont formées extérieurement d'une enveloppe fibreuse ou quelquefois ossifiée, au dedans de celle-ci, d'une couche vasculaire plus ou moins serrée, et plus intérieurement enfin, d'une expansion du nerf acoustique ; mais cette dernière partie ne s'étale pas toujours comme la rétine sur la face interne du bulbe ; quelquefois elle forme une sorte de cloison, ou bien se montre flottante dans la cavité du sac. Celui-ci s'ouvre dans son fond pour livrer entrée au nerf spécial de l'appareil : extérieurement il présente aussi une sorte d'orifice, mais fermé par une membrane, comme l'ouverture antérieure de la sclérotique est fermée par la cornée. Intérieurement, le sac contient aussi des humeurs destinées à transmettre les vibrations à la partie nerveuse de cet organe. Ces humeurs sont au nombre de deux: l'une qu'on peut assimiler à une pulpe phanérique, au corps vitré de l'œil, est renfermée comme celui-ci dans une membrane particulière qui lui conserve une forme déterminée ; l'autre est répandue entre la couche vasculaire et l'enveloppe extérieure ; c'est la lymphe de Cotunni, humeur produite par exhalation, et qui pourrait être comparée à l'humeur aqueuse de l'œil.

Telle est l'oreille, réduite à ses conditions essentielles ou d'existence. Mais elle est rarement aussi simple que nous venons de le voir. En général, nous trouvons son organisation plus ou moins compliquée de dispositions nouvelles, qui ont pour but le perfectionnement de sa fonction, c'est-à-dire, avant tout, de concentrer plus complétement les rayons sonores sur la partie qui doit les sentir, puis de renforcer et d'harmoniser leur action, enfin de recueillir ces rayons en plus grand nombre, et souvent à la volonté de l'animal. Esquissons rapidement ces trois ordres de perfectionnement.

Le premier dans l'ordre de la constance et de la nécessité, consiste dans une modification du bulbe luimême, destinée sans aucun doute à concentrer les rayons sonores, un peu comme les dispositions dioptriques de l'œil servent à concentrer les rayons lumineux. Cette modification produit une sorte de diverticule du sac primitif, composé de deux parties, auxquelles leur forme a valu les noms de *canaux demicirculaires* et de *limaçon*. Les canaux demi-circulaires sont trois demi-anneaux canaliculés, situés au côté supérieur et postérieur de la partie primitive du sac auditif; leurs parois sont composées des mêmes élémens que celles de ce dernier (1), ils contiennent le même fluide que lui, et débouchent dans sa cavité par leurs deux bouts, mais, en général, après s'être en partie réunis les uns aux autres. Le *limaçon* est un simple sac ou un canal aveugle, situé au côté antérieur du bulbe, de forme conique, quelquefois

____

(1) Ils seront donc extérieurement tantôt membraneux et tantôt osseux.

enroulé sur lui-même à la manière des coquilles des mollusques dont il porte le nom, et composé comme les premiers canaux; il s'ouvre comme eux dans le sac primitif; quelquefois partagé en deux canaux par une cloison, l'un de ceux-ci s'ouvre séparément au dehors du bulbe par un orifice particulier, la *fenêtre ronde* ou *cochléaire*.

Le bulbe auditif ainsi disposé, est désigné dans son ensemble sous le nom *d'oreille interne* ou de *labyrinthe*, pour le distinguer des autres parties qui viennent souvent s'y annexer, comme nous allons le voir; la partie du labyrinthe qui représente le sac primitif, a reçu le nom de *vestibule*, et son orifice celui de *fenêtre ovale* ou *vestibulaire*.

Le second ordre de perfectionnement que subit l'appareil de l'ouïe, consiste dans l'addition d'un nouveau sac, qui, sous le nom *d'oreille moyenne* ou de *caisse du tympan*, vient se placer en dehors du premier, pour agir comme instrument d'unisson et de renforcement des rayons sonores. Cette partie n'existe que chez les animaux supérieurs, et consiste réellement dans une sorte de diverticule du tégument de l'arrière-bouche, qui d'abord sous la forme d'un canal, puis renflé et prenant celle d'un sac, vient s'appliquer sur le bulbe auditif. Cette partie membraneuse est quelquefois soutenue par des os empruntés à l'appareil locomoteur, et la membrane tympanique peut même pénétrer dans des cellules plus ou moins étendues que lui présentent ces os; d'autres petites pièces osseuses empruntées aussi, dit-on, au même appareil que les premières, se joignent à la caisse, et pénètrent même souvent dans sa cavité; elles constituent une sorte de chaîne étendue de la partie extérieure de la caisse à l'opercule membraneux du labyrinthes, ou plutôt à la portion de la membrane du tympan qui double cet opercule ; cette chaîne d'osselets est disposée de manière à tendre ou détendre les parties membraneuses auxquelles s'attachent ses extrémités, à la faveur de mouvemens produits par des fibres musculaires ou par des ligamens élastiques ; mouvemens qui augmentent ou diminuent les angles formés par les petites pièces qui composent cette série. C'est là une heureuse disposition pour proportionner la puissance de renforcement de l'oreille moyenne à l'intensité des vibrations que celle-ci doit transmettre au labyrinthe.

L'appareil pourra enfin acquérir un troisième degré de perfectionnement, qui consistera dans l'addition d'une sorte de cornet acoustique ou de recueillement, dont la portion étroite viendra s'appliquer contre l'oreille moyenne ; ce nouvel instrument n'est autre que l'*oreille externe*. Il est composé d'une couche de fibro-cartilages, couverte immédiatement par le tégument externe, et présente tout à fait en dehors une portion évasée, de forme et de grandeur très variables, nommée la *conque* ou le *pavillon*, et terminée par le *conduit auditif externe*, espèce de canal qui s'insère sur les bords du cercle osseux qui circonscrit la portion de la membrane tympanique destinée à communiquer avec le monde extérieur, et à recevoir les rayons sonores ; la peau du conduit auditif se continue sur cette partie membraneuse, et lui fournit ainsi un feuillet externe. La conque auditive est mise en mouvement et dirigée de côté et d'autre, au gré de l'animal, avec plus ou moins de facilité par plusieurs muscles, dont le développement varie beaucoup.

Voyons maintenant dans quelles conditions se présente l'appareil qui nous occupe dans les divers groupes de la série.

B. APPAREIL DE L'OUIE DANS LA SERIE.

I.

Il paraît plus tard que celui de la vue, car pour le trouver, nous devons remonter jusqu'à la première famille des MOLLUSQUES, aux *brachiocéphalés* : les autres animaux de ce type, même parmi les céphalés, ne nous offrent aucune trace d'oreille.

Les *brachiocéphalés*, c'est-à-dire, les *poulpes*, les *calmars*, les *seiches*, sont encore réduits à un simple sac ovale, membraneux, placé profondément à la partie postérieure et inférieure de la tête, dans une cavité du cartilage annulaire, auquel s'attachent les muscles des appendices tentaculiformes de la tête. Entre les parois de cette cavité et celles du sac, il existe un espace qu'occupent des brides celluleuses et des fluides séreux. L'intérieur de l'organe lui-même est rempli d'une sorte d'humeur aqueuse ou de pulpe diffluente, dans laquelle se trouve déposé un petit corps de nature calcaire chez les *seiches,* et semblable à de l'amidon chez le *poulpe.*

II.

L'appareil de l'ouïe est déjà moins rare dans le type

des **ENTOMOZOAIRES**. Cependant, bien que les mœurs d'un grand nombre de ces animaux, bien que les bruits que plusieurs d'entre eux font entendre, et qui paraissent être des moyens de s'appeler et de s'avertir réciproquement, rendent indubitable l'existence de cet appareil chez eux, nous en sommes encore à savoir où il se trouve réellement, et nous ne le connaissons jusqu'à ce jour d'une manière positive que dans la classe des *décapodes*, et plus spécialement encore dans la famille des *astacoïdes*.

- On trouve chez les *écrevisses*, et chez les autres genres de cette famille, à la partie inférieure de l'articulation de la seconde paire d'antennes, un petit sac ovale, membraneux, rempli d'une humeur aqueuse, et qui reçoit un filet nerveux très fin. L'orifice extérieur de ce petit bulbe est appuyé contre une membrane qui bouche une ouverture percée dans l'enveloppe calcaire de l'appendice dans lequel l'appareil est contenu. On voit par là que jusqu'ici l'appareil de l'ouïe est encore réduit à sa plus grande simplicité, à ses conditions essentielles. Si l'on pouvait en croire certains observateurs, qui assurent avoir vu, et qui décrivent l'appareil auditif de quelques *hexapodes*, et *octopodes*, on trouverait déjà chez certains groupes de ces articulés, par exemple chez les *sauterelles*, parmi les *orthoptères*, et chez les *cigales*, parmi les *hémiptères*, des espèces de canaux demi-circulaires, remplis de filamens blancs et d'une pulpe nerveuse; mais l'exactitude de ce fait n'est rien moins que prouvée.

III.

Ce n'est que dans le premier type de la série, chez les ANIMAUX VERTÉBRÉS, que nous voyons évidemment la disposition primitive de l'oreille.

Ce perfectionnement se borne d'abord à une extension du sac acoustique, propre à concentrer les rayons sonores sur la partie nerveuse de ce bulbe. C'est ce que nous observons chez les *poissons*. L'appareil de l'ouïe, réduit encore chez eux à sa partie essentielle, commence à nous présenter deux sortes d'appendices : en bas et en dedans un sac ovale, logé dans une excavation de l'occipital et du sphénoïde postérieur, et qui pourrait être considéré comme l'enveloppe du limaçon, en dehors et supérieurement trois canaux demi-circulaires.

Cet appareil est généralement fort grand ; on le trouve sur les parties latérales et inférieures de la tête, quelquefois à peine séparé de la cavité cérébrale par une membrane, et ne communiquant ni directment ni médiatement avec le dehors. L'enveloppe externe de la partie vestibulaire est fibreuse, celle des canaux demi-circulaires, un peu cartilagineuse. On ne voit pas bien comment se terminent les gros nerfs qui viennent se rendre au bulbe acoustique ; on les voit seulement distribuer, après leur entrée, de nombreux filets dans les canaux semi-circulaires, dans le sac inférieur, et dans une masse gélatineuse dont il me reste à parler. Cette masse occupe la partie antérieure ; diaphane et enveloppée par une membrane très mince, elle rappelle le corps vitré de l'œil, et se montre entourée d'une sorte de pulpe nerveuse fournie par les filets qui se répandent à sa surface : intérieurement, le corps dont il est question nous offre un dépôt calcaire, sans trace d'organisation, d'une forme bizarre, et qui ne peut être considéré que comme un produit ; sous ce rapport ce dépôt est analogue au crystallin. On voit dans le sac inférieur du labyrinthe une autre masse gélatineuse qui renferme aussi des concrétions du même genre.

On remarque des différences plus ou moins prononcées dans l'appareil acoustique des divers groupes de poissons. Mais ces différences ne se rattachent pas visiblement à ce que nous connaissons des habitudes de ces animaux ; ce ne sont que des différences zoologiques. La première dont nous devions parler est l'absence du sac accessoire et des canaux demi-circulaires dans la *lamproie*, et celle de ces derniers au moins dans la *mixine*.

La plupart des poissons *cartilagineux* se distinguent, en outre, des *osseux*, en ce que le bulbe auditif tout entier est logé dans une cavité particulière, creusée dans les os du crâne, et qui n'a plus d'autre moyen de communication avec la cavité cérébrale qu'un simple canal auditif interne. Dans les *poissons osseux*, au contraire, l'oreille n'est jamais bien séparée de cette dernière cavité, et se trouve baignée par le liquide qui l'occupe. Chez les *chondroptérygiens*, nous voyons, en outre, que les canaux semi-circulaires ont des parois cartilagineuses, et que la cavité particulière qui renferme le labyrinthe tend à se mettre en communication avec le dehors, au moyen d'un orifice ovalaire, percé en haut et en arrière dans les parois du crâne ; mais la peau qui passe sur cet orifice n'offre encore aucune modification acoustique. Les concrétions renfermées dans l'oreille sont aussi beaucoup plus molles chez ces poissons que chez les osseux, où nous les trouvons généralement très dures.

Dans les *amphibiens*, l'appareil se met en communication avec le dehors, d'une manière de plus en plus complète, et commence à s'adjoindre une caisse tympanique, ou partie de renfoncement. Mais ce progrès ne se montre que d'une manière graduée, et chaque groupe de cette classe réclame, sous le rapport dont il s'agit, une mention particulière.

Dans le *protée*, les choses sont encore à peu près comme chez les *poissons;* l'oreille est complétement interne et logée dans une cavité de l'occipital; il est fort douteux qu'elle ait un orifice externe, bien qu'on en ait décrit un muni d'un opercule. Mais bien certainement cet orifice et son opercule existent dans l'*axolotl*. Les *salamandres*, dont l'*axolotl* nous représente l'état de larve, sont dans le même cas; mais déjà nous commençons à voir chez elles, un premier osselet, l'étrier, emprunté à l'appareil locomoteur, se distraire de la place et de l'usage qu'il avait jusqu'alors, pour venir former la fenêtre vestibulaire, et prendre rang dans l'appareil de l'ouïe. Cette pièce reçoit des fibres du muscle de l'épaule, qui la tient en arrière. Malgré cette disposition, nous ne voyons pas encore chez les salamandres une caisse de renfoncement, et sauf l'étrier, toute l'oreille se réduit au bulbe primitif qui forme le labyrinthe.

Ce sont les véritables *batraciens* qui nous offriront

les premiers exemples de l'oreille moyenne et d'une véritable chaîne d'osselets, mais avec des différences assez remarquables, selon le groupe que nous étudierions.

Chez le *pipa*, la caisse du tympan est encore fort petite; elle se prolonge en arrière dans un canal aveugle conique, qui est évidemment une trompe d'Eustache incomplète. L'orifice extérieur de la caisse est entouré d'un cercle cartilagineux, formé par une membrane tympanique; mais celle-ci est séparée de la peau par une couche de tissu cellulaire et de fibres charnues. L'appareil de l'ouïe emprunte ici à celui de la locomotion trois pièces osseuses, dont la première s'applique contre l'orifice vestibulaire, et la dernière contre l'ouverture externe de la caisse. Ces osselets sont néanmoins placés encore en dehors de cette cavité, et compris dans les muscles qui l'entourent.

Chez les *crapauds*, la cavité du tympan est aussi fort petite, mais elle communique dans l'arrière-gorge; son ouverture extérieure également circonscrite par un anneau cartilagineux, est déjà plus sous-cutanée que dans le genre précédent. Elle manque cependant de véritable membrane tympanique. La chaîne des osselets, toujours composée de trois pièces, demeure encore hors de cette cavité.

Enfin dans les *rainettes* et les *grenouilles*, la caisse est, au contraire, grande, et communique largement avec l'arrière-bouche. Son orifice externe, soutenu comme dans les genres précédens, d'un cercle cartilagineux, est occupé par une membrane, sur laquelle s'étend la peau extérieure, visiblement amincie.

Les osselets, toujours au nombre de trois, sont compris dans la moitié du tympan.

Parmi les autres différences qu'offre l'oreille des divers genres de *batraciens* proprement dits, la plus digne d'être signalée, est celle qui se remarque dans la situation du labyrinthe, à l'égard des os du crâne. Ce bulbe est encore complétement engagé dans l'occipital, chez le *pipa*, ce qui pourrait s'expliquer déjà par sa petitesse; mais chez les autres animaux de ce groupe, les canaux demi-circulaires sont, à l'exception des extrémités renflées, connus sous le nom d'*ampoules*, enveloppés par la substance osseuse des pièces du crâne, tandis que les autres parties se trouvent encore à l'état membraneux, logées comme précédemment, dans une cavité de l'occipital.

Ces parties sont d'ailleurs remplies d'une pulpe subgélatineuse, et nous trouvons dans le sac une autre matière, espèce de concrétion de consistance amylacée.

Les *reptiles écailleux* ne diffèrent pas essentiellement des *batraciens* par leurs organes acoustiques. Leur labyrinthe encore placé plus ou moins profondément, n'est cependant plus caché dans une cavité de l'occipital, mais logé dans un écartement des os postérieurs de la tête, qui l'entourent et le protégent plus ou moins complétement. On commence à apercevoir dans le *sac* une ébauche de *limaçon*. La caisse ou l'oreille moyenne existe, et communique toujours avec le pharynx; mais elle est encore toute membraneuse, et son orifice externe n'est pas toujours fermé par un véritable tympan. Dans ce cas, la peau qui passe sur l'appareil n'offre aucune modification, et demeure écailleuse ; dans le cas opposé, elle s'amincit et peut même affecter une disposition qui ressemble à un commencement d'oreille externe ou de parties de recueillement.

Les *ophidiens* et les *sauriens* se ressemblent beaucoup pour l'organisation de leur labyrinthe, qui n'offre d'ailleurs rien de nouveau ; il est rempli d'une pulpe dans laquelle on trouve une concrétion calcaire assez dure, analogue à celles que nous avons vues chez les *poissons osseux*, et qui occupe la plus grande partie du vestibule. La caisse est très étroite dans les *ophidiens*, et il n'y a point de membrane tympanique, sa place étant occupée par le gros muscle digastrique de ces animaux ; aussi la chaîne des osselets se perd-elle dans des fibres musculaires. Chez les *sauriens*, au contraire, la caisse est grande et fermée au dehors par une membrane tympanique mince et sèche, un peu saillante à l'extérieur, et tendue par une chaîne de trois osselets qui, appliquée contre cet opercule par une de ses extrémités, aboutit par l'autre à l'orifice vestibulaire.

La membrane dont il s'agit est immédiatement sous-cutanée, et à fleur de tête, avec une très légère dépression en arrière, qui semblerait indiquer un acheminement vers une conque auditive.

Dans les *crocodiles*, cette faible dépression se change en une sorte de conduit auditif externe, c'est-à-dire en une fente d'une certaine profondeur, surtout en arrière, et que ferme habituellement une espèce de lèvre operculaire placée à son bord supérieur. Au fond de cette fente on trouve une véritable membrane tympanique, tendue intérieurement par une chaîne de deux pièces seulement. La cavité de la caisse se prolonge dans une sorte de cellule creusée dans les parois postérieures du crâne.

Les *tortues* sont beaucoup moins bien partagées que les deux groupes précédens de la même classe, pour ce qui concerne l'oreille moyenne. La caisse est très longue, il est vrai, mais elle manque de membrane tympanique ; celle-ci étant remplacée par une couche de tissu cellulaire, au dessus de laquelle la peau demeure écailleuse.

Le labyrinthe, dans les *crocodiles* et les *tortues,* renferme un fluide aqueux, abondant, et une sorte de pulpe qui a une enveloppe propre et qui se partage entre le vestibule et ses sinus ; la portion qui remplit le sac s'y dispose de manière à représenter un rudiment de limaçon. Partout cette pulpe renferme des concrétions plus ou moins semblables à l'amidon.

L'appareil de l'ouïe se montre un peu en progrès chez les *oiseaux.* Le trait le plus caractéristique de ce perfectionnement consiste dans l'existence constante d'un commencement d'oreille externe ; mais ce trait n'est pas unique, ainsi que nous allons le voir, en jetant un coup d'œil sur chacune des parties dont se compose le système d'organes qui nous occupe.

Le bulbe primitif ou l'oreille interne, moins profondément enfoncé dans le système osseux du crâne que dans les classes précédentes, et surtout que dans les vertébrés aquatiques, n'est cependant pas encore complétement libre ; il ne rentre plus, comme chez les poissons, dans une cavité de l'occipital, mais circonscrit entre plusieurs des pièces crâniennes postérieures, il s'y trouve enveloppé d'une cellulosité osseuse, appartenant à ces pièces, et semble encore faire partie de celles-ci ; il y a là une confusion qui indique un nouveau progrès à faire, un progrès de localisation que nous verrons arriver plus tard.

Quant au labyrinthe lui-même, ou à l'intérieur du bulbe, il ne diffère pas d'une manière importante chez les *oiseaux*, de ce que nous l'avons vu dans les *reptiles*. Le vestibule ou la partie primitive est encore assez grande, les canaux semi-circulaires passablement étroits, sauf vers plusieurs de leurs extrémités, où ils se dilatent et forment des ampoules fort prononcées. Le limaçon n'est encore qu'un sac ou canal aveugle un peu recourbé, à l'entrée duquel on voit quelquefois une sorte d'opercule membraneux sigmoïde ; sauf cette particularité, ce sac ne se présente véritablement que comme un prolongement du vestibule. On y remarque une petite masse pulpeuse, seul reste des masses analogues que nous avons vues dans les classes précédentes ; elle est renfermée dans une sorte de poche comprimée et suspendue par des filets nerveux; cette partie ne contient plus du tout de concrétions. Dans le reste du labyrinthe, se trouve seulement un liquide plus ou moins aqueux. Il est vraisemblable que cette espèce de simplification des instrumens destinés à transmettre les ébranlemens sonores, au nerf de l'appareil, je veux dire l'absence des concrétions plus ou moins dures, qui naguères se montraient dans le labyrinthe, est compensée chez les vertébrés éminemment aériens, par la communication immédiate qui s'établit entre le labyrinthe et le monde extérieur; car nous avons vu les concrétions perdre de leur dureté, par conséquent de leur importance, à mesure que l'appareil demeurait moins caché, ou plutôt à mesure qu'il s'ouvrait plus visiblement en dehors.

Chez les *oiseaux*, qui manquent, disons-nous, complétement des produits calcaires dont il s'agit, le labyrinthe s'ouvre extérieurement par deux orifices, tous les deux vestibulaires, placés à peu près sur la même ligne, l'un au devant de l'autre : c'est le postérieur qui représente l'orifice unique des classes précédentes, c'est à lui que se termine l'extrémité interne de la chaîne des osselets.

Quant à la cavité ou caisse du tympan, sa forme et sa grandeur varient beaucoup dans la classe qui nous occupe ; elle est circonscrite en partie par les saillies des os voisins, en partie par une pièce osseuse de l'appendice maxillaire inférieur, l'*os carré*, qui tend à passer au service de l'oreille moyenne et prendra même le nom d'*os tympanique*. Mais ce qui caractérise bien la caisse des *oiseaux*, ce sont les cellules nombreuses et étendues avec lesquelles elle communique, cellules qui se propagent dans la partie spongieuse de tous les os de la tête ; elles s'ouvrent dans la cavité du tympan, ordinairement par trois orifices. Celle-ci communique enfin avec l'arrière-bouche par un canal infundibuliforme, composé d'une expansion de la membrane tégumentaire ou muqueuse, soutenue par des parois osseuses, qui forment quelquefois un tube complet. Extérieurement la caisse est fermée par une membrane tympanique tout à fait spéciale, distincte par conséquent, et de la couche qui tapisse la caisse, et de la peau externe. Cette membrane est bombée en dehors. Une chaîne de trois osselets se porte de là à l'entrée du vestibule. La première de ces pièces ou le *marteau*, est mise en mouvement par un muscle, la dernière ou l'*étrier*, en forme de cachet, ferme par sa plaque l'orifice postérieur du vestibule, et nous offre également un petit muscle ou tout au moins un ligament élastique.

Déjà en progrès, comme on le voit par les dispositions de leur oreille moyenne, les oiseaux l'emportent encore sur les autres vertébrés ovipares, en ce qu'ils possèdent toujours un commencement d'organe de recueillement. Toutefois cette partie complémentaire d'un appareil d'audition perfectionné, demeure réduit dans cette classe à un simple conduit, placé en dehors de la membrane du tympan, conduit dont la longueur et la largeur varient d'ailleurs beaucoup ; il est encore tout à fait cutané, et c'est à peine si quelquefois on voit un petit anneau cartilagineux à son orifice ; celui-ci présente alors deux lèvres auxquelles quelques fibres du peaucier impriment un peu de mouvement, et que surmontent des plumes qui forment souvent des espèces d'aigrettes auriculaires.

Les différences qu'on remarque entre les oiseaux des divers ordres, sous le rapport de l'appareil de l'ouïe, sont si minimes qu'elles méritent à peine d'être notées ; elles ne portent que sur le plus ou moins de développement de certaines parties essent'elles ou accessoires ; nous nous contenterons de dire que, sous ce rapport, les oiseaux qui s'élèvent beaucoup dans l'air, comme les oiseaux de proie, sont un peu mieux favorisés que les espèces terrestres, et surtout que les aquatiques ; il en est de même des oiseaux de nuit comparés à ceux de jour.

Arrivés aux *mammifères*, nous voyons les organes de l'ouïe prendre tout le développement dont ils sont susceptibles, et se compléter dans les trois sections de l'appareil.

Considéré dans son ensemble, le bulbe phanérique qui constitue l'oreille interne, est enveloppé d'une couche osseuse extrêmement dure, qui constitue un os spécial désigné sous le nom de *rocher*, à cause de sa densité et des inégalités de sa surface ; cet os est placé entre les troisième et quatrième vertèbres du crâne ; il représente une sorte de pyramide tronquée à trois pans, dont l'un concourt à former la base du crâne, et dont les deux autres font partie des fosses centrales de cette boîte, tandis que la base, dirigée en dehors, se soude et se confond plus ou moins avec la pièce de l'appendice maxillaire inférieur, connu, chez les ovipares, sous le nom d'*os carré*, pièce qui passe ici complétement au service de l'appareil qui nous occupe, en prenant le nom d'*os tympanique*. Uni à cet os et à l'os squammeux, le rocher devient une partie du *temporal*.

Étudiée dans ses parties intérieures ou dans son labyrinthe, la région profonde de l'appareil se montre composée, comme précédemment, de trois sections distinctes : d'un vestibule représentant le sac primitif, de trois canaux demi-circulaires, et d'un diverticule analogue au sac inférieur du labyrinthe des ovipares, mais qui forme maintenant un véritable limaçon.

Le *vestibule* est proportionnellement un peu plus petit dans cette classe que dans les précédentes. Il renferme une humeur limpide comprise dans l'espace que laissent entre elles les enveloppes osseuse et vasculaire; cette dernière contient une pulpe subgélatineuse, une sorte de corps vitré fort transparent, dans l'intérieur duquel se voient deux petites masses de consistance amylacée, où viennent se terminer plusieurs filets nerveux.

Les *canaux demi-circulaires* sont aussi d'un plus petit calibre que dans les autres vertébrés, ils nous présentent, comme le vestibule, une enveloppe osseuse, beaucoup plus grande que la vasculaire, ce qui forme des canaux osseux et des canaux membraneux, séparés par une lymphe analogue à celle du vestibule. Mais le corps pulpeux de celui-ci ne se prolonge pas dans la cavité membraneuse des canaux, qui n'est remplie que d'une sorte d'humeur aqueuse, et dans laquelle pénètrent, du reste, beaucoup de filets nerveux.

Le *limaçon* enfin mérite réellement ici le nom qu'il porte ; c'est un canal aveugle conique, enroulé comme la coquille d'une *hélice*, autour d'un axe ou columelle également conique. Ce troisième diverticule du sac auditif est partagé dans presque toute sa longueur, en deux cavités ou *rampes*, par une cloison en grande partie membraneuse, qui, attachée à une saillie osseuse, spiroïde de la columelle, court avec le canal qu'elle partage, autour de cet axe depuis la base du limaçon jusque près de son sommet ; c'est seulement à ce dernier endroit que les deux rampes communiquent

entre elles. Elles sont complétement séparées à leur
autre extrémité, à tel point que la supérieure s'ouvre
dans le vestibule, tandis que l'inférieure tend à débou-
cher au dehors, dans l'oreille moyenne, dont elle
n'est séparée que par une membrane tendue devant
son ouverture. La cavité du limaçon renferme, du
reste, une quantité plus ou moins notable de l'humeur
aqueuse que nous avons rencontrée dans les deux autres parties du labyrinthe.

La communication de celui-ci avec le dehors, je
veux dire avec la caisse de renforcement qui est placée
à l'extérieur du bulbe auditif, se fait chez les *mammifères* comme cela avait déjà lieu chez les *oiseaux*,
par deux orifices; mais avec cette différence qu'au
lieu d'être tous deux vestibulaires, l'un de ces orifices appartient, dans la classe qui nous occupe, à la
rampe inférieure du limaçon; on le nomme *fenétre
ronde* ou *cochléaire*, tandis que l'ouverture primitive
ou vestibulaire est désignée, à cause de la forme
qu'elle offre assez généralement, sous la dénomination de *fenétre ovale*. Les deux fenêtres sont fermées
par des membranes, qui interceptent la communication de l'oreille moyenne avec le vestibule et avec le
limaçon.

Chez les *oiseaux*, la caisse était principalement
formée dans sa partie osseuse par de simples saillies
des os voisins. Chez les mammifères nous voyons spécialement affectées à cet usage deux pièces plus ou
moins confondues ensemble, qui appartenaient jusqu'alors à la mâchoire inférieure : l'une, la principale,
d'une forme plus ou moins renflée, forme le corps de
la caisse et s'applique immédiatement contre le rocher

par son côté interne : c'est l'*os tympanique*; l'autre, sous la forme d'un anneau généralement incomplet, se place au côté externe de la première, dont elle n'est peut-être qu'une portion, et porte le nom de *cercle* ou de *cadre* tympanique. Elle circonscrit en partie l'orifice plus ou moins large par lequel la caisse communique au dehors. Cet orifice est occupé par un opercule membraniforme, ou membrane du tympan sèche, transparente, comprise entre le tégument rentré qui tapisse la caisse et la peau qui revêt le conduit auditif externe. Une *trompe d'Eustache*, canal de dimension très variable, soutenu d'abord par des os, puis par une portion cartilagineuse évasée, met la cavité de l'oreille moyenne en rapport avec l'arrière-bouche, et donne entrée à l'air atmosphérique dans la caisse. Celle-ci nous offre enfin les orifices de deux cellules qui s'étendent plus ou moins loin dans l'os temporal, notamment dans son apophyse mastoïdienne, et dans sa partie squammeuse.

La chaîne des osselets se complète chez les mammifères par l'addition de l'*os lenticulaire*, petite pièce qui pourrait cependant bien n'être qu'une épiphyse de l'*étrier*, au bouton duquel elle adhère fortement. Ce dernier mérite assez bien ici, par sa forme, le nom qu'il porte; il n'en est pas tout à fait de même des deux autres osselets qu'on a comparés assez arbitrairement, l'un à une enclume et l'autre à un marteau; tous trois nous représentent les osselets des *oiseaux* et des *reptiles*, mais avec des différences notables dans leur forme, leurs dispositions et leur mobilité; différences qui sont, sans aucun doute, à l'avantage des mammifères. Chez ceux-ci la chaîne forme un angle à peu près droit, dont l'ouverture est modifiée au moyen de deux muscles attachés au marteau (qui n'en avait qu'un chez les *oiseaux*), et d'un troisième qui agit sur l'étrier, sans parler d'un ligament élastique qui retient l'enclume à la partie supérieure de la caisse, et qui ramène cet os à son repos. Par ces modifications que subit la chaîne, à l'aide de ce petit appareil locomoteur, elle exerce une influence plus prononcée que précédemment, d'une part sur la tension de la membrane du tympan, par le manche du marteau qui s'y attache, de l'autre sur l'opercule également membraneux de la fenêtre vestibulaire sur laquelle est appliquée la plaque de l'étrier.

L'appareil auditif des mammifères, déjà plus complet que celui des autres vertébrés, dans ses parties profonde et moyenne, s'en distingue surtout par la présence d'une partie extérieure de recueillement plus ou moins développée. Déjà nous avons vu apparaître cette troisième section de l'oreille chez les *oiseaux*, où elle s'était encore réduite à un simple conduit qui se terminait en cul-de-sac à la membrane du tympan. Chez les mammifères une portion évasée, la *conque*, vient s'adjoindre à ce canal et achever l'organe de recueillement acoustique.

L'oreille externe de ces animaux se compose de deux sections. La plus voisine de la caisse est le *canal auditif externe*, formé en partie par le cadre tympanique plus ou moins élargi, et sur lequel la peau extérieure se prolonge jusqu'à la membrane operculaire du même nom; en dehors de ce cercle est une zone cartilagineuse qui soutient le tégument de ce conduit. La conque est également composée d'un fibro-cartilage membraniforme, qui fait plus ou moins de saillie au dehors en entraînant devant lui le tégument susposé. Il est très difficile de décrire d'une manière générale cette partie extérieure de l'oreille, tant sa forme est différente selon les espèces de mammifères. On peut la subdiviser en deux parties, dont l'une, qui fait suite au canal, a toujours la forme d'une cavité plus ou moins profonde, évasée à différens degrés, tandis que l'autre représente une lame, tantôt étalée au dehors, tantôt enroulée en forme de cornet. La conque nous offre une surface rendue plus ou moins inégale, soit par des saillies proprement dites, soit par des espèces de plis ou d'ondulations de sa lame fibro-cartilagineuse. On connaît les éminences *tragus*, *antitragus* placées sur la limite des deux sections de cette partie de l'oreille externe ; les saillies de l'*hélix* et de l'*anthélix*, et les dépressions correspondantes. Toutes ces inégalités qui varient d'ailleurs beaucoup dans les divers groupes de mammifères sont destinées à concourir au recueillement des ondes sonores, et à les réfléchir sur le fond de la conque.

Pour atteindre toute la perfection que réclame sa fonction, l'oreille externe se trouve pourvue de faisceaux musculaires, détachés du peaucier céphalique, et dont les uns sont intrinsèques et les autres extrinsèques. Les premiers situés tout entiers sur la conque elle-même, s'attachent à ses saillies pour les mouvoir et modifier ainsi, selon les besoins de l'audition, la forme de cet organe de recueillement. Il y a un muscle pour le *tragus*, un pour l'*antitragus*, deux *héliciens*, un *anthélicien*. Les muscles extrinsèques attachés au contraire, d'une part aux parties voisines de l'oreille, de l'autre à la conque, sont destinés à incliner celle-ci de tel ou tel côté, au gré de l'animal, pour recueillir dans toutes les directions, les bruits qu'il a intérêt à connaître. Ces muscles, assez nombreux, peuvent être ramenés à cinq groupes, désignés d'après le sens dans lequel ils entraînent la conque; ils forment un groupe inférieur, un antérieur, un antéro-supérieur, un postéro-supérieur; le cinquième groupe se compose de deux muscles profonds, dont le principal est un rotateur qui fait tourner la conque en bas et en arrière, quand elle est horizontale.

Des cryptes placés surtout dans le conduit auditif externe et des bulbes pilifères plus ou moins nombreux, aident encore aux fonctions de l'appareil par leurs produits qui protègent celui-ci contre l'action des circonstances extérieures.

Mais une esquisse générale ne saurait suffire à faire connaître l'oreille des mammifères; car, au contraire. de ce que nous avons vu dans les *oiseaux*, cet appareil subit, dans la classe qui nous occupe, des modifications importantes et nombreuses. De ces modifications, les unes sont en rapport manifeste avec le caractère et les mœurs de l'animal, les autres ne sont encore que zoologiques dans l'état actuel de la science, qui laisse, comme on le sait, beaucoup à désirer, sous le rapport de la physiologie de l'oreille.

Parmi les circonstances auxquelles on peut rattacher les différences que présentent les diverses parties de l'oreille des mammifères, celle qui mérite le premier rang, est sans doute le moment où l'animal sort pour

chercher sa nourriture. En effet, les espèces crépus-
culaires ou nocturnes, sont en général pourvues
d'un appareil d'audition plus parfait que les espèces
diurnes. Cette différence porte néanmoins assez peu sur
l'oreille interne, excepté chez les *chauve-souris* dont
le limaçon est remarquablement développé ; ce sont
ordinairement l'oreille tympanique et l'oreille externe,
qui présentent alors les modifications les plus saillantes. La caisse est plus renflée, son ouverture, et
partant sa membrane, sont plus larges ; le canal auditif
externe moins profond et plus ouvert, laisse cette ouverture plus à fleur de tête et donne plus d'évasement à la conque. C'est ce dont on se convaincra en
examinant, par exemple, parmi les *quadrumanes*,
les *makis* et les *loris* ; parmi les carnassiers, les *chats*,
les *renards*, les *chauve-souris*, les *phoques*, etc. ; parmi
les rongeurs, les *écureuils*, les *loirs*, les *gerboises.*

Le développement de l'oreille peut aussi être com-
mandé par le séjour ordinaire de l'animal et par ses
habitudes locomotives. C'est sans doute encore à des
causes de ce genre qu'il faut rapporter en partie ce
que nous venons de dire de l'oreille des *cheiroptères*
et de celle de *l'écureuil*, appelés, ceux-là à s'élever
dans l'air, celui-ci à trouver ses alimens à une certaine distance du sol, sur les arbres. On voit, au contraire, disparaître plus ou moins, non l'appareil,
mais ses parties externes ou de perfectionnement dans
quelques espèces qui cherchent leur nourriture sous
la terre. Chez la *taupe* et les *rats-taupes*, il ne reste
de l'oreille externe qu'un tube plus ou moins long,
qui s'ouvre à la surface par un petit orifice entouré
de poils comme le reste du corps. Nous voyons en-

core diminuer et presque disparaître la partie de recueillement chez les mammifères qui cherchent leurs
alimens dans l'eau, et cela d'autant que leurs habitudes deviennent plus aquatiques. Ainsi les *loutres*
ont cette portion de l'appareil complète, mais déjà
plus courte, plus étroite que dans les carnassiers voisins, tels que les *martes*, dont la conque a sinon de
la longueur, du moins un certain degré d'ouverture.
Chez les *phoques* il n'y a plus qu'un rudiment de conque qui finit même par disparaître complétement
dans les dernières espèces de cette famille. Quand il
existe, l'organe de recueillement est réduit, comme
celui de la *taupe*, à un tube cartilagineux qui, par
une disposition particulière, se dirige d'arrière en
avant, et s'ouvre par un orifice étroit derrière les
yeux. Chez les *édentés aquatiques* ou *cétacés*, nous
trouvons aussi dans un petit nombre d'espèces un
tube très étroit pour le recueillement des sons ; ce
conduit a passablement de longueur et se contourne
un peu en tire-bouchon ; il se porte en haut et en
avant, et va s'ouvrir vers l'œil. Telle est sa disposition
dans le groupe des *dauphins* ; mais ce rudiment d'o-
reille externe est remplacé dans les *baleines* et les
cachalots, par une sorte de ligament qui atteint tout
au plus la surface cutanée ; en sorte qu'ici, par une
sorte d'anomalie, ou mieux par une véritable dégradation dépendant du milieu qu'habitent ces animaux,
l'appareil de l'ouïe ne s'ouvre réellement à l'extérieur
que par la trompe d'Eustache.

Du reste, je le répète, le nombre des modifications
de cet appareil, qui se montrent en harmonie avec les
habitudes, est beaucoup plus petit que celui des diffé-

rences purement zoologiques. Celles-ci peuvent être observées dans toutes les parties qui composent l'organe de l'audition ; mais, à peu d'exceptions près, c'est sur les parties de perfectionnement que portent les plus prononcées. Je me bornerai à indiquer celles qui peuvent être rattachées au rang qu'occupe l'animal dans sa classe.

On remarque d'abord, que le rocher d'abord indépendant des vertèbres crâniennes entre lesquelles il est placé, s'unit à elles et se soude d'autant plus complétement avec ces pièces, qu'on approche davantage de l'espèce humaine. Cet os, dis-je, est libre chez les mammifères inférieurs, c'est-à-dire, qu'il ne commence guère à se souder avec les os voisins et même avec la caisse que dans l'ordre des *carnassiers ;* encore n'y adhère-t-il pas dans tous les animaux de ce groupe : il demeure indépendant chez plusieurs d'entre eux, tels que les *chéiroptères*. Dans les *quadrumanes*, l'indépendance de cette masse osseuse cesse complétement, sa soudure est constante, et, sous ce rapport, cet ordre est sur la même ligne que notre espèce.

Les parties contenues dans le bulbe et la caisse elle-même considérées dans leur volume et leur développement ne présentent que des différences spécifiques qui, bien que souvent très prononcées, n'ont pas d'importance pour nous, et qu'on ne saurait généraliser, ni rattacher à la gradation zoologique. Je ferai remarquer seulement, sous ce dernier rapport, que les derniers mammifères, c'est-à-dire l'*ornithorynque* et l'*échidné*, ont un limaçon plus simple que celui de tous les animaux de cette classe, et qui ne représente qu'un canal conique et peu courbé ; outre cela leurs osselets ne sont qu'au nombre de deux, et l'étrier ressemblerait beaucoup à celui des oiseaux.

C'est l'oreille externe qui nous offre dans sa forme et dans son développement les différences les plus remarquables, et ces différences, dont nous avons pu expliquer quelques unes par les habitudes, se montrent, en outre, d'une manière générale, assez bien en rapport avec l'ordre d'une bonne classification des mammifères.

A ne considérer que ceux de ces animaux chez lesquels des mœurs particulières, le séjour plus ou moins habituel dans l'eau n'ont pas nécessité l'absence plus ou moins complète de la conque, caractère qui appartient à des groupes très diversement placés sur l'échelle, nous voyons que depuis les *animaux ongulés*, c'est-à-dire depuis les *solipèdes* et les *ruminans* à l'espèce humaine, la conque auditive tend de plus en plus à perdre la disposition enroulée qui lui donne la forme d'un cornet, pour s'ouvrir et s'étaler en une sorte de lame bosselée.

Nulle part l'oreille externe n'est mieux conformée en cornet que dans les *solipèdes*, et dans les ruminans élaphiens, notamment chez les *cerfs*. Chez eux la partie hélicienne de cet organe, ou ce qu'on nomme le pavillon, se prolonge considérablement et s'enroule en se prolongeant en pointe, laissant à son fond l'anthélix et toute la conque proprement dite convertie en un large canal. C'est dans ces familles que nous trouvons le plus grand nombre de muscles auriculaires, et que ces muscles atteignent le plus de développement.

Les *rongeurs* ont généralement un pavillon plus court et moins riche en système musculaire que les animaux précédens ; cependant quelques uns des plus timides, les *lièvres*, l'ont encore très alongé, très mobile, mais avec une forme d'enroulement plus étroite et probablement moins favorable au recueillement des sons que celle des ongulés.

Les *édentés normaux*, à savoir les *pangolins*, les *fourmiliers*, les *tatous*, mériteraient d'être placés au dessous de la plupart des *rongeurs*, s'il fallait les classer d'après la longueur et la forme de leur conque auditive ; car, sous ce rapport, ils se rapprochent assez des *cerfs* et des *chevaux*.

L'enroulement du pavillon se voit encore chez les *carnassiers* mais cette région de l'oreille devient de plus en plus courte, à mesure que nous approchons des espèces supérieures de cet ordre, et il y a une tendance déjà prononcée à l'élargissement et à une situation plus superficielle des deux cavités de la conque elle-même.

Chez les *quadrumanes* cette tendance se prononce de plus en plus, à mesure qu'on s'élève des *makis*, dont l'oreille ressemble encore assez à celle des carnassiers, aux *singes*, et surtout à ceux de l'ancien continent. L'oreille de ceux-ci nous offre un pavillon court et étalé, à peine encore un peu prolongé supérieurement, une conque beaucoup plus ouverte et moins profonde encore que celle des carnassiers, enfin un système musculaire bien moins subdivisé et moins considérable que celui des groupes précédens.

Cette forme de l'oreille externe ressemble beaucoup à celle que prend cet organe dans l'espèce humaine : ici le raccourcissement de l'*hélix* arrive à son dernier terme, et cette partie ne constitue plus que le bord de la conque, bord qui se recourbe légèrement de dehors en dedans et de haut en bas, en une sorte de bourrelet. La cavité supérieure de la conque est tout à fait superficielle, la cavité inférieure, largement ouverte et à découvert, aussi bien que les éminences *tragus* et *antitragus*; un lobule mou plus ou moins prononcé termine l'oreille inférieurement. Enfin les muscles arrivés à leur minimum en nombre et en développement ne suffisent que dans un très petit nombre de cas véritablement exceptionnels pour mouvoir un peu la conque.

DEUXIÈME GENRE.

APPAREIL DE LA LOCOMOTION.

A. DESCRIPTION GENERALE DE CET APPAREIL.

Nous venons de parcourir les appareils par lesquels le monde extérieur agit sur l'être animé et se révèle à lui, et nous avons constaté qu'ils étaient fournis par la couche superficielle de l'enveloppe, par la peau plus ou moins modifiée dans ses parties essentielles ou dans ses parties de perfectionnement. Maintenant, jetons un coup d'œil sur ce second genre d'appareils de relation à l'aide duquel l'organisme agit à son tour sur les êtres qui l'entourent, soit pour se transporter d'un lieu dans un autre, soit pour exécuter les divers actes de spontanéité qui le caractérisent. Ce genre d'appareil est celui de la locomotion ou des mouvemens instinctifs et volontaires en général. Il est encore fourni, comme nous l'avons déjà vu, par l'enveloppe, et surtout par sa couche profonde, qui, à mesure que la peau proprement dite s'en isole pour revêtir le caractère sensorial ou protecteur, prend à son tour de plus en plus le caractère spécial de couche locomotrice.

Ou mieux encore, l'élément contractile, l'une des deux modifications profondes de l'élément primitif ou générateur, d'abord répandu indistinctement dans toutes les couches de l'enveloppe, dans l'organisme entier, se concentre et se localise peu à peu au dessous du tégument en une couche de plus en plus isolée de lui, mais qui ne cesse néanmoins pas de s'y rattacher visiblement et de le suivre dans ses diverses rentrées, aussi bien que dans ses expansions ou replis externes (1).

Au reste l'appareil locomoteur est le plus ordinairement composé comme les précédens de parties essentielles, et de parties accessoires ou de perfectionnement.

Les parties essentielles sont les seules actives; les autres sont, au contraire, tout à fait passives.

Les premières sont formées par l'élément secondaire contractile dont nous parlions tout à l'heure, et auquel nous donnerons, avec M. Laurent, le nom d'élément *sarceux*; il s'y mêle nécessairement une proportion quelconque d'un autre élément secondaire, de l'élément incitateur, qui constitue de son côté un système, dont l'histoire nous occupera prochainement. A l'état chaotique de l'organisme l'élé-

---

(1) Il n'y a que le tissu contractile du cœur qui soit vraiment indépendant de l'enveloppe générale. Aussi MM. de Blainville et Laurent distinguent-ils deux espèces de tissu contractile : la première comprend tout celui qui se trouve disposé en couche au-dessous de l'enveloppe, tant externe que rentrée, réunissant ainsi ce que Bichat, du point de vue de la physiologie humaine, divisait en tissu de la vie animale et tissu de la vie organique; la seconde espèce est représentée par le tissu du cœur. Ces anatomistes ont donné à celle-ci l'épithète d'*enderienne* et à l'espèce sous-tégumentaire celle d'*hypotécienne* ou *périérienne*.

ment sarceux est indistinctement mêlé à toute la masse du corps; il se trouve à l'état de diffusion moléculaire, et n'annonce son existence que par la contractilité qu'il communique à toutes les parties du tissu vivant. Il peut demeurer long-temps dans ces conditions, et lorsque déjà certaines fonctions ont des organes particuliers; partout où il y demeure, les mouvemens sont vagues et d'une énergie médiocre, car alors la locomotion résulte de contractions dans tous les sens à la fois. La force est diffuse comme l'élément dans lequel elle réside. Mais aussitôt que les mouvemens doivent avoir une certaine précision, une direction plus spéciale, les molécules sarceuses se concentrent sur des points limités, se disposent en séries qui forment ce que nous nommons des fibres, et celles-ci se réunissent à leur tour en faisceaux dont la direction détermine avec exactitude celle de leur action locomotrice, et dont l'épaisseur indique l'énergie de celle-ci.

Ces faisceaux peuvent être ramenés originairement à deux plans de fibres qui forment une couche plus ou moins épaisse au dessous des tégumens; l'un de ces plans, l'externe, se compose de fibres transversales à l'axe du corps et primitivement circulaires, et l'interne de fibres longitudinales ou parallèles à cet axe. Chacun d'eux peut ensuite se subdiviser plus ou moins en faisceaux particuliers, selon les besoins de la locomotion. Il y aura un rapport constant entre cette fasciculation et le perfectionnement de la fonction que je viens de nommer. Jamais elle ne sera aussi prononcée que lorsque les appendices viendront s'adjoindre au tronc de l'animal. Ces espèces de diverticules ou de pincemens de l'enveloppe qui apparaissent surtout pour une locomotion perfectionnée entraîneront avec eux une portion considérable de la couche sarceuse sous-peaucière, dont les deux plans se retrouveront ici, mais ordinairement divisés en faisceaux plus ou moins nombreux.

C'est à partir du moment où l'élément contractile se dégage et prend la disposition fibrillaire que nous voyons apparaître des parties de perfectionnement dans l'appareil locomoteur. Ce sont essentiellement des pièces plus ou moins solides, articulées entre elles, et mobiles dans un ou plusieurs sens, selon la forme des extrémités par lesquelles elles se rencontrent. Leur ensemble porte généralement le nom de *squelette*. En même temps que l'organisme possède en elles une charpente solide, un moyen de sustentation et de protection, les faisceaux sarceux y trouvent des points d'appui et des leviers pour augmenter la force et la précision de leur action.

L'attache de ces faisceaux aux pièces du squelette se fait rarement d'une manière immédiate, et nous voyons presque toujours le tissu général au sein duquel ces pièces se développent, le tissu que M. Laurent désigne sous la dénomination générale de système *scléreux* (1), fournir des espèces d'expansions quelquefois membraneuses, d'autres fois en forme de cordes, c'est-à-dire des *aponévroses* et des *tendons*, qui

---

(1) Le derme et le système fibreux de Bichat. Nous avons déjà vu comment le derme fournit un système solide à beaucoup d'animaux; nous verrons plus tard le système fibreux sous-dermien et inter-musculaire fournir celui des animaux supérieurs.

vont au devant des fibres charnues, reçoivent leur insertion et augmentent ainsi leur longueur, leur portée et leur puissance.

La partie de l'organisme qui fournira ces pièces sera d'abord la peau, comme il est aisé de le concevoir en se rappelant que la couche contractile sous-peaucière n'est que la plus profonde des couches tégumentaires. La peau se fractionnera, pour cela, en un nombre considérable de pièces, plus ou moins distinctes les unes des autres, ordinairement solidifiée par des matières cornées ou calcaires, et que réuniront des parties molles et flexibles. Plus haut, sur l'échelle organique, nous verrons le squelette se développer dans le sein de la couche contractile elle-même aux dépens de cette autre partie du système scléreux, que nous appelons communément le *tissu fibreux*. Dans les points de fractionnement de ce squelette intérieur, le tissu fibreux conservant plus ou moins de souplesse, ou acquérant quelquefois une certaine élasticité, en liera les pièces entre elles, leur fournira des *ligamens* de diverses sortes, destinés à maintenir leurs rapports sans gêner leurs mouvemens.

Ainsi se trouve constitué l'appareil locomoteur considéré dans sa composition, dans sa signification, dans ses caractères généraux. Il nous reste maintenant à l'étudier dans les principales modifications qu'il subit aux divers degrés de l'échelle zoologique. Ici les détails sont innombrables, et leur généralisation est plus nécessaire que partout ailleurs, pour faire ressortir les caractères de l'appareil qui nous occupe dans chacun des types de la série animale. Qu'on ne s'étonne donc pas si, au lieu de décrire, nous nous bornons à peu près à formuler l'anatomie de cet appareil.

B. *DE L'APPAREIL LOCOMOTEUR DANS LA SÉRIE ANIMALE.*

I.

Au dessous des *actinies*, le sous-règne des ANIMAUX RAYONNÉS ne présente pas d'appareil locomoteur proprement dit : toutes les parties molles sont contractiles, mais ne laissent distinguer en elles aucun muscle. La fibre charnue ne s'est pas encore dégagée de la cellulosité subgélatineuse, qui constitue sans modifications spéciales toute la masse vivante de l'animal. Quant aux dépôts plus ou moins solides et crétacés qui soutiennent souvent cette masse, s'ils représentent des espèces de squelettes, ce sont des squelettes immobiles, et non des points d'appui ou des leviers propres à la locomotion.

Mais dans les *actinies* et les *méduses*, nous commencerons à voir un commencement de spécialisation et de séparation de l'élément contractile. On distingue fort bien dans ces êtres deux couches de fibres subcharnues; savoir, une couche de fibres transversales en dehors, et une couche de fibres longitudinales, qui forment des cloisons très nombreuses sous la membrane gastrique. Chacune d'elles, attachée à la couche circulaire du pied, se partage en trois faisceaux, qui se rendent à la bouche, à la racine des tentacules et au bourrelet labial.

Chez les *méduses*, les couches charnues forment, dans le rebord de l'ombelle, une couronne de petits muscles.

Dans les *échinodermes*, l'appareil locomoteur se dessine déjà beaucoup mieux. A la spécialisation et à la fasciculation toujours mieux prononcées du tissu contractile, se joint l'apparition de pièces solides mobiles, une brisure plus ou moins complète de l'enveloppe crétacée.

C'est encore généralement autour de la bouche que la couche contractile se divise le plus, soit que cette cavité se trouve armée pour la mastication, comme nous avons vu que cela existe chez les *oursins* (p. 27), soit que, dépourvue de dents, ou n'ayant, comme dans les *holothuries*, d'autres parties solides qu'un anneau de pièces sous-dermiques, ses mouvemens n'aient pour but que la préhension.

Les *astéries* ont, comme nous l'avons dit ailleurs, une enveloppe médiocrement solidifiée, et brisée en petits fragmens plus ou moins mobiles; ceux-ci affectent dans les rayons une disposition sériale un peu comparable à celle des vertèbres des animaux supérieurs. Ces rayons reçoivent des faisceaux de fibres charnues, qui en font d'excellens appendices locomoteurs, surtout dans les espèces où ils sont prolongés et dans celles où ils se dichotomisent.

Dans les *oursins*, la locomotion générale est opérée par des faisceaux attachés à la racine des piquans, seules pièces mobiles de leur têt. Les appendices tentaculiformes qui sortent par les trous ambulacraires sont aussi très contractiles; ils concourent, sans aucun doute, à la translation du corps, en agissant comme des ventouses. Cependant, ces organes, traversés par des canaux aquifères, sont destinés, avant tout, à la respiration. Remarquons néanmoins, à ce propos, que le système aquifère ne laisse pas de jouer un rôle important dans la progression des animaux inférieurs en général, et qu'on ne peut même quelquefois expliquer cette dernière que par les alternatives de systole et de diastole des canaux dont il est question. C'est ce qui paraît être, en particulier, pour les *pennatules*.

Chez les *holothuries*, nous trouvons, outre les faisceaux musculaires qui s'attachent à l'anneau fibro-calcaire de la bouche, deux plans de fibres, dont les longitudinales se groupent en cinq paires de faisceaux pour se rendre aux cirrhes tentaculaires. Les fibres circulaires forment une couche indivise sous toute l'étendue du tégument externe, qui, plus ou moins épais, est toutefois flexible, et se prête à tous les mouvemens de la couche contractile, en même temps qu'il lui sert d'appui.

II.

Bien que cette dernière couche de l'enveloppe générale commence déjà, dans le type que nous venons de parcourir, à se séparer du tégument proprement dit, l'isolement de l'élément musculaire n'est pas tellement complet que la peau n'en retienne encore une partie dans son propre tissu, et qu'elle ne jouisse elle-même d'une contractilité prononcée toutes les fois que des sels calcaires ne viennent pas la solidifier.

Cette espèce de confusion se montrera encore à différens degrés dans tous les animaux sans vertèbres à tégumens mous, mais surtout dans le type des MOL-

LUSQUES. Les animaux de cette division possèdent néanmoins des fibres charnues distinctes de la peau, qui demeure, d'ailleurs, toujours leur point d'attache ; mais l'évidence, le développement et la disposition de ces fibres varient beaucoup, selon qu'on les étudie dans les *acéphalés* ou dans les *céphalés*, et dans tel ou tel groupe de chacune de ces grandes sections. En général, cependant, le tissu musculaire conserve encore une consistance et un aspect gélatineux. C'est toujours la peau qui fournit le système solide, comme nous l'avons vu en parlant de cette membrane ; mais les pièces qui résultent de son encroûtement ne servent que très accessoirement à la locomotion. Un premier rudiment de squelette intérieur se montre néanmoins autour de la partie centrale du système nerveux dans le premier groupe des animaux dont il est question.

Chez les *acéphalés*, nous comptons trois ordres de muscles distincts. Le premier se compose de fibres, qui, des bords de l'expansion cutanée connue sous le nom de *manteau*, vont s'attacher non loin de la circonférence de la coquille, et servent à retirer toute la partie de ce repli qui dépasse leur point d'adhérence. Le second groupe de fibres charnues est celui qui constitue, chez beaucoup d'acéphalés, la masse charnue, désignée sous le nom de *pied*, masse de grandeur et de forme variables, qui sert à la translation du corps, et qui mérite, par conséquent, très bien sa dénomination (1). Outre ses fibres intrinsèques, au moyen desquelles il s'étend et se contracte alternativement,

---

(1) La translation des acéphalés a lieu par reptation ou quelquefois par des sauts, qui résultent du redressement subit du pied ployé auparavant sur lui-même dans le sens de sa longueur.

le pied reçoit des faisceaux extrinsèques, qui le portent en différens sens. Enfin, la couche musculaire sous-cutanée fournit, chez les mollusques *bivalves*, des fibres qui se portent d'une valve à l'autre pour fermer la coquille; c'est ce qu'on nomme les *muscles adducteurs*. Ces fibres sont quelquefois réunies en une seule masse placée dans le milieu des valves; d'autres fois, elles forment deux faisceaux, l'un antérieur, l'autre postérieur. Leurs points d'attache à la coquille sont indiqués par des impressions, qui ont été distinguées, à cause de cela, par l'épithète de musculaires. Les muscles adducteurs envoient quelquefois des faisceaux aux lobes du manteau, qui sont alors complétement rétractiles. Ce sont encore ces mêmes muscles qui fournissent les prolongemens filiformes ou le *bissus* de quelques acéphalés, tels que les *jambonnaux* et les *moules*, appendices au moyen desquels ces animaux s'attachent aux rochers. Seulement les fibres qui composent le bissus sont desséchées, et ne conservent leur contractilité que vers leur origine. C'est à tort qu'on les a prises pour des produits d'une sécrétion particulière.

Les valves sont articulées ordinairement ensemble par une charnière placée sur un point un peu variable de leur circonférence, et qui résulte de l'engrenage de saillies ou *dents* et de cavités correspondantes, qu'on voit sur chaque surface articulaire. Cette articulation est le plus ordinairement consolidée par un ligament épidermique, qui, à la faveur de sa situation et de l'élasticité dont il jouit, agit comme antagoniste des muscles adducteurs, retenant la coquille ouverte aussi long-temps que ceux-ci sont dans le repos.

Dans la division des mollusques *céphalés*, la couche musculaire sous-peaucière ne se subdivise, en général, que fort peu, surtout quand il n'existe pas de ligne de démarcation prononcée entre la tête et le reste du corps, ce qui est le cas de tous les mollusques *paracéphalés*, qu'on a désignés sous le nom de *gastéropodes*.

Cette dénomination indique plus ou moins exactement le principal caractère de l'appareil locomoteur des espèces nombreuses auxquelles elle est donnée. En effet, chez ces espèces, le pannicule charnu acquiert, à la partie inférieure du corps, un développement considérable qui en fait un *pied* ou une sorte de semelle de forme variable. Dans les espèces dépourvues de coquilles, telles que les *limaces*, le pied règne sur toute la longueur du corps, c'est-à-dire, de la masse des viscères. Au contraire, les gastéropodes conquilifères sont ordinairement *trachélipodes*, c'est-à-dire que le pied ne semble attaché au corps que dans l'endroit qu'on peut appeler le cou, d'où il s'étend plus ou moins en avant ou en arrière de la tête sous des formes et avec des dimensions très différentes, selon les genres. Un faisceau musculaire particulier se détache alors de la couche générale pour servir spécialement à retirer le pied dans la coquille.

Il s'étend ordinairement de celui-ci à la columelle, d'où lui vient le nom de muscle de la columelle. D'autres muscles rétracteurs plus ou moins considérables, et qu'on peut regarder comme naissant du précédent, se rendent aux tentacules sensoriaux lorsque ceux-ci sont rétractiles à l'intérieur. Dans les espèces non testacées pourvues de ces tentacules, les muscles de ces appendices existent également, et naissent à peu près du même point que lorsqu'il y a une coquille et un muscle de la columelle. Il vient aussi de cette même région un muscle rétracteur de l'organe excitateur mâle.

Les branchies conservant une certaine contractilité, peuvent quelquefois servir comme des nageoires à la locomotion générale.

Lorsque la tête se distingue nettement du corps, comme dans les *brachiocéphalés*, la couche musculaire sous-cutanée se divise au point de transition en faisceaux supérieurs, inférieurs et latéraux. Outre cela, il y a des muscles abaisseurs et releveurs pour les appendices locomoteurs ou bras qui entourent la tête. Les *brachiocéphalés* sont entourés par la couche musculaire de leur manteau; bien qu'elle soit indivise et semblable dans tous ses points, elle est d'un excellent secours pour la locomotion. Cette expansion du tégument, en formant un sac autour du corps, exerce, par des mouvemens de systole et de diastole, une action énergique sur le liquide ambiant. Mais la particularité la plus intéressante de l'appareil locomoteur de ces mollusques, c'est l'existence d'un premier rudiment de squelette intérieur, fait qui rapproche les *brachiocéphalés* des animaux du premier type, tandis que, sous la plupart des autres rapports, c'est-à-dire, surtout sous celui du caractère général de leurs organes locomoteurs eux-mêmes, et sous celui, bien plus important encore, de leur système nerveux, ils en sont séparés par les entomozoaires. Le squelette rudimentaire dont il est question se compose de plusieurs pièces cartilagineuses : la principale et la plus constante forme une sorte de crâne, qui abrite le ganglion cérébral; d'autres, placées à la face dorsale du cou, et qu'on voit chez les *sèches* et les *calmars*, pourraient être assimilées à des vertèbres; d'autres encore, situées sur la face inférieure du tronc, seraient, au dire de quelques anatomistes, des pièces sternales; d'autres, enfin, disposées latéralement, ont été présentées comme des vestiges du système solide des appendices ou membres des animaux supérieurs; mais il faut avouer que ces derniers rapprochemens sont un peu forcés. Il n'en reste pas moins vrai que les *brachiocéphalés* nous offrent les premiers indices d'un squelette intérieur, qui fournit une protection au système nerveux central et des insertions aux fibres musculaires; mais celles-ci ne trouvent pas encore dans les pièces qui les composent les leviers que réclame le perfectionnement de la locomotion.

III.

A cet égard, les ENTOMOZOAIRES sont mieux favorisés que les mollusques, bien que chez eux ce soit encore le tégument externe qui fournisse ces leviers, et que tout vestige de squelette interne disparaisse. Nous avons dit, en traitant de la peau des animaux articulés extérieurement, comment leur enveloppe se partageait en segmens plus ou moins nombreux, et comment ces segmens se solidifiaient plus ou moins pour offrir à la couche contractile sous-jacente, non plus seulement des appuis, mais des instrumens passifs de locomotion très perfectionnés. En cela, comme sous le rapport de la disposition des fibres musculaires, les entomozoaires diffèrent cependant beaucoup les uns des autres.

Il en est d'abord dont le tégument est demeuré

mou et flexible, dont les intersections cutanées sont très superficielles et très peu prononcées, les segmens peu distincts, très nombreux, annulaires et tous semblables, et qui manquent absolument d'appendices. Ce sont les animaux vermiformes, désignés sous le nom d'*annélides abranches* par M. Cuvier, et sous celui d'*apodes* par M. de Blainville. Ici, la couche musculaire est à peu près réduite à un plan de fibres longitudinales, partagé, dans sa longueur, en huit bandelettes par les lignes dorsale, ventrale et latérales ; ces bandes sont interrompues à chaque étranglement annulaire du corps par les attaches qu'y prennent leurs fibres. On admet, en outre, des fibres transversales, mais moins généralement répandues que les premières ; elles agissent comme antagonistes de celles-ci pour l'élongation et le rétrécissement du corps. Dans plusieurs espèces de cette classe, notamment chez les *sangsues*, la progression s'opère sur les corps solides à l'aide des deux segmens terminaux, qui se disposent en disques pour agir comme des ventouses ; mais cette particularité ne change pas essentiellement la disposition des fibres contractiles elles-mêmes. Quand la bouche est armée, soit de dents, comme dans les *sangsues*, soit de crochets, comme dans quelques *vers* intestinaux, des faisceaux particuliers se rendent à ces instrumens.

L'appareil locomoteur se modifie déjà un peu dans les autres *annélides* ; la peau conserve, il est vrai, sa mollesse, et ne forme pas encore de squelette ; mais des appendices commencent à s'adjoindre aux anneaux du corps. Ces appendices ne sont pas eux-mêmes articulés. Ils se composent de tubercules disposés par paires sur chaque segment, et qui portent des faisceaux de soies cornées ou même crétacées, tantôt fines et flexibles, au point de s'entremêler et de se feutrer, tantôt roides et même disposées en épines, en crochets, etc. Outre cela, on voit, soit au dessus, soit au dessous des tubercules, des filamens mous et complétement contractiles, connus sous le nom de *cirrhes*.

Ici la couche musculaire sous-peaucière est encore essentiellement composée de fibres longitudinales, qui se partagent en faisceaux supérieurs, latéraux et inférieurs, divisés, chacun, par les lignes dorsale, ventrale et latérales. Il est à remarquer que les faisceaux inférieurs et latéraux sont plus développés que ceux du dos, ce qui s'explique par la présence des appendices locomoteurs, qui exigeaient nécessairement un renforcement de la couche contractile. Cette couche se retrouve dans les tubercules qui portent les soies, mais sans y former d'une manière bien évidente des faisceaux particuliers. En échange, il y a des muscles spéciaux pour mouvoir les soies, et les porter en avant, en arrière, pour les élever et les abaisser; ils s'attachent à la base de ces parties passives de l'appendice. Souvent les soies se trouvent dans leur état de repos, plus ou moins enfoncées sous la couche cutanée, et dans ce cas elles ne peuvent sortir de cette situation que par l'action du système musculaire. La disposition à la faveur de laquelle celui-ci les porte alors à l'extérieur est très simple. Les soies, ainsi enfoncées, reposent immédiatement sur le faisceau longitudinal correspondant, et le dépriment à un certain degré; il s'ensuit qu'aussitôt que ce faisceau se contracte, il se redresse et repousse au dehors les appendices qui s'appuient sur lui.

A partir des *annélides*, les entomozoaires nous présentent toujours, du moins dans l'âge adulte, un squelette extérieur, résultat de la solidification des segmens tégumentaires, et, outre cela, des appendices articulés, c'est-à-dire, composés, comme le reste du corps, de pièces cornées ou calcaires, disposées en série et mobiles les unes sur les autres ; ces pièces représentent des leviers qui, selon leur forme, leur longueur et leur nombre, seront propres à la marche, au saut, à la natation, pourront servir à creuser ou à saisir, ou se convertir enfin en organes de mastication. Ces appendices seront placés par paires sur la face inférieure ou sur les côtés du corps. Il pourra s'en trouver d'autres sur la face dorsale qui seront disposés pour le vol ; mais ceux-ci ne se verront que dans la classe supérieure du type. En échange, le nombre des appendices inférieurs diminuera d'autant plus que nous nous approcherons davantage de cette même classe, où il atteindra son minimum. Construits, d'ailleurs, partout d'après un même type, les membres articulés des entomozoaires pourront toujours être divisés en quatre parties, désignées par les noms de *hanche*, *cuisse*, *jambe* et *tarse*. Le tarse, composé d'un nombre variable de pièces, se termine assez ordinairement par des crochets, dont la forme et le développement varient beaucoup.

Les diverses pièces du squelette des animaux en question s'articulent ensemble de plusieurs manières ; elles pourront être soudées, et par conséquent immobiles ; ailleurs, elles seront unies par une portion tantôt linéaire, tantôt plus ou moins étendue de tégument mou, et deviendront susceptibles de se mouvoir ; ailleurs encore, les segmens s'imbriqueront comme des écailles, etc. Ces trois premiers modes de rapports appartiennent aux segmens du corps lui-même. Les pièces des appendices sont toujours articulées entre elles d'une manière mobile, et se rencontrent par des surfaces qui ne leur permettent que des mouvemens de flexion et d'extension.

Les segmens de ce squelette offrent à l'intérieur des éminences ou apophyses pour l'insertion des muscles.

Ceux-ci sont des fasciculations bien distinctes et plus ou moins nombreuses des plans primitifs de la couche contractile sous-dermique; ils sont contenus dans les articles du squelette comme dans de véritables étuis, et se divisent plus ou moins dans la longueur du corps, selon que le réclament la forme de celui-ci et le mode de jonction de ses pièces. Quelquefois, par exemple, un faisceau ne va que d'un segment au segment voisin, tandis qu'un autre s'étend à des articles plus ou moins éloignés de son point de départ. Les muscles des appendices se terminent par des tendons, qui traversent les articulations et vont s'attacher à une ou plusieurs des pièces qui suivent celles dans lesquelles le faisceau charnu se trouve logé (1). Il n'y a dans les membres que des fléchisseurs et des extenseurs.

Les différences que nous observons entre les diverses classes d'entomozoaires à tégument solide, sous le rapport de leur appareil locomoteur, portent d'abord sur

---

(1) On voit quelquefois les tendons des muscles de la jambe suffire à tous les mouvemens du tarse.

la forme générale du corps, qui résulte elle-même du nombre et de la disposition des segmens, puis sur le nombre et les modifications des appendices. Ces différences sont assez généralement en rapport avec la gradation zoologique et avec les habitudes.

Les *myriapodes* se rapprochent encore beaucoup des *annélides* par le nombre et la similitude plus ou moins parfaite des segmens de leur corps, lequel conserve, en conséquence, un caractère vermiforme. Leurs appendices sont également très nombreux, à ce point que, sauf les premiers segmens, qui sont monopodes, et les trois ou quatre derniers, qui sont apodes, tous les autres portent quelquefois deux paires de membres, comme nous le voyons surtout chez les *iules*.

C'est, comme nous l'avons dit en traitant de l'appareil digestif, dans les *myriapodes* que l'analogie des pattes et des mâchoires se reconnaît le mieux, et qu'il est le plus aisé de suivre les modifications successives qui transforment les appendices locomoteurs en organes de manducation de plus en plus spéciaux. On conçoit, en effet, que ce fait ne devait être nulle part plus saillant que chez des animaux dont tous les segmens se ressemblent encore beaucoup ; car la similitude de ceux-ci emporte avec elle celle des appendices qui en dépendent.

La forme annélidaire du corps disparaît successivement chez les *crustacés*, à mesure que nous passons des groupes inférieurs aux groupes supérieurs de cette division, et nous voyons diminuer, en même temps, le nombre des appendices, dont il ne reste plus, enfin, que cinq paires propres à la progression dans la classe qui a reçu, pour cette raison, le nom de *décapodes*. Cependant le nombre des segmens des crustacés ne doit pas être évalué d'après celui de leurs appendices ambulatoires seuls, mais d'après celui de tous leurs appendices, en y comprenant les pièces mandibulaires, les pieds-mâchoires et les fausses pattes elles-mêmes. On trouve alors que ces animaux sont encore composés de beaucoup d'articles. Ceux-ci commencent à se souder plus ou moins complétement pour constituer un thorax, qui se confond, le plus souvent, avec la tête, et se trouve couvert, à sa face dorsale et sur ses côtés, par une large pièce calcaire, nommée le *bouclier*. Il ne reste, pour la locomotion, que quelques segmens postérieurs, disposés ordinairement en forme de queue, et les appendices, qui dépendent des segmens thoraciques, à partir des pieds-mâchoires. Ces appendices, qui, chez beaucoup de crustacés, sont, en partie au moins, modifiés pour la nage, se disposent ailleurs pour la marche et pour une préhension assez énergique. Nous voyons alors une ou deux des pattes ambulatoires antérieures prendre un développement considérable et former ce qu'on nomme une *pince* ou une *serre*; c'est-à-dire, se terminer par deux articles crochus, dentés sur leurs bords correspondans, et dont l'un, nommé le *pouce*, se meut sur l'autre, qui porte le nom d'*index*. Tout le monde a pu observer cette disposition chez les *écrevisses* et les *homards* : dans ces *astacoïdes*, les deux paires de pattes qui suivent les pinces sont, bien que beaucoup plus petites, conformées de la même manière ; mais les deux autres paires dégénèrent et n'ont plus qu'un crochet terminal.

Nous avons vu, en parlant de l'appareil respiratoire

des crustacés, les rapports anatomiques intimes qui existent entre les appendices locomoteurs et les branchies, qui sont soutenues par les premiers articles de ceux-ci.

Le nombre des segmens du corps, ou plutôt leur séparation, diminue encore chez les *arachnides* ou *octopodes*, qui, en outre, ne portent plus, comme leur nom le dit assez, que quatre paires d'appendices locomoteurs.

Ces appendices appartiennent à un pareil nombre de segmens, qui, soudés entre eux et avec les segmens céphaliques, forment un seul tout; un thorax, avec lequel la tête demeure confondue. A la face inférieure ou sternale de ce thorax, il est impossible de retrouver les indices de la réunion des segmens, et les pattes s'y rattachent comme autour d'un centre commun; ce qui permet à l'animal de tourner sur lui-même, mouvement que ne permettait pas la diffusion des forces locomotrices sur la longueur d'un corps vermiforme. Supérieurement le thorax est couvert d'un bouclier, et la soudure des segmens a moins effacé les traces de leur jonction.

Les segmens postérieurs des *octopodes* se confondent également d'une manière plus ou moins complète, et forment un abdomen séparé du thorax par un étranglement profond et mobile sur celui-ci; cet abdomen, toujours apode, loge les viscères; chez les *scorpions*, ceux-ci n'occupent que la partie la plus antérieure de cette section du corps, l'autre partie se prolongeant en forme de queue.

L'appareil locomoteur des *insectes* proprement

dits, étudiés dans leur état adulte (1), est également caractérisé, 1° par la concentration des segmens, et leur réunion en groupes qui ont leurs fonctions particulières, et que séparent des étranglemens plus ou moins profonds; 2° par la concentration des appendices locomoteurs, réduits au nombre de trois paires, sur la face sternale du thorax; 3° par le développement des muscles des appendices aux dépens des faisceaux primitifs du tronc. Ceux-ci se réduisent peu à peu, aux fascicules nécessaires pour mouvoir les sections du corps les unes sur les autres, et les segmens ordinairement imbriqués de l'abdomen, et aux muscles plus considérables qui doivent agir, au moins, sur les premiers articles des appendices céphaliques (antennes), buccaux et thoraciques. Chez les insectes, la tête est distincte du tronc et mobile sur lui; elle est formée par la fusion de plusieurs segmens, dont les antennes, les mâchoires et les lèvres sont les appendices. Les trois segmens qui suivent, parfaitement soudés, forment un thorax que les entomologistes modernes divisent, d'après sa composition elle-même, en trois régions, désignées sous les noms de *prothorax*, *mésothorax* et *métathorax* (2); chacune de celles-ci forme un anneau composé de plusieurs pièces, dont

---

(1) Avant la métamorphose ces animaux ressemblent aux espèces vermiformes par le nombre des segmens, la mollesse de la peau, l'état rudimentaire et la multitude des appendices, enfin par l'importance relative du système musculaire du tronc et de celui des pattes.

(2) Cette division est celle de M. Audoin. M. Strauss propose de continuer à diviser le thorax en corselet et en thorax, et de subdiviser ce à son tour en deux portions, qu'il appelle *prothorax* et *métathorax*; au fond ce sont toujours les trois mêmes segmens correspondant aux trois paires de pattes.

l'inférieure, nommée le *sternum*, porte une des trois paires de pattes. Les pièces du dos ou du *tergum* portent d'autres appendices, qui, sans appartenir à tous les insectes, sont l'apanage d'un assez grand nombre d'entre eux pour caractériser cette classe entre tous les autres entomozoaires, qui sont toujours privés de ce moyen de locomotion. Ces appendices sont les ailes, qui représentent, comme nous l'avons dit en parlant de l'appareil respiratoire, des trachées demeurées à l'extérieur. On n'en compte jamais plus de deux paires, et quelquefois une seule. La première paire est insérée sur le mésothorax; c'est celle qu'on trouve quand il n'y en a qu'une : la seconde paire s'articule avec le métathorax ou troisième et dernier anneau thoracique. Les ailes sont formées d'un double feuillet membraneux, espèce de plissement tégumentaire que parcourent des nervures plus ou moins prononcées, formées par des tubes trachéens. Dans un grand nombre d'insectes, désignés, à cause de cela, sous le nom de *coléoptères*, les premières ailes sont cornées, et représentent des étuis qui recouvrent et abritent les ailes de la seconde paire, demeurées membraneuses, et seules propres au vol. On appelle les ailes cornées des *élytres* (1). Les faisceaux musculaires du thorax fournissent aux appendices dont nous parlons de nombreux fascicules, à l'aide desquels ils exécutent des mouvemens beaucoup plus variés que ceux des pattes, lesquels sont ici, comme toujours, simplement angulaires, si nous en exceptons ceux de la hanche, cet article jouissant,

---

(1) On voit chez les orthoptères et les hémiptères des élytres demi-membraneux et demi-cornés.

par son mode d'articulation et par ses muscles, d'une mobilité moins limitée. Les ailes sont susceptibles de mouvemens d'abaissement et d'élévation, de protraction et de rétraction; elles se replient quelquefois dans leur longueur. Mais ce serait sortir des limites de cet ouvrage que de décrire ici avec détail ces organes et les différences qu'ils offrent. Il nous tarde de passer à l'appareil locomoteur des animaux vertébrés.

IV.

Cette dénomination, aujourd'hui vulgaire, des animaux du premier type, celle plus large, mais moins précise peut-être, d'OSTÉOZOAIRES, proposée par M. de Blainville, celle plus zoologique d'ANIMAUX ARTICULÉS INTÉRIEUREMENT, employée également par ce savant professeur, annoncent de prime-abord une grande modification survenue dans l'organisation de ces êtres, une modification qui intéresse essentiellement leur locomotion.

Le caractère le plus saillant de cette révolution consiste en ce que ce n'est plus la peau qui se modifie pour servir d'appui ou pour fournir des leviers à la fibre contractile. La peau, vraisemblablement, a fourni, sous ce rapport, toute la carrière de perfectionnement dont elle était susceptible, et se renfermera désormais dans son double rôle d'organe protecteur et d'organe sensorial. La fibre contractile la quitte (1)

---

(1) Quand cette fibre se rattachera encore à la peau, ce sera pour lui rendre des offices particuliers, pour l'aider dans sa fonction d'organe protecteur, comme cela a lieu chez le hérisson, ou dans ses fonctions

pour se porter sur des appuis et sur des leviers plus profonds, sur un système de pièces solides, qui, dans sa partie essentielle, est aussi préposé à la protection, savoir, à celle de ces masses nerveuses centrales, dont l'importance devient si grande dans cette division du règne animal, et dont la forme donnera ici, comme toujours, la condition fondamentale de la forme du corps entier, à commencer par celle de l'appareil qui nous occupe.

Le système solide des animaux supérieurs, bien que formant la partie passive de l'appareil locomoteur, est néanmoins digne de fixer avant tout notre attention, en raison du caractère nouveau qu'il imprime à celui-ci et des perfectionnemens que lui doit sa fonction. Ce système reproduit d'ailleurs dans son ensemble les formes générales du corps, toutes les autres parties de ce dernier étant ou renfermées dans des cavités circonscrites par les pièces en question, ou appliquées autour de ces pièces. Elles constituent ce qu'on nomme le squelette intérieur des animaux vertébrés, et réalisent complétement le progrès organique, qui n'était qu'ébauché dans les *mollusques brachiocéphalés*.

Ce squelette naît dans la profondeur de la couche sous-peaucière; il s'y forme aux dépens du tissu

---

sensoriales, en fournissant soit au tégument lui-même, soit à ses bulbes des muscles spéciaux, qui agiront comme auxiliaires et qu'on appelle d'une manière générale des *muscles peauciers*. Aussi ces muscles, marqués dès-lors au coin de la spécialité, se montreront-ils d'autant plus nombreux et développés que nous nous éleverons davantage vers les vertébrés supérieurs; tandis que, considérée comme organe de locomotion générale, la couche contractile sous-peaucière se rattache d'autant plus au derme, que nous descendons au contraire davantage dans la série.

cellulaire, qui se modifie pour cela, se condense en tissu scléreux, et revêt les trois caractères que nous exprimons par les noms de *tissu fibreux*, *tissu cartilagineux* et *tissu osseux*, et que M. Laurent a rendu par les épithètes progressives de *hyposcléreux*, *protoscléreux* et *deutoscléreux* (1).

Ainsi constitué, le squelette représente un tout continu, mais un tout au sein duquel la condensation qui caractérise le cartilage, et l'encroûtement calcaire qui fait le tissu osseux, produisent un nombre plus ou moins considérable de segmens solides particuliers : de ces segmens les uns sont destinés à se souder et à se confondre ensemble avec le temps, d'autres à s'articuler entre eux, sans conserver de mobilité réciproque, bien qu'en laissant apercevoir les traces et le mode varié de leur jonction ; d'autres enfin sont appelés à des mouvemens plus ou moins étendus, et mis en rapport seulement par le tissu scléreux intermédiaire, demeuré ou à l'état fibreux (ligamens), ou dans un état de condensation inférieur et favorable à la transsudation des fluides dans les espaces interarticulaires (membranes synoviales).

A travers une foule de différences portant sur le nombre, la forme et les rapports de tous les segmens osseux ou cartilagineux qui composent le squelette des ostéozoaires, ce système d'organes se montre évidemment construit d'après un même type, et sur un même plan, dans toutes les classes qui le possèdent,

---

(1) M. Laurent regarde le tissu fibreux élastique comme une modification qui se rapproche de celle qui constitue la fibre charnue ou *sarceuse*, il l'appelle en conséquence *tissu hyposarceux*.

ce qui permet d'en donner une formule générale.

On peut ramener à trois catégories les pièces solides qui appartiennent au squelette intérieur. La première réunit une série de segmens impairs, connus sous le nom de *vertèbres*, supérieurs au canal intestinal, et fournissant un abri aux masses nerveuses centrales. Le second groupe comprend une autre série de pièces placées sur la ligne médiane, mais inférieures au canal intestinal, et sans usage pour la protection du système nerveux. Dans le troisième groupe, nous réunirons les pièces qui se disposent par paires sur les parties latérales des deux séries précédentes, et qui se présentent comme ajoutées à celles-ci, comme leurs *appendices*. Passons en revue chacune de ces catégories.

1. SÉRIE MÉDIANE SUPÉRIEURE.

Les pièces qui composent cette série ou les vertèbres sont des segmens scléreux formés par une partie moyenne ou *corps* et par des saillies ou *apophyses* paires, dont les principales circonscrivent ordinairement un et quelquefois deux espaces annulaires, destinés à loger les masses nerveuses ou des vaisseaux. Il y aura donc à considérer, dans les vertèbres en général, le corps ou la pièce médiane et la masse apophysaire ou les pièces latérales. Ces deux élémens de la vertèbre pourront se trouver en rapport inverse de développement ; mais quand l'un des deux disparaîtra, ce sera toujours la masse apophysaire.

Les vertèbres forment une chaîne qui s'étend de l'extrémité antérieure à l'extrémité postérieure du tronc des ostéozaires, et qui est la partie fondamentale, et partant la plus constante de tout leur système solide. Cette chaîne se divise en plusieurs régions, dont chacune comprend un nombre de vertèbres qui peut beaucoup varier.

La première de ces régions, en procédant d'avant en arrière, n'est autre que la partie de la tête connue sous le nom de *crâne*. La parfaite analogie de cette partie avec les autres portions du système vertébral, aperçue depuis long-temps par M. Duméril, est aujourd'hui un fait incontestable; il est bien reconnu que le crâne appartient au rachis, au même titre que l'encéphale se rattache à la moelle épinière; et les anatomistes, d'accord sur ce point, ne diffèrent plus que sur la détermination du nombre des vertèbres qui concourent à former cette boîte. Dans son travail sur ce sujet (1), M. Duméril regardait celle-ci comme une seule vertèbre. Spix et Carus, guidés par les vues du naturisme, divisèrent le crâne en trois segmens, qui représentent, selon eux, les trois segmens céphalique, thoracique et abdominal du tronc. M. Geoffroy Saint-Hilaire, divisant le nombre des pièces élémentaires qui composent, selon lui, le crâne, par celui des élémens qu'il compte dans la vertèbre, a trouvé pour résultat le chiffre sept, et décrit, en conséquence, sept vertèbres céphaliques. M. de Blainville professe, au contraire, depuis 1814 que le crâne n'est formé que de quatre de ces segmens, et la voie par laquelle il est arrivé à cette détermination nous semble la plus sûre et la plus réellement philosophique. M. de

----

(1) Il porte la date de 1808.

Blainville, partant des rapports qui existent entre les ganglions spinaux et les ganglions encéphaliques avec appareil extérieur, en a conclu ceux qui doivent exister entre les vertèbres rachidiennes et les vertèbres céphaliques, et, de même qu'il a compté une vertèbre pour chaque paire de ganglions spinaux, il en compte une également pour chaque paire de ganglions céphaliques donnant origine à des nerfs (1). En conséquence, et d'après sa manière d'analyser les masses nerveuses cérébrales et les cordons qui en émanent, ce savant professeur admet les quatre vertèbres suivantes dans le crâne des ostéozoaires.

La première, en procédant d'avant en arrière, a son corps représenté par le vomer, et sa masse apophysaire, par les os propres du nez; elle correspond au ganglion d'origine des nerfs olfactifs.

La seconde a pour pièce médiane le sphénoïde antérieur, et pour apophyses, les frontaux. Elle est affectée au ganglion optique.

La troisième est formée par le sphénoïde postérieur et par les pariétaux qui en achèvent la ceinture. Elle répond au ganglion qui donne naissance au nerf trifacial.

Les pièces occipitales composent enfin la quatrième, dont le corps est représenté par la pièce basilaire. Cette vertèbre correspond au ganglion des nerfs pneumogastrique, glosso-pharyngien et hypoglosse.

Les autres régions de la série vertébrale ne sont pas toujours bien distinctes les unes des autres, et se composent d'un nombre très variable de vertèbres,

---

(1) *Voy.* l'histoire de l'appareil de l'incitation.

articulées entre elles le plus souvent de manière à jouir d'une mobilité plus ou moins grande. Ces régions sont : la *cervicale* ou *prothoracique,* qui suit immédiatement l'occipital, avec lequel elle s'articule d'une manière mobile ; la *thoracique* ou *costale,* caractérisée assez généralement par les appendices qui s'y rattachent, et dont nous parlerons tout à l'heure ; la région *posthoracique* ou *lombaire,* où ces appendices cessent de se montrer ; la région *sacrée,* qui ne se distingue des précédentes que lorsqu'il y a des membres postérieurs; enfin la région *coccygienne* ou *caudale,* qui se prolonge plus ou moins au delà de ces membres, et termine la colonne vertébrale : ses segmens sont en général exclusivement affectés à la locomotion, et la masse apophysaire finit, en conséquence, par disparaître complétement ; cependant, il y a des exceptions à cette règle.

II. PIÈCES MÉDIANES INFÉRIEURES.

La série des pièces médianes inférieures au canal intestinal n'a pas, à beaucoup près, l'importance de la précédente. Les segmens osseux qui la composent sont d'une forme simple, et ne représentent que des corps de vertèbres diversement configurés, sans masse apophysaire. On peut les partager en trois divisions, qui, plus ou moins indépendantes les unes des autres par leurs connexions et par le rôle qui leur est confié, peuvent se trouver séparées par des espaces plus ou moins grands. Ce sont, en commençant toujours d'avant en arrière :

1° Le corps de l'*os hyoïde ;*

2° Les pièces *laryngiennes*, qui varient beaucoup sous tous les rapports, et qui, réunies à l'hyoïde, constituent avec lui un système particulier ou l'*appareil hyolaryngien* ;

3° Le *sternum*, formé d'une série de pièces, dont les deux terminales sont toujours impaires, tandis que les autres peuvent être paires, et laisser même entre elles un certain intervalle.

La série médiane inférieure ne s'étend ordinairement que de l'origine du canal alimentaire à l'extrémité du thorax ; cependant elle peut se prolonger jusque sous l'abdomen.

III. PIÈCES LATÉRALES OU APPENDICES.

Ce sont ou des pièces simples, ou des séries de pièces qui se rattachent, le plus souvent, d'une manière directe aux pièces médianes, tant supérieures qu'inférieures. Groupés d'après la région à laquelle ils appartiennent, les appendices forment quatre catégories.

1° Les *céphaliques*, ou ceux qui dépendent des vertèbres crâniennes, comprennent, selon M. de Blainville, toutes les pièces solides qui forment cette partie de la tête qu'on nomme la *face*, c'est-à-dire le système solide qui soutient les appareils des sens et les instrumens de la mastication. A chaque vertèbre correspondrait une paire d'appendices plus ou moins complexes, articulés avec la série médiane céphalique par une de leurs extrémités, libres ou réunis à leur congénère par l'autre. Voici quelle est, d'après M. de

Blainville, la détermination des pièces qui composent chacune de ces paires.

La première se composerait au moins des cornets ethmoïdaux, représentant les appendices de la vertèbre naso-vomérienne.

La seconde, appartenant à l'appareil de la vue, serait réduite aux cartilages palpébraux.

La troisième, sous le nom de *mâchoire supérieure*, et articulée avec les deuxième et troisième vertèbres, comprendrait, outre l'os maxillaire supérieur et le prémaxillaire, l'unguis, l'os malaire et le palatin postérieur, qui en seraient comme les racines.

Enfin, la quatrième, réunie au crâne, entre les troisième et quatrième vertèbres, serait, sinon la plus volumineuse, au moins la plus complexe. M. de Blainville la divise en partie radicale et partie mandibulaire : la première demeure quelquefois en connexion avec le crâne pour le service de l'appareil de l'audition ; elle comprend : 1° le rocher, qui devrait cependant être plutôt considéré comme une partie intégrante ou modifiée de l'enveloppe du bulbe auditif; 2° les osselets de l'oreille moyenne, la caisse et le cercle tympanique ; 3° enfin, l'os squammeux ou temporal, qui, n'étant qu'apposé contre le crâne, ne saurait être envisagé comme un segment de vertèbre. Quant à la partie mandibulaire de l'appendice, elle se compose d'une série de pièces distinctes ou soudées plus ou moins, et fondues en une seule, qui s'étend jusqu'à l'extrémité de la face ou du museau, et qui se réunit et se confond souvent sur la ligne médiane avec sa congénère.

2° Viennent ensuite les pièces plus ou moins nombreuses qui se rattachent par paires aux portions médianes de l'hyoïde et du larynx, et qui achèvent avec elles le *système hyolaryngien*, affecté à des usages variables. Les premières de ces pièces s'articulent avec le crâne.

3° Dans un troisième groupe, nous trouvons les appendices *thoraciques* simples, c'est-à-dire, les côtes.

Elles appartiennent, ou à la série des pièces médianes supérieures, ou à la série sternale. Tantôt elles se correspondent et se réunissent bout à bout d'une série à l'autre, par une articulation mobile ou par une soudur e ; tantôt elles demeurent isolées, le nombre des unes l'emportant sur celui des autres ; c'est ce qu'on exprime par les dénominations privatives de côtes *asternales* et de côtes *avertébrales*. Ces appendices peuvent manquer complétement.

4° Enfin le quatrième et dernier genre d'appendice compose le système solide de ce qu'on nomme les membres. Ce sont les véritables appendices locomoteurs des ostéozoaires, appendices complexes, dont on ne compte jamais plus de deux paires, et qui peuvent se réduire à une seule ou disparaître même complétement. Je dis qu'ils sont complexes. En effet, on y compte un nombre variable de pièces, qui se succèdent pour la plupart bout à bout, et dont les plus constantes sont celles des extrémités. Les membres débutent chacun par une sorte de ceinture plus ou moins complète, qui, d'une part, se rattache médiatement ou immédiatement à la série vertébrale, et dont les pièces tendent à se rencontrer, d'autre part, sur la ligne médiane inférieure. La ceinture du membre antérieur ou thoracique se nomme l'*épaule*, et se compose de l'omoplate, auquel se joint souvent une seconde pièce, la clavicule. Celle du membre postérieur ou abdominal a reçu le nom de *bassin*, qu'elle mérite rarement; elle est, en général, plus complète que la précédente, s'articule d'une manière fixe sur les côtés des vertèbres sacrées, et ses deux moitiés se réunissent ordinairement sur la ligne médiane inférieure; on peut y compter de chaque côté trois segmens soudés ensemble : l'iléon, le pubis et l'ischion.

A partir de ces ceintures, chaque membre présente des brisures qui le partagent, au plus, en trois régions; et le nombre des segmens solides de l'appendice augmente de la première à la dernière de ces régions. Celles-ci sont, pour le membre antérieur : le *bras*, formé d'un seul os, l'*humérus*; l'*avant-bras*, qui en comprend deux, le *cubitus* et le *radius*; la *main*, qui peut elle-même se subdiviser en *carpe*, *métacarpe* et *doigts*, composés chacun de petites pièces dont le nombre varie beaucoup. Au membre postérieur, nous retrouvons les parties analogues qui sont : la *cuisse* avec sa pièce unique, le *fémur*; la jambe avec ses deux os, le *tibia* et le *péroné*; le *pied*, qui se subdivise en *tarse*, *métatarse* et *doigts* ou *orteils*, et se compose aussi d'un nombre d'os variable, mais en général assez grand.

Quant à l'appareil musculaire qui agit sur ce squelette, il est nécessairement en harmonie pour le nombre, le volume et la direction de ses coupes avec la situation, la mobilité, la masse des parties qu'il doit mouvoir. Il couvre et entoure le système solide; par cela même, il dispose de celui-ci plus complétement, et lui imprime des mouvemens plus variés et plus énergiques que lorsqu'il était, au contraire, enfermé par lui. Du reste, on peut encore diviser la couche contractile des animaux vertébrés en plusieurs coupes générales, c'est-à-dire, en plans supérieurs, plans inférieurs et plans latéraux, qui se subdivisent, à leur tour, en plans superficiels et profonds. On devra remarquer aussi la position des muscles à l'égard de l'axe des séries médianes et de leurs appendices; on verra les uns couvrir la face supérieure de la colonne vertébrale, d'autres ses côtés, d'autres enfin une partie au moins de sa face inférieure; on observera cette double position pour les muscles de la série médiane sous-intestinale, et les appendices offriront également sur une ou plusieurs faces une couche plus ou moins considérable et plus ou moins subdivisée de faisceaux musculaires. Mais ces faisceaux des appendices appartiennent aux plans latéraux du corps, et n'en sont que des espèces de diverticules; aussi plus les appendices seront développés, plus les plans charnus du tronc seront affaiblis, et plus, au contraire, les appendices seront faibles et rudimentaires (j'entends surtout ici ceux de la locomotion), plus les muscles du tronc en général et les latéraux en particulier, seront considérables, comme on peut s'en convaincre en comparant les animaux qui se meuvent essentiellement à l'aide de leur colonne vertébrale avec ceux qui ont pour leur locomotion des membres bien développés.

Les muscles des plans médians affectent généralement une direction plus ou moins parallèle à l'axe du corps; ceux des plans latéraux tendent, au contraire, à se diriger transversalement et à former des couches qui s'entre-croisent : cette disposition est d'autant plus

marquée, que le système des appendices est plus complet, et qu'il attire davantage à lui les plans dont il s'a-
git; car, aux simples mouvemens de latéralité du tronc
se joignent alors de plus en plus des mouvemens d'é-
lévation ou d'abaissement des pièces latérales du squelette. Ces mouvemens appartiennent à celles de ces
pièces qui sont plus ou moins immédiatement en rapport avec les pièces médianes, c'est-à-dire, aux mâchoires, aux cornes hyoïdiennes, aux côtes, aux ceintures et aux premiers articles des membres, qui reçoivent encore directement leurs muscles des plans
latéraux du tronc. Mais, outre les faisceaux releveurs
et abaisseurs, les membres en possèdent encore d'autres; d'abord essentiellement des fléchisseurs et des
extenseurs, puis des adducteurs et des abducteurs,
enfin des rotateurs. Il y a donc progrès, sous ce rapport, chez les animaux vertébrés, puisqu'on se souvient que les entomozoaires ne possédaient, au delà
du premier article de leurs appendices, que des extenseurs et des fléchisseurs.

Pour terminer cette esquisse de l'appareil locomoteur des ostéozoaires, essayons de retracer encore les
traits les plus saillans qui le caractérisent dans les cinq
classes de ce type.

Chez les *poissons*, cet appareil, éminemment en
rapport avec le séjour et avec les mœurs, est préparé pour la natation, modifié pour une respiration
aquatique, et pour les habitudes généralement voraces
de ces êtres. Son caractère le plus saillant est la pré-

dominance de la série médiane vertébrale, et l'absence ou l'extrême petitesse des membres.

Le squelette du poisson, quelquefois plus ou moins complétement cartilagineux (protoscléreux), le plus souvent osseux (deutoscléreux), est remarquable par le grand nombre de ses vertèbres et le développement de leurs apophyses épineuses, par la petitesse du crâne, par le volume des appendices maxillaires, par celui des pièces hyolaryngiennes, qui forment la charpente osseuse des branchies, enfin par la nullité ou le peu de développement des appendices affectés à la locomotion, les membres étant réduits à leurs deux régions terminales, c'est-à-dire, à la ceinture et aux pièces digitales.

Le crâne est petit, et il est aisé de reconnaître en lui la terminaison antérieure de la colonne rachidienne. Sa capacité ne surpasse pas beaucoup celle du canal médullaire. Les quatre vertèbres qui le composent sont intimement soudées, et ce n'est pas sans difficulté qu'on retrouve leurs limites, surtout dans les *poissons cartilagineux*, où ces pièces se confondent réellement en une seule. La forme ordinaire de la vertèbre s'altère de plus en plus, à mesure qu'on passe de la région occipitale au segment vomérien; celui-ci fait une saillie assez grande en avant, et n'est pas toujours entièrement osseux, même chez les poissons ordidinaires.

Quant aux autres vertèbres, on ne peut les diviser qu'en deux groupes, en abdominales et en caudales. Toutes s'articulent entre elles seulement par leur corps. Celui-ci, d'une forme variable, offre à ses deux extrémités des cavités coniques caractéristiques des vertèbres de poissons, cavités qui se rencontrent et communiquent l'une avec l'autre par leur sommet, au moins originairement, et qui répondent, par leur base, aux cavités semblables des vertèbres voisines. Un tissu fibro-cartilagineux, élastique, très mou et subgélatineux à son centre, remplit ces espèces d'entonnoirs en passant d'un corps vertébral à l'autre, et c'est sur cette substance intermédiaire que ceux-ci exécutent leurs mouvemens, qui ne sont, le plus ordinairement, que latéraux.

Dans les *poissons cartilagineux*, tous les corps des vertèbres sont soudés ensemble, et leurs cavités intérieures demeurent souvent réunies en une seule ; d'où résulte un long canal qui parcourt toute la colonne, et qui est occupé lui-même par une corde de matière subgélatineuse, analogue à celle que nous trouvons au centre du fibro-cartilage intermédiaire des vertèbres osseuses.

C'est la considération des apophyses, autant que celle de la situation, qui a fait partager les vertèbres des poissons en deux groupes. Les abdominales, celles qui règnent depuis la tête jusqu'à l'extrémité de la cavité des viscères, n'ont que des apophyses épineuses supérieures, dont les racines forment le canal de la moelle rachidienne. Les caudales portent, en outre, un rang d'apophyses médianes inférieures, qui, par leur base, forment un autre canal, où se loge l'aorte. Les apophyses épineuses des poissons sont très longues, et par conséquent beaucoup plus développées dans leur partie destinée aux attaches musculaires que dans celle qui protége le système nerveux central. La dernière vertèbre caudale se distingue des autres par sa forme, et représente une lame triangulaire placée verticalement, avec des empreintes articulaires sur son bord postérieur pour recevoir les petits osselets de la nageoire terminale; c'est une vertèbre modifiée tout entière pour la natation.

Les osselets dont je viens de parler appartiennent à un système de petites pièces solides qui se développent chez les *poissons* dans l'intérieur des replis tégumentaires que nous voyons dans cette classe et dans beaucoup de vertébrés aquicoles sur les lignes médianes dorsale et ventrale, replis auxquels M. de Blainville donne la dénomination générale de *lophioderme*. Le lophioderme ou la nageoire médiane peut être continu et régner sans interruption sur les régions supérieure et inférieure du corps; d'autres fois il se divise en plusieurs sections ou nageoires, qui ont reçu des noms tirés de leur position, c'est-à-dire, ceux de *dorsale*, *anale* ou *abdominale* et *caudale* ou *terminale*; celle-ci résulte de la jonction des replis supérieurs et inférieurs. Chez les poissons, ces nageoires sont soutenues, comme nous le disions tout à l'heure, par des rayons osseux de formes très diverses, quelquefois brisés en plusieurs fragmens, et qui se surajoutent aux apophyses épineuses en s'articulant médiatement ou immédiatement avec elles. Lorsqu'on a égard au plan général du squelette, on considère ces pièces comme lui étant étrangères et comme des dépendances du tégument; mais, envisagées sous le rapport de leur nature et de leur origine, elles appartiennent comme tout le système solide des vertébrés à la couche scléreuse sous-cutanée.

Chez les poissons l'appareil respiratoire est, on s'en

souvient, à peu près réduit à la partie gutturale, qui se développe en conséquence. On peut aisément prévoir, dès lors, les caractères que doivent revêtir, dans cette classe, les pièces de la série médiane inférieure et les appendices simples de cette série et de la précédente. Ce sont les groupes hyolaryngiens qui acquerront la prépondérance, et le groupe sternal pourra manquer complétement. Il n'y a, en effet, de sternum que chez un petit nombre de poissons, par exemple, chez les *harengs*, le *zeus vomer*, etc. Quant au corps de l'hyoïde et aux pièces laryngiennes, non seulement leur existence est constante, mais ils forment une chaîne sur laquelle viennent s'articuler plusieurs paires d'appendices, savoir : en avant, deux branches composées ordinairement de trois pièces, qui, du corps de l'hyoïde, dont elles représentent les cornes, montent vers le crâne en s'écartant, et vont s'articuler avec une pièce de la mâchoire inférieure, dont nous aurons bientôt à parler : ces branches portent les *rayons branchiostéges*, petites pièces osseuses ou cartilagineuses qui soutiennent le repli membraneux du même nom, et qui sont comparables, par leur mode de formation, aux rayons des nageoires médianes. Plus en arrière, et sous un angle différent, nous voyons les arcs branchiaux, ordinairement au nombre de quatre, divisés en deux portions, qui s'articulent ensemble bout à bout d'une manière mobile, et dont la seconde remonte vers la série médiane supérieure et va rejoindre la base du crâne ou quelquefois les premières vertèbres rachidiennes, comme cela se voit pour les trois premiers arcs branchiaux des *raies*.

Les appendices des vertèbres céphaliques ou les

pièces faciales composent, dans les poissons, un ensemble assez complexe de segmens osseux et cartilagineux. Ce caractère résulte de l'état de décomposition et du grand développement proportionnel des fragmens qui concourent à former les mâchoires, c'est-à-dire, les troisième et quatrième appendices.

La mâchoire supérieure présente ordinairement à sa partie la plus antérieure, un os pré- ou intermaxillaire, et derrière lui, le maxillaire proprement dit; viennent ensuite les palatins, qui vont s'articuler avec les pièces radicales de l'appendice inférieur.

Ce dernier se compose d'un très grand nombre de pièces, qui appartiennent, chez les poissons, ou à l'appareil operculaire des branchies, ou à la mâchoire inférieure. Les pièces operculaires, au nombre de trois, forment une sorte de plaque ou de battant, qui joue sur un cadre nommé le *préopercule* et s'articule par une tête avec une cavité creusée dans un cinquième fragment cartilagineux ou osseux. Cette dernière pièce, connue sous le nom d'*os carré*, à cause de la forme qu'elle a chez les *oiseaux*, remplit un rôle important chez tous les vertébrés ovipares. Dans la classe qui nous occupe, sa forme et ses dimensions varient, et elle peut se subdiviser en plusieurs segmens. Elle est aplatie, ordinairement allongée et arquée, avec son bord concave dirigé en avant. C'est avec cet os que s'articulent les palatins et les branches de l'hyoïde; enfin, c'est par lui que la mâchoire inférieure, dont il semble représenter la première partie, est unie au crâne. Cette mâchoire elle-même est formée, de chaque côté, d'une branche osseuse plus ou moins composée, d'un volume très variable et souvent fort grand, par exemple, dans le *brochet*, branche qui rencontre en avant celle du côté opposé et s'unit à elle par l'intermède d'un tissu ligamenteux (hyposcléreux de M. Laurent).

Les vertèbres rachidiennes des poissons portent le plus souvent des côtes qui s'articulent avec leurs apophyses transverses, et dont le nombre, la forme, la longueur et la direction varient beaucoup. Ces appendices n'embrassent que les parties latérales de la cavité des viscères abdominaux. Elles ne la circonscrivent que dans les cas fort rares où il existe un sternum, les appendices de celui-ci se portant alors à la rencontre des côtes rachidiennes correspondantes; c'est ce qu'on peut voir, comme je l'ai dit chez les *harengs*. Cependant, chez les *perches*, les *carpes*, les *brochets*, etc., les côtes vertébrales sont assez longues pour atteindre, mais sans se réunir, la face inférieure de l'animal.

Enfin, les poissons nous présentent des appendices locomoteurs, des membres modifiés en rames ou en nageoires. L'existence de ces appendices n'est cependant pas constante; ils peuvent manquer tout à fait, ce dont nous voyons des exemples dans les deux divisions générales de cette classe, chez les *anguilles*, les *gymnotes*, etc., parmi les *osseux*, chez les *lamproies*, les *ammocètes*, etc., parmi les *cartilagineux*. Quelques espèces sont complétement privées de membres postérieurs, comme les *coffres*, ou n'en ont que les pièces radicales, comme les *balistes*.

Les appendices locomoteurs des poissons sont composés seulement des deux régions terminales d'un appendice complet, savoir, de la ceinture osseuse et des pièces digitales. Dans la plupart des poissons osseux, les membres antérieurs ou nageoires pectorales ont pour racine deux pièces qui descendent du crâne, derrière l'opercule, et qui viennent s'unir l'une à l'autre sur la ligne médiane inférieure. Un rang de petits osselets plats vient s'articuler comme une espèce de carpe avec les pièces en ceinture, et c'est sur ces osselets que s'articulent et se meuvent, à leur tour, les doigts. Ceux-ci, qui sont nombreux, sont composés, le plus souvent, de beaucoup de segmens articulés, et ressemblent assez aux rayons des nageoires médianes ; comme eux, ils soutiennent une membrane qui se continue de l'un à l'autre. La forme et la grandeur de cette espèce de main palmée varient beaucoup. Dans quelques poissons, les nageoires pectorales s'allongent beaucoup, et peuvent faire l'office d'ailes pour une sorte de vol : c'est ce qu'on voit chez plusieurs *trigles*.

La seconde paire d'appendices n'est pas toujours postérieure à la première. Elle se voit quelquefois sous la gorge, en avant de la paire pectorale ; d'autres fois, elle est placée un peu en arrière et en dessous de celle-ci ; enfin, dans un grand nombre d'espèces, elle se retire encore plus en arrière et reprend ce qu'on pourrait appeler sa place normale. Ces trois situations différentes des membres en question ont servi à diviser les poissons en *jugulaires, thoraciques* et *abdominaux*.

Les pièces radicales des secondes nageoires forment un bassin incomplet qui ne s'articule point avec le rachis ; bien au contraire, ces os, au nombre de deux, ordinairement aplatis, et réunis plus ou moins complétement par leur bord interne, sont portés, chez les

poissons jugulaires et thoraciques, par la partie inférieure de la ceinture des nageoires pectorales. Dans les
abdominaux, ils se trouvent en général séparés, et sont
soutenus par des ligamens plus ou moins près de l'anus.

Une ou deux rangées d'osselets représentant une
sorte de tarse s'articulent avec ce bassin imparfait, et
portent eux-mêmes les nombreux rayons qui représentent les doigts du membre, rayons simples ou four-
chus, ordinairement plus courts que ceux des autres
nageoires, et que soutient également une membrane
interdigitale.

La locomotion des poissons étant essentiellement
opérée par le tronc et plus spécialement encore par la
partie caudale, les appendices n'offrant . en général,
qu'un développement assez médiocre, et n'intervenant
en quelque sorte qu'à titre d'auxiliaires dans la progression, on conçoit que la couche musculaire qui agit sur
le squelette se dispose ici d'une manière assez simple.

En effet, la plus grande partie de cette couche est
employée à former deux masses musculaires qui se
voient sur les côtés du tronc depuis la queue jusqu'à
la tête; c'est ce qu'on nomme les *muscles latéraux*,
muscles dans la composition desquels on peut reconnaître plusieurs plans de fibres distribuées en faisceaux que séparent des intersections aponévrotiques.
Sur la longueur du dos et de l'abdomen, et dans l'intervalle que laissent entre eux les deux muscles latéraux, on voit des faisceaux charnus très grêles et très
longs, dont le nombre varie suivant le développement, la division et les dispositions du lophioderme.
Les rayons de celui-ci reçoivent à leur base des digita-

tions de ces faisceaux médians, qui se disposent, les unes pour relever, et les autres pour abaisser et replier ces rayons.

Il n'y a pas de faisceaux particuliers pour les mouvemens de la tête, qui sont en général bornés, et auxquels suffisent les masses latérales dont l'extrémité antérieure vient s'attacher à cette partie. En échange, les appendices maxillaires, dont les principales pièces jouissent de plus ou moins de mobilité, l'appareil operculaire, les branches hyoïdiennes et les arcs branchiaux, ainsi que les nageoires pectorales et pelviennes, reçoivent des muscles spéciaux ; ceux du membre thoracique se disposent, les uns pour l'éloigner du tronc, le relever, en même temps que pour écarter ses rayons par les digitations qu'ils fournissent à chacun de ceux-ci ; les autres, pour produire les mouvemens opposés. Les muscles de la nageoire ventrale se divisent en abaisseurs et releveurs, qui fournissent également des fascicules aux rayons.

Des différences plus ou moins saillantes se font remarquer entre les poissons, surtout entre les *osseux* et les *cartilagineux*, dans la forme et dans certaines dispositions de l'appareil qui nous occupe. Nous en avons signalé un petit nombre, mais nous ne saurions nous arrêter à ces particularités ; tout intéressantes qu'elles sont, elles nous entraîneraient au delà de notre but, qui est, en ce moment, de formuler le caractère général et typique du squelette et des muscles qui le meuvent.

Nous voyons l'appareil locomoteur subir, chez les *amphibiens*, d'importantes modifications, mais cela d'une manière successive, et de telle sorte, que pendant le premier âge de la plupart des espèces, et peut-être pendant la vie entière des autres, cet appareil présente encore plusieurs traits d'analogie avec celui des *poissons*, tandis qu'il s'en distingue déjà nettement après la métamorphose que subissent les premières.

En effet, les *protées*, les *sirènes* et les têtards des *salamandres*, des *grenouilles*, et de tous les *batraciens* proprement dits, ont encore des habitudes tellement aquatiques, que leur corps conserve à un certain degré la conformation de celui des *poissons*. L'importance de l'axe vertébral l'emporte encore, chez eux, sur celle des membres, qui peuvent manquer en partie, et qui sont dans un état rudimentaire, ou même complétement cachés sous la peau. Nous leur voyons une queue aplatie en rame, avec des replis cutanés médians, ou un lophioderme, mais sans rayons solides et ne constituant que des nageoires molles ou *adipeuses*, selon l'expression reçue. Enfin, l'existence des branchies conserve à l'appareil hyolaryngien un développement considérable et une disposition assez semblable à celle qu'il offre dans la classe précédente.

D'un autre côté, les membres ne sont jamais dans cette classe, même à leur état le plus rudimentaire, ni conformés, ni composés comme ceux des *poissons*, en larges éventails; toujours placés aux extrémités de la cavité viscérale, ils nous offrent plus ou moins distinctement des pièces radicales ou en ceinture, l'épaule et le bassin, puis le bras et la cuisse, l'avant-bras et la jambe, enfin une partie terminale, main ou pied, terminée par des doigts dont le nombre ne dépasse jamais celui de cinq. Chez les *batraciens* métamorphosés, le développement des membres est tel, qu'il l'emporte, à son tour, plus ou moins sur celui du tronc, lequel manque alors de queue. Chez les *pseudosauriens (salamandres)*, celle-ci subsiste encore après la métamorphose, même avec une longueur considérable; mais, en même temps aussi, les membres sont beaucoup plus courts que dans les *vrais batraciens*.

Les *cécilies*, que nous devons compter parmi les amphibiens, à cause de leur peau nue, de leur cœur à oreillette indivise, et de plusieurs caractères de leur squelette, dont il sera question tout à l'heure, se distinguent des autres animaux de cette classe par l'absence complète d'appendices locomoteurs, absence qui n'est pas compensée cependant ici par la présence d'une queue; car l'anus est situé à peu près à l'extrémité du corps. Mais les *cécilies* sont des êtres vermiformes ou serpentiformes qui cherchent leur nourriture dans les terrains humides et marécageux. La longueur de l'axe rachidien suffisait à leur locomotion, même sans prolongement caudal.

Les vertèbres des *amphibiens* ne se laissent diviser encore, comme celles des *poissons*, qu'en céphaliques, thoraco-abdominales et caudales.

Les quatre vertèbres céphaliques, placées sur le même plan que les autres, et plus aisées à distinguer et à analyser que celles des *poissons*, surpassent encore fort peu, par leur volume, celles qui les suivent. La cavité crânienne est, par conséquent, peu supérieure à celle du canal rachidien : le crâne forme une boîte allongée, aplatie supérieurement, et d'une largeur médiocre, mais qui varie cependant. La vertèbre occipitale s'articule avec la colonne épinière par un double condyle.

Les vertèbres thoraco-abdominales sont assez allongées ; leurs apophyses supérieures sont incomparablement plus petites que celles des *poissons*, et souvent même se trouvent à peine indiquées par de légères saillies au dessus de l'anneau médullaire. Il y a, en échange, des apophyses transverses prononcées, et qui sont surtout très longues chez les espèces *anoures*, comme on peut le voir sur la *grenouille*. Le nombre de ces vertèbres varie beaucoup. Ainsi, chez les *batraciens* adultes, on compte au plus, de la tête au bassin, huit vertèbres bien distinctes. La dernière s'articule avec celui-ci, et peut-être considérée comme représentant le *sacrum*. Chez les *salamandres*, il y a quatorze vertèbres dorsales outre une vertèbre sacrée ; le nombre de ces pièces est beaucoup plus considérable chez les *sirènes*, les *protées* et les *cécilies*.

Quant aux vertèbres caudales, elles varient beaucoup aussi sous le rapport de leur forme et de leur nombre. Ainsi que nous l'avons dit, elles manquent dans les *cécilies*. Après elles, ce sont les amphibiens supérieurs qui les ont au plus haut degré de réduction ; ils ne possèdent une véritable queue qu'avant leur métamorphose, et ce prolongement est alors soutenu par une série de petites pièces cartilagineuses. Dans l'animal adulte, il disparaît, et il n'en reste d'autres traces qu'un long segment osseux articulé avec le sacrum, et qui résulte, sans doute, de la réduction et de la fusion des segmens coccygiens, mais qui ne dépasse pas les os du bassin : de là la dénomination d'*anoures* donnée aux *batraciens*, pour les distinguer des autres animaux de cette classe, qu'on désigne, au contraire, par l'épithète d'*urodèles*. Les *sirènes*, les *protées* et les *salamandres* conservent, en effet, toute leur vie une queue que soutient un nombre plus ou moins considérable de vertèbres, d'autant plus petites qu'elles sont plus terminales. Celles des *salamandres* portent des apophyses épineuses inférieures très prononcées.

Les vertèbres des *cécilies*, des *protées* et des *sirènes* offrent à leurs extrémités, comme celles des *poissons*, des cavités que remplit le fibro-cartilage interarticulaire.

Les pièces médianes de la série inférieure sont remarquables, chez les amphibiens, par le développement et les dispositions que conservent les segmens hyolaryngiens. Ces caractères sont surtout fort prononcés chez les têtards des *salamandres* et des *batraciens*, et chez les *sirènes* et les *protées*, qui paraissent conserver toujours des branchies. Les pièces dont nous parlons jouent alors un rôle important dans la respiration, et portent sur leur côté des appendices disposés à peu près de la même manière que chez les *poissons*. La paire antérieure, qui représente les branches de l'hyoïde, ne porte jamais, il est vrai, de rayons branchiostéges ; mais les paires suivantes, au nombre de trois ou quatre, sont, en échange, de véritables arcs branchiaux ; elles ne s'articulent cependant pas toutes avec la série médiane. Derrière les pièces hyolaryngiennes, nous voyons toujours un sternum plus ou moins développé, et qui est souvent représenté par un large plastron cartilagineux, composé des pièces sternales, des clavicules, et même des omoplates fondues en une seule plaque; c'est ce que nous observons chez les espèces à queue, tandis que dans les anoures, dont les membres ont bien plus de développement, il y a un sternum distinct et osseux, qui prolonge sa pièce antérieure jusque sous la gorge, et qui reçoit supérieurement les clavicules. Ces sternum ne portent jamais d'appendices costaux.

Les appendices qui forment les os de la face sont moins complexes et moins généralement mobiles les uns sur les autres chez les *amphibiens* que chez les *poissons*. La mâchoire supérieure se compose de pièces plus ou moins longues et étroites, qui ne fournissent pas de plancher à l'orbite, et qui s'articulent en avant avec les os du nez (portion supérieure de la vertèbre vomérienne) et avec leurs congénères du côté opposé; en arrière, ces pièces viennent s'unir avec la vertèbre sphéno-pariétale et avec la partie radicale de l'appendice maxillaire inférieur. Dans leur trajet de la partie antérieure du museau à leur articulation postérieure, les os de la mâchoire supérieure, c'est-à-dire, les palatins, les maxillaires et intermaxillaires, décrivent une courbe qui laisse entre elle et le crâne un espace vide qui va en augmentant des amphibiens inférieurs aux supérieurs, comme on peut en juger en comparant une tête de *sirène* avec une tête de *grenouille*.

Quant au quatrième appendice céphalique, il subit ici des modifications, qui nous paraîtront surtout très considérables si nous admettons à son égard les déterminations qu'en donne M. de Blainville. Nous avons vu que ce savant, divisant cet appendice en partie radicale et partie mandibulaire, et comprenant dans la

première toutes les pièces apposée sau crâne, qui viennent se grouper, sous le nom de *temporal*, vers l'articulation sphéno-occipitale, en dehors du bulbe auditif, comptait parmi elles, chez les *poissons*, les pièces de l'opercule. Chez les *amphibiens*, comme, au
reste, déjà chez plusieurs *poissons cartilagineux*, l'o-
percule disparaît; mais, selon M. de Blainville, les
pièces qui le composent n'en persistent pas moins, et
passent, chez ces mêmes *amphibiens* et chez tous les
vertébrés supérieurs, au service d'autres fonctions. Elles
transforment alors, diminuent beaucoup et prennent
une position en apparence plus profonde, en conservant toutefois essentiellement leurs premiers rapports
entre elles et à l'égard des os voisins. En un mot,
M. de Blainville, et avec lui M. Geoffroy Saint-Hilaire,
professent que les pièces de l'opercule des *poissons*
sont représentées, chez les vertébrés aériens, par les
osselets de l'oreille moyenne.

Qu'on admette cette manière de voir, ou qu'on pré-
fère considérer, avec M. Laurent, les pièces operculaires des poissons et les pièces auriculaires des autres
vertébrés comme de simples ostéides sous-dermiens,
développés en dehors du plan général du squelette
proprement dit, il reste toujours vrai que la tête osseuse subit, sous ce rapport, à partir des *amphibiens*,
une modification importante, subordonnée à celle des
appareils respiratoire et auditif.

Le temporal, qui, d'après le système de M. de
Blainville, appartient aussi à l'appendice inférieur, se
divise en portion écailleuse ou crânienne et portion
articulaire. La première fait corps avec le crâne et lui
est intimement soudée; la seconde, composée, dans les

espèces inférieures, de deux pièces qui se confondent en une seule dans les vrais *batraciens*, s'unit plus ou moins avec la portion écailleuse et avec le bulbe auditif par son extrémité supérieure; inférieurement, elle s'articule avec la dernière portion ou portion mandibulaire de l'appendice. La pièce dont nous parlons est, comme on le voit, l'analogue de l'os allongé que nous avons déjà vu porter chez les *poissons*, la mâchoire inférieure. Mais chez les *amphibiens*, cet os commence à se mettre en rapport d'une manière directe avec l'appareil auditif, au service duquel nous le verrons passer plus tard; ce ne sera donc pas trop anticiper que de le désigner, dès maintenant, sous le nom d'*os tympanique*, qui lui est donné, dans la plupart des ouvrages modernes, en considération de sa destination définitive.

Quant à la mandibule elle-même, ses moitiés latérales, articulées d'une manière mobile avec l'os tympanique correspondant, ne s'unissent en avant que par l'intermède d'un cartilage, qui leur laisse une certaine mobilité. Chacune de ces branches mandibulaires se compose elle-même de deux pièces, dont la grandeur réciproque se montre dans une condition opposée, quand on compare les amphibiens *urodèles* aux *anoures*. La pièce antérieure, qui porte seule des dents, est la plus grande chez les premiers, tandis que la postérieure la surpasse dans tous les amphibiens du genre *rana* de Linné.

Les autres appendices de la série médiane vertébrale, savoir, les côtes et les membres, présentent de grandes variations dans la classe des reptiles nus.

Les côtes manquent complétement dans les espèces

anoures ; chez les autres, elles sont très courtes, et ajoutent peu à la longueur des apophyses transverses, sur lesquelles elles reposent. Peut-être la différence que nous signalons ici résulte-t-elle seulement de ce que les pièces qui, chez les *urodèles*, sont distinctes et mobiles, se trouvent confondues, chez les *anoures*, en une seule pièce latérale ; c'est ce que semblerait indiquer la longueur des apophyses transverses dans ces dernières espèces, surtout quand on songe que, supérieurs, par leur organisation, aux autres amphibiens, les *anoures* doivent nous offrir, et nous offrent en effet dans plus d'un endroit, à l'état de fusion, des os qui sont encore distincts dans les *protées*, les *salamandres* et les *sirènes*.

Les membres manquent complétement aux *cécilies;* les *sirènes* n'ont que la paire antérieure : tous les autres possèdent à la fois des membres pectoraux et des membres abdominaux. Ces membres sont toujours complets, c'est-à-dire, toujours composés d'une partie radicale, épaule ou bassin, de deux parties moyennes correspondantes aux bras et à l'avant-bras, ou à la cuisse et à la jambe ; enfin, d'une partie terminale, main ou pied, comprenant elle-même les diverses régions désignées sous les noms de carpe, métacarpe, etc. Mais une distance fort grande sépare, sous le rapport du développement des appendices locomoteurs, les amphibiens à queue des amphibiens *anoures* ou *batraciens* proprement dits. Les habitudes plus généralement aquatiques des premiers, l'importance que conserve chez eux l'axe vertébral, qui se prolonge en une queue plus ou moins natatoire, devaient, comme on le conçoit bien, réduire les proportions et surtout la longueur des membres, tandis que les habitudes plus terrestres des *anoures* et la réduction de leur axe rachidien expliquent parfaitement le véritable luxe de développement que présentent surtout leurs appendices postérieurs. Il est à remarquer que dans ces derniers ce sont toujours les régions intermédiaires des membres qui prédominent sur les autres, tandis que dans les *urodèles* c'est encore quelquefois le pied qui l'emporte en longueur, comme on le voit dans les *salamandres*; circonstance qui rappelle un peu ce que nous avons observé chez les *poissons*, bien qu'il n'y ait, d'ailleurs, aucune ressemblance, ni pour la forme, ni pour le nombre des rayons, entre les nageoires de ceux-ci et le pied des pseudo-sauriens. Passons maintenant en revue les pièces solides des membres dans les *urodèles* et dans les *anoures*.

L'épaule ou la ceinture osseuse antérieure des *amphibiens à queue* se confond, comme nous l'avons vu avec le sternum, en une seule plaque pour chaque moitié latérale du corps. Et nous avons oublié de dire que chez les *salamandres* les parties internes des deux pièces, ou celles qui représentent les moitiés latérales du sternum, ne se soudent pas sur la ligne médiane, mais qu'elles passent l'une sur l'autre, la droite sur la gauche, et conservent ainsi une certaine mobilité. Dans les *brataciens*, la ceinture antérieure est formée de quatre pièces osseuses, dont deux représentent l'omoplate, et les deux autres, deux clavicules qui se rencontrent à leurs extrémités et s'unissent sur la ligne médiane inférieure à celles du côté opposé. La postérieure, qui est la plus grosse, fournit, avec la pièce inférieure de l'omoplate, une cavité glénoïde, qui était à peine indiquée sur l'épaule presque complétement cartilagineuse des *urodèles*.

Cette cavité ou mieux cette surface articulaire reçoit la tête sphérique d'un humérus, qui, par sa position naturelle, porte presque perpendiculairement sur les côtés du corps, et figure, avec l'axe de celui-ci, une sorte de croix. Cette disposition, qui se rencontre à divers degrés, non seulement chez les *amphibiens,* mais aussi chez les *reptiles écailleux ,* est défavorable à la marche, et fait que chez ces animaux le ventre tend toujours plus ou moins à toucher le sol. Du reste, l'humérus, beaucoup plus long chez les *anoures* que dans les espèces à queue, s'articule inférieurement par une tête plus ou moins grosse avec les os de l'avant-bras. Ceux-ci sont distincts dans les *urodèles,* et confondus dans les *anoures* en une seule pièce, vers les extrémités de laquelle des sillons superficiels et la présence d'un double canal médullaire attestent la fusion d'un cubitus et d'un radius.

L'épiphyse olécrânienne est reçue dans une dépression correspondante de l'humérus ; elle demeure détachée chez le *pipa,* et figure une sorte de rotule cubitale. L'avant-bras s'articule, à son tour, avec un carpe composé de deux ou trois rangées de petits os courts, sur lesquels portent ordinairement quatre métacarpiens allongés ; à ceux-ci succèdent enfin des doigts en nombre égal au leur, réduits cependant à trois chez le *protée ;* ces doigts, d'une longueur très variable selon les espèces, se composent, les uns de deux, les autres de trois phalanges. Chez les *grenouilles* et les *crapauds ,* on voit au côté radial de la main un rudiment de cinquième doigt ou d'un pouce, qui semble porté sur un petit métacarpien. C'est néanmoins le premier des doigts normaux qui porte ici le nom de pouce, et qu'on voit se gonfler à l'époque des amours ; son métacarpien est plus gros que celui des autres.

La ceinture postérieure est fort simple chez les *urodèles*. Elle s'articule avec le sacrum d'une manière mobile, par une pièce étroite et un peu allongée, qui représente l'os des îles, et qui va rejoindre inférieurement une plaque quadrilatère, unie à sa congénère du côté opposé, et dans laquelle se trouvent confondus l'ischion et le pubis.

On voit chez les *salamandres* une autre pièce, cartilagineuse, allongée, qui, de la symphyse pubienne, à laquelle elle adhère, se dirige en avant, et se partage bientôt en deux branches ; c'est une pièce médiane inférieure particulière, mais non point comme le voudrait Meckel, le véritable sternum des *salamandres* qui se serait retiré en arrière.

Le bassin des *anoures* diffère beaucoup de celui des *urodèles*. Chez les premiers, les os des îles en forment la partie prédominante : ce sont des pièces fort longues qui se portent d'avant en arrière, et se réunissent en formant une sorte de V, à l'extrémité duquel se voient les pièces ischiastiques et pubiennes, beaucoup plus petites que les iliaques. L'espace qui sépare les deux os des îles dans leur trajet du sacrum à leur point de réunion est dominé et comme partagé par la longue pièce qui représente l'appendice coccygien chez les *anoures*. Les trois os du bassin concourent à former une cavité cotyloïdienne tout à fait latérale, qui est adossée contre celle du côté opposé. Les os des autres parties de l'appendice postérieur sont ,

1° un fémur très court chez les *urodèles*, très long dans les *batraciens*; 2° pour la jambe, deux pièces qui, très longues chez ces derniers, s'y confondent, comme celles de l'avant-bras, mais en conservant extérieurement et intérieurement à leurs parties terminales les mêmes traces de leur séparation primitive. Dans les *urodèles*, au contraire, celle-ci persiste, et ces pièces représentent un tibia et un péroné toujours très courts. Vient ensuite un tarse, dont les deux premiers os, le calcanéum et l'astragale, s'allongent, et se placent de telle sorte chez les *batraciens*, qu'on croirait voir les deux os de la jambe. Rien de semblable n'a lieu chez les *urodèles*. Du reste, le tarse présente dans les deux catégories une double ou triple rangée d'os courts, qui portent en général cinq métatarsiens, surmontés eux-mêmes de cinq doigts ou orteils plus ou moins longs, selon les espèces et selon leur rang dans chaque espèce; ces doigts sont composés d'un nombre de phalanges qui varient en longueur et en nombre. Le pied du *protée* ne porte que deux doigts.

Les dispositions de la couche musculaire qui agit sur le squelette des *amphibiens* s'écartent de celles que nous trouvons dans la classe précédente, et cela, d'autant plus, que l'importance de l'axe vertébral diminue, et que celle des membres augmente davantage.

Chez les *urodèles*, les faisceaux supérieurs forment deux plans considérables appliqués de chaque côté de la ligne médiane sur les vertèbres et sur les côtes. Ces plans règnent depuis l'occiput jusqu'à la dernière des vertèbres caudales, et couvrent complétement ces dernières, comme font les muscles latéraux des poissons. Des lames aponévrotiques coupent et divisent les fibres de ces muscles vertébraux. Quelques unes de celles-ci se détachent du plan principal pour se fixer aux côtes, et d'autres pour imprimer au bassin des mouvemens de protraction et de rétraction.

La disposition des faisceaux inférieurs et latéraux est un peu plus complexe, et se rapproche déjà beaucoup de celles que nous observerons dans les animaux plus élevés. Ces faisceaux, plus larges que les précédens, ne s'étendent en arrière que jusqu'au bassin. Ils forment plusieurs plans particuliers qui se distinguent, soit par leur situation, soit par la direction de leurs fibres, savoir : 1° un plan ou muscle oblique externe ; 2° au dessous de celui-ci, un plan ou muscle oblique interne dont les fibres croisent celles du premier, et qui, en avant, s'avance jusque vers le trou occipital, s'attache sur ses côtés, et devient fléchisseur ou moteur latéral de la tête, selon qu'il agit avec ou sans son congénère ; 3° quelquefois (chez le *protée*) un muscle transversal ; 4° enfin, un muscle longitudinal ou droit de l'abdomen. Ces muscles sont comme ceux du dos, entrecoupés dans leur longueur, et séparés quelquefois de leurs congénères par des lames aponévrotiques plus ou moins étendues.

Des deux grandes couches générales supérieure et inférieure ou mieux des plans latéraux, se détachent, pour le service des membres, des faisceaux dont le volume est en rapport avec le développement des appendices. Ce sont, pour le membre antérieur, des faisceaux protracteurs et rétracteurs, éleveurs et abaisseurs de l'épaule ; un deltoïde ou élévateur du bras ; un sus-scapulaire ou abducteur; un grand dorsal pour rapprocher l'humérus du dos; un grand pectoral pour le porter vers le thorax; un coraco-brachial ou adducteur; au moins un extenseur de l'avant-bras, qui, par ses subdivisions plus ou moins prononcées, mérite le nom de *triceps brachial;* plusieurs fléchisseurs, dont le plus important ou le supérieur est encore assez peu développé chez les *urodèles*, et dont les autres, placés plus bas, sont les analogues des pronateurs et des supinateurs des animaux plus élevés; enfin, des muscles extenseurs, fléchisseurs, adducteurs et abducteurs pour la main; des intermétacarpiens; un extenseur commun et un fléchisseur commun des doigts; un petit extenseur et un petit abducteur du pouce; de courts fléchisseurs des doigts. 2° Pour le membre pelvien, il y a, outre les faisceaux protracteurs et rétracteurs du bassin fournis par les plans vertébraux, une sorte de triceps crural, et plusieurs abducteurs, adducteurs, protracteurs et rétracteurs, des extenseurs et des fléchisseurs de la jambe, du pied et des orteils; des intermétacarpiens. Tous ces faisceaux sont beaucoup moins distincts chez les *protées* que chez les *salamandres*, comme on le conçoit parfaitement.

Dans les *anoures* ou vrais *batraciens,* la couche dorsale est très faible; elle forme de chaque côté du rachis un plan large et aplati, dont les fibres se divisent dans leur longueur et s'insèrent aux diverses apophyses vertébrales. Arrivée à la pièce caudale, cette couche forme un muscle iléo-coccygien, qui remplit tout l'intervalle que laissent entre eux les os des îles et la pièce que nous venons de nommer. Quant à la couche abdominale plus développée que la précédente, elle forme latéralement deux grands muscles obliques, dont les fibres sont divisées en sens opposés, et vers la ligne médiane, un grand muscle droit, allongé, étendu du pubis au sacrum, et compris entre les aponévroses des obliques.

Les muscles des appendices locomoteurs ne diffèrent guère de ceux des *urodèles*, et notamment des *salamandres*, que par leur plus grand développement. Ceux des membres postérieurs sont surtout très forts, et donnent à la cuisse et à la jambe des *batraciens* des formes qui rappellent beaucoup celles des membres pelviens de l'homme. La supériorité de développement que présentent ces appendices, comparés aux membres thoraciques dans leur longueur et dans leur système musculaire, rend la marche difficile, et lui substitue plus ou moins le saut.

Il est bien difficile de caractériser d'une manière générale les modifications qu'on voit subir à l'appareil locomoteur, quand on passe des *amphibiens* aux *reptiles écailleux*; car cet appareil revêt dans ceux-ci les formes les plus variées, depuis les plus simples aux plus complexes. Parmi le très petit nombre de traits communs aux *reptiles* sous le rapport qui nous occupe, et qui les distinguent tous des *amphibiens*, je citerai l'articulation de la vertèbre occipitale avec la première cervicale par un seul condyle, la réduction notable de l'appareil hyolaryngien, qui ne sert plus, dans aucun cas, à soutenir des branchies; la présence constante de côtes nombreuses ou très développées. C'est aussi dans cette classe que nous voyons pour la première fois, mais non constamment, un véritable thorax. Du reste, l'articulation des os du crâne et de la face sera quelquefois plus ou moins solide et fixe, d'autres fois plus ou moins mobile, comme cela avait lieu précédemment. Les membres pourront manquer, ou être rudimentaires, ou offrir quelque développement; mais leur position sera généralement encore très latérale, et telle que le ventre tendra plus ou moins à toucher le sol; ce qui justifiera cette dénomination de *reptiles*, qui, à parler rigoureusement, ne convient qu'aux espèces qui se meuvent à l'aide de leur colonne vertébrale.

Tels sont les *ophidiens*, dont le squelette est réduit à la série vertébrale, aux appendices faciaux et aux côtes, et qui sont très généralement privés de membres ou n'en ont jamais que d'insuffisans. Les *serpens* sont des animaux essentiellement rachidiens. Le nombre de leurs vertèbres est extrêmement considérable, et peut s'élever jusqu'au delà de 3oo, comme nous le voyons chez le *boa-devin*, qui en a 3o4, chez la *couleuvre à collier*, qui en a 3i6. Ce nombre n'est jamais aussi grand chez les espèces venimeuses que chez les autres, et le *serpent à sonnettes*, par exemple, n'a que 2oi vertèbres. L'extrême division que nous offre la colonne épinière de ces animaux est, on le conçoit, tout à fait favorable à la mobilité dont il faut qu'elle jouisse, chargée qu'elle est des mouvemens de translation; et ce caractère coïncide, comme on le pense bien aussi, avec une brièveté proportionnelle des segmens qui composent cette colonne flexible.

Les vertèbres des *ophidiens* se divisent en céphaliques, thoraco-abdominales ou costales, et caudales.

Les segmens céphaliques, placés sur la même ligne

que la série entière, dont ils représentent l'extrémité antérieure, forment, par leur jonction, un crâne
long, étroit (surtout chez les serpens venimeux), et
dont la cavité ne dépasse encore que peu celle du canal rachidien. L'orbite et la fosse temporale sont encore confondus. La vertèbre sphéno-pariétale l'emporte beaucoup sur la sphéno-frontale, qui est même
assez réduite. L'occipitale se montre encore formée
de quatre pièces. Elle s'articule par un seul condyle
avec l'atlas.

Les vertèbres du corps ont toutes à peu près la
même forme jusqu'à la queue. Elles portent des apophyses épineuses, articulaires et transverses. Les épineuses se divisent en supérieures et inférieures; mais
celles-ci existent moins généralement que les premières, qui sont, au reste, toujours assez peu saillantes, et ne méritent guère l'épithète d'épineuses.
Ces apophyses supérieures sont quelquefois assez distantes les unes des autres pour permettre un mouvement de l'épine en arrière ; mais d'autres fois elles se
touchent, et leurs bases s'imbriquent de manière à
rendre ce mouvement impossible. De leur côté, les
épines inférieures, dont l'extrémité se dirige vers la
queue, limitent la flexion de la colonne dans le sens
abdominal, et il ne reste ainsi que les mouvemens latéraux qui soient faciles et de quelque étendue. Ce
sont, en effet, ceux à l'aide desquels se meuvent les
ophidiens.

L'articulation des vertèbres se fait, chez ces animaux, surtout au moyen d'une sorte de tête ou gros
tubercule condyloïdien, qui est placé à l'extrémité
postérieure de chaque corps, est qui est reçu dans une

cavité creusée à l'extrémité antérieure de la vertèbre suivante.

Il n'y a d'autre pièce médiane inférieure chez les *serpens* qu'un très petit hyoïde cartilagineux, portant en arrière deux filets très minces qui représentent des appendices ou cornes.

Les appendices céphaliques ne diffèrent pas encore considérablement de ceux des *amphibiens*.

Celui de la mâchoire supérieure offre supérieurement des os lacrymaux assez développés, et qui forment la limite inférieure de l'orbite. On voit ensuite deux petits intermaxillaires, unis d'une manière fixe avec la vertèbre vomérienne, puis deux maxillaires mobiles sur les précédens, très courts et attachés médiatement à ceux-ci, chez les espèces venimeuses, où ils portent les crochets, plus étendus et garnis d'une série de dents chez les autres espèces. Les palatins forment des arcades garnies de dents mobiles, et s'articulent en arrière avec l'os carré.

L'appendice maxillaire inférieur a presque toujours la pièce mastoïdienne de sa racine, attachée d'une manière mobile au crâne. Vient ensuite une pièce tympanique assez forte, également mobile, et avec laquelle s'articule la mandibule même, dont les branches ne sont point soudées ensemble sur la ligne médiane, mais se trouvent simplement articulées par des ligamens.

Chez quelques espèces cependant, telles surtout que les *amphisbènes*, les pièces des deux appendices maxillaires sont fixes et immobiles.

Les côtes des *ophidiens* sont des arcs osseux assez grêles, toujours nombreux (on en compte 250 chez le *boa-constrictor* ou *devin*), articulés chacun avec une vertèbre d'une manière mobile, et au moyen de ligamens élastiques, libres par l'autre extrémité, et ne s'unissant jamais, même médiatement, à leur congénère sur la ligne médiane inférieure. L'absence de cet appendice est le principal caractère des vertèbres caudales.

Aucun *serpent* proprement dit ne possède de véritables membres; on en voit cependant des rudimens plus ou moins appréciables chez quelques espèces non venimeuses. Les plus apparens sont ceux qui existent chez les *boas* sur les côtés de l'anus : tout le monde connaît ces espèces d'*ergots* ou de crochets ; ce sont des ébauches de pieds composés d'une phalange onguéale, d'une sorte de gros métatarsien, de plusieurs pièces qu'on assimile à celles du tarse, et qui sont portées par une espèce de tibia fort allongé et caché sous la peau. Les *rouleaux* présentent ces mêmes parties en plus petit.

Les *boas* nous conduisent à quelques reptiles aux formes encore plus ou moins ophidiennes, par lesquelles nous passons graduellement des vrais apodes aux groupes supérieurs de l'ordre des *bispenniens*. Parmi ces espèces intermédiaires, que les zoologistes réunissent tour à tour au sous-ordre des *ophidiens* et à celui des *sauriens*, nous rencontrons d'abord les *bimanes* ou *chirotes*. Ce sont des ophidiens par leur tête, leurs vertèbres et leurs côtes; mais ils possèdent, comme les sauriens, une languette sternale et une paire de membres antérieurs très petits, mais complets. Viennent ensuite les *orvets* et les *ophisaures* : ce sont aussi des serpens par leur forme générale; mais déjà le nombre des vertèbres, et par conséquent aussi celui des côtes, est beaucoup moindre (1) que dans les ophidiens bien caractérisés; les os de la face sont plus soudés qu'ils ne l'étaient chez ceux-ci; il y a enfin un sternum et des rudimens de membres, tant antérieurs que postérieurs, mais encore cachés. Nous rencontrons plus loin les *bipèdes*, dont les membres postérieurs sont apparens; les *chalcides*, les *seps*, qui joignent à un tronc serpentiforme deux paires de membres, mais encore très éloignés; les *scinques*, semblables aux précédens, mais dont le tronc se ramasse déjà davantage. Nous arrivons enfin aux *sauriens* normaux, dont le squelette nous offre les particularités suivantes.

Les vertèbres se divisent, pour la première fois, en céphaliques, cervicales, dorsales ou costales, sacrées et coccygiennes ou caudales.

Les vertèbres céphaliques composent un crâne généralement moins allongé, un peu plus large dans sa partie cérébrale que celui des *ophidiens*, mais d'une forme, d'ailleurs, assez variable. Ce que le crâne des sauriens offre de plus remarquable, sont des espèces de ponts osseux qui vont d'une pièce céphalique à l'autre en passant sur des fosses ou des dépressions, que ces ponts convertissent en lacunes de diverses grandeurs. La plus singulière de ces dispositions est celle qu'on observe chez le *caméléon* à la partie postérieure de la tête, et qui forme ainsi une crête fort singulière qui surmonte un espace à jour, une véritable arcade.

On compte au rachis sept vertèbres cervicales (ex-

______

(1) L'orvet n'a que 32 vertèbres costales et 17 caudales, en tout 49.

cepté chez le *caméléon*, qui n'en a que deux), deux vertèbres sacrées, et un nombre variable de dorsales et de caudales. Ces os sont plus allongés que ceux des *serpens*, et s'articulent, ou, comme chez ceux-ci, par une tête reçue dans une cavité, ou, comme chez les *poissons* et les *amphibiens*, par l'intermède d'un fibro-cartilage, qui pénètre dans deux cavités creusées dans les extrémités correspondantes des vertèbres contiguës. Les vertèbres des *sauriens* portent des apophyses épineuses supérieures, ayant la forme de crêtes, et peu saillantes en général, si ce n'est chez le *caméléon*, où elles sont élevées; on rencontre, en outre, quelquefois des apophyses inférieures. Les pièces caudales du *caméléon* jouissent d'une mobilité assez étendue dans le sens de leur face inférieure, pour que la queue de ces animaux puisse s'enrouler autour des branches d'arbres; aussi cette partie est-elle prenante.

La série médiane inférieure nous offre un hyoïde fort peu développé et éminemment lingual, et en arrière du cou un sternum ordinairement court et large.

Les pièces de l'appendice maxillaire supérieur sont soudées entre elles et avec le crâne d'une manière immobile.

L'appendice inférieur n'a de mobile que la pièce tympanique, ou l'os carré, qui est assez gros, et la mandibule.

Il y a des côtes vertébrales et des côtes sternales. Les premières se suivent depuis la troisième vertèbre chez le *caméléon*, depuis la huitième dans les autres genres, jusqu'aux vertèbres sacrées; par conséquent ces côtes sont toujours nombreuses. Elles sont étroites et plus ou moins longues. En général, les plus longues sont celles qui correspondent aux côtes sternales. Ces deux espèces de côtes se rencontrent sous des angles variables, mais toujours ouverts en avant; elles s'articulent ensemble d'une manière mobile, ceignant ainsi une véritable cavité thoracique et entrant au service de la respiration : leur situation naturelle donne au thorax sa plus grande capacité; d'où il résulte, comme nous l'avons dit ailleurs, que c'est pour l'expiration que cette cavité change ses dimensions, en d'autres termes, qu'elle se resserre activement, et qu'elle se dilate en revenant à son repos. Les côtes vertébrales qui suivent le thorax sont libres et ordinairement d'autant plus courtes, qu'elles sont plus postérieures. Cependant chez le *dragon*, les six premières de ces côtes libres ou fausses côtes dépassent toutes les autres en longueur, et s'étendent sur les côtés du corps presque horizontalement, pour soutenir des expansions cutanées, dont ce *saurien* se sert comme de parachutes. Le *caméléon* se distingue encore de tous les animaux du même groupe en ce que presque toutes ses côtes vertébrales (16 sur 20) s'articulent avec des côtes sternales, ce qui prolonge son thorax jusqu'au voisinage du bassin. Il est remarquable aussi que chez ce singulier *agamoïde* le plus petit nombre seulement des côtes que nous nommons sternales s'attachent au sternum; la plupart rencontrent directement celles du côté opposé sur la ligne médiane.

Quant aux appendices locomoteurs ou membres des *sauriens,* nous les trouvons très divers de forme et de développement, mais toujours complets à partir des *seps*. Ici encore le *caméléon* nous offrira plus d'une exception à la règle la plus générale. Le plus souvent les membres n'ont qu'une longueur plus que médiocre, et s'articulent avec le tronc d'une manière très latérale, très oblique, en s'écartant beaucoup, ce qui est nécessairement défavorable à la fonction de ces appendices. Ceux des *caméléons* sont plus longs, beaucoup plus rapprochés de l'axe du tronc, placés enfin de manière à soutenir ce dernier, qui demeure, par cela même, à une assez grande distance du sol.

La partie radicale du membre antérieur ou l'épaule est composée d'une omoplate appliquée contre le thorax, ordinairement allongée, et d'une clavicule simple ou complexe, selon les genres. Au point où ces os se rencontrent, on voit une cavité, ou du moins une surface articulaire plus ou moins concave, destinée à la tête de l'humérus. La longueur et l'épaisseur de celui-ci varient beaucoup. Les deux os de l'avant-bras sont toujours bien distincts; le cubitus n'a pas d'olécrâne. Un carpe formé de deux ou trois rangées d'os courts, un métacarpe généralement composé de cinq pièces et des doigts en même nombre, d'une longueur qui varie beaucoup, selon le rang qu'ils occupent, et selon les espèces de sauriens, terminent le membre thoracique.

Les membres pelviens débutent par un bassin attaché par la pièce iliaque aux apophyses transverses des vertèbres sacrées, dont les dimensions et la forme varient considérablement. L'os des îles est représenté, par exemple, chez les *lézards*, les *dragons*, etc., par des branches plus ou moins allongées; celles-ci s'articulent par leur extrémité antérieure, d'une part, avec un os pubien également allongé, qui rencontre son congénère sur la ligne médiane, et forme avec lui un angle plus ou moins saillant, d'autre part avec une pièce ischiatique plus large et plus courte que les précédentes, et qui s'unit aussi à sa congénère. A la rencontre des trois os du bassin, on voit une cavité cotyloïde très latérale. Le fémur n'offre rien de bien remarquable. Ses deux extrémités forment deux têtes arrondies, dont la supérieure, qui est la plus forte, prend une direction un peu obl que relativement à l'axe de l'os. La tête inférieure est articulée avec une jambe composée de deux os longs, tout à fait distincts et à peu près égaux. Il n'y a pas plus de rotule au devant du genou qu'il n'y avait d'olécrâne au coude. Viennent enfin une ou deux rangées de petits os tarsiens, puis ordinairement cinq métatarsiens, et autant d'orteils plus ou moins allongés, dans la composition desquels il entre de deux à cinq phalanges.

Chez le *caméléon*, les doigts des deux paires de membres se disposent de manière à saisir les branches des arbres, sur lesquels ces reptiles sont habituellement perchés. Deux d'entre eux se dirigent en arrière et deviennent opposans aux trois autres, disposition que nous rencontrerons plus d'une fois dans la suite, et surtout chez les *oiseaux*.

Les *émydo-sauriens* ou *crocodiliens* se distinguent des espèces de l'ordre précédent, auquel beaucoup de zoologistes les réunissent encore, par plusieurs caractères de leur squelette, dont je dois me borner à citer ici les principaux.

Leurs vertèbres cervicales, au nombre de sept, offrent de petits appendices, que leur situation, plus que leur forme, assimile aux côtes. Articulés à la fois aux corps vertébraux et à des apophyses transverses larges et longues, plusieurs de ces appendices s'unissent entre eux par des prolongemens qu'ils s'envoient en avant et en arrière; comme on le conçoit, leur jonction apporte un puissant obstacle aux mouvemens latéraux du cou.

Les vertèbres caudales offrent de longues épines inférieures et supérieures; en même temps leurs apophyses transverses s'effacent, et la queue des *crocodiles* doit à cette double circonstance une forme aplatie latéralement, qui rend ce prolongement rachidien très utile pour la nage.

Au point de jonction des côtes vertébrales et sternales, il existe, dans les *émydo-sauriens*, des espèces de plaques en partie cartilagineuses.

Enfin, la face abdominale du tronc, depuis le thorax jusqu'au bassin, est soutenue par une série de côtes purement sternales qui se rencontrent sur la ligne médiane, et de là s'étendent obliquement d'avant en arrière jusque sur les côtés du corps.

Mais de toutes les modifications que l'appareil locomoteur subit dans la classe des *reptiles*, les plus intéressantes peut-être sont celles que nous observons chez les *chéloniens*. Ces animaux sont, à cet égard, dans un état vraiment exceptionnel, du moins à les considérer du point de vue de la philosophie actuelle des sciences anatomiques.

Une partie considérable du squelette passe, chez les *chéloniens*, au service de la protection générale, s'immobilise, et se transforme en une sorte de boîte ou de double bouclier, sous lequel le reste du corps trouve un abri plus ou moins suffisant. Cette transformation porte essentiellement sur les parois osseuses du thorax, qui, à peine entrées, dans les ordres précédens, au service de la respiration, lui sont retirées chez les animaux qui vont nous occuper.

Les vertèbres dorsales, ordinairement au nombre de huit ; les sacrées, au nombre de deux ou trois, et les côtes forment un premier bouclier dorsal, connu sous le nom de *carapace ;* le sternum, considérablement développé, en constitue un second ou abdominal, le plastron, qui s'articule avec le premier dans une étendue variable.

Pour former la carapace, les vertèbres se soudent d'abord les unes aux autres, et échangent leur anneau supérieur contre une plaque plus ou moins large, qui couvre un canal creusé sur le corps vertébral lui-même, et bordé de deux petites lames osseuses. La plaque qui forme ainsi la voûte médullaire dépasse beaucoup celui-ci, et s'articule par suture avec celles des vertèbres contiguës. De toutes ces plaques résulte une première série, la série médiane des pièces de la carapace. Toute forme vertébrale a disparu à l'extérieur de celle-ci ; c'est à sa face inférieure seule qu'on aperçoit le rachis, représenté par des corps de vertèbres allongés, et d'ailleurs fort distincts et fort bien caractérisés. Sur les parties latérales de ces vertèbres modifiées, nous trouvons des côtes étalées en larges rubans osseux, qui s'articulent solidement par leur extrémité interne avec les corps vertébraux et avec les plaques qui surmontent ceux-ci. Par leurs bords, ces lames costales s'unissent les unes aux autres au moyen de dentelures. Cette jonction a lieu dans toute la longueur de la côte chez les *tortues terrestres* et chez plusieurs espèces d'eau douce; chez d'autres espèces, et chez les *tortues marines*, les côtes, arrivées à une certaine distance de leur terminaison, se rétrécissent, et sont séparées, en conséquence, les unes des autres par des intervalles plus ou moins grands. Leur extrémité rencontre ordinairement un cercle ou lymbe de pièces dites marginales qui entoure toute la carapace. Il est difficile de rattacher d'une manière un peu précise ces pièces au plan général du squelette des animaux vertébrés.

Nous avons vu que le sternum forme, à son tour, un large bouclier ou *plastron* abdominal. Neuf pièces soudées ensemble concourent à sa composition. Huit d'entre elles sont rangées par paires d'avant en arrière; la neuvième se trouve placée en avant sur la ligne médiane, et enchâssée, comme on voit, entre les deux paires antérieures.

Mais les dimensions, les formes et l'arrangement réciproque de ces pièces varient beaucoup, et font, par cela même, varier aussi beaucoup la forme et les dimensions du plastron. Dans toutes les *tortues de terre*, celui-ci est complet, c'est-à-dire, représente un bouclier ovale, dont les pièces osseuses ne sont séparées par aucun intervalle; ce bouclier est alors uni à la carapace par une symphyse assez étendue. Chez certaines *tortues de marais*, il est également complet, mais une de ses parties se meut à charnière sur l'autre, et quelquefois le plastron offre deux battans mobiles articulés à charnière ou sur une pièce intermédiaire, ou l'une avec l'autre. Mais dans les *tortues marines* et dans les *fluviales*, les pièces osseuses des paires du plastron, et surtout celles des paires moyennes, laissent entre elles un intervalle qui est surtout considérable dans le premier de ces groupes. Ces pièces offrent en même temps des espèces de saillies dentelées, qui les font ressembler aux empaumures des bois de *daims* ou d'*élans*; toutes les parties du plastron sont, du reste, modifiées dans ces tortues.

Il ne reste de mobiles, dans la série vertébrale des *chéloniens*, que la tête considérée dans son ensemble, les vertèbres du cou et celles de la queue.

La tête, composée, comme à l'ordinaire, de ses quatre vertèbres, se fait remarquer par l'espèce de pont qui en couvre toute la fosse temporale, et qui convertit celle-ci en une lacune plus ou moins grande, selon les espèces, et dont l'orbite forme l'issue antérieure. Ce pont ou ce toit avait été regardé jusqu'ici comme formé par les pariétaux, les temporaux et l'arcade zygomatique. Mais M. Laurent, dont le nom revient à chaque instant sous la plume quand il s'agit de la théorie du squelette, pense que le temporal et le pariétal demeurent tout entiers, comme à l'ordinaire, dans la paroi de la fosse temporale elle-même, qui est la paroi interne de la lacune dont il s'agit ici, et que la pièce qui couvre cette fosse dans les tortues n'est que l'aponévrose externe du muscle crotaphyte ou temporo-mandibulaire passée à l'état osseux, ou, pour me servir des propres termes de M. Laurent, de l'état hyposcléreux à l'état deutoscléreux.

Tous les os de la tête des *tortues*, y compris ceux de l'appendice maxillaire supérieur, sont unis entre eux par des sutures et immobiles. L'os carré lui-même est soudé au temporal, et la mandibule, seule partie mobile de l'appendice inférieur, s'articule avec cet os par une double facette qui limite ses mouvemens et ne permet que ceux de bas en haut, à l'aide desquels s'ouvre et se ferme la bouche.

Les vertèbres cervicales, assez constamment au nombre de huit, sont d'une longueur très variable. Elles ne portent que des apophyses supérieures fort courtes, et inférieurement, de simples crêtes destinées aux attaches musculaires ; elles manquent d'apophyses transverses. Cette conformation permet à ces vertèbres les mouvemens étendus, soit de latéralité, soit dans le sens vertical, qui étaient nécessaires pour que l'animal pût retirer sa tête sous sa carapace. Mais c'est du mode d'articulation des vertèbres entre elles que dépend, en définitive, la direction de ces mouvemens, qui sont latéraux chez les *tortues de terre* et certaines *tortues de marais,* et verticaux, c'est-à-dire, dans le sens dorso-abdominal, chez d'autres espèces. On conçoit donc que la forme des surfaces articulaires doit beaucoup varier, même d'une vertèbre à celles qui la suivent.

Les vertèbres caudales n'offrent rien de bien particulier. On en compte de vingt à quarante, selon les espèces.

En échange, les membres des *chéloniens* réclament tout l'intérêt des observateurs, surtout par l'anomalie de leur situation.

Cette anomalie est surtout frappante pour le membre antérieur, qui de surcostal est devenu souscostal, et se trouve compris entre les deux boucliers formés par les côtes et par le sternum. Tout ici a été disposé.

3

comme on le voit, pour que ces dernières pièces fussent complétement protectrices. La carapace, semblable au bouclier des crustacés, couvre les parties qu'elle aurait dû porter extérieurement, d'après le plan normal du squelette des vertébrés ; elle est devenue complétement extérieure ; la peau seule, une peau écailleuse, la sépare du dehors ; mais cela suffit pour lui conserver le caractère essentiel, indispensable, de tout squelette d'ostéozoaire.

La ceinture antérieure, attachée aux vertèbres par des ligamens, se compose de trois os, l'omoplate et l'acromion, étant représentés chacun par une pièce distincte plus ou moins allongée, et ne se joignant l'un à l'autre que pour former la surface articulaire glénoïde. La clavicule, qui est souvent fort large, se porte, de cette même surface, qu'elle complète par sa jonction avec les os précédens, à la partie antérieure et médiane du plastron.

L'humérus débute par une tête portée sur un col qui l'éloigne de l'axe de l'os lui-même. Celui-ci est courbé sur sa longueur, et se termine par une large tubérosité à deux condyles pour chacun des os de l'avant-bras. Ces os sont bien distincts, larges, courts, fixes et immobiles l'un sur l'autre ; le radius descend plus bas que le cubitus ; celui-ci monte, en échange, un peu plus haut vers l'articulation humérale. Le système solide de la main varie beaucoup, selon qu'on l'étudie dans les espèces terrestres ou d'eau douce, ou dans les *tortues de mer*. Il est très développé en longueur, et aplati dans les espèces marines, dont les extrémités sont converties en nageoires. Le carpe est large, et offre parfois jusqu'à neuf os. Il y a cinq métacarpiens et cinq doigts, dont les trois intermédiaires ont une longueur considérable. Dans les *tortues de terre*, le carpe est réduit à trois pièces et les doigts très courts : la main de ces chéloniens ressemble, comme on le sait, à une sorte de moignon. Celle des espèces d'eau douce offre des doigts plus dégagés, et se rapproche des conditions ordinaires.

La ceinture postérieure, composée aussi de trois pièces, est attachée par l'une d'elles, l'iléon, aux vertèbres sacrées, tantôt d'une manière fixe, tantôt, et plus ordinairement encore, de manière à conserver une certaine mobilité. Les pièces pubienne et ischiatique se portent vers le plastron en laissant entre elles un trou sous-pubien, et l'on voit même le pubis s'unir au bouclier sternal chez la *tortue matamata*.

Le fémur offre quelquefois une tête portée sur un col, qui, lui-même, porte à sa racine une saillie trochantérienne. Cet os est en général plus long que l'humérus, et se termine par un double condyle encore peu saillant. Les os de la jambe sont aussi un peu plus allongés que les os de l'avant-bras. Il n'y a pas de rotule ; le pied offre les plus grands rapports avec la main. Dans les *tortues de mer*, il est beaucoup plus court que celle-ci, mais aplati, d'ailleurs, comme elle, et représentant une nageoire.

Si nous jetons maintenant un coup d'œil rapide sur les dispositions du système musculaire des *reptiles*, voici ce que nous observons :

Chez ceux qui se meuvent encore exclusivement au moyen du rachis, la couche musculaire se partage en faisceaux intervertébraux, costo-vertébraux et intercostaux, qui sont, dans toute l'étendue du corps, la

répétition les uns des autres, et en faisceaux inférieurs transverses. Tel est le cas de tous les *serpens*
proprement dits. Mais, à mesure que les membres
apparaissent, se développent et tendent à prendre une
part plus importante, ou même la part principale dans
la locomotion, les plans charnus prennent des dispositions analogues à celles que nous observons dans les
amphibiens, mais toujours avec cette différence, que
chez les reptiles écailleux les couches du tronc ont
toujours des faisceaux à fournir pour le mouvement
des côtes. Comme ces dispositions se rapprochent éminemment de celles que nous offrent les animaux supérieurs, où nous les trouverons caractérisées au plus
haut degré, je me bornerai ici à quelques détails sur
le système musculaire des *chéloniens*, qui se trouve
nécessairement, à plusieurs égards, dans un état exceptionnel, en raison des anomalies du squelette dans
cet ordre de reptiles.

Et d'abord, ainsi qu'on doit s'y attendre, toute la
partie de ce squelette dont les pièces sont soudées
manquera de muscles particuliers. Toute la couche
musculaire a disparu entre ces pièces et le tégument
externe, ce qui nous montre que l'élément sarceux ou
charnu qui forme cette couche est déposé dans la
même trame où se forment les tissus fibreux, cartilagineux et osseux, et que lorsque des nécessités physiologiques particulières réclament des modifications
plus ou moins profondes, ou même l'interversion
complète des rapports ordinaires du système musculaire, ces changemens se font, non point par des atro-
phies et des refoulemens, comme on l'a dit, mais par
de nouvelles répartitions du dépôt dont il s'agit. Ceci

ne va pas jusqu'à nier la réalité incontestable et manifeste d'un ordre général et typique de formation pour
l'appareil locomoteur. Seulement n'accordons à cette
idée ni la valeur absolue, ni le rang tout à fait supérieur que quelques anatomistes ont voulu lui donner;
et sachons toujours reconnaître que, dans l'ordre
logique, le but ne cesse jamais de dominer les moyens,
que la fonction commande son instrument.

Ainsi, nous ne nous étonnerons pas de voir les vertèbres et les côtes immobiles des *tortues* dépourvues
d'une couche charnue, et nous ne nous attendrons à
trouver d'autres muscles attachés aux boucliers que
ceux qui viendront prendre leur point fixe sur ces disques immobiles pour mouvoir le cou, la queue et les
membres.

Les muscles releveurs de la mâchoire inférieure sont
très forts; le principal est un muscle temporal ou crotaphyte considérable qui s'attache à cette voûte sur-
temporale dont nous avons parlé plus haut, et que
M. Laurent regarde comme l'aponévrose ossifiée de
ce muscle lui-même. On sait avec quelle force les *tortues* serrent et retiennent ce qu'elles ont saisi entre
leurs mâchoires.

Les muscles du cou sont aussi fort développés dans
les reptiles dont nous parlons, et leur disposition varie
selon que la tête rentre ou ne rentre pas sous la carapace, et selon que, pour rentrer, elle subit des flexions
latérales ou des flexions verticales. Quoi qu'il en soit,
ces muscles forment plusieurs plans superposés: les superficiels s'étendent de la face intérieure ou inférieure
de la carapace à la tête; d'autres, plus profonds, de
cette même face à quelqu'une des vertèbres cervica-

les, ou d'une de celles-ci à la tête ; les plus profonds sont des intervertébraux, qui se subdivisent eux-mêmes en interépineux, intertransversaires, etc.

Les muscles de la queue viennent aussi s'attacher en partie à la face inférieure de la carapace, mais plus ou moins près de son extrémité postérieure ; ils se distribuent sur les quatre faces de ce prolongement et se divisent en extenseurs, fléchisseurs et moteurs latéraux.

On trouve quelques faisceaux pour les mouvemens de la face abdominale du tronc, dans les points où les parois de celui-ci conservent leur mollesse, et pour ceux du plastron dans certaines espèces.

Quant aux muscles des membres, ceux de la partie radicale sont fixés à la face inférieure de la carapace et du plastron, c'est-à-dire, comme on le conçoit dans une position exceptionnelle (1). Mais, sauf cette

---

(1) Les muscles des membres qui s'attachent au plastron et à la carapace, sont des muscles internes sous ce rapport ; mais ils redeviennent externes par leur attache aux os des membres eux-mêmes, en sorte que l'analogie qu'on a voulu retrouver ici avec les dispositions des muscles des animaux invertébrés est tout à fait incomplète, pour ne pas dire tout à fait illusoire (Carus, zootomie, p. 307). Il est d'ailleurs facile de voir que les muscles en question ou plutôt la couche qui les fournit, existent quoique avec un développement très inférieur chez les autres vertébrés ; et réellement toute la différence entre ceux-ci et les chéloniens se réduit au fond, à ce que, chez les premiers, la couche contractile externe aux os du tronc est à son summum de développement, tandis que l'intérieure est réduite à peu de chose, au lieu que dans les tortues, la couche extérieure a disparu, tout l'élément contractile s'étant au contraire porté sous les côtes et sous le sternum, en sorte que c'est la couche intérieure qui a été chargée de fournir aux membres les faisceaux que leur fournit ailleurs la couche extérieure. Enfin, il ne faut jamais oublier que la carapace des *tortues* n'a qu'une analogie apparente avec le bouclier des *crustacés*, par exemple, auquel on l'a comparée, puisque l'une est sous-cutanée, tandis que celui-ci est dermique. Cette considération importe beau-

position et les rapports insolites où ils se trouvent à l'égard du système solide du tronc, du côté de leurs points fixes, ces muscles se rapprochent beaucoup de ceux des autres quadrupèdes ovipares ; et cela devait être, puisqu'ils ont essentiellement les mêmes fonctions à accomplir, savoir, des mouvemens de protraction et de rétraction des ceintures osseuses ; des mouvemens pour porter le bras et la cuisse en avant ; d'autres pour les porter en arrière, pour les élever, pour les abaisser, autant que le permettent les boucliers ; des mouvemens de rotation en dehors et en dedans. Aussi, trouvons-nous chez les *chéloniens*, pour l'épaule et le bras, des muscles plus ou moins évidemment analogues aux muscles trapèze, grand pectoral (celui-ci est très complexe), deltoïde, coracobrachial, etc.

Les mouvemens du bassin sont exécutés, 1° par un muscle droit abdominal divisé en deux ventres, dont l'antérieur porte cette ceinture en avant, tandis que le postérieur la ramène en arrière ; 2° par un carré des lombes inséré à la base de l'os des îles, qu'il tire en avant et en dehors. Nous voyons ensuite, pour le

---

coup, car nous ne devons jamais perdre de vue que chez les animaux inférieurs la locomotion emprunte son système solide à l'appareil protecteur, tandis que dans les animaux supérieurs, elle a son appareil propre ; les muscles, les aponévroses, les tendons, les cartilages et les os, n'étant que des modifications plus ou moins profondes d'une même couche sous-cutanée, ou si l'on veut de la couche la plus profonde de l'enveloppe générale disposée autour du système nerveux central. Ainsi, que des analogies extérieures plus ou moins spécieuses ne nous fassent pas illusion sur le fond des choses ; si les formes ont leur importance en philosophie anatomique, c'est toujours une importance subordonnée : ne nous égarons pas, en l'exagérant, sur les pas des naturalistes allemands.

fémur, des muscles fessiers, qui s'insèrent à l'éminence trochantérienne, des adducteurs, des faisceaux analogues aux muscles psoas et iliaque, etc. Pour le reste des membres, il y a, comme toujours, d'abord des fléchisseurs, des extenseurs, puis aussi des supinateurs et des pronateurs; mais ces faisceaux présentent des différences de disposition, de longueur, de séparation, de développement, qui sont en rapport avec les divers genres de locomotion qu'on observe dans les reptiles qui viennent de nous occuper.

Arrivés aux vertébrés à respiration complète et à sang chaud, nous voyons l'appareil locomoteur parvenir à son plus haut point de perfection; non seulement le rachis ne se trouve plus jamais seul chargé de la translation du corps, mais son importance est toujours inférieure, sous ce rapport, à celle des membres; et ceux-ci, toujours beaucoup mieux conformés et mieux situés pour soutenir le tronc que chez les vertébrés à sang froid, réunissent au degré le plus éminent les conditions de leur spécialité physiologique. Il s'ensuit que, dans chacune des deux classes supérieures de la série, nous trouverons l'appareil qui nous occupe construit sur un plan beaucoup plus uniforme que dans les trois classes précédentes, et surtout que dans les *amphibiens* et dans les *reptiles*, qui, formant la transition des vertébrés complétement aquatiques aux vertébrés les plus aériens, devaient reproduire par les variations de leurs formes, les oscillations d'une création transitoire qui se joue entre des limites extrêmes avant de revêtir des caractères fixes et définis.

Le squelette des *oiseaux* se distingue, en effet, de celui des reptiles par l'uniformité générale de son plan, et ses différences dans les divers ordres de cette classe, loin de pouvoir se comparer à celles que nous venons de rencontrer en passant des serpens aux lézards, de ceux-ci aux crocodiles et des crocodiles aux tortues, n'apparaissent que comme des nuances auprès d'elles. Nous allons esquisser les traits les plus importans de ce squelette en suivant notre ordre accoutumé.

La série des pièces vertébrales ne laisse pas que de conserver un grand développement chez les *oiseaux*; mais ce développement n'a plus pour la progression l'importance qu'il offrait auparavant, comme on pourra s'en convaincre par l'examen des diverses régions de la colonne céphalo-rachidienne.

Cette colonne se laisse diviser en régions céphalique, cervicale, dorsale, sacrée ou sacro-lombaire, et coccygienne. La tête se compose toujours de ses quatre vertèbres, comme dans les autres classes; mais le cou, le dos, la région sacro-lombaire et le prolongement caudal varient plus ou moins sous le rapport du nombre des segmens qui les constituent. Ce sont, en général, les vertèbres du col qui sont les plus nombreuses et qui offrent le plus de variations sous ce rapport; on en compte de 9 à 23 (1). Celles du dos varient de 7 à 11; celles qu'on peut reconnaître dans la pièce sacro-lombaire, de 7 à 15; celles de la queue, de 5 à 9.

La tête des *oiseaux* s'articule par un seul condyle avec la première vertèbre cervicale, mais elle n'est plus placée tout à fait sur la même ligne que le ra-

---

(1) Nous ne trouvons ce maximum que dans le cygne.

chis, le trou occipital ne se trouvant plus complétement à l'extrémité postérieure du crâne, mais commençant à devenir un peu inférieur. Ce changement provient de ce que la boîte osseuse céphalique a pris ici plus de développement qu'elle n'en avait dans les classes précédentes. Sa cavité répond, en outre, et par sa grandeur, et par sa forme, à la grandeur et à la forme de l'encéphale, et la configuration externe du crâne reproduit même celle-ci assez fidèlement, au moins dans son ensemble. Ce crâne est plus ou moins convexe supérieurement et en arrière, et plane inférieurement. Sur ses côtés, il offre des dépressions ou fosses temporales ; il se retrécit en avant, et prolonge beaucoup sa partie frontale, qui forme, au delà de la cavité encéphalique, une avance inclinée de haut en bas et d'arrière en avant, espèce de lame apophysaire qui forme la voûte et les bords supérieurs et internes des orbites, et qui porte à sa face inférieure, sur la ligne médiane, une autre lame, mais verticale. Seule cloison qui sépare ces mêmes orbites, cette lame se soude postérieurement avec le sphénoïde. C'est le corps de celui-ci qui forme la plus grande partie de la base du crâne. Les pariétaux sont fort petits. Au reste, les diverses pièces de chaque vertèbre céphalique, et ces vertèbres elles-mêmes, en totalité, se soudent entre elles de très bonne heure chez les *oiseaux*, et leurs sutures disparaissent au point, que, pour les distinguer les unes des autres, il faut les étudier chez de très jeunes sujets.

Les vertèbres cervicales sont, comme nous l'avons dit, plus nombreuses que celles des autres régions. Ce sont les *échassiers*, les *coureurs* (*l'autruche* et le *casoar*) et les *palmipèdes*, qui en possèdent le plus, et qui offrent, en conséquence, le cou le plus long. En général, et c'est surtout le cas des *oiseaux de rivage* et des *cursores*, la longueur du cou est proportionnée à la hauteur des membres postérieurs ; harmonie bien remarquable et bien précieuse, puisque sans elle ces oiseaux n'auraient pu porter leur bec jusqu'à terre. Chez les palmipèdes, la longueur du col a un autre but, celui de permettre à ces oiseaux pêcheurs de poursuivre plus aisément leur proie au dessous de la surface des eaux. Les vertèbres cervicales s'articulent dans la classe qui nous occupe, par leur corps et par des apophyses spécialement appropriées pour cela. Les corps vertébraux se rencontrent, non par des surfaces planes, mais par des saillies en forme de portions de cylindres et par des dépressions qui répondent à ces saillies. Mais ces articulations et celle des apophyses sont disposées de manière que les vertèbres les plus antérieures ne peuvent se fléchir que dans le sens de la face inférieure ; les suivantes, c'est-à-dire le plus grand nombre, dans le sens de la face dorsale du rachis, d'où résulte que le cou des oiseaux forme, dans la flexion, deux arcs à courbures opposées, qui figurent à peu près une S, et qui s'effacent plus ou moins dans l'extension.

Il n'y a d'apophyses épineuses bien prononcées que vers les deux extrémités du col ; mais il en existe à la fois de supérieures et d'inférieures.

Les vertèbres dorsales sont unies entre elles par des ligamens très forts, et se touchent ou se soudent même quelquefois par leurs apophyses épineuses, qui forment, dans ce dernier cas, comme une crête continue sur le dos. Outre cela, les apophyses transverses elles-mêmes s'envoient les unes aux autres de leur extrémité libre des pointes par lesquelles elles se soudent même quelquefois aussi, à l'instar des apophyses supérieures. Ces dispositions ôtent toute mobilité à la région dorsale du rachis des *oiseaux*, et lui donnent une fixité qui était nécessaire pour le vol, dont l'effort porte sur cette même région. Aussi, les vertèbres dorsales ne conservent-elles quelque mobilité que chez les oiseaux auxquels il est absolument refusé de s'élever dans les airs; tel est le cas des *coureurs*. Les deux dernières des vertèbres costales semblent déjà appartenir à la région sacro-lombaire, étant même comprises, comme celle-ci, entre les os des îles, et soudées avec cette région. Les vertèbres de cette dernière série ne forment qu'une seule pièce unie avec le bassin, et que l'on considère, à cause de sa longueur, comme réunissant les deux régions lombaire et sacrée de la colonne rachidienne.

Celle-ci reprend sa mobilité dans la région caudale; nous retrouvons ici des apophyses épineuses supérieures et inférieures, et, en outre, de longues apophyses transverses. La dernière pièce coccygienne varie beaucoup, selon que l'extrémité de la queue est appelée à porter un plus ou moins grand nombre de pennes, et que celles-ci s'étalent aussi plus ou moins. Dans le *paon*, par exemple, cet os est aplati horizontalement et ovale.

Le sternum est la seule des pièces de la série inférieure des *oiseaux* qui mérite de nous arrêter. Cet os joue un rôle important dans leur locomotion; il donne attache à des muscles de première importance pour le vol. Aussi, cet os est-il fort développé, et cela en proportion de l'énergie des ailes. C'est une pièce large, à peu près quadrilatère, qui s'étend jusque sur les parois de l'abdomen, dont il couvre une grande partie. Sa face extérieure ou inférieure est convexe, et porte sur la ligne médiane une longue crête qui représente une quille de navire, d'autant plus saillante que l'oiseau vole mieux. Cette partie manque, au contraire, tout à fait dans l'*autruche* et le *casoar*.

Portons maintenant nos regards sur les appendices.

Celui de la mâchoire supérieure a ses pièces plus ou moins solidement soudées entre elles, mais il s'unit au crâne de manière à conserver une certaine mobilité. Il contribue, notamment par un os unguis assez développé, à former l'orbite, qui demeure, toutefois, presque toujours sans limite inférieurement, et se continue dans ce point avec la fosse temporale. Tout cet appendice a la forme d'une moitié de cône, ou d'une pyramide à trois pans, dont la base s'appuie sur les vertèbres céphaliques, et dont le sommet se porte en avant, où il devient tout à fait sous-cutané, et se cache sous la matière cornée du bec, à laquelle il sert de moule. La face plane de cette espèce de demi-cône est sa face palatine ; elle est un peu concave. On y voit, sur la ligne médiane, un espace plus ou moins large laissé par l'écartement des os palatins. De l'extrémité postérieure et inférieure du maxillaire supérieur on voit se détacher, de chaque côté, une branche allongée qui va s'unir à la partie mobile de la racine de l'appendice inférieur, et qu'on considère comme un *os jugal*.

L'appendice inférieur a ses pièces radicales entièrement soudées avec le crâne, sauf la pièce tympanique, qui, assez développée, et désignée particulièrement chez les *oiseaux* sous le nom d'*os carré*, recouvre un peu de mobilité, et participe aux mouvemens de la mandibule elle-même. Les deux branches de celle-ci sont allongées, étroites, aplaties et plus ou moins tranchantes sur leurs bords; elles s'élargissent vers leur extrémité postérieure, et s'articulent avec l'os carré par une éminence transversale. En avant, elles se réunissent sous un angle aigu, en formant une sorte de gouttière, et prennent une forme qui correspond à celle du bec corné, par conséquent une forme variable selon les espèces.

Les *oiseaux* ont des côtes vertébrales libres, et d'autres qui s'unissent avec des côtes sternales. Les premières, assez courtes, se voient ordinairement en avant, mais quelquefois aussi en arrière des autres. Celles-ci sont, comme chez les *Sauriens*, articulées aux côtes sternales d'une manière mobile; et de telle sorte, que c'est aussi dans leur situation naturelle que la cavité qu'elles circonscrivent a toute sa capacité. Mais, chez les *oiseaux*, ces pièces se rencontrent sous un angle obtus. Les appendices costaux s'unissent au rachis par une extrémité bifurquée, qui porte par une de ses branches sur le corps, et par l'autre sur l'apophyse transverse de la vertèbre dorsale, à laquelle la côte appartient. Outre cela, on voit, à peu près au milieu du segment vertébral de chaque côte, une espèce d'apophyse aplatie, qui, du bord postérieur de l'os, se prolonge dans la côte suivante, et va s'appuyer sur elle. Le sternum n'a point d'appendices libres.

La station bipède et toute la locomotion des *oiseaux*, ont exigé des modifications très considérables dans le système solide des appendices.

Ces modifications sont surtout prononcées dans les membres thoraciques qui sont complétement enlevés à la station et à la marche, et qui sont devenus exclusivement des organes de locomotion aérienne, des *ailes*.

La ceinture osseuse qui les soutient est composée de trois pièces : d'une pièce scapulaire, ou l'omoplate proprement dite; d'une pièce coracoïdienne, qu'on a prise long-temps pour la clavicule, et du véritable os claviculaire, qui, soudé avec son semblable du côté opposé, forme avec lui la pièce connue sous le nom de *fourchette*.

L'omoplate est très étroit, mais allongé; il va, en s'amincissant beaucoup d'avant en arrière, se terminer postérieurement dans la couche musculaire du dos, sans contracter d'adhérence avec la série vertébrale. Plus épais à son extrémité antérieure, il y présente une partie de la surface articulaire destinée à l'os du bras, et s'unit avec la pièce coracoïdienne qui achève cette surface.

Cette dernière pièce est plus forte que l'omoplate, et constitue un os allongé, droit et épais, véritable arc-boutant, qui, du scapulum, va s'appuyer sur l'extrémité antérieure du sternum, et maintient l'écartement des épaules, que les mouvemens des ailes tendraient à rapprocher.

La fourchette aide à son tour puissamment, en cela, l'os coracoïdien. Unie par les extrémités divergentes de ses branches, à la fois avec cet os et avec l'omoplate, d'autant plus ouverte et plus arquée, qu'on l'observe, chez des espèces d'un vol plus énergique, assez élastique pour réagir contre les efforts de rapprochement que les ailes communiquent aux épaules, la fourchette maintient l'écartement des deux articulations scapulo-humérales. Les *oiseaux* de proie sont ceux qui ont la fourchette la plus forte. Les perroquets l'ont au contraire très faible. Chez les *autruches*, les deux branches de cet os sont séparées, et se soudent avec les autres pièces de l'épaule, qui ne forment plus qu'un seul os aplati.

Les os de l'aile elle-même sont généralement fort longs, et d'autant plus que les oiseaux ont un vol plus rapide et plus élevé.

L'humérus est ordinairement droit et cylindrique dans sa partie moyenne. Son extrémité supérieure est large et aplatie dans le sens latéral, et présente une surface articulaire plus longue que large, et ressemblant à une portion de roue ; on voit en arrière une ouverture qui conduit dans l'intérieur de l'os, et y donne entrée à l'air de la cavité thoracique. L'extrémité inférieure, aplatie dans le même sens que la supérieure, mais moins large, offre deux saillies articulaires, dont l'externe ou antérieure, en portion de roue, reçoit le radius.

Les deux os de l'avant-bras sont placés parallèlement à côté l'un de l'autre ; mais la forme de la saillie articulaire de l'humérus qui correspond au radius, ne permet pas à celui-ci de mouvemens de rotation sur son axe ; il n'y a de possibles que les mouvemens angulaires d'extension et de flexion. Le cubitus est plus gros que le radius ; il porte supérieurement un olécrâne très court. La tête inférieure de cet os se termine sur une poulie, sur laquelle le carpe exécute ses mouvemens pour l'adduction et l'abduction de la main.

Cette dernière est la partie la plus modifiée du membre antérieur des *oiseaux*. Le carpe ne présente que deux os, dont l'un correspond au radius, et l'autre au cubitus ; le premier est un os rhomboïdal qui empêche le métacarpe de trop s'étendre ; le second offre en avant un enfoncement qui reçoit l'os métacarpien. Celui-ci est, en effet, unique chez les *oiseaux* ; toutefois, on y reconnaît manifestement trois portions, qui représentent sans aucun doute trois métacarpiens soudés ensemble. On voit d'abord que, dans sa longueur, le métacarpe est formé de deux branches unies par leurs extrémités. A la base de la branche radiale se trouve en outre une apophyse plus ou moins saillante, qui semble n'être que le rudiment du métacarpien du pouce.

Quant aux doigts, ils se réduisent également à trois, comme les pièces élémentaires du métacarpe. Le premier est porté sur l'apophyse dont nous venons de parler ; le second, qui est le grand doigt, se voit à l'extrémité de la branche métacarpienne qui correspond au radius ; le troisième, qui est le plus petit, et qui demeure caché, surmonte la branche cubitale. Les deux premiers doigts, ou tout au moins le grand, se composent de deux phalanges ; le doigt cubital n'en offre qu'une seule.

Chez les *manchots*, toutes les pièces osseuses de l'aile sont très aplaties, ce membre tend à devenir une nageoire, et ne sert plus au vol.

Les membres postérieurs des *oiseaux* sont, comme

nous l'avons dit, généralement moins développés que les antérieurs ; mais le contraire s'observe quelquefois, notamment chez certains *échassiers*, chez quelques oiseaux nageurs, tels que les *manchots*, enfin, et surtout, chez les *coureurs*. Ces membres sont aussi moins modifiés et plus près du type normal que les précédens, puisqu'ils demeurent propres à la station et à la marche, indépendamment des autres usages qu'ils ont quelquefois. Toutefois, les modifications qu'ils ont subies sont encore considérables, comme on va le voir en parcourant les diverses régions de leur squelette.

La partie radicale de ces membres ne représente pas une ceinture ; ses deux moitiés, intimement soudées avec l'os sacro-lombaire, n'ont pas de commissures sur la ligne médiane inférieure, et sont placées comme deux lames allongées sur les côtés de l'avant-dernière région de l'axe vertébral. Des trois os qui forment ce bassin imparfait, le plus considérable est l'iléon. C'est une pièce longue, d'une certaine largeur, assez mince, divisible en deux moitiés, dont l'antérieure est concave en dehors et convexe ou aplatie en dedans, tandis que la postérieure, qui est la plus large, offre la disposition opposée. Tout son bord interne est soudé à l'os sacro-lombaire, et même aux dernières vertèbres dorsales. L'ischion et le pubis ne sont que des pièces fort réduites, allongées, qui concourent avec l'iléon à former une cavité cotyloïde percée de part en part, ou plutôt fermée en dedans par un tissu demeuré fibreux. L'ischion descend de là au devant de la moitié inférieure de l'iléon, et va, en se soudant à une saillie de ce dernier, conver tir en tro l'échancrure qui porte son nom. Le pubis, plus long que l'os précédent, s'unit à lui, mais de telle sorte, qu'ils laissent entre eux un trou ischio-pubien; le pubis se porte ensuite en arrière sous la forme d'un stylet, qui se rapproche quelquefois de celui du côté opposé, mais sans s'unir à lui; c'est ce qu'on voit en particulier chez les *oiseaux de proie diurnes*, et chez les *grimpeurs*. Dans les *canards* le pubis s'élargit considérablement à son extrémité postérieure.

Le fémur est généralement court à proportion des os de la jambe. Il est cylindrique, et presque toujours droit. Son extrémité supérieure offre une tête assez petite unie à angle droit avec le corps de l'os, et que déborde en haut et en dehors une apophyse trochantérienne, qui fait suite à la face externe du fémur. A son extrémité inférieure, cet os offre deux poulies articulaires : l'une plus grosse pour le tibia, l'autre plus petite pour le péroné. C'est chez les *coureurs*, et particulièrement dans l'*autruche*, que l'os de la cuisse a le plus de volume; il perd sa forme cylindrique pour en prendre une plus anguleuse, et ses extrémités grossissent beaucoup, ce qui indique l'énergie des muscles auquel cet os donne attache dans ces oiseaux.

On voit une rotule au devant de l'articulation du genou.

La jambe a pour os principal un tibia triangulaire, plus gros supérieurement qu'inférieurement, et qui présente plusieurs saillies en forme de crêtes plus ou moins prononcées. La tête articulaire inférieure de cet os forme une longue poulie tranversale, au dessu de laquelle il existe un profond enfoncement, qui est très généralement converti en trou par un pont osseux. Le second os de la jambe, ou le péroné, est incomplet, car il n'atteint pas le tarse, et s'arrête à une certaine distance de lui, plus ou moins haut, selon les espèces ; cet os diminue de volume à mesure qu'il descend, et finit en pointe ; il est appliqué contre le côté externe du tibia.

La région tarso-métatarsienne n'a que deux os au plus. Le principal est un os fort long, plus ou moins élargi transversalement à ses extrémités ; il succède immédiatement au tibia ; il s'articule avec cet os par deux facettes légèrement concaves, séparées par une faible saillie ; quelques sillons plus ou moins visibles, et la présence de plusieurs apophyses à son extrémité inférieure indiquent une subdivision primitive de la pièce dont nous parlons. Cette extrémité figure une sorte de demi-canal qui loge dans sa concavité le tendon des muscles fléchisseurs. La seconde pièce tarso-métatarsienne, beaucoup plus petite que la précédente, se trouve logée dans une sorte de concavité de celle-ci, vers l'extrémité inférieure de son bord interne : cette pièce n'existe que chez les oiseaux qui ont quatre orteils ; elle représente le métatarsien du pouce.

Les doigts, dont le nombre varie de deux à quatre, s'articulent avec les facettes des apophyses terminales du long os tarso-métatarsien et avec son accessoire. Lorsqu'ils sont au nombre de quatre, ce qui est le plus ordinaire, le pouce, et quelquefois même le doigt externe, se dirigent en arrière, et deviennent opposans des autres doigts. Ce dernier cas est celui des *préhenseurs* et des *grimpeurs*. Les orteils des oiseaux sont plus ou moins fracturés selon le rang qu'ils occupent. En général, le nombre des phalanges augmente du doigt interne, qui est le pouce, à l'externe. Le pouce n'en a jamais que deux, l'orteil suivant en a trois, le troisième en a quatre, et le quatrième cinq. Quand il n'y a pas de pouce, les trois ou les deux orteils qui demeurent conservent généralement le nombre de phalanges qu'ont les doigts correspondans dans les autres espèces; c'est-à-dire, trois, quatre et cinq, comme, par exemple, dans l'*outarde*, dans l'*autruche* d'Amérique, dans le *casoar*; ou quatre et cinq seulement, comme nous le voyons dans l'*autruche* à deux doigts, ou d'Afrique.

Pour achever cette esquisse des caractères du squelette des *oiseaux*, j'ajouterai que non seulement le tissu de leurs os est en général très celluleux, mais que dans plusieurs de celles de ces pièces qui communiquent avec la cavité viscérale, nous voyons des ouvertures qui permettent l'entrée de l'air soit dans le tissu diploïque, soit dans des lacunes plus étendues. Les os de l'épaule, et moins généralement ceux du bassin, sont dans ce cas, aussi bien que l'humérus et le fémur, qui, au lieu de moelle, reçoivent de l'air dans leur canal intérieur. Combien cette disposition n'est-elle pas favorable à la locomotion aérienne! Et conçoit-on que des savans comme M. Carus se laissent assez aveugler par leur philosophie, pour regarder cette finalité comme à peu près illusoire!

La partie active de l'appareil locomoteur est caractérisée, dans la classe qui nous occupe, par la faiblesse excessive des muscles dorsaux, et par le développement de ceux du cou et de ceux qui font mouvoir le membre antérieur. Quelquefois, comme dans plusieurs *palmipèdes*, et surtout dans les *coureurs*, les muscles des membres pelviens l'emportent, au contraire, de beaucoup sur ceux des ailes.

La tête des *oiseaux* jouit d'une grande mobilité. Les principaux muscles qui la lui procurent sont, postérieurement, un digastrique postérieur, qui va de l'occipital aux apophyses épineuses de plusieurs vertèbres cervicales ; un complexus étendu de l'occipital aux apophyses transverses de quelques unes de ces mêmes vertèbres ; latéralement, un muscle qui part aussi de plusieurs apophyses transverses cervicales pour se rendre à l'apophyse mastoïdienne du temporal ; en avant, un droit antérieur de la tête. Quant aux muscles du cou, ce sont des interépineux, des transversaires épineux, des intertransversaires, un cervical ascendant, étendu des épines dorsales antérieures aux apophyses transverses de presque toutes les vertèbres du cou ; en un mot, un nombre considérable de faisceaux, les uns courts, et allant d'une vertèbre à la vertèbre voisine ; les autres plus ou moins longs, et se rendant d'une région du cou à l'autre. La direction des transversaires épineux change suivant le sens dans lequel se fléchit la partie du cou où ils se trouvent : ceux qui produisent la première flexion de l'S s'attachent aux épines de la face inférieure des vertèbres, et ceux qui produisent la seconde flexion du cou s'attachent aux épines supérieures.

La région dorsale du rachis donne antérieurement insertion aux muscles du cou, et présente en outre un faisceau qui se porte jusqu'à l'iléon, entre les apophyses épineuses et transverses des vertèbres thoraciques.

Nous retrouvons à la région coccygienne des muscles assez forts, dont plusieurs prennent leurs attaches antérieures sur le bassin ; ces muscles sont distribués pour servir à l'élévation, à l'abaissement et aux mouvemens latéraux de la queue ; il s'en détache même des fascicules par les pennes caudales.

Les muscles des côtes se divisent en deux plans : les intercostaux externes et les internes, dont les fibres s'entrecroisent dans la moitié vertébrale du thorax ; il y a en outre des casto-transversaires qui servent à élever ces arcs.

L'abdomen nous offre un oblique externe, qui s'unit par une large aponévrose à celui du côté opposé, et s'insère en avant par des languettes aux côtes voisines de l'abdomen, sur lesquelles il agit par conséquent en les tirant en arrière ; un oblique interne, plus petit que le précédent ; un transverse, qui repose immédiatement sur le péritoine ; enfin, de chaque côté de la ligne médiane, et sous l'aponévrose de l'oblique externe, un muscle droit abdominal à un seul ventre, séparé de son congénère par une ligne blanche tendineuse. Intérieurement, on voit se détacher des quatres côtes sternales moyennes quelques languettes charnues qui se perdent dans une aponévrose mince ; c'est un rudiment de diaphragme qui indique la limite des cavités thoracique et abdominale.

Parmi les muscles destinés aux membres, c'est le grand pectoral qui prédomine chez les *oiseaux*, et sa masse est d'autant plus considérable, qu'on l'observe chez des espèces qui volent mieux et plus haut. Il s'étend de la face externe de la clavicule, de la crête du sternum et de la partie postérieure et externe de ce même os, jusqu'à une crête très prononcée qu'on voit à la face antérieure de l'humérus, au voisinage de sa tête. Ce muscle puissant abaisse l'aile avec force, et joue, par cela même, le rôle principal dans le vol. Très épais chez les *oiseaux de proie*, il est, au contraire, petit et mince dans l'autruche, où il ne prend naissance que sur une petite partie du sternum. On décrit encore comme second et troisième pectoraux deux muscles placés au dessous du premier, et qui vont s'insérer également à l'extrémité scapulaire de l'humérus. Le second ou moyen pectoral est remarquable en ce qu'il va s'attacher à la tête de l'humérus, en passant par une sorte de poulie de renvoi, qui lui est fournie par l'espace que laissent entre eux l'omoplate, l'os coracoïdien et la fourchette. Ce muscle peut ainsi élever plus fortement l'os du bras que ne l'eût fait un faisceau plus fort différemment placé.

Les autres muscles du bras, et surtout ceux de l'épaule, ne méritent pas de nous arrêter; ceux-ci n'ont pas, en général, beaucoup de force. Quant aux muscles de l'avant-bras et de la main, ils se réduisent à des extenseurs et des fléchisseurs, au nombre desquels il faut même compter les analogues des pronateurs et des supinateurs. Toutefois, les muscles qui meuvent la main sont plutôt des abducteurs et des adducteurs; car les mouvemens que cette partie exécute sur l'avant-bras sont, non point des mouvemens de face, mais des mouvemens latéraux, et les muscles qui les exécutent sont un radial et deux cubitaux. La même réflexion est applicable aux muscles des doigts.

Le membre postérieur des *oiseaux* a son système musculaire développé en proportion du service qu'il est appelé à faire ; aussi l'est-il énormément dans les *oiseaux coureurs*, et très peu, comparativement à celui des ailes, chez les espèces qui volent plus qu'elles ne marchent, comme les *oiseaux de proie*. Du reste, la distribution des muscles est ici dans ses conditions ordinaires. Le fémur a ses éleveurs, ses abaisseurs, ses abducteurs et ses adducteurs, dont les attaches supérieures sont au bassin ; la jambe, comme toujours, a ses extenseurs et ses fléchisseurs, et porte ceux du pied et des doigts. Mais une particularité digne d'être signalée, c'est la disposition à laquelle les *oiseaux* doivent de pouvoir dormir perchés sans lâcher les branches sur lesquelles ils se posent. Ils ont pour cela un muscle qui vient du pubis, passe au devant du genou, puis va se perdre dans le fléchisseur commun des doigts, qui lui-même va passer derrière l'articulation tibio-tarsienne ; de telle sorte que, par le seul fait d'une certaine flexion du genou et de cette dernière articulation (flexion opérée par le simple poids du corps et limitée par la disposition même du muscle en question), le tendon des fléchisseurs des orteils éprouve une traction qui fait sur ceux-ci le même effet qu'une contraction volontaire.

Passons aux *mammifères*. Ici, comme dans les *oiseaux*, nous ne retrouvons plus les énormes différences qui distinguaient, quant à leur appareil locomoteur, les amphibiens et les *reptiles* ; il y a toujours un thorax complet et quatre membres. Un même type de formation se reconnaît même plus ou moins aisément dans tous les cas. Toutefois, ce type a beaucoup moins d'uniformité que chez les *oiseaux*, et des modifications importantes dans les formes et le développement proportionnel de certaines parties changent souvent la physionomie générale du *mammifère*, au point qu'un observateur superficiel la méconnaîtra certainement. Quelles exceptions à la forme normale que celles des *cétacés* et celles des *chéiroptères*, par exemple! Mais, je le répète, tout modifié que soit ici l'appareil locomoteur, ou pour se prêter à l'existence aquatique, ou pour servir au vol, il n'éprouve pas des altérations comparables à celles qui privent le *serpent* de membres et de sternum, quoique entouré d'animaux qui en possèdent.

Le squelette des *mammifères* nous offre d'abord une série de vertèbres qui se laissent constamment diviser en céphaliques, cervicales, thoraciques, lombaires, sacrées et coccygiennes. Les céphaliques et les sacrées sont seules réunies d'une manière constamment immobile. La région cervicale de cette série est ici moins étendue que chez les *oiseaux*; mais la région caudale l'est, en échange, beaucoup plus dans la majorité des espèces.

L'ensemble des vertèbres céphaliques constitue un crâne encore plus développé que celui des *oiseaux*, et la forme vertébrale ne se reconnaît plus que dans le segment occipital. Les quatre pièces de cette vertèbre demeurent encore distinctes plus ou moins long-temps chez les *mammifères*; c'est chez *l'homme* qu'elles se soudent le plus tôt. La pièce supérieure ou postérieure est plus développée que précédemment, et se recourbe même plus ou moins pour s'avancer vers le sommet de la tête; son grand développement refoule le trou occipital vers la base du crâne; cepen-

dant cette ouverture ne devient réellement basilaire
que dans les espèces les plus élevées, chez les *singes*
et l'*homme*, où l'occipital, plus arqué que jamais, est
inférieur par son corps et ses parties articulaires, postérieur, et même un peu supérieur par sa lame apophysaire. Cet os s'articule avec la première vertèbre
du cou par deux condyles qui sont ordinairement parfaitement isolés, bien que souvent fort rapprochés l'un
de l'autre; cependant, chez les *castors* et les *cabiais*,
le rapprochement de ces éminences va jusqu'à les
confondre en une même masse. Ils sont très écartés,
au contraire, chez les *singes* et chez l'*homme*. Les
condyles occipitaux sont quelquefois très volumineux,
comme on peut le voir chez les *ruminans* et les *solipèdes*. On voit dans un certain nombre de mammifères, notamment dans l'ordre des *ongulogrades* et chez
les *carnassiers digitigrades*, des éminences osseuses
considérables sur les côtés des condyles occipitaux;
ces saillies, qui changent considérablement la forme
extérieure de l'os, font l'office d'apophyses mastoï-
diennes.

La vertèbre sphéno-pariétale est presque toujours
séparée, par son corps, de la sphéno-frontale; c'est-
à-dire, que le sphénoïde demeure assez généralement
divisé, chez les *mammifères*, en deux portions, un
sphénoïde antérieur, auquel se rattache ce qu'on
nomme les petites ailes, et un sphénoïde postérieur,
auquel appartiennent les grandes ailes. C'est ce dernier
qui constitue la partie médiane de la vertèbre céphalique que nous nommons la *troisième* en comptant
d'avant en arrière.

Tandis que le sphénoïde postérieur demeure distinct de l'antérieur dans un très grand nombre de quadrupèdes vivipares, tels que le *chien*, le *lièvre*, le *bélier*, etc., il s'attache et se soude, au contraire, souvent chez eux avec l'occipital. Chez les *quadrumanes* et l'*homme*, c'est le contraire qui a lieu, comme on le sait parfaitement. Les ailes sphénoïdales présentent de grandes variations sous le rapport de leur développement et de la part qu'elles prennent à la composition des parois latérales du crâne. Il arrive assez fréquemment qu'elles ne dépassent pas la moitié inférieure de ces parois, et que les pariétaux, qui complètent l'arc de la vertèbre, se trouvent séparés du reste de celle-ci par un intervalle, dans lequel s'interpose la partie écailleuse du temporal, c'est-à-dire, de la racine du quatrième appendice : cette séparation se voit chez les *rongeurs*. Les pariétaux sont fréquemment soudés en une seule pièce sur la ligne médiane, et forment même quelquefois, en se soudant aussi avec le frontal, une calotte osseuse d'une seule pièce apparente ; c'est ce qu'on voit, entre autres, chez l'*éléphant*. Ils représentent des lames plus ou moins sensiblement quadrilatères, d'une étendue très variable, qui, du sommet de la tête, tendent à descendre sur ses parties latérales, en prenant plus ou moins de courbure, selon le degré de rondeur et de développement de l'encéphale, principal modificateur de la forme de sa boîte osseuse. On voit quelquefois entre les extrémités postérieures des bords internes des pariétaux un interpariétal qui peut demeurer distinct toute la vie ; c'est ce qui a lieu en particulier chez le *daman*.

La vertèbre sphéno-frontale offre des variations de

développement et de forme très importantes à considérer, qui influent au plus haut degré sur l'ensemble du crâne, sur sa capacité, et qui permettent généralement d'apprécier le perfectionnement de la masse encéphalique, ou, ce qui revient au même, le rang de l'animal. C'est l'arc de la vertèbre qui nous fournit nécessairement encore cette mesure, puisque c'est particulièrement sur lui que porte l'influence exercée par le développement du système nerveux sur les enveloppes qui le protègent. Cet arc, formé par les deux frontaux, tantôt unis par de simples sutures, tantôt soudés en une seule pièce, présente généralement une forme allongée, et se divise en portion frontale, portion interorbitaire et portion orbitaire. Les portions frontale et interorbitaire sont ordinairement sur un même plan, et suivent, chez la plupart des *mammifères*, la direction d'une ligne droite ou légèrement incurvée, qui serait tirée de l'extrémité du museau au sommet de la tête, c'est-à-dire, plus ou moins près de l'occiput, et qui ferait un angle aigu avec la base du crâne. Chez les *quadrumanes* et chez l'*homme*, cette ligne se rapproche de la verticale, ce qui, d'une part, rapproche du front le sommet de la tête et, de l'autre, refoule la face en arrière. On voit par là, que dans le plus grand nombre des cas, le frontal, dans sa région crânienne, est aplati et couché dans le sens antéro-postérieur, tandis que cette région se relève chez les êtres supérieurs de la classe. L'os dont nous parlons devient dans ces derniers très convexe en avant, et contribue à former le sommet du crâne par la portion supérieure de la courbe qu'il décrit. La région interorbitaire est ordinairement assez large, comme on peut le voir, surtout chez les *rumi-*

nans, les *solipèdes*, l'*éléphant*, etc., ce qui rejette plus ou moins les orbites sur les côtés de la tête. Elle est très étroite, au contraire, dans l'*homme*, et surtout dans les *singes*, qui ont, comme nous, les orbites ramenés à la partie antérieure de la tête. La direction de ceux-ci est assez en rapport avec leur écartement de la ligne médiane; quand ils sont latéraux par leur position, ils le sont aussi plus ou moins par leur direction. Du reste, la partie orbitaire du coronal fait un angle plus ou moins ouvert avec sa partie frontale. On voit assez souvent l'os qui nous occupe se prolonger en dehors de cette région, en une apophyse, dont la longueur varie beaucoup, et qui va s'unir au jugal en achevant de fermer en arrière et en bas le cercle orbitaire; malgré cela, ce n'est que chez les *singes* et l'*homme* que cette saillie du coronal, les grandes ailes du sphénoïde et le jugal s'atteignent assez complétement pour former une véritable cloison entre cette cavité et la fosse temporale.

Le frontal de tous les *ruminans* à bois et à cornes présente à son extrémité postérieure des éminences osseuses, qui sont surtout considérables chez les *cératophores*. Les bois des *élaphiens*, qui sont, comme on le sait, des excroissances osseuses caduques, reposent sur une surface assez plane et qui fait peu de saillie au dessus du reste de l'os.

Quant à la vertèbre antérieure, complétement en dehors de la cavité encéphalique, elle est réduite, comme dans le type entier, à une lame verticale qui représente son corps, et aux deux os propres du nez. La lame verticale ou le vomer est généralement plus longue que haute. Les nasaux sont ordinairement allongés, et forment une sorte de toit au dessus de l'ouverture antérieure de la cavité nasale. La situation supérieure de cette ouverture chez les *cétacés* réduit beaucoup ces os, et les refoule tout entiers sur le coronal, avec lequel ils n'ont de rapport, dans les autres mammifères, que par leur extrémité supérieure. Ceux des *cochons* et des *ruminans* ont une longueur considérable.

Le nombre des vertèbres cervicales est constamment de sept chez les *mammifères*; il n'y a que le *paresseux tridactyle* ou *aï* qui fasse exception à cette règle. Cet animal a neuf vertèbres prothoraciques.

Nous ne chercherons donc pas la cause des différences considérables que nous offrent les mammifères, sous le rapport de la longueur de leur cou, dans le nombre de leurs vertèbres cervicales; mais nous la chercherons plutôt dans les dimensions très variables de ces os. Ce sont, en effet, ces dimensions seules, c'est-à-dire, l'élongation ou le raccourcissement du corps de ces vertèbres, qui mettent toute la distance que nous observons entre le cou du *chameau* ou de la *giraffe* et celui du *dauphin*; chez celui-ci, les corps vertébraux de cette région sont réduits presque à l'épaisseur d'une feuille de papier, sauf l'atlas, qui est à peu près comme le nôtre. En général, cette dernière vertèbre et la suivante se distinguent des cinq autres dans toute la classe, par leur forme, qui est caractérisée par la grandeur de l'arc proportionnellement au corps; l'atlas représente un anneau qui porte deux facettes articulaires pour les condyles occipitaux. Les apophyses transverses des vertèbres du cou sont ordinairement très développées, et embrassent, le plus souvent, par leur base, une série d'anneaux, qui logent les vaisseaux vertébraux. Ces mêmes apophyses sont quelquefois bifurquées, par exemple, chez les *ruminans*. Les épineuses sont en général médiocres, surtout si on les compare à celles du dos, et il s'en trouve rarement sur la face inférieure de la vertèbre. L'épine de la septième cervicale est ordinairement proéminente, et fait le passage à la région suivante. Toutes ces vertèbres, et c'est le cas de toutes celles de la partie flexible du rachis, articulées à la fois par de petites facettes apophysaires et par les larges surfaces correspondantes de leurs corps, au moyen de de plaques fibro-cartilagineuses qui s'interposent entre ceux-ci, sont mobiles, en général, les unes sur les autres; elles le sont surtout beaucoup chez les *ruminans* à long cou, où elles ont, pour cette fin, de très faibles apophyses supérieures. Chez les *cétacés*, en échange, on trouve, communément, une soudure plus ou moins générale et complète de ces os. Le *tatou* est dans le même cas pour plusieurs d'entre eux.

Le nombre des vertèbres dorsales varie; elles se distinguent des précédentes surtout par la longueur de leurs épines, et en général, mais non constamment, par un volume plus considérable, ce qui est surtout bien prononcé chez l'*homme*, où, pour le dire en passant, la colonne vertébrale s'élargit notablement de son extrémité céphalique au bassin, pour diminuer ensuite de nouveau; disposition tout à fait favorable à sa fonction dans la station verticale, puisque, véritable colonne, elle doit supporter le poids de toutes les parties situées au dessus des membres postérieurs. Ces épines des vertèbres dorsales antérieures sont extrêmement longues, comme on peut le voir en particulier chez le *bœuf*, chez l'*éléphant*, en un mot, chez tous les animaux dont la tête a exigé, à cause de sa grosseur et de sa position défavorable, la présence d'un fort ligament cervical, qui s'étend alors des vertèbres dont nous venons de parler à l'occipital. Les facettes articulaires destinées à recevoir les têtes des côtes rachidiennes, se partagent fréquemment entre deux vertèbres contiguës; d'autres fois elles sont complètes sur une même vertèbre.

La dernière vertèbre costale et la première sacrée sont séparées, chez les *mammifères*, par une série de pièces qui ne diffèrent pas essentiellement des précédentes, et qui constituent une nouvelle région du tronc, celle des *lombes* ou des *reins*. La longueur de cette région varie passablement, tant en raison du nombre des vertèbres qui la composent que des dimensions de ces os. Ce sont les *loris* qui nous en offrent le plus; ces *quadrumanes* ont neuf vertèbres lombaires. Après eux viennent les *carnassiers* sauteurs, plusieurs *rongeurs* et quelques *ruminans*, qui en ont sept; les *carnassiers vermiformes* en ont six, qui jouissent d'une mobilité latérale assez prononcée. L'*unau* et le *fourmilier* n'en ont que deux. Ces vertèbres ont, en général, un peu plus de volume que les précédentes, et se font remarquer, chez beaucoup d'espèces, par la longueur de leurs apophyses transverses; on y aperçoit quelquefois aussi des épines inférieures, comme on peut le voir chez le *lièvre*, où ces indices d'un arc inférieur sont assez prononcés.

Quant à la région sacrée, elle nous offre de une à sept vertèbres, et ne forme presque toujours qu'une seule pièce, dont on peut reconnaître aisément les

33

divers segmens. Chez l'*ornithorhynque* la soudure de ceux-ci n'a pas lieu; mais elle est telle chez les autres *mammifères*, que les apophyses transverses forment des espèces d'ailes qui élargissent plus ou moins le sacrum. Les apophyses épineuses diminuent beaucoup dans cette région, surtout dans les *singes* et chez l'*homme;* quelquefois, plus prononcées, elles se réunissent, comme on le voit chez la plupart des *ruminans,* et forment une crête longitudinale. En général, cet os s'unit d'une manière mobile à la dernière vertèbre lombaire. Sa forme et ses dimensions sont très variables. Le plus souvent il diminue d'avant en arrière, et tend à prendre une forme plus ou moins triangulaire. Sa base est dirigée en avant. Appelé, chez l'*homme,* à donner une assise à toute la série des pièces que nous avons parcourues jusqu'ici et aux appendices qui s'y rattachent, cet os est plus large antérieurement que les autres vertèbres du rachis, et représente, dans ce point, la base de l'axe pyramidal du tronc. Dans les autres mammifères, et à mesure que la station bipède est plus difficile ou plus impossible, nous voyons la première vertèbre sacrée perdre sa prédominance sur celles des régions précédentes. C'est ce qu'on voit surtout chez les *solipèdes* et les *ruminans,* qui ont un sacrum extrêmement étroit sur toute sa longueur, tandis que leurs vertèbres lombaires sont très larges.

De toutes les régions du rachis, celle qui varie certainement le plus chez les mammifères, est la région coccygienne. Quelquefois, à peu près nulle, et formée seulement de quatre à cinq segmens, comme on le voit surtout chez l'*homme* et plusieurs *singes* de l'ancien continent, cette région se prolonge, au contraire, considérablement chez d'autres espèces, et peut offrir jusqu'à quarante vertèbres et plus ; car on en compte quarante chez les *fourmiliers* et quarante-cinq chez une espèce de *pangolin*. Lorsque la queue constitue ainsi une sorte d'appendice, un certain nombre de ses premières vertèbres conservent encore un arc supérieur qui continue le canal du système nerveux, et assez ordinairement aussi des épines inférieures plus ou moins longues (*porc-épic*, *écureuil*, etc.) (1). On voit aussi sur ces vertèbres des apophyses transverses, qui sont par fois assez développées, par exemple, chez le *castor*, où elles existent sur toute la longueur de la queue, et donnent à celle-ci sa forme aplatie. On observe quelquefois des connexions et même une soudure complète entre les premières apophyses transverses coccygiennes et l'ischion ; chez le *tatou*, par exemple, ce rapport est établi par une véritable soudure.

Entre les vertèbres de la queue se voient généralement des capsules synoviales, qui remplacent les disques fibro-cartilagineux des autres régions du rachis. Ces capsules étaient réclamées par la grande mobilité dont jouit souvent cet appendice chez les *mammifères*.

---

(1) Il est remarquable que les épines caudales inférieures des mammifères sont généralement placées sous l'articulation de deux vertèbres, qu'elles ne se soudent pas avec celles-ci, et que parfois leurs moitiés latérales ne se rencontrent pas sur la ligne médiane. Qui n'est frappé du rapport de ces caractères avec ceux des côtes? Il faut convenir que ce n'est pas sans raison que M. Laurent regarde les côtes comme des arcs inférieurs de vertèbres considérablement allongés.

Si nous portons nos regards sur la série des pièces médianes inférieures, nous voyons d'abord que le système hyolaryngien est ici, comme dans tous les animaux à respiration pulmonaire, considérablement réduit; que l'hyoïde n'est qu'un os lingual, représenté par deux ou trois petits os impairs qui portent sur leurs parties latérales deux paires au plus de cornes ou d'appendices; et que les autres parties de ce système ne consistent plus qu'en quelques plaques cartilagineuses, qui forment, dans tous les vertébrés aériens, au début de leur canal respiratoire, l'instrument plus ou moins développé et diversement modifié qu'on nomme le *larynx*.

Le sternum n'a plus, chez les *mammifères*, le développement qu'il nous a offert chez les *oiseaux*; ce n'est plus ce large plastron caréné qui occupait toute la face inférieure du thorax, et qui couvrait en arrière une partie de l'abdomen; cependant il est un petit nombre de cas où cet os a conservé encore plus ou moins cette forme. Celle-ci se retrouve surtout très frappamment dans le sternum des mammifères dont les membres, et principalement les antérieurs, ont été modifiés pour le vol, je veux dire chez les *cheiroptères* ou *chauve-souris*. On voit dans les espèces de cet ordre, sur toute la longueur, de l'os pectoral, une crête médiane passablement saillante, et qui s'abaisse d'avant en arrière. Chez la *taupe,* animal qui possède des muscles énergiques pour ses membres antérieurs, attendu qu'il emploie ceux-ci à creuser la terre pour y chercher sa nourriture, nous trouvons encore une crête sternale, qui est même assez élevée, mais qui s'arrête à la partie antérieure de l'os. Le *tatou,* autre animal fouisseur, nous en présente, au contraire, une sur la partie postérieure.

En général, le sternum des *mammifères* est allongé, et sa forme se trouve en rapport avec la forme du thorax et avec la présence ou l'absence plus ou moins complète d'une clavicule. Chez les espèces non claviculées, cet os est fort étroit et comme comprimé latéralement, ainsi qu'on peut le voir surtout chez les *solipèdes* et chez quelques autres *ongulogrades*. Dans les espèces claviculées, sa largeur l'emporte, au contraire, sur sa hauteur, et cette largeur devient même quelquefois considérable. Le sternum s'étale d'autant plus, que le membre antérieur est appelé à une action plus énergique : c'est ce qu'on voit chez les *cheiroptères*, les *taupes*, etc. Les *cétacés* ont aussi cette pièce très large; et chez les *monotrèmes*, elle se fait remarquer par sa terminaison en T. Dans les *chameaux*, on la voit s'élargir en arrière, dans la partie du thorax qui porte la callosité pectorale et sur laquelle s'appuient ces animaux quand ils se reposent. Cet élargissement se remarque, au reste, bien que moins prononcé, chez les autres *ruminans*.

Les appendices céphaliques sont, à l'exception de la pièce mandibulaire de l'inférieur, complétement soudés avec les os du crâne et immobiles.

L'appendice de la mâchoire supérieure, qui constitue à lui seul la face, est généralement développé en raison inverse de la boîte encéphalique, et forme, au devant du crâne, une saillie dont la direction et la forme présentent un très grand nombre de variations. Cet appendice nous offre d'abord un os maxillaire supérieur et un intermaxillaire, qui demeurent distincts dans la plupart des mammifères, pendant une période plus ou moins longue de leur vie. Ce n'est guère que chez l'*homme* qu'ils sont soudés et confondus dès la naissance. La pièce susmaxillaire l'emporte toujours beaucoup en développement. Elle offre une partie palatine horizontale et une partie faciale ou montante, qui forme avec la première un angle très variable, et d'autant plus aigu, que le museau est plus avancé. Il naît de cet os une apophyse qui concourt à former l'arcade zygomatique.

Les intermaxillaires sont placés entre les précédens, et constituent la partie la plus antérieure et la plus saillante de la face. On les trouve surtout très développés chez l'*éléphant*, chez les *lièvres*, etc. Ils se divisent aussi en branche palatine et branche faciale, réunies sous des angles très différens, selon les espèces. La branche montante est séparée supérieurement par les narines de celle du côté opposé ; au dessous de celles-ci, cette séparation fait place à une réunion immédiate. Les branches palatines sont très généralement réunies sur la ligne médiane ; mais quelquefois elles demeurent écartées dans une partie de leur longueur, comme on le voit chez les *chameaux* et chez les *lièvres*. Souvent les intermaxillaires ne s'unissent qu'entre eux et avec les susmaxillaires ; mais souvent aussi ils rencontrent les nasaux et s'unissent à leur côté externe ; c'est ce qui a lieu, par exemple, chez les *solipèdes* et la plupart des *ruminans*. On les voit même atteindre l'os lacrymal chez l'*aye-aye*.

Les palatins se joignent sur la ligne médiane, et rejettent, par conséquent, l'ouverture interne des fosses nasales, plus en arrière qu'elle ne l'est généralement dans les ovipares. Cependant, quelquefois la voûte palatine ne forme pas une cloison aussi complète entre le nez et la bouche : ainsi, chez les *lièvres,* les branches palatines des intermaxillaires se trouvent, comme nous l'avons dit, un peu écartées l'une de l'autre en avant, et les palatins, de leur côté, se séparent en arrière et ne s'unissent que par leur partie antérieure ; en sorte qu'il ne reste qu'un petit pont osseux entre ces deux sortes de lacunes.

L'os lacrymal a quelquefois beaucoup de développement chez les mammifères, et non seulement contribue à former la paroi interne de l'orbite, mais descend, en outre, sur la face elle-même, ainsi que nous le voyons, entre autres, chez les *ruminans* et les *solipèdes*. Il offre chez les *cerfs* et les *antilopes* un enfoncement considérable, où se logent les cryptes glanduleux du larmier.

J'ai dit que l'appendice maxillaire supérieur envoie une apophyse pour concourir à former l'arcade zygomatique. Ce pont osseux jeté sur la fosse temporale, entre les deux appendices maxillaires, est plus ou moins considérable chez les *mammifères*. La principale pièce qui entre dans sa composition est un os jugal de forme assez variable, intercalé entre une apophyse du temporal, d'une part, celle du maxillaire, dont nous avons parlé, et quelquefois une du coronal, de l'autre. On voit en effet l'os jugal s'unir à ce dernier chez les *ruminans*, les *quadrumanes*, l'*homme*, etc., et compléter ainsi le cercle osseux de l'orbite. Il atteint quelquefois l'os lacrymal, et même la branche montante de l'intermaxillaire.

L'appendice maxillaire inférieur est caractérisé,

dans la classe qui nous occupe, par la soudure de l'os tympanique avec l'os squameux et avec le rocher, qui s'intercale comme un coin entre les troisième et quatrième vertèbres céphaliques; l'os tympanique s'est, en outre, considérablement modifié, forme la caisse osseuse de l'oreille moyenne, et mérite cette fois le nom qu'il portait déjà lorsqu'il appartenait encore à la portion mobile de l'appendice. La portion écailleuse offre souvent inférieurement une apophyse mastoïdienne plus ou moins forte, remplacée d'autres fois comme nous l'avons vu par une apophyse de l'occipital.

La portion mobile est réduite à la pièce mandibulaire, qui prend souvent ici un développement considérable, se soude en avant à sa congénère, et se termine en arrière par un condyle articulaire, dont la forme varie selon les habitudes d'alimentation, ainsi que nous l'avons dit en parlant de l'appareil digestif (p. 64). Au devant de ce condyle et à une distance variable de lui, se voit une saillie ou apophyse plus ou moins élevée, l'apophyse coronoïde; c'est la plus constante des éminences osseuses que la mandibule fournit pour l'insertion des muscles. On peut, assez généralement, diviser cette partie de l'appendice inférieur en deux parties : l'une horizontale ou dentaire, souvent très longue, et l'autre montante ou articulaire, ordinairement beaucoup plus courte.

Les côtes vertébrales s'unissent aux sternales par soudure, et non plus par une articulation mobile, comme dans les *sauriens* et les *oiseaux* : il s'ensuit un changement complet dans le mode des mouvemens du thorax, ainsi que nous l'avons déjà dit (p. 116). La perte de mobilité qu'éprouvent ainsi les deux portions de chaque arc costal, est un peu compensée par l'état cartilagineux que conservent, chez les mammifères, les côtes sternales; cette circonstance suffit, avec la mobilité de l'articulation vertébrale de ces appendices, pour les mouvemens d'élévation et d'abaissement qu'ils éprouvent, pour l'inspiration et l'expiration. Sous tous les autres rapports, les côtes nous offrent d'assez grandes variations dans la classe supérieure de la série. Leur nombre, qui détermine celui des vertèbres dorsales et les limites du thorax, varie de douze à vingt et plus (nous en trouvons douze chez l'*homme*, plusieurs *singes*, les *chauve-souris*, les *lièvres*, vingt chez l'*éléphant*, vingt-trois chez l'*unau*). Il y a toujours plus de côtes vertébrales que de sternales; mais les côtes asternales ne se trouvent jamais qu'à la région postérieure du thorax.

Les appendices dont il s'agit sont quelquefois très larges, au point même qu'ils se rencontrent ou se dépassent par leur bord, comme on peut le voir chez le *tamanoir;* mais le plus ordinairement ils laissent entre eux des espaces dont la largeur est proportionnée à l'étroitesse de ces arcs, et donne assez bien la mesure de l'étendue de leurs mouvemens. Les *rongeurs* et les *carnassiers* sont du nombre des mammifères qui ont les côtes les plus étroites. La courbure de ces appendices est surtout en rapport avec l'absence ou la présence d'une clavicule, circonstance qui influe en effet sur la forme du thorax par les différences d'écartement qu'elle établit d'une épaule à l'autre. Ceci nous amène naturellement aux appendices locomoteurs, ou membres des mammifères.

Nulle part nous ne trouvons les membres modifiés

pour une aussi grande diversité de mouvemens, ou plutôt, de fonctions, que chez ces vertébrés. Appelés les uns à la vie aquatique, les autres à la locomotion aérienne, le plus grand nombre à se mouvoir sur le sol, on conçoit déjà quelles modifications ont dû subir leurs appendices, pour s'harmoniser avec ces trois destinations générales. Que l'on prenne ensuite en particulier toute la grande division des espèces terrestres, on verra varier encore la locomotion, ou plus généralement les offices des membres. Ils seront disposés presque toujours pour la station horizontale; une seule fois, ce sera exclusivement, pour la verticale. Quant aux mouvemens eux-mêmes, ils consisteront dans la marche ou le saut; mais ce sera en outre quelquefois pour fouir, quelquefois pour saisir, que seront disposées les parties dont la charpente osseuse doit nous occuper maintenant.

L'épaule n'est jamais unie que par des muscles avec la colonne vertébrale. Elle se compose au plus de deux os : une omoplate et une clavicule plus ou moins complète. L'omoplate est un os très plat, fort large, appliqué contre les côtes par une de ses deux faces, et présentant par toutes deux aux muscles des surfaces d'insertion assez étendues. Il s'élève de l'externe une lame plus ou moins saillante, qui se termine, en avant et en bas, par une apophyse nommée *acromion*, et destinée à l'articulation de la clavicule, quand celle-ci existe. L'omoplate fournit le plus ordinairement à lui seul la surface articulaire sur laquelle se meut la tête de l'humérus; cette surface, qui offre un certain degré de concavité, se trouve vers l'angle antérieur et inférieur de l'os. Au dessus d'elle se voit assez souvent une apophyse coracoïde qui, selon Meckel, représente le rudiment de la clavicule postérieure des oiseaux ; et comme les *monotrémes* ont aussi une double clavicule, cet anatomiste pense que chez eux c'est également l'apophyse coracoïdienne qui se porte à la rencontre du sternum, par une véritable exception dans la classe qui nous occupe.

Chez les *cheiroptères* cette apophyse est fort longue, se dirige vers ce dernier os, mais ne l'atteint pas.

La taupe se distingue par la longueur considérable de son omoplate.

La clavicule n'existe et n'est complète, c'est-à-dire ne s'articule à la fois avec l'omoplate et avec le sternum, que chez un certain nombre de mammifères, chez ceux dont le membre antérieur est appelé à des mouvemens plus ou moins perpendiculaires à l'axe du tronc, comme ceux qu'exigent le saut, la préhension, etc. Lorsqu'au contraire ce membre n'était appelé qu'à se mouvoir parallèlement à cet axe, c'est-à-dire d'avant en arrière, et pour la progression seulement, les clavicules ont pu manquer ou n'être que rudimentaires, et leur absence ou leur imperfection sont devenues même très favorables à la rapidité de la course, en rapprochant les membres l'un de l'autre, et en concentrant ainsi davantage leur action.

La clavicule manque complètement aux *ongolugrades*, savoir, aux *ruminans*, aux *solipèdes*; elle n'existe pas non plus chez les *éléphans*, chez les *édentés anormaux* ou *cétacés*, chez les *pangolins*, parmi les espèces normales de cet ordre. Elle est plus ou moins rudimentaire chez certains *rongeurs*, tels surtout que les *lièvres*, les *porcs-épics*, ainsi que chez les *carnassiers digitigrades* et *plantigrades*. Dans tous ces cas, l'épaule n'a plus de connexions avec le squelette, et se trouve complétement mobile dans les chairs. Les *didelphes*, le plus grand nombre des *rongeurs*, tels que les *écureuils*, les *rats*, etc.; tous les *édentés* normaux, excepté les *pangolins*, tous les *carnassiers insectivores* et *fouisseurs*, tous les *quadrumane* ont, au contraire, ainsi que l'homme, une clavicule entière, à l'aide de laquelle l'épaule s'appuyant sur le sternum et sur la clavicule opposée, se trouve soutenue dans les mouvemens des membres antérieurs, et se tient plus ou moins écartée de sa congénère. Cette clavicule est presque toujours un os long, sinueux, et qui s'approche quelquefois de la forme d'un **S**. Il est rare qu'il contribue à la formation de la surface articulaire destinée au bras. La clavicule est surtout très longue chez les *cheiroptères*, comparativement à l'humérus, et rejette l'épaule fortement en dehors; il en est un peu de même chez l'homme, et cette circonstance seule rendrait déjà la progression quadrupède fort difficile pour nous.

L'humérus est le plus ordinairement long, cylindrique, articulé en haut avec l'omoplate par une tête plus ou moins sphérique, et offrant de chaque côté de celle-ci deux tubérosités plus ou moins saillantes, désignées par les épithètes de grosse et petite, ou par les noms de *trochiter* et *trochin*, parce qu'elles servent à l'insertion des muscles qui font tourner le bras en dehors ou en dedans. L'extrémité inférieure de cet os offre toujours une disposition d'éminences et de dépressions propre à former une articulation ginglymoïdale ou en charnière. Mais cette disposition se modifie selon que l'exige celle des os de l'avant-bras, qui eux-mêmes s'harmonisent avec ceux de la main, la forme de cette dernière partie de l'appendice déterminant en général celle de toutes les autres. Parmi les modifications que subit l'humérus, les plus importantes se voient chez les animaux destinés à l'existence aquatique, et chez la *taupe*, parmi les fouisseurs.

Dans les *cétacés* cet os est extrêmement court, au point d'avoir à peine deux fois autant de longueur que de largeur ; son extrémité supérieure n'offre qu'une petite surface articulaire convexe, déprimée, et une tubérosité interne large et plus haute. L'extrémité inférieure, dont la plus grande largeur est d'avant en arrière, se termine par deux surfaces articulaires tranchantes, réunies à angle obtus, et dont l'antérieure reçoit le radius, et la postérieure le cubitus. Cette forme courte et aplatie nous prépare assez bien à trouver une extrémité disposée en nageoire.

Chez la *taupe* l'humérus s'éloigne encore bien davantage de sa forme ordinaire. C'est un os extrêmement large et carré supérieurement, et qui présente là deux surfaces articulaires, dont la plus grande correspond à la clavicule, et la plus petite à l'omoplate. Le corps de l'os est très court, épais et recourbé, de telle sorte qu'il dirige en haut l'extrémité inférieure ; celle-ci est aussi large que la supérieure. Les mammifères dont le métacarpe est très long, comme les *solipèdes*, ont un humérus assez court ; les *cheiroptères* et ceux qui ont une main modifiée pour prendre l'ont en général assez long. Chez les grands *carnassiers* la tête de cet os s'écarte de son axe, et son corps est passablement arqué.

L'avant-bras est constamment composé de deux os,
d'un radius et d'un cubitus généralement allongés, et
qui peuvent se disposer pour exécuter deux sortes de
mouvemens, l'un angulaire, dans la direction de l'appendice, l'autre de rotation, dans une direction perpendiculaire à celui-ci. Le radius est le plus constant.
de ces os; il sert à transmettre le poids du corps à la
main. Son extrémité humérale est d'autant plus arrondie que la main est plus perfectionnée; et au contraire,
elle est d'autant plus volumineuse et disposée pour
l'articulation ginglymoïdale, que le membre sert davantage à la sustentation; il en est à peu près de même
de l'extrémité inférieure, qui, chez les mammifères
les plus quadrupèdes, répond seule au poignet. Le
cubitus n'a de constamment articulaire que son extrémité supérieure, qui se prolonge toujours en une
apophyse nommée *olécrâne*. A mesure que la main
se perfectionne et devient plus mobile, cet os descend vers elle, et il finit par l'atteindre et par s'articuler aussi avec elle, mais toujours par une surface
moindre que celle du radius.

Chez les *cétacés* les os de l'avant-bras sont très
courts, très larges, et immobiles l'un sur l'autre. Les
phoques et les *morses* se distinguent aussi des espèces
normales de leur ordre par la brièveté et l'aplatissement de ces mêmes pièces.

Chez les *cheiroptères* la charpente de l'avant-bras
est formée complétement, ou à peu près complétement, par le radius; lorsque le cubitus existe, il est
réduit à un stylet très étroit, soudé avec le radius
dans une partie de son étendue. Le vol exigeait ici
qu'il n'y eût pas de pronation possible.

La *taupe* nous offre au contraire un cubitus très large, plat et séparé du radius ; la rotation de celui-ci est empêchée par une petite saillie qui s'élève de sa tête, et se prolonge sous la petite tête articulaire que lui présente l'humérus. Outre cela, la disposition insolite de ce dernier os est telle, que le coude se trouve tourné en l'air, et que le radius est placé comme dessous le cubitus, ou interne, ce qui rejette en dehors la face palmaire de la main, sans qu'il y ait véritable pronation de l'avant-bras.

La main des mammifères est constamment formée de trois parties, qui ont entre elles au moins cinq articulations. Indiquons d'abord leurs conditions générales.

Le *carpe* est toujours composé, chez les mammifères, de deux rangs de petits os, réunis généralement entre eux et avec l'avant-bras par des surfaces d'autant plus arrondies, que l'extrémité tend davantage à devenir un organe de préhension. La première rangée est composée d'au moins trois os, et jamais de plus de quatre : le scaphoïde, le semi-lunaire, le cunéiforme et le pisiforme. La deuxième rangée comprend rarement plus de quatre os, si ce n'est dans les *singes* ; ce sont : le trapèze, le trapézoïde, le grand os et l'os crochu.

Le *métacarpe* est formé d'os longs placés les uns à côté des autres, dans la direction générale du membre ; il n'y en a jamais plus de cinq, rarement plus de quatre, et jamais moins de trois, au moins en rudiment ; le premier de ces nombres se trouve seulement chez les animaux les plus élevés. Ces os sont retenus par des ligamens intermédiaires ; il n'y a que le premier, à partir du bord radial de la main, qui soit parfois indépendant, comme nous le voyons dans les mammifères supérieurs, qui ont le pouce opposable.

Les *doigts* sont en même nombre que les métacarpiens et leur correspondent. Ils sont formés, sauf dans un seul cas (1), de trois phalanges au plus, à l'exception du pouce qui n'en a jamais que deux. L'articulation avec le métacarpe se fait par une extrémité hémisphéroïdale, ce qui permet à l'ensemble du doigt des mouvemens dans plusieurs sens ; mais les phalanges ne s'articulent entre elles qu'à charnière. La dernière offre des différences très grandes, en rapport avec l'usage des doigts, et qui se lient avec des différences non moins grandes dans la forme de l'ongle, lequel s'appuie sur cette phalange, au moins par sa base.

Au reste, la main nous offre dans les *mammifères* des modifications de la plus haute importance, dont celles des autres parties de l'appendice ne sont en quelque sorte que des dépendances plus ou moins nécessaires.

Elle peut être d'abord modifiée essentiellement pour la sustentation, et ce cas sera celui de sa plus grande imperfection. C'est en particulier celui des *ruminans* et des *solipèdes*. Ici le métacarpe nous offre une pièce principale très longue, relevée verticalement comme une véritable colonne surajoutée à l'avant-bras ; sur les côtés de cet os, connu sous la dénomination de *canon*, se voient, chez les *solipèdes*, deux pièces styloïdes qui ne parviennent pas à l'articulation digitale. Chez quelques *ruminans*, tels que les

---

(1) Celui des cétacés, comme nous le verrons plus tard.

cerfs, le *renne*, le *chevreuil*, etc., le canon offre aussi des traces de métacarpiens accessoires. Son articulation inférieure est ginglymoïdale chez les animaux de ces deux groupes. Les *solipèdes* n'ont qu'un doigt, composé de trois phalanges aplaties, et qui vont en s'élargissant de la première à la dernière. Celle-ci, entourée par un ongle en sabot, est elle-même plus large à sa faceinférieure qu'à la supérieure, et fournit au membre une véritable base de sustentation. Les *ruminans* ont deux doigts principaux, composés aussi de trois phalanges larges et aplaties; il y a, en outre, souvent deux doigts accessoires, courts et placés derrière les premiers.

La main conserve encore la forme générale d'une portion de colonne chez les autres *ongulogrades* et chez les *gravigrades* normaux ou *proboscidiens*; mais la hauteur du métacarpe diminue, et le nombre de ses os et des doigts se complète.

Chez les *rongeurs*, la main, munie de cinq métacarpiens généralement assez courts et de cinq doigts dégagés, dont quatre au moins ont déjà une certaine longueur, jouit, en raison de cela et du rapprochement de ses brisures, d'une mobilité plus variée, qui commence à la rendre quelquefois plus ou moins, propre à une sorte de préhension. Ces conditions se retrouvent, avec des différences en plus ou en moins dans les *didelphes*, dans les *carnassiers digitigrades* et dans les *plantigrades*; ceux-ci nous offrent encore un nouveau raccourcissement du métacarpe. Nous voyons enfin cette extrémité subir, chez les *quadrumanes* et chez l'*homme*, par l'indépendance du métacarpien radial, qui rend le pouce opposable, et par

34

l'élongation des doigts, un dernier perfectionnement, qui finit par la soustraire complétement à la sustentation et à la progression, pour la convertir en un instrument de toucher et de préhensionadmirablement propre à seconder l'intelligence industrieuse qui distingue notre espèce.

Mais à côté de ces différences, qui constituent en quelque sorte une progression normale, nous observons d'autres modifications de la main, dont le but se rattache à des modes d'existence qu'on peut considérer comme exceptionnels, et qui se voient à leur plus haut degré chez les *cétacés,* chez les *cheiroptères* et chez les petits *carnassiers fouisseurs,* que représentent nos *taupes.* La main des *cétacés* est transformée en une véritable nageoire par l'aplatissement de ses os, la longueur des doigts, qui présentent plus de phalanges que ceux des autres mammifères, enfin par l'immobilité de toutes ces pièces, que réunissent des ligamens fibro-cartilagineux. Celle des *cheiroptères,* convertie en aile par une large expansion cutanée interdigitale, nous offre des métacarpiens et des doigts très longs et très grêles. Quant aux *taupes,* les anomalies de leur membre antérieur sont complétées par une main en forme de pelle, dont la paume, tournée en arrière, présente à son bord inférieur ou radial un os supplémentaire, tranchant, et à son extrémité des phalanges terminales également tranchantes, qui, par leur forme, déterminent celle des ongles.

Les appendices ou membres postérieurs n'ont pas une existence aussi constante chez les *mammifères* que chez les *oiseaux;* ils ne manquent jamais, il est vrai, aussi complétement que chez certains *reptiles*, tels surtout que les *serpens venimeux*; mais ils se réduisent quelquefois à un état tout à fait rudimentaire : ce cas est celui des espèces éminemment aquicoles et plus ou moins pisciformes, savoir, des *cétacés* et des *lamantins*.

Ces membres sont toujours en connexion par leurs pièces radicales avec le rachis, et leur union avec lui est assez intime pour qu'ils puissent, même seuls, servir à la station et à la progression. On peut dire que leurs caractères, comme organes de locomotion, sont assez généralement en sens inverse de ceux des membres antérieurs, c'est-à-dire qu'ils deviennent d'autant plus disposés pour la station, que ces derniers appendices deviennent au contraire plus préhenseurs; cependant les membres pelviens peuvent aussi se disposer pour une préhension plus ou moins parfaite. Mais, considérés d'une manière générale, ce sont évidemment les organes d'impulsion, et cette remarque peut s'appliquer à divers degrés à tous les vertébrés terrestres quadrupèdes, et même aux *oiseaux*.

La ceinture des membres postérieurs est formée, comme à l'ordinaire, de trois pièces paires, des deux iléons, des deux ischions et des deux pubis. Les iléons sont des pièces larges, de forme variable, articulées en haut avec le sacrum, en bas avec les autres os de la ceinture, comme l'omoplate, à laquelle on peut les comparer. Les os des iles ont leurs deux faces un peu creusées en espèces de fosses superficielles, qu'on distingue sous le nom de fosses iliaques externe et interne.

Le pubis, placé comme la clavicule, à laquelle on

peut le comparer, perpendiculairement à l'axe du corps, s'unit avec son congénère sur la ligne médiane, par l'une de ses extrémités, et va joindre par l'autre, qui est bifurquée, d'une part l'os des îles, de l'autre l'ischion. Celui-ci est un os en V qui, par une de ses branches, concourt à former avec les deux pièces précédentes la cavité cotyloïde, et par l'autre s'unit au pubis ; l'ischion est ainsi une sorte d'arc-boutant placé entre les deux os principaux du bassin, il concourt par là, dans les *mammifères*, à augmenter la solidité de la ceinture du membre postérieur.

A vrai dire, ce n'est guère que chez l'homme que cette ceinture constitue la charpente d'un véritable bassin, c'est-à-dire d'une cavité largement évasée à ses bords, et suffisamment circonscrite de tous côtés. Généralement, cette partie de l'appendice pelvien présente une forme allongée, et se trouve beaucoup plus ouverte inférieurement ; ce qui provient de ce que les pièces iliaques sont plus longues que larges, et de ce que le pubis a moins d'élévation et présente sa symphyse plus en arrière que dans notre espèce. C'est ce qu'on observe déjà chez les *quadrumanes*, mais bien plus encore chez les *carnassiers* et chez les *rongeurs*. Ici l'iléon et l'ischion forment ensemble une longue pièce osseuse parallèle à la colonne verté-brale (1), et très rapprochée de sa congénère à cause de l'étroitesse du sacrum. Cette disposition est, comme on le conçoit aisément, très défavorable à la station

----

(1) Le sacrum suit en effet la même direction que la région rachi-dienne qui le précède, ce qui, comme on le sait, n'est pas le cas chez l'homme.

verticale, tandis que celle-ci est, au contraire, claire-
ment indiquée dans notre espèce par la largeur de la
région iléo-sacrée. L'*éléphant* et la plupart des *ongu-
lograde*s nous offrent un bassin plus évasé et plus
court que les *carnassiers* et les *rongeurs*, mais évidemment pour un autre but que la station, comme on
pourra s'en convaincre en examinant la direction des
os dont il s'agit. Cet élargissement est sans doute destiné dans ces mammifères, dont la gestation est plus
ou moins longue, à permettre le développement du
fœtus et sa sortie ; et c'est aussi l'une des raisons qui
réclamaient chez l'homme un bassin à larges diamètres ;
aussi remarquons-nous, soit ici, soit dans les autres espèces, une différence sensible entre les deux sexes,
sous le rapport des dimensions du bassin. Les ceintures pelviennes de quelques petits *carnassiers* et de
certains *édentés*, celles de la *taupe*, des *cheiroptères*,
des *fourmilliers*, etc., sont composées de pièces tellement étroites et rapprochées de l'axe rachidien, que
les organes génitaux et urinaires n'y trouvent pas leur
place, et que les pubis ont dû rester écartés l'un de
l'autre.

Parmi les nombreuses différences que nous présente la ceinture pelvienne chez les *mammifères*, je
citerai encore les suivantes.

Chez plusieurs *chauve-souris*, les pubis demeurent
aussi fort distans l'un de l'autre, et ne sont unis entre
eux que par le moyen d'un large ligament. On voit
quelquefois dans les mêmes familles les os pubiens se
toucher chez le mâle et demeurer écartés chez la femelle.

Chez la *taupe* les pubis demeurent séparés l'un de

l'autre, tandis que les iléons sont rapprochés jusqu'au point de se toucher vers la cavité cotyloïde.

L'absence d'une véritable symphyse pubienne se retrouve dans plusieurs autres genres de petits *carnassiers* plus ou moins voisins des *taupes*.

Cette symphyse fait au contraire souvent place à une soudure véritable ; c'est ce qui n'est pas rare chez les *ruminans* et les *solipèdes*.

Les *édentés* pisciformes conservent tout au plus un vestige des os coxaux, représenté par deux petites plaques osseuses très minces, qu'on trouve suspendues dans les chairs, sur les côtés de l'anus. Il est inutile d'ajouter que c'est à cela que se réduit tout le membre postérieur des *cétacés*.

Les *didelphes*, au contraire, nous offrent, outre un bassin qui ressemble généralement assez à celui des *rongeurs* et des *carnassiers,* un os surnuméraire, articulé d'une manière mobile avec le pubis, et qui, chez les espèces marsupiales, donne attache aux muscles de la bourse.

Avec le bassin solide des *mammifères* s'articule un fémur généralement assez fort et d'une longueur variable. Cet os se termine supérieurement par une tête plus ou moins sphérique, portée par un col qui s'écarte à divers degrés de l'axe de la cuisse, et qui porte à sa base deux éminences destinées à l'insertion des muscles rotateurs du membre, ce qui leur a valu les noms de *grand* et *petit trochanter*. Inférieurement, le fémur présente une large surface articulaire en poulie, disposée pour permettre la flexion en arrière, au contraire de ce qui avait lieu pour le coude. Long, plus ou moins arrondi en cylindre dans certaines espèces, notamment chez les *quadrumanes* et l'*homme* cet os se montre d'autres fois ramassé sur lui-même, massif et anguleux, ce qui est assez généralement le cas des *ongulogrades* et des *éléphans*. On peut remarquer que les mammifères dont le métatarse entre pour une partie notable dans la longueur du membre pelvien, les *ruminans*, et surtout les *solipèdes*, ont le fémur plus ou moins court et encore caché, comme l'humérus, sous la peau du tronc. Chez les *phoques*, carnassiers dont les membres tendent à se transformer en nageoires, la brièveté du fémur est telle, que ses deux extrémités articulaires font plus de la moitié de sa longueur.

La jambe des *mammifères* a toujours deux os placés à côté l'un de l'autre et parallèlement : c'est l'interne, le *tibia*, qui est le plus fort, le plus essentiel, celui qui transmet au pied le poids du corps. Son extrémité supérieure, élargie et modifiée pour la surface en poulie du fémur, n'a pas d'apophyse analogue à l'olécrâne, et celle-ci est remplacée dans son office, sur le côté de l'extension du membre, par un os sésamoïde, la *rotule*, qui tient au tibia par le lien fibreux au sein duquel il s'est développé, et qui donne attache aux muscles que la cuisse envoie pour étendre la jambe. L'extrémité inférieure du tibia est conformée de manière à s'articuler avec le pied par un ginglyme très serré. Le second os de la jambe ou le péroné, le moins important, n'atteint presque jamais jusqu'au fémur, et quelquefois ne se prolonge pas jusqu'au pied ; il est placé au côté externe du tibia, avec lequel il s'articule le plus ordinairement en haut. Quand il lui arrive de descendre jusqu'au pied, c'est pour concourir à la formation du ginglyme serré dont nous parlions tout à l'heure ; pour cela, le péroné fournit une extrémité plus ou moins saillante, nommée la malléole externe, par opposition à une saillie interne de l'extrémité du tibia. On voit qu'envisagés sous le rapport de leur importance relative, les os de la jambe nous offrent une analogie frappante avec ceux de l'avant-bras, savoir, le tibia avec le radius et le péroné avec le cubitus ; pour juger de cette analogie, il suffit de comparer ces deux derniers os ensemble dans les *solipèdes* et les *ruminans*, où le péroné est réduit à ses plus petites dimensions.

Chez le *cheval*, cet os n'est représenté que par un petit stylet osseux, qui finit même par se souder à la partie supérieure du tibia.

Dans les *ruminans*, c'est vers l'extrémité inférieure de celui-ci qu'il faut chercher l'os externe de la jambe, réduit à une pièce très courte et étroite ; cependant, on voit aussi quelquefois en même temps un stylet supérieur dans quelques espèces de cette famille, notamment chez le *lama*.

En revanche, nous trouvons le péroné très développé chez les *monotrémes*, au point qu'il dépasse supérieurement le tibia d'un cinquième environ de sa longueur, se termine par une tête large et aplatie, après avoir fourni, peu auparavant, une apophyse transversale considérable qui s'applique au côté externe du fémur et du tibia.

La rotule manque chez quelques mammifères, entre autres, chez les *chauve-souris*, chez les *kanguroos* et plusieurs autres *marsupiaux*.

Le pied, composé à peu près comme la main, est

sujet à se modifier comme elle, le plus souvent pour devenir un organe de sustentation quadrupède et d'impulsion, beaucoup plus rarement pour servir à la préhension, plus rarement encore pour la station et la progression bipède. Mais le membre postérieur ne subit jamais les mêmes transformations que l'antérieur pour le vol, bien qu'il puisse concourir à soutenir la membrane alaire; il n'est pas, non plus, appelé à rendre les mêmes services pour creuser la terre.

L'extrémité du membre pelvien débute par un tarse composé de deux rangées d'os; le nombre de ceux-ci ne dépasse jamais sept, par la raison que l'analogue du pisiforme se soude constamment ici avec celui qui correspond au semi-lunaire de la main. Ce dernier est le calcanéum, généralement le plus volumineux des os du tarse. L'astragale, analogue au scaphoïde du carpe, et placé ici au dessus des autres, est ordinairement celui qui s'articule avec la jambe; l'analogue du pyramidal a reçu le nom de scaphoïde. La deuxième rangée diffère moins de celle du carpe, et les analogies se retrouvent plus aisément : ainsi, le trapèze est représenté au pied par le premier cunéiforme; le trapézoïde, par le deuxième; le grand os, par le troisième du même nom; enfin, l'unciforme ou l'os crochu a pour représentant, au tarse, le cuboïde. Les métatarsiens et les doigts se disposent comme les pièces analogues de la main, selon que l'extrémité est appelée à la sustentation ou à la préhension, et selon que le corps doit être soutenu, ou seulement par les phalanges terminales, comme dans les *solipèdes* et les *ruminans*, ou par les doigts, comme dans les *digitigrades* et beaucoup de *rongeurs*, ou par le pied en

totalité, comme dans l'*homme* et les *carnassiers plantigrades*.

La disposition générale des muscles des *mammifères*
peut être considérée comme typique pour tous les
vertébrés pourvus de quatre appendices locomoteurs,
et plus particulièrement encore pour ceux qui se meuvent à la surface du sol. On nous permettra donc d'en
faire ici une énumération plus complète que celle que
nous avons cru devoir donner pour chacune des trois
classes précédentes. Nous suivrons la division des plans
charnus du corps, en plans supérieurs, inférieurs et
latéraux.

Les muscles supérieurs ou de la colonne vertébrale
sont subdivisibles, à leur tour, d'après leur position à l'é-
gard du rachis, en supérieurs ou extenseurs, inférieurs
ou fléchisseurs, et latéraux ou fléchisseurs latéraux.

En procédant de la tête à la queue, les extenseurs
vertébraux sont : les petits et grands droits de la tête,
et tous les interépineux ; mais l'existence de ceux-ci
n'est ni générale, ni constante, et leur force varie
beaucoup, selon la mobilité plus ou moins grande des
vertèbres elles-mêmes. Viennent ensuite le petit et le
grand oblique de la tête, le transversaire épineux, le
multifide d'Albinus, faisceaux dirigés d'une apophyse
transverse et articulaire à une épineuse, ou parfois en
sens inverse, et qui agissent aussi isolément comme
fléchisseurs latéraux ou rotateurs. Enfin, plus superficiellement, cette région nous offre les splénius, les
complexus et le digastrique de la tête, le long dorsal,
le sacro-lombaire, et des sacro-coccygiens supérieurs.

On ne trouve de fléchisseurs rachidiens inférieurs

qu'au cou, aux lombes et à la queue ; ce sont : le petit et le grand droit antérieur de la tête, le long du cou ; le petit psoas et les sous-caudiens.

Les muscles latéraux du rachis, plus complexes que les inférieurs, sont : le petit droit latéral, les inter-transversaires, le carré des lombes et les coccygiens latéraux.

Les plans inférieurs au canal alimentaire sont moins subdivisés que les précédens, ils forment une bande plus ou moins entrecoupée qui s'étend de la symphyse du menton à celle du pubis. Ce sont, en allant d'avant en arrière, les génio-hyoïdiens, hyo-glosse et tyro-hyoïdiens, sterno-hyoïdiens et sterno-thyroïdiens ; enfin, le grand droit de l'abdomen, étendu quelquefois de la première côte au pubis.

Quant aux muscles des plans latéraux, ce sont eux, comme nous le savons, qui se distribuent aux divers appendices.

Les plus antérieurs sont ceux des appendices faciaux, abstraction faite des faisceaux particuliers que le peaucier fournit au devant de ces appendices pour un autre usage que la locomotion, comme nous avons eu l'occasion de le dire au sujet des organes des sens externes. Comme chez les *mammifères*, la mandibule est la seule pièce de la face qui demeure mobile, le plan latéral se réduit, dans cette partie, à un très petit nombre de faisceaux, savoir, au masseter, au crotaphyte ou temporal, et aux ptérygoïdiens externes et internes, qui agissent comme élévateurs, enfin au digastrique, qui est l'abaisseur propre de la mandibule.

Pour les cornes de l'hyoïde, il y a un élévateur, le stylo-hyoïdien, et un abaisseur, le scapulo-hyoïdien.

Pour les côtes, il y a des sus et des sous-costaux, des intercostaux internes et externes, même les sous-sternaux, puis les trois grands muscles de l'abdomen, savoir, les deux obliques et le transverse, dont les premiers reproduisent les deux plans obliques des intercostaux, et dont le troisième est analogue aux sous-costaux.

Enfin, viennent les muscles des membres. Ceux de la racine se divisent toujours en élévateurs et abaisseurs. Il n'y en a chez les *mammifères* que pour la ceinture antérieure, puisque la postérieure est fixe. Nous avons vu qu'il en était autrement chez plusieurs quadrupèdes ovipares.

Les élévateurs de l'épaule sont les sterno et cleido-mastoïdiens et le trapèze. Ses abaisseurs sont le sous-clavier. L'omoplate, en particulier, est abaissé par le grand dentelé, et le petit pectoral ou dentelé antérieur semble appartenir aussi à cette catégorie. Tous ces faisceaux diffèrent beaucoup, selon que le membre antérieur a dû servir à la sustentation ou à la préhension digitale. Dans le premier cas, le grand dentelé est extrêmement puissant, tandis que le sous-clavier et le petit pectoral disparaissent, comme on le voit, entre autres, dans les animaux à sabot.

Le bras est porté en avant, et dans l'abduction, par le deltoïde, le sur-épineux et le coraco-brachial; en arrière et dans l'adduction, par le grand dorsal, le grand rond et le grand pectoral. Il possède au plus haut degré de complication des rotateurs en dehors, qui sont le sus-épineux, le sous-épineux et le petit rond, un rotateur en dedans, qui est le sous-scapulaire.

Pour les mouvemens de l'avant-bras sur le bras,

nous trouvons un extenseur, qui est le triceps brachial, et deux fléchisseurs, qui sont le biceps et le
brachial antérieur. Les deux os de l'avant-bras possèdent, en outre, lorsqu'ils sont mobiles l'un sur l'autre, deux pronateurs, le rond et le carré, et deux
supinateurs, le court et le long.

La main en totalité peut être fléchie ou étendue,
soit directement, soit obliquement, par le radial et
le cubital antérieur pour la flexion, par le radial ou
les radiaux externes et le cubital postérieur, pour
l'extension. Les doigts ont, en outre, leurs extenseurs
et leurs fléchisseurs particuliers, et souvent aussi des
abducteurs et adducteurs. Les fléchisseurs se divisent
en longs et courts, selon que leur origine est à l'humérus ou aux os de l'avant-bras, ou au carpe. Les
longs sont, le palmaire grêle, le fléchisseur superficiel, auquel le premier se rattache et le fléchisseur
profond, qu'on nomme aussi perforant, parce que ses
tendons, parvenus sous l'avant-dernière phalange, traversent les tendons du fléchisseur superficiel pour aller
se terminer à la phalange onguéale.

Les fléchisseurs courts sont, celui du petit doigt et
celui du pouce, quand ces doigts existent.

On peut rattacher au groupe des fléchisseurs courts
quelques faisceaux qui vont se terminer sur les faces
latérales des doigts pour agir comme abducteurs et
adducteurs. Les interosseux métacarpiens agissent dans
le même sens.

Les extenseurs sont, l'extenseur commun, l'extenseur propre de l'indicateur, celui du petit doigt et
celui du pouce, avec les abducteurs de ce dernier
quand il existe.

Quant aux adducteurs et aux abducteurs proprement dits, ce sont les intermétacarpiens qui prennent l'un ou l'autre de ces rôles, suivant leur point de terminaison aux premières phalanges.

Les premiers muscles du membre pelvien qui s'offrent à nous sont ceux qui meuvent ce membre sur le bassin; ce sont, pour l'élever et l'éloigner de l'axe du corps, le grand fessier analogue du deltoïde; pour l'abaisser et produire l'adduction, le pectiné, les trois adducteurs, qui représentent le grand pectoral, enfin, le carré, qui semble l'analogue du grand rond. Les moyen et petit fessiers, le pyramidal, les jumeaux et les obturateurs interne et externe tournent la cuisse en dehors. Les trois premiers peuvent être comparés aux sus-épineux, sous-épineux et petit-rond. Quant aux obturateurs et aux jumeaux, ce sont des muscles qui n'ont pas leurs analogues à la ceinture antérieure, parce que l'analogue de l'ischion ne s'y rencontre pas. Le grand psoas et l'iliaque réunis sont, comme le sous-scapulaire qu'ils représentent, des rotateurs internes.

Les muscles moteurs de la jambe sont, comme ceux de l'avant-bras, des extenseurs et des fléchisseurs. Les extenseurs sont : 1° Le droit antérieur, analogue de la longue portion du triceps brachial ; 2° le triceps crural, qui représente l'autre portion. Les fléchisseurs sont beaucoup plus subdivisés qu'au membre antérieur. Les uns sont internes et correspondent au biceps ; ce sont : le couturier, le grêle interne, les demi-membraneux et demi-tendineux ; le fléchisseur externe, analogue du brachial antérieur, est unique, c'est le biceps crural.

Les deux os de la jambe n'étant que très peu mobiles l'un sur l'autre, on ne trouve entre eux qu'un seul muscle, le poplité, analogue au rond pronateur.

Les muscles du pied peuvent aussi être assimilés à ceux de la main. Les extenseurs de celle-ci sont représentés par les fléchisseurs du coude-pied; ce sont : 1° un tibial antérieur, analogue des radiaux externes; 2° le moyen péronier, analogue du cubital postérieur. Les fléchisseurs de la main deviennent ici, à leur tour, les extenseurs du pied sur la jambe; ce sont : 1° le tibial postérieur, analogue du radial antérieur; 2° les gastrocnémiens ou jumeaux et soléaire, analogues du cubital antérieur, et terminés comme celui-ci au pisiforme (soudé avec le calcanéum, dont il forme la tubérosité). Le long péronier, qui, du bord externe du péroné, se porte au côté externe du pied, semblerait être un muscle nouveau, c'est-à-dire, sans analogue au membre antérieur, à moins qu'on ne puisse l'assimiler au long supinateur.

Les fléchisseurs des doigts sont : 1° le plantaire grêle, analogue du palmaire grêle, qui doit être considéré comme continué par le court fléchisseur superficiel; 2° le fléchisseur profond ou perforant avec ses accessoires, les lombricaux et le carré du pied; 3° enfin, le fléchisseur propre du pouce.

Les extenseurs sont : l'extenseur commun, l'extenseur propre du gros orteil, celui de l'indicateur, et celui du petit orteil ou petit péronier; enfin, le pédieux ou court extenseur, généralement sans analogue à la main.

Les interosseux forment aussi au pied des abducteurs et des adducteurs.

Je crois devoir me borner à cette indication générale

de la manière dont se distribue la couche musculaire locomotrice des *mammifères*. Elle suffira pour le but principal que j'ai dû me proposer ici, c'est-à-dire, pour achever la formule de l'appareil locomoteur de ces animaux. L'histoire des différences qui existent entre eux sous ce rapport n'est pas abordable dans un ouvrage aussi étroitement limité que celui-ci, et j'en ai dit assez sur le squelette, pour qu'on puisse aisément conclure les plus importantes de ces modifications.

Troisième division.

GENRE UNIQUE.

APPAREIL GÉNÉRAL D'INCITATION ET D'HARMONISATION.

A. CONSIDÉRATIONS GENERALES SUR CET APPAREIL.

Nous voici parvenus enfin dans la marche ascendante que nous avons suivie pour parcourir les appareils qui composent l'organisme animal, à celui qui domine tout cet organisme, qui le complète, qui lui imprime, au plus haut degré, le sceau de l'animalité. Cet appareil est celui qu'on a coutume de désigner sous le nom de *système nerveux*. C'est, dis-je, l'appareil animal par excellence, car c'est lui qui anime tous les autres dans le règne des êtres qui nous ont occupés. Les organes de la nutrition et de la reproduction lui doivent leur énergie; il fournit aux appareils sensoriaux l'élément essentiel de leur fonction, aux fibres charnues leur force de contraction, leur *irritabilité*. C'est ce même appareil qui donne à l'individu les conditions organiques, les instrumens de la vie instinctive et de la vie psychologique; c'est lui enfin qui centralise et qui harmonise toutes les vies particulières des autres parties de l'organisation.

Comme on le voit, la fonction du système nerveux

est très complexe ; elle comprend plusieurs actes tout à fait spéciaux, entre lesquels elle établit en même temps un lien de dépendance plus ou moins manifeste. Ce système résume donc en lui, et porte au plus haut degré, du moins physiologiquement, le double caractère de l'unité et de la diversité, que la pensée une et féconde du Créateur a imprimé à ses œuvres et à l'organisation animale en particulier. Ce fait **nous** montre, dans l'appareil qui doit nous occuper, l'appareil législateur par excellence ; il nous le désigne comme la cause anatomique des analogies et des différences que nous rencontrons dans les autres parties de l'organisme, par conséquent comme le premier de nos guides dans la détermination des parties analogues des divers êtres de la série, guide d'autant plus sûr qu'il offre dans chacun de ces êtres une fixité qu'on chercherait en vain dans un autre appareil (1).

Quelque remarquable que soit la spécialisation des organes nerveux, cette spécialisation étant beaucoup plus appréciable par l'observation physiologique que par l'étude des caractères statiques de ces organes, nous ne saurions, dans un ouvrage destiné avant tout

---

(1) En disant que le système nerveux est le premier de nos moyens de détermination des organes analogues, je ne dis pas qu'il soit le seul, ni qu'il suffise pour ce travail si difficile. Il n'est souvent que médiatement la cause des modifications que subissent les autres appareils ; et dans ce cas, c'est à l'appareil le plus immédiatement supérieur à celui qu'on étudie qu'il faut recourir d'abord pour se reconnaître au milieu de ces modifications. Ainsi, pour déterminer les analogies de la partie passive de l'appareil de la locomotion, on étudiera d'abord, comme l'enseigne M. de Blainville, sa portion active ; c'est celle-ci qui relève immédiatement du système nerveux.

à cette dernière étude, consacrer un chapitre particulier à chacune des divisions fonctionnelles du système qui va nous occuper; et nous le pouvons d'autant moins qu'une portion considérable de ce système entre comme élément dans la structure des appareils que nous avons étudiés. Me renfermant donc ici dans le rôle d'anatomiste, j'essaierai d'esquisser et de formuler d'une manière générale l'histoire de l'appareil nerveux, en lui donnant le nom d'APPAREIL D'INCITATION ET D'HARMONISATION, qui me semble résumer assez bien les deux grandes faces de son caractère physiologique.

Cet appareil est constitué par un élément organique particulier, qui me semble devoir être considéré, aussi bien que l'élément contractile, comme essentiellement distinct de l'élément nutritif ou cellulaire, et non pas seulement comme une modification profonde de celui-ci, bien que la combinaison des premiers avec le tissu aréolaire soit nécessaire pour constituer les organes nerveux et sarceux. L'élément nerveux peut se concevoir d'abord dans une sorte de diffusion; c'est lorsque l'organisation est réduite à une homogénéité complète, lorsqu'il n'y a point encore d'organes spéciaux, lorsque tout s'y trouve, pour ainsi dire, mêlé, en chaos, que toutes les parties molles jouissent au même degré de l'activité végétative et de l'incitabilité (1).

---

(1) Cependant, comme dans ce cas lui-même l'animal offre une forme déterminée, il est à croire, bien que l'observation ne nous le démontre pas, que l'élément nerveux se dispose déjà d'une manière également déterminée, au sein du tissu général qui représente alors toute l'organisa-

Cette dernière propriété est alors encore aussi imparfaite que ses conditions organiques sont peu prononcées ; elle se réduit à de l'irritabilité manifestée par des contractions vagues et peu énergiques. Plus tard, la matière nerveuse se dégage et revêt des formes et des dispositions appréciables : combinée en diverses proportions avec la trame celluleuse, elle constitue un véritable appareil plus ou moins complexe, dont les différentes parties acquièrent un mode d'activité de plus en plus spécial, mais sans jamais cesser de communiquer les unes avec les autres, et de former par conséquent un tout continu. Cet élément essentiellement animal revêt alors deux formes générales : il se dispose, ici en masses plus ou moins considérables, qu'on nomme des *ganglions*, là en filets ou cordons, qu'on désigne sous le nom de *nerfs*. Les ganglions sont des centres d'activité nerveuse, et les nerfs, plus particulièrement, des agens de transmission, qui se rendent ou d'un ganglion à l'autre, pour établir leurs rapports physiologiques avec l'ensemble du système, ou des ganglions aux divers appareils qu'ils animent. Il résulte de cette disposition un vaste réseau, situé à l'instar des vaisseaux dans l'intimité de l'organisation, dans cette partie à laquelle M. Laurent donne le nom d'*endère*, réseau dont les ganglions, avec leurs cordons de communication, représentent d'une manière générale la partie la plus profonde, la partie centrale, et les nerfs destinés aux divers appareils, la portion périphérique. Le plus souvent il y

tion. L'état chaotique ne peut jamais être qu'apparent dans un être organisé, et cette expression, dont je me suis déjà servi ailleurs, ne doit être entendue que dans un sens relatif.

aura dans ce système un ganglion spécialement destiné à centraliser son action ; et à mesure que l'incitation nutritive se localisera davantage et s'isolera de celle qui préside aux relations de l'animal avec le monde extérieur, nous verrons se développer entre les organes nerveux affectés à ces deux groupes de fonctions un système harmonisateur spécial, qui portera avec juste raison le nom de *grand sympathique.*

Les ganglions et les cordons de transmission auront une structure quelquefois éminemment pulpeuse, d'autres fois manifestement fibrillaire, et l'on peut établir en principe, qu'ils seront d'autant plus pulpeux que leur fonction sera plus élevée et plus spéciale : ceux des sens spéciaux, par exemple, seront beaucoup plus pulpeux que ceux de la sensibilité générale, et surtout que ceux des fonctions nutritives ; différence qui s'explique par celle des proportions réciproques de la trame celluleuse et de l'élément nerveux. Du reste, le tissu des organes dont il s'agit nous offrira d'autres différences que nous indiquerons rapidement à mesure qu'elles se présenteront à nous en parcourant la série animale (1).

B. *APPAREIL D'INCITATION ET D'HARMONISATION DANS LA SERIE.*

I.

Les rapports que nous observons entre la forme générale de l'animal et celle de son système nerveux, toutes les fois qu'il est possible de les comparer l'une

---

(1) On ne doit pas s'attendre à ce que j'insiste ici sur l'étude du tissu nerveux, qui appartient avant tout à l'anatomie générale.

à l'autre, nous porterait à considérer les **ANIMAUX AMOR-PHES** comme privés sinon de l'élément incitateur, au moins d'un appareil régulier d'incitation (1). Cette même considération nous conduit, en échange, à admettre l'existence de ce genre d'appareil dans tous les autres groupes de la série, et à prévoir d'une manière générale les différentes dispositions qu'il pourra présenter.

C'est malheureusement par cette seule voie que nous pouvons signaler l'apparition du système nerveux dans le sous-règne des **ANIMAUX RAYONNÉS**; l'observation ne nous ayant encore fourni jusqu'à ce jour, à cet égard, que des résultats incertains et contestables. On n'a rien vu qui eût même l'apparence d'un cordon ou d'un ganglion nerveux, au dessous des *actinies* et des *méduses*, chez lesquelles plusieurs personnes ont cru en apercevoir des traces. Peut-être a-t-on été un peu plus heureux quant aux *échinodermes*; et encore n'est-ce qu'avec hésitation qu'il est permis d'indiquer comme représentant dans cette classe un appareil d'incitation, un cordon très fin, disposé en anneau autour de l'ouverture buccale, et d'où partiraient des filets qui iraient se distribuer dans chaque rayon du corps. Il n'y aurait encore ici aucune partie qu'on pût considérer comme le centre général du système. C'est surtout

---

(1) Mais existe-t-il bien réellement des animaux amorphes? Il est très difficile de le croire. Ce qu'il y a de certain, c'est que l'observation a considérablement réduit le nombre des êtres qui nous paraissent tels. Non seulement il n'y reste plus un seul infusoire depuis qu'il est prouvé que les *protées* ne sont que de très jeunes *planaires*; mais les éponges elles-mêmes ne sont vraisemblablement que des agglomérations informes d'animalcules parfaitement réguliers. V. p. 175.

dans les *astéries* qu'on dit avoir observé ce premier ensemble d'organes incitateurs et harmonisateurs. Plusieurs anatomistes nous parlent bien aussi de cordons blanchâtres qu'ils auraient vus chez les *holothuries*, et que leur mollesse les porte même à regarder comme plus probablement nerveux que ceux des *étoiles de mer*, lesquels ressemblent autant à des fibres tendineuses qu'à des nerfs ; mais de nouvelles recherches sont nécessaires pour décider de la réalité et de la nature de ces cordons, que d'autres personnes n'ont pu retrouver.

Le système nerveux ne devient bien évident qu'au moment où, quittant les formes rayonnées qui sont, comme on le sait, encore plus végétales qu'animales, nous abordons les espèces symétriques. Ici nous rencontrons constamment un ensemble de ganglions et de nerfs distribués régulièrement et par paires sur la longueur du corps ; et parmi les masses ganglionnaires, il en est toujours une qui peut être regardée comme la partie centrale du système. Cette masse, composée elle-même de deux portions symétriques, sera constamment supérieure au canal alimentaire ; les autres ganglions se rattacheront à elle par des cordons de communication, et prendront diverses positions tant à son égard qu'à l'égard de l'appareil digestif, qui peut être envisagé comme représentant l'axe du corps. Une différence notable se remarquera entre les deux types inférieurs et le type supérieur des animaux pairs. Chez les premiers, il n'y aura de réellement supérieurs au canal intestinal que le ganglion central et ceux qui, placés au devant de lui, sont préposés surtout aux sens spéciaux ; tous les autres passeront sur les côtés, tout à fait au dessous de ce canal, et alors la paire qui suit le ganglion central communiquera avec lui par des cordons qui embrasseront l'œsophage, en formant autour de ce canal une sorte d'anneau complété par les masses nerveuses que ces cordons mettent en rapport. Dans le type supérieur de la série, au contraire, tous les ganglions sensoriaux et locomoteurs seront supérieurs à l'intestin, et il n'y aura d'inférieurs que les renflemens nerveux qui président directement aux fonctions de la vie végétative, les ganglions viscéraux. Parcourons rapidement ces trois types.

II.

En jetant les yeux sur les formes variées et sur les nombreuses différences d'organisation que nous offrent les MALACOZOAIRES, il est aisé de prévoir que leur système nerveux ne saurait se prêter à une description générale. On peut dire cependant que les ganglions postérieurs au central sont souvent plutôt latéraux que réellement inférieurs à l'intestin.

Chez les *acéphalés* cet appareil est encore très peu développé. Sa partie centrale n'est qu'une sorte de petite masse paire, en forme de cordon, aplatie et située, selon la règle, au dessus de l'œsophage. On voit en arrière et au dessous de l'intestin une seconde paire de ganglions qui est préposée à la locomotion. Les deux paires sus et sous-intestinales communiquent l'une avec l'autre au moyen d'un double cordon qui passe de la première à la seconde, et qui représente le collier œsophagien des autres animaux invertébrés, à cela près qu'ici les cordons qui partent du ganglion central se dirigent beaucoup plus en arrière, et embrassent non plus l'œsophage, mais l'estomac, le foie et le pied quand il y en a un. M. de Blainville a trouvé chez la *moule commune* une disposition un peu différente de celle que nous venons d'indiquer. Il a vu dans cet acéphalé trois paires de ganglions, dont aucune n'est complétement supérieure au conduit alimentaire. La paire antérieure est même, comme la postérieure, tout à fait inférieure à cet appareil, et la paire moyenne se montre seule à peu près au dessus de lui. Cette paire moyenne, plus pulpeuse que les deux autres, et qui ne forme qu'une masse dont un sillon médian indique seul la division primitive, ne laisse pas de fournir des filets aux muscles de l'abdomen; sa communication avec les deux autres paires n'est pas très visible. En échange celles-ci sont mises en rapport par une paire de filets passablement gros; les deux ganglions dont chacune d'elles se compose, demeurent assez distans l'un de l'autre, et ne sont mis en relation que par un filet anastomotique très fin. Ces ganglions paraissent d'ailleurs essentiellement affectés à la locomotion et à la sensibilité générale.

Dans les mollusques *céphalés*, nous trouvons d'abord une masse centrale ou *cerveau*, composée de deux parties similaires plus ou moins grosses, plus ou moins réunies en une seule par une commissure, et qui, dans les espèces parfaitement céphalées du genre *sepia* (les *brachiocéphalés*), se trouve protégée par une sorte de crâne ou de loge cartilagineuse, sur laquelle s'appuient, ainsi que nous l'avons dit ailleurs, les muscles des appendices. Cette masse est toujours placée au dessus de l'origine de l'appareil digestif. En avant d'elle, on voit le ganglion de l'œil, placé toujours immédiatement derrière cet organe, puis quelquefois aussi celui de l'appareil de l'ouïe ; il en sort enfin des nerfs destinés aux tentacules et aux lèvres.

De chaque moitié de cette espèce de cerveau part un cordon qui va se réunir à son congénère sous l'œsophage, et qui ceint ainsi ce conduit d'un véritable anneau.

On voit ensuite de chaque côté, quelquefois fort loin, mais le plus souvent très près du ganglion central, et toujours en communication avec lui, un ganglion affecté à la sensibilité générale et à la locomotion.

Enfin viennent des ganglions viscéraux, qui ne paraissent être qu'au nombre de deux : l'un appartient essentiellement à l'organe excitateur mâle, et se trouve placé près de l'orifice par lequel il sort ; l'autre, plus constant, se montre ordinairement vers l'estomac, et distribue ses filets à cet organe, ainsi qu'au reste du canal digestif. Ces deux ganglions sont aussi mis en rapport avec le centre du système par des filets anastomotiques.

Est-il nécessaire de dire que le développement des diverses parties de l'appareil incitateur est bien plus grand chez les *céphaliens* que chez les *céphalidiens*, en raison des différences qui existent dans l'organisation de ces deux groupes de mollusques.

III.

Le système nerveux des ENTOMOZOAIRES se distingue de celui des mollusques par le développement de la partie de ce système affectée à la locomotion, et par la constance et l'uniformité de la disposition des ganglions postérieurs au cerveau ; au lieu d'être latéraux, ceux-ci forment toujours une chaîne complétement inférieure au canal alimentaire, et dont les deux moitiés tendent à se réunir sur la ligne médiane, en même temps que les renflemens placés à la suite les uns des autres tendent, de leur côté, à se centraliser, et forment des masses d'autant moins nombreuses et d'autant plus considérables, qu'on les étudie sur des espèces à corps plus ramassé et à segmens moins libres et moins distincts.

Nulle part, en effet, on ne voit mieux que chez les *entomozoaires* à quel point la forme du corps dépend de celle du système nerveux. C'est ce dont le lecteur pourra juger lui-même, en jetant les yeux sur l'esquisse suivante des dispositions de cet appareil dans les principaux groupes du type qui nous occupe.

Dans ceux de ces animaux qui sont plus ou moins vermiformes, notamment chez les *apodes*, les *chétopodes* ainsi que dans les *myriapodes*, et dans beaucoup de larves d'*hexapodes*, les organes locomoteurs étant assez uniformément répartis sur toute la longueur du corps, et les divers segmens de celui-ci se trouvant à peu près semblables, même sous le rapport de leur organisation, le système ganglionaire se trouve distribué lui-même partout d'une manière uniforme, et fournit une longue chaîne sous-intestinale, composée d'un nombre de ganglions sinon toujours égal, du moins proportionné aux intersections de la couche locomotrice. Le volume de ces ganglions et la distance qui les sépare, ou mieux la longueur du double cordon anastomotique qui va d'une paire à l'autre, varient du reste beaucoup.

Chez les *sangsues*, on compte vingt-trois ganglions répartis d'une extrémité du corps à l'autre. Ce nombre est sans doute bien éloigné de celui des anneaux qui se voient à la surface externe ; mais l'absence complète d'appendices locomoteurs dans ces espèces explique cette énorme différence.

La première paire de ganglions, celle qui représente le *cerveau*, et qui se trouve ici, comme toujours, au dessus de l'œsophage, est fort peu développée chez les *sangsues* ; elle fournit en avant deux très petits filets qui se distribuent au disque buccal. De ses côtés partent des cordons qui forment un collier œsophagien, et viennent établir la communication du cerveau avec la première paire inférieure. Les autres paires sont placées les unes derrière les autres, à des distances qui varient d'une demi-ligne à trois ou quatre lignes, selon la région du corps à laquelle elles appartiennent. Chacune d'elles fournit une paire de nerfs à la couche contractile sous-peaucière et au tégument externe, quelques filets au canal intestinal, et, en arrière, un double cordon anastomotique qui se rend à la paire suivante. Ces cordons, en se répétant entre toutes les paires de ganglions, semblent ne former qu'un seul tout, d'une extrémité de la série ganglionaire à l'autre ; c'est cette apparence qui a fait illusion à beaucoup d'anatomistes, et qui leur a fait considérer la chaîne nerveuse des entomozoaires, comme l'analogue de la moelle épinière des animaux vertébrés.

Chez les *chétopodes*, où chaque anneau du corps commence à porter des espèces d'appendices pour la locomotion, la chaîne des ganglions est composée d'autant de paires de ceux-ci qu'il y a de ces anneaux ; il en résulte ordinairement un tel rapprochement de ces petites masses nerveuses, et par conséquent un tel raccourcissement de leurs commissures longitudinales, que leur série représente un long cordon, où chaque paire de ganglions n'est annoncée que par un renflement, ou si l'on veut, ne se distingue de ses voisins que par des étranglemens plus ou moins prononcés. Il est inutile d'ajouter que les différences qui existent dans le volume de ces renflemens sont surtout en rapport avec le développement des appendices, comme on peut en voir la preuve en comparant le *lombric terrestre*, qui n'a qu'un cordon très peu renflé, avec les *néréides* par exemple, qui, semblables au premier, par le nombre et la similitude de leurs segmens, en diffèrent beaucoup par la longueur de leurs organes locomoteurs.

Les *myriapodes* ont aussi un ganglion distinct pour chaque article de leur corps ; mais ils diffèrent des espèces précédentes en ce qu'étant pourvus d'organes complets, au moins pour la vue et pour l'odorat, la masse ganglionaire cérébrale est déjà plus considérable qu'auparavant ; cette masse consiste en deux lobes presque sphériques, sur les côtés desquels naissent des nerfs optiques qui se divisent avant d'arriver aux yeux composés de ces animaux ; en avant il part du cerveau deux gros cordons qui semblent n'en être qu'un prolongement, et qu'on suit très bien jusque dans les antennes.

Dès ce moment, la masse nerveuse sus-œsophagienne représente, comme déjà chez les *brachiocéphalés*, un véritable centre d'incitation, d'où sortent, en avant et de côté, des nerfs pour les sens spéciaux, et quelques filets destinés aux muscles céphaliques; en arrière, un cordon anastomotique pair, qui va, en embrassant l'œsophage, se réunir au dessous de celui-ci, à la première paire des ganglions de la sensibilité et de la locomotion générales.

Mais ces derniers ganglions, qui vraisemblablement sont chargés aussi, du moins en partie, de l'office de ganglions viscéraux, se disposent dès lors de manière à imprimer au corps en général, et à l'appareil locomoteur en particulier, les formes et les dispositions variées que nous lui voyons revêtir depuis les *crustacés* aux *insectes*. Plusieurs d'entre ces renflemens, tous même, dans quelques cas, peuvent alors se confondre pour former des masses plus ou moins considérables, d'où partent toutes les paires de nerfs qui ailleurs sont fournies par autant de ganglions distincts. Cette concentration n'est pas, à beaucoup près, en rapport avec le progrès général de l'organisme, quand on embrasse l'ensemble des entomozoaires à segmens du corps dissemblables. Mais ce rapport existe d'une manière générale quand nous nous bornons à comparer entre eux certains groupes plus ou moins généraux. Ainsi, parmi les *crustacés*, ce sont les *décapodes* qui nous offrent au plus haut degré la fusion en tout sens des ganglions sous-intestinaux. Chez la *langouste* et surtout chez le *maja*, ces ganglions ne forment plus qu'une seule et même masse, tandis que dans les *crustacés* des classes inférieures, chez les *talitres*, par exemple, ces mêmes organes sont placés à distance les uns des autres, et constituent une véritable chaîne, divisée même, dans l'espèce que nous citons, en deux moitiés, par la ligne médiane, les ganglions de chaque paire n'étant plus accolés, mais communiquant l'un à l'autre seulement par des commissures transverses.

Dans les *octopodes*, les ganglions sous-intestinaux ne forment généralement que trois masses au plus; le *scorpion* nous en offre cependant sept, en raison de son prolongement caudal.

Dans les *hexapodes*, nous trouvons communément une chaîne de douze ganglions sous-intestinaux distincts, dont trois pour les trois segmens qui composent la région thoracique, et les autres pour les segmens de l'abdomen. Le système nerveux de la larve diffère à plusieurs égards de celui de l'insecte parfait, comme on le conçoit parfaitement; mais cette différence varie d'une famille à l'autre.

IV.

L'appareil de l'innervation acquiert un développement considérable et subit de grandes modifications dans le type des ostéozoaires. Les ganglions s'y multiplient et s'y spécialisent au plus haut degré; en même temps ils se rapprochent presque tous de la partie centrale, qui s'étend considérablement et règne sur toute la longueur du tronc de l'animal; enfin, un nouvel ensemble de parties nerveuses, un véritable appareil *sympathique* intervient pour mettre le système nerveux viscéral en relation avec celui des sens et de la locomotion. Pour donner une idée un peu complète des progrès que nous venons d'annoncer, nous allons passer successivement en revue, 1° la partie centrale de l'appareil ; 2° les ganglions qui président aux fonctions de relation ; 3° les ganglions viscéraux ou affectés aux fonctions nutritives ; 4° le système intermédiaire qui lie entre eux ces deux genres de ganglions, ou le système *grand sympathique*. Nous terminerons cette esquisse en indiquant les différences les plus importantes qui existent entre les diverses classes d'animaux vertébrés, sous le rapport de l'appareil général qui nous occupe.

1° PARTIE CENTRALE.

La partie centrale n'est plus ici, comme précédemment, réduite à une simple petite masse ganglionaire sus-œsophagienne ; c'est un long cordon qui, de l'extrémité céphalique de la série vertébrale, se prolonge plus ou moins dans ses régions postérieures. Ce cordon a reçu le nom de *moelle épinière* dans la plus grande partie de son étendue ; antérieurement, il entre dans la composition de ce qu'on nomme d'une manière générale l'*encéphale* ou le *cerveau*.

La masse nerveuse centrale et les ganglions qui forment en avant la masse encéphalique sont couverts, dans les vertébrés, de plusieurs enveloppes qui leur rendent des offices divers. Immédiatement à leur surface se trouve leur membrane celluleuse spéciale, qui est si riche en vaisseaux, qu'on la regarde comme vasculaire et comme nourricière des organes qu'elle revêt ; on la connaît sous le nom de *pie-mère*. Au-dessus d'elle se voit une poche séreuse ou d'isolement qui suit toutes les inégalités et pénètre dans tous les intervalles des parties qui nous occupent ; c'est l'*arachnoïde*. Son feuillet externe est en rapport avec une troisième enveloppe, la *dure-mère*, membrane fibreuse, et par conséquent déjà un peu protectrice. Vient enfin une couche plus ou moins dure, le plus souvent osseuse, qui n'est autre que la série des arcs vertébraux supérieurs, lesquels forment ce qu'on nomme le crâne et le canal rachidien. Cette dernière enveloppe, empruntée à l'appareil locomoteur, et qui fournit au centre nerveux et aux ganglions de la vie de relation un abri si bien proportionné à leur importance, ne se moule pas, à beaucoup près, aussi exactement sur ces organes que les enveloppes précédentes ; cependant elle traduit encore jusqu'à un certain point la forme de ceux-ci, dans les endroits où elle est le moins appelée à concourir à la locomotion, c'est-à-dire dans sa partie crânienne. Le caractère locomoteur des arcs vertébraux de la tête peut alors le céder assez complétement à leur caractère de parties protectrices du système nerveux, pour qu'il soit possible d'apprécier d'une manière générale, d'après la forme extérieure du crâne, le développement proportionnel des principaux ganglions céphaliques. Mais il y a loin de cette vérité incontestable aux applications nombreuses et détaillées qu'on a prétendu en faire de nos jours, pour mesurer les différences individuelles qu'offrent les divers points de la surface de ces ganglions, et conclure de là l'énergie relative des facultés psychologiques particulières.

C'est à tort que Gall et d'autres personnes ont voulu voir dans la moelle épinière une chaîne de ganglions réunis par des commissures longitudinales; ni l'embryogénie, ni l'étude attentive de la structure de ce centre nerveux, ne justifient une pareille conception.

L'opinion de Gall repose néanmoins sur un fait incontestable, mais que ce célèbre anatomiste n'avait pas suffisamment analysé. Ce fait est important et demande à être rappelé ici. Il existe sur la longueur du cordon médullaire central des renflemens plus ou moins appréciables, qui correspondent aux points où les nerfs et les ganglions de la vie de relation viennent se rattacher à lui. Ces renflemens sont proportionnés au volume, au nombre, à l'énergie des parties nerveuses qui s'y rallient. On distingue surtout parmi eux, 1° ceux qui répondent aux ganglions des appendices locomoteurs, d'autant plus prononcés que ces appendices sont plus développés ou animés par des nerfs plus considérables; 2° ceux qui se trouvent en rapport avec les ganglions et les nerfs des vertèbres céphaliques, et entre autres celui qu'on connaît sous le nom de *bulbe rachidien*, et qui réunit lui-même plusieurs parties dont nous aurons à parler plus tard. Lorsqu'on compare les parties renflées de la masse centrale avec les parties intermédiaires, on voit que la composition des unes et des autres est tout à fait la même, comme nous allons le voir en jetant maintenant un coup d'œil sur la structure de l'organe nerveux central.

Le tissu de la moelle et des ganglions de la vie de relation revêt plusieurs nuances plus ou moins appréciables, qui ont conduit les anatomistes à diviser ce tissu en plusieurs autres, et surtout en deux principaux, désignés sous les noms de *substance grise* et de *sub-*

stance blanche. On a beaucoup exagéré les différences sur lesquelles repose cette distinction et, par suite, l'importance de celle-ci sous le rapport de l'anatomie générale ; en réalité, ces différences ne sont que des nuances qu'il n'est pas toujours facile de saisir, et ces nuances elles-mêmes dépendent uniquement de ce que certaines couches du tissu nerveux, celles que nous disons formées de substance grise sont abreuvées d'un peu plus de sang que celles que nous disons être composées de substance blanche ; on conçoit que les parties les plus vasculaires seront aussi les plus actives, et voilà en dernière analyse à quoi se réduit, tant sous le point de vue anatomique que physiologiquement, la distance qui sépare les deux tissus nerveux qu'on admet généralement. Toutefois, la distinction de ces tissus est employée avantageusement pour analyser la structure de la masse centrale , ainsi que les rapports de continuité des diverses parties qui la composent, avec les ganglions qui se rattachent directement à elle.

Le cordon médullaire qui représente le centre de l'appareil d'incitation des animaux vertébrés, est composé lui-même de deux cordons parfaitement semblables, plus ou moins complétement adossés l'un contre l'autre, laissant entre eux, sur la ligne médiane, des sillons plus ou moins profonds et prononcés, et réunis par trois commissures.

La première de celles-ci est une couche de substance grise, impaire, et qui établit une véritable continuité entre les deux cordons latéraux ; elle règne d'une extrémité de la moelle à l'autre. Elle représente un quadrilatère dont les faces seraient creusées et les angles tronqués, disposition qui résulte de la présence des sillons qui marquent la division du centre nerveux, principalement sur la ligne médiane. L'embryogénie nous apprend que cette première commissure se forme bien réellement après les cordons qu'elle réunit.

Les deux autres commissures sont superficielles, fournies par la substance blanche de chaque cordon latéral, et formées par une sorte d'entrecroisement. Elles n'existent pas sur toute la longueur de la moelle; leur étendue se proportionne nécessairement à l'écartement des cordons qu'elles mettent en rapport.

L'une est supérieure ou dorsale ; elle occupe ce qu'on nomme le sillon longitudinal supérieur de la moelle, et forme avec lui un canal plus ou moins prononcé, qui mérite le nom de *ventricule médian prolongé*. Cette commissure cesse en avant de ces conduits, à l'endroit où les cordons de la moelle s'écartent et forment ce qu'on nomme le *calamus scriptorius*.

L'autre commissure est inférieure ou ventrale, et moins étendue que la précédente ; elle n'est bien évidente que chez un petit nombre d'animaux, et ne commence réellement que vers ce qu'on nomme les *pyramides*.

Les deux cordons qui constituent le centre nerveux présentent des différences selon qu'on les examine dans le rachis ou dans la tête.

Dans le rachis on aperçoit entre eux, sur la ligne médiane ventrale, un sillon qui règne ordinairement sur toute la longueur de cette ligne, et se montre très profond. A droite et à gauche de ce sillon existe un faisceau de fibres blanches longitudinales, qui, par sa saillie, produit sur son côté externe une sorte de faux

sillon, dans lequel on voit la série des filets inférieurs, qui établissent la communication des ganglions
intervertébraux avec le centre.

Le sillon médian supérieur existe aussi sur toute la
longueur de la moelle jusqu'au *calamus scriptorius;*
mais il est superficiel, et en cherchant à l'augmenter,
on rompt la commissure blanche supérieure. Cette
rupture opérée, on arrive dans le canal que nous
avons nommé tout à l'heure ventricule médian prolongé. A droite et à gauche de ce même sillon, nous
voyons, comme inférieurement, un faisceau de fibres
blanches longitudinales, et sur les côtés de ce faisceau,
une sorte de faux sillon où vient aboutir la série des
filets supérieurs qui établissent la communication des
ganglions vertébraux avec le centre; et comme ces
faux sillons, tant les supérieurs que les inférieurs, correspondent exactement à la partie la plus saillante de
la commissure grise, il s'ensuit qu'on peut quelquefois
partager la moelle épinière en six cordons, dont trois
de chaque côté.

Arrivées vers les vertèbres céphaliques, les deux
moitiés de la partie centrale commencent à s'écarter l'une de l'autre; cette séparation n'a lieu d'abord
qu'à leur face dorsale, où elle produit, comme nous
l'avons vu, le *calamus scriptorius,* et donne naissance,
en augmentant, à ce qu'on appelle le *quatrième
ventricule,* ou deuxième médian. La portion médullaire qui subit ce changement de direction continue
en majeure partie dans les *pédoncules du cervelet.*
Un peu plus loin, après avoir fourni les *renflemens olivaires,* après l'entrecroisement des faisceaux
pyramidaux, que nous avons vus constituer la plus pe-

tite des commissures superficielles, et après avoir passé une commissure transversale dont nous parlerons bientôt sous le nom de *pont de Varole*, les portions inférieures du cordon central s'éloignent à leur tour l'une de l'autre, et constituent deux gros troncs, qu'on nomme d'une manière générale les *pédoncules ou les cuisses du cerveau*, et qui portent deux renflemens appelés *couches optiques*. La substance grise qui continue la commissure profonde de la moelle se trouve amenée à l'extérieur par le fait même de la séparation des cordons de celle-ci ; aussi la verrons-nous recouvrir la blanche dans la plupart des parties que renferme le crâne.

En me conformant à la méthode généralement employée dans la description de l'encéphale, je devrais suivre maintenant les divisions de la moelle prolongée dans le crâne, jusqu'aux divers organes qui résultent de leur épanouissement, d'après l'hypothèse moderne (1). Mais cette manière de décrire l'encéphale tend à en donner une fausse idée, et à isoler cette partie du système nerveux du plan général de l'ensemble. L'encéphale se compose, comme le démontre parfaitement M. de Blainville, des ganglions les plus antérieurs du système, et des cordons ou faisceaux plus ou moins considérables, destinés à établir la communication de ces ganglions

_____

(1) On sait que les anciens faisaient naître, au contraire, la moelle du cerveau ; mais les modernes ont parfaitement démontré, sinon, comme ils le disent, que le cerveau naît de la moelle, du moins que le développement de celle-ci est complet long-temps avant celui de la masse cérébrale ; c'est ce que prouvent à la fois les faits de l'embryogénie et de l'anatomie comparée. C'est un des points que Tiedemann a mis dans le plus grand jour dans son *Anatomie du Cerveau*.

avec la masse centrale ou moelle épinière. Etudier le cerveau, ce sera donc faire la revue des ganglions antérieurs de la vie de relation, revue que nous compléterons toujours en indiquant par quels faisceaux, ou si l'on veut, par quelle commissure tous ces ganglions se rattachent au grand cordon qui leur sert de centre.

2° GANGLIONS ET NERFS DE LA VIE DE RELATION.

Cette partie importante de l'appareil qui nous occupe comprend deux groupes généraux de ganglions : des *ganglions sans appareil extérieur*, c'est-à-dire n'envoyant de faisceaux nerveux qu'à la masse centrale ; et des *ganglions avec appareil extérieur*, c'est-à-dire qui émettent, outre les faisceaux centripètes, par lesquels ils se rallient au système entier, des nerfs qui vont à la périphérie animer les organes sensoriaux et locomoteurs.

Il est à remarquer que chez les animaux vertébrés tous ces ganglions demeurent au dessus du canal alimentaire, en sorte que nous ne trouverons plus ici d'anneau œsophagien.

La masse ganglionaire encéphalique, qui n'était représentée dans les types précédens que par un très petit nombre de ganglions, souvent même plus ou moins confondus avec le renflement central, devient très considérable dans les ostéozoaires ; son volume et sa complication augmentent progressivement, depuis les derniers vertébrés aux *mammifères* et à *l'homme*. On y distingue parfaitement, d'une part, les ganglions sans appareil extérieur, dont nous parlions tout à l'heure ; d'autre part, un certain nombre de ganglions sensoriaux et locomoteurs. La masse de ceux-ci, d'abord prédominante dans les espèces inférieures du type, est dominée à son tour de plus en plus par l'ensemble des premiers, à mesure qu'on approche des espèces supérieures.

A. *Les ganglions sans appareil extérieur* sont les instrumens des actes instinctifs et psychologiques. Ceux de chaque paire sont unis entre eux par des commissures médianes, qui consistent souvent dans une sorte d'échange et d'entrecroisement de quelques unes de leurs fibres. Ces paires sont, d'après M. de Blainville, au nombre de quatre, savoir : en procédant d'arrière en avant, ou de la plus voisine à la plus éloignée du centre.

1° La *paire cérébelleuse* ou le *cervelet*, composée d'une partie fondamentale, qui forme une seule masse sur la ligne médiane, et à laquelle s'ajoutent latéralement deux lobes plus ou moins considérables, qui finissent même par constituer la portion la plus volumineuse du ganglion, ou les *hémisphères du cervelet*. La commissure transverse de cette paire se fait par des fibres qui vont passer sur la face inférieure de la moelle allongée, et qui constituent là ce qu'on appelle la *protubérance annulaire* ou le *pont de Varole*. Sa communication avec le centre est établie par les faisceaux qu'on nomme *prolongemens* vers la moelle (1), et d'autres faisceaux se portent en avant, pour lier la masse cérébelleuse aux ganglions des paires suivantes.

2° Les *tubercules quadrijumeaux*. Cette seconde paire de ganglions est assez généralement considérée

---

(1) Les *pédoncules* du cervelet sont un diverticule de l'organe central.

aujourd'hui comme affectée à l'appareil de la vision,
dont on dépossédait les masses qu'on nomme couches
optiques. M. de Blainville démontre que les tubercules
quadrijumeaux sont bien réellement des ganglions sans
appareil externe ; non seulement il n'a pu en voir partir
les nerfs optiques, mais le développement de ces derniers n'est nullement en rapport avec celui des tubercules dont on les fait provenir. J'observerai en outre
que les partisans de l'opinion moderne, et entre autres
M. Tiedemann, conviennent qu'ils ont suivi les racines inférieures des nerfs visuels jusqu'à la surface des
couches optiques. Les tubercules quadrijumeaux doivent leur nom à ce que, dans leur état de parfait développement, ils offrent à la surface de leur masse
commune quatre éminences mamillaires séparées par
un double sillon cruciforme. Les ganglions de cette
paire sont un peu creusés en dessous, leur commissure
transverse est fort épaisse ; ils communiquent avec la
moelle par des faisceaux qui se rattachent aux renflemens olivaires de celle-ci, et envoient à la paire suivante une commissure longitudinale, en même temps
qu'ils en reçoivent, comme nous l'avons dit, une du
cervelet.

3° La *paire cerébrale* ou *cerveau proprement dit*.
C'est celle qui finit par prédominer. Les deux ganglions
de cette paire sont parfaitement distincts dans ce qu'on
nomme les *hémisphères*, masses plus ou moins volumineuses, qu'on peut se représenter comme formées
par une sorte de feuillet replié sur lui-même, de dehors en dedans et de haut en bas, de manière à embrasser des cavités connues sous le nom de *ventricules
latéraux*. Les éminences ou circonvolutions qui se dé-

veloppent à la surface de ces hémisphères chez les vertébrés supérieurs, sont aussi comme les résultats d'un autre plissement, qui permet la multiplication de la surface cérébrale sans augmentation de son volume apparent (1). Il faut rattacher aux circonvolutions diverses saillies et certains prolongemens des parois des ventricules, et notamment les *corps striés*, le *septum lucidum*, qui n'est qu'un diverticule des corps striés, les pieds d'*Hippocampe* ou *cornes d'Ammon*, et *l'ergot de coq*. Les deux hémisphères cérébraux ont pour principale commissure médiane ou transversale le *corps calleux*; par les faisceaux des *pédoncules*, ils sont mis en rapport avec la moelle allongée, et plus particulièrement avec ses cordons inférieurs ou pyramidaux, qui s'entrecroisent comme nous l'avons vu. Enfin les deux faisceaux qui forment la voute à trois piliers rattachent le cerveau à la paire la plus antérieure des ganglions qui nous occupent, et complètent leur enchaînement les uns aux autres.

4° Les *masses olfactives*. Cette paire, n'est autre que ce qu'on nomme ordinairement dans l'homme les *nerfs olfactifs*. M. de Blainville enseigne que ces prétendus nerfs sont de véritables ganglions sans appareil extérieur; ils sont formés, comme les trois paires précédentes, d'une couche extérieure de substance grise et d'une couche intérieure de substance

---

(1) On sait que Gall avait la prétention de déplisser réellement le cerveau, et de ne faire en cela que le ramener naturellement à sa structure primitive. Mais évidemment ce déplissement ne peut avoir lieu sans un peu d'artifice, c'est-à-dire sans rupture, parce que les fibres qui vont aux parties de la circonférence les plus rentrées ne peuvent s'étendre autant que celles qui vont aux points en saillie.

blanche. Cet anatomiste leur donne pour commissure transversale ce qu'on nomme la *commissure antérieure du cerveau*, et il regarde comme leur moyen d'union avec le centre un double faisceau de fibres blanches, qui passe sous les corps striés, va se réunir aux pédoncules cérébraux et aboutit aux cordons pyramidaux de la moelle.

B. *Les ganglions avec appareil extérieur* sont, avons-nous dit, ceux d'où partent des nerfs ou cordons centrifuges qui vont se distribuer aux organes sensoriaux et locomoteurs. On peut distinguer ces ganglions en ceux qui se rattachent à l'extrémité encéphalique de la moelle, et en ceux qui sont en rapport avec la partie rachidienne de ce centre. Toujours très rapprochés de celui-ci, ils communiquent chacun avec lui par deux groupes de cordons ou de racines, qui s'insèrent aux faux sillons de ses faces supérieure et inférieure. Mais des racines en question, les supérieures seules appartiennent bien évidemment au ganglion, les inférieures ne s'y rattachent jamais aussi intimement, et peuvent même, comme nous allons le voir, en être indépendantes et fournir directement une partie des nerfs de la paire correspondante. Remarquons enfin que les ganglions céphaliques, et une partie de ceux du cou, se portent en avant de l'endroit où leurs cordons rentrans s'insèrent à l'organe central, tandis que ceux du reste du rachis se portent de plus en plus en arrière (1).

---

(1) Le centre nerveux céphalo-rachidien peut être considéré comme composé de deux cônes réunis base à base, et représentés, l'un par la partie céphalique, l'autre par la portion épinière de ce cordon. A partir

Les ganglions et les nerfs céphaliques sont au nombre de quatre paires, destinées principalement aux quatre appareils des sens spéciaux ; c'est d'après cette considération et d'après l'endroit où les nerfs sortent du crâne qu'on peut diviser celui-ci en quatre vertèbres.

La première paire, en procédant d'avant en arrière, est la *paire olfactive*, dont le ganglion est appliqué contre les masses du même nom, mais toutefois distinct de ces masses. Tous les filets de cette paire se distribuent à la membrane pituitaire, et paraissent consacrés à sa fonction spéciale.

La seconde paire mérite le nom d'*ophtalmique*, parce qu'elle est destinée principalement à l'appareil

---

du point où ces cônes se rencontrent, en formant le renflement bulboïde de la moelle, les ganglions et les nerfs qui se rattachent à chacun d'eux, se dirigent généralement en sens opposés ; ceux du cône crânien se portent d'arrière en avant, ceux du cône rachidien d'avant en arrière. Ces directions sont d'autant plus prononcées, les cordons nerveux tendent à marcher d'autant plus directement, les uns en avant, les autres en arrière, que ces cordons s'insèrent sur des points de l'axe central plus éloignés du bulbe médullaire ; au voisinage de celui-ci on trouverait encore des exceptions à la règle générale. Ainsi tend à se former aux deux extrémités de cet axe ce qu'on nomme une queue de cheval ; cependant les choses n'en viennent réellement jusque là qu'à l'extrémité du cône postérieur, et seulement encore lorsque la moelle ne se prolongeant pas aussi loin que son canal, ses dernières paires de nerfs ont dû remonter jusqu'à elle, et parcourir tout l'espace qui sépare leurs trous de conjugaison de la terminaison de l'organe central.

La différence que nous venons de signaler dans la direction des organes nerveux de la vie de relation, est fort importante à noter, car elle est en harmonie avec ce que nous voyons dans l'appareil locomoteur et sensorial. A la tête, en effet, c'est aussi d'arrière en avant que se dirigent les appendices, et les organes des sens spéciaux deviennent d'autant plus complétement antérieurs, que leurs nerfs s'insèrent plus loin du bulbe de la moelle. Au tronc, au contraire, les appendices, et surtout les membres, se dirigent d'avant en arrière.

de la vue. Elle a pour ganglion particulier les corps ge-
nouillés externes, et son insertion au centre médullaire
est signalée par les renflemens que nous connaissons
sous le nom de couches optiques. Du reste, nous commençons à trouver ici les deux ordres de racines qui
rattacheront désormais chaque paire de nerfs au centre;
et en même temps nous voyons les cordons qui les
composent se partager en sensoriaux et locomoteurs,
ce qui n'était pas le cas pour la paire précédente. Aux
racines supérieures de l'ophtalmique appartiennent le
nerf optique et le nerf pathétique (4e p. des anat.); aux
racines inférieures, les nerfs moteur oculaire commun,
et moteur oculaire externe.

La troisième paire céphalique pourrrait être appelée
maxillo-auditive; c'est celle qui appartient à la vertèbre
sphénoïdale postérieure ou sphéno-pariétale. Son ganglion est ce qu'on nomme la *patte d'oie.* Les *renflemens*
ou *corps olivaires* et le *ruban gris ,* marquent son insertion à la moelle. Par ses racines supérieures elle
fournit les portions dure et molle du nerf auditif, par
ses inférieures elle donne le trifacial ou la cinquième
paire des anatomistes de l'homme. Il est à remarquer
que cette paire envoie à la vertèbre précédente un
nerf sous le nom d'*ophtalmique ,* et qu'elle communique d'ailleurs par de nombreuses anastomoses avec
les filets nerveux de cette même vertèbre.

Enfin la quatrième paire, ou celle de la vertèbre occipitale, pourrait recevoir le nom d'*intestinale antérieure,* parce qu'elle se distribue à la section antérieure
du tégument rentré (1). M. de Blainville considère

_____

(1) Aussi est-elle, quant à sa structure, comme intermédiaire aux nerfs
de la vie animale et à ceux de la vie organique.

comme son ganglion le *ganglion cervical supérieur*, que cet anatomiste retire par conséquent au grand sympathique, pour en faire l'analogue d'un ganglion intervertébral. Le bulbe rachidien correspond spécialement à cette paire. Des racines supérieures de celle-ci sortent les nerfs glosso-pharyngien et pneumo-gastrique ; de ses racines inférieures, le nerf hypoglosse.

Viennent maintenant les ganglions qu'on nomme *vertébraux*, parce qu'ils se rattachent aux vertèbres proprement dites ou rachidiennes, et qu'ils se trouvent placés, plus ou moins profondément dans les espaces intervertébraux nommés trous de conjugaison.

Chacun de ces ganglions se rattachera à la moelle par deux racines, mais il n'y aura encore que la supérieure qui se perde réellement en lui. Outre leurs rapports avec la moelle, ces petits organes en entretiennent les uns avec les autres, et avec le grand sympathique, au moyen de filets plus ou moins déliés. Le faisceau qui sort ensuite de chaque masse ganglionaire, pour se porter à la périphérie, se subdivise en deux parties, l'une dorsale et l'autre abdominale ; celle-ci communique toujours avec la paire suivante par un filet plus ou moins gros qu'elle lui envoie, puis elle se dichotomise elle-même, et donne des cordons pour chaque segment du corps. Lorsqu'il y a des membres, les nerfs qui leur sont destinés se réunissent et forment des plexus, d'où sortent les cordons qui vont se distribuer à ces appendices. Une partie des nerfs intervertébraux se ramifie et se perd dans la peau, pour les sensations générales ; l'autre se répand dans les couches musculaires, et détermine par sa distribution parfaitement fixe leur mode de division et leurs formes secondaires, qui donneront ensuite la forme de l'appareil entier, et par suite, celle du corps en général, avec sa constante symétrie.

3° SYSTÈME NERVEUX VISCÉRAL.

La portion de l'appareil incitateur spécialement destinée aux organes de la vie nutritive, n'a pas, à beaucoup près, le développement, l'énergie et la régularité de la portion affectée aux fonctions de relation. Il semble que ce petit système puisse être placé indifféremment au dessus ou au dessous du canal alimentaire. Voici comment il est composé dans son état le plus complet et le plus facile à étudier.

Il nous offre d'abord un premier ganglion plus ou moins plexiforme désigné par l'épithète de *cardiaque,* lequel, situé à la partie supérieure du principal tronc des vaisseaux centrifuges, fournit des filets, d'une part au cœur, où ceux-ci se rendent en accompagnant les ramifications des artères particulières de cet organe, d'autre part au système sympathique, au moyen duquel le ganglion dont il s'agit se met en rapport avec le centre de tout l'appareil.

Nous trouvons plus loin une seconde masse nerveuse viscérale beaucoup plus considérable que la précédente, toujours placée au dessous de l'aorte abdominale, en avant du trépied cœliaque. Cette masse, formée elle-même d'un nombre plus ou moins considérable de petits tubercules ganglionaires, a la forme d'une demi-lune, d'où le nom de *ganglion* ou *plexus semi-lunaire.* Elle fournit de ses deux bords des filets nombreux et très anastomosés, qui se portent aux intestins et à leurs annexes, en suivant les ramifications de leurs vaisseaux ; puis elle donne d'autres filets, mais centripètes, qui, sous le nom de grand et petit splanchniques, vont mettre le plexus semi-lunaire en communication avec le grand sympathique, et par lui, avec le centre et avec l'ensemble du système nerveux.

4° SYSTÈME NERVEUX SYMPATHIQUE.

Cette portion spécialement harmonisatrice de l'appareil qui nous occupe est interposée, comme nous venons de le voir, entre le système viscéral et les ganglions de la vie animale. Toujours placé, comme ceux-ci, au dessus du canal alimentaire, sa structure et sa disposition ont quelque chose d'intermédiaire à ce qui se voit dans les deux systèmes précédens.

Le grand sympathique est étendu d'une extrémité à l'autre du système ganglionaire. Il nous offre une double série de renflemens ganglioniformes, en nombre égal à celui des ganglions vertébraux, et d'autant mieux formés qu'on s'approche davantage de la tête. Chacun de ces renflemens, d'une structure ferme, fournit d'abord un filet de communication avec le ganglion vertébral correspondant, puis deux autres filets, l'un ascendant, l'autre descendant, pour le renflement qui précède et pour celui qui suit ; enfin, s'il se trouve dans le voisinage d'un ganglion viscéral, ceux-ci lui envoient un filet de communication.

Le ganglion sympathique de la vertèbre nasale ou le plus antérieur, paraît être celui que M. H. Cloquet a trouvé dans le canal incisif.

Celui de la seconde vertèbre est l'ophtalmique.

Celui de la troisième est le ganglion de Meckel, qui communique avec le suivant par des filets carotidiens.

Le renflement correspondant à la vertèbre occipitale est un ganglion découvert par Jacobson, et non le ganglion cervical supérieur.

Quant à ceux qui se rattachent aux vertèbres du cou, il faut les chercher dans le canal de l'artère vertébrale. Ceux des cavités thoraciques et abdominales, ou du tronc proprement dit, forment sur les côtés du rachis deux renflemens bien visibles ; ces séries latérales se rapprochent en arrière de la ligne médiane, et finissent par n'en faire qu'une seule sur les vertèbres coccygiennes.

Terminons cette esquisse de l'appareil de l'incitation et de l'harmonisation dans le type des ostéozoaires, en indiquant quelques unes des principales différences qu'il nous offre selon la classe dans laquelle nous l'étudions. Malheureusement l'état actuel de la science laisse encore, malgré tout ce qu'on a écrit dans ces derniers temps, beaucoup d'incertitudes sur les véritables analogies qui doivent servir de fil conducteur au milieu de ces différences, pour les apprécier à leur juste valeur. On ne s'étonnera donc pas si nous nous bornons aujourd'hui à en rapporter un très petit nombre, malgré tout l'intérêt que présente un pareil sujet.

La moelle, les ganglions avec appareil extérieur et les viscéraux, sont les parties les plus constantes de l'appareil, et celles qui subissent les changemens les moins prononcés dans la série des animaux vertébrés.

La moelle remplit tout son canal chez les *poissons*, et parvient jusqu'à l'extrémité postérieure du rachis, sans former de queue de cheval. Il en est de même dans les autres ovipares.

Dans les *mammifères*, on la voit se prolonger aussi fort en arrière, et toujours plus que dans l'homme adulte. Le canal qui continue le ventricule moyen, bien visible chez les *ovipares*, cesse de l'être dans les *mammifères*, par suite de l'augmentation de la matière qui en forme les parois.

On a cru que le système ganglionaire de la tête était plus complexe dans les *poissons*, et notamment dans certains d'entre eux, que dans les autres *ovipares*; il n'en est rien : le nombre des ganglions est ici toujours le même, et ce qui a fait croire le contraire, c'est que dans certaines espèces le ganglion olfactif est immédiatement collé contre les narines, et que, dans d'autres, il s'applique contre les lobes olfactifs eux-mêmes. L'encéphale des *poissons* représente une sorte de double chapelet de ganglions plus ou moins gros et placés à la suite les uns des autres. On y reconnaît, 1° en arrière, un cervelet toujours impair, c'est-à-dire réduit à la partie médiane ou *processus vermiformis;* on peut y retrouver néanmoins la structure paire, c'est-à-dire un double cordon médullaire diversement incliné et configuré selon les espèces, et qui s'élève de la partie supérieure de la moelle ; il n'y a point de commissure analogue au pont de Varole ; 2° au devant du cervelet, une paire de protubérances lisses, arrondies, ovalaires, creusées intérieurement, et que les uns ont prises pour des tubercules quadrijumeaux, d'autres pour les couches optiques, d'autres pour les hémisphè-res du cerveau, ce qui est beaucoup plus vraisembla-ble ; 3° plus en avant encore, deux lobes ovales formés par une membrane repliée sur elle-même, et donnant naissance de la sorte à des ventricules latéraux, mais dépourvus de plissemens secondaires ou circonvolu-tions. Ce sont, non les hémisphères du cerveau, comme on le croit, mais les masses olfactives, plus développées chez les *poissons* et les *ovipares* que le cerveau lui-même. Les véritables tubercules quadrijumeaux sont peut-être, s'ils existent ici, représentés par les émi-nences qu'on voit au dessous de la voûte formée par les hémisphères ; quant aux couches optiques, elles se confondent encore avec la racine de ceux-ci. Enfin, nous trouvons en avant des masses olfactives le gan-glion de l'olfaction, et dans les espèces électriques telles que les *torpilles*, en arrière du cervelet, des ren-flemens gangliformes, qui correspondent aux nerfs de l'appareil qui caractérise ces poissons, nerfs qu'on peut assimiler à la portion vague ou pneumo-gas-trique de la quatrième paire crânienne.

Sauf quelques différences dans les proportions de son développement, le système ganglionaire des autres *ovipares* ressemble à celui des *poissons*, et au-cun des ganglions céphaliques n'acquiert assez de volume pour couvrir les autres. A mesure qu'on s'élève dans cette sous-classe, on voit la proportion relative du centre médullaire et de la masse cérébrale changer en sens inverse, ou mieux, cette dernière aug-menter tandis que le centre demeure comparativement stationnaire. Nous voyons aussi la proportion relative des masses olfactives et des hémisphères changer progressivement aux dépens des premières. Les commissures demeurent très incomplètes dans les *ovipares ;* il n'y a pour les lobes cérébraux ni corps calleux, ni voûte ; le cervelet réduit à sa partie médiane n'a pas non plus sa commissure annulaire, le pont de Varole.

Quant aux *mammifères,* on peut leur appliquer assez généralement l'esquisse générale que nous avons faite de l'appareil. Les différences les plus importantes qu'on observe entre les divers animaux de cette classe, portent surtout sur les ganglions sans appareil extérieur ; et même ce sont essentiellement ces différences qui déterminent anatomiquement le rang zoologique de l'animal. Le lobe olfactif décroît successivement à mesure qu'on s'élève vers l'espèce humaine. Toutefois, certaines circonstances pourront influer, en quelque sorte accidentellement, sur son développement ; tel sera le besoin de respirer dans l'eau, qui réduira beaucoup l'appareil olfactif, surtout s'il doit livrer habituellement passage à un liquide plus ou moins excitant ; ce cas est celui des *cétacés.*

La masse hémisphérique qui domine dans les mammifères la masse précédente tend de plus en plus à couvrir toutes les parties de l'encéphale, à mesure qu'on s'élève vers l'*homme.* Dans les espèces inférieures, cette masse laisse encore le cervelet à découvert. Le nombre des circonvolutions et leur profondeur vont également en augmentant, aussi bien que l'épaisseur et la largeur des commissures.

Les tubercules quadrijumeaux se montrent, dans leurs variations, indépendans du développement de tout appareil extérieur, même de celui de la vision, qu'on a voulu y rattacher.

Quant au cervelet, sa partie fondamentale va en diminuant, et ses lobes latéraux augmentent et se plissent de plus en plus, à mesure qu'on s'élève des mammifères inférieurs à l'*homme*. Sa commissure transversale ou le pont de Varole, qui appartient à ses hémisphères, devient en même temps de plus en plus saillante.

Les différences que présentent les ganglions viscéraux dans le type des *ostéozoaires*, ne portent que sur leur plus ou moins de développement. Il en est de même de celles qui concernent le système grand sympathique, qui se prononce et augmente successivement des *poissons* aux *mammifères;* ses ganglions ne se distinguent pas bien chez les premiers de leurs cordons intermédiaires, et ne deviennent un peu évidens qu'à partir des *reptiles* (1).

---

(1) On avait signalé l'absence du grand sympathique sur les vertèbres cervicales des *oiseaux* et des autres *ovipares*, en quelque sorte comme une particularité propre à distinguer ces vertébrés des mammifères, et cependant on connaissait déjà, chez les premiers, la présence de petits ganglions dans le canal de l'artère vertébrale. Mais en y regardant de nouveau, on s'est convaincu, 1° qu'ainsi que nous l'avons dit, ces derniers ganglions existent aussi chez les *mammifères*, et que ce sont eux qui continuent réellement dans tout le type le système dont il est question.

Que devenait alors le ganglion cervical supérieur, si intimement uni avec les nerfs pneumo-gastrique et glosso-pharyngique, même d'après les observations de ceux qui le décrivent comme un ganglion du grand sympathique? Évidemment un ganglion intervertébral : « Ce ganglion, dit Cuvier, est situé (chez les *oiseaux*) immédiatement sous le crâne; il communique presque aussitôt avec la neuvième paire, et surtout avec la huitième, avec laquelle il a l'apparence de se confondre entièrement. » Ces faits ne justifient-ils pas complétement le rôle que M. de Blainville assigne au ganglion cervical supérieur.

Encore une fois, le système nerveux, condition organique des fonctions les plus élevées de l'animalité, réclame de nouvelles études comparatives, pour que nous puissions formuler d'une manière un peu plus complète l'histoire de ses différences, comprendre celles-ci, et les rattacher avec une certaine exactitude aux modifications qui en dérivent dans le reste de l'organisation, puis aux manifestations vitales propres à chaque espèce. L'unité, la variété et le progrès de cet appareil une fois bien connus et bien appréciés, nous aurons des principes certains pour procéder à l'étude de cette triple loi, dans l'ensemble des conditions anatomiques de la vie, nous aurons une anatomie et bientôt après une physiologie véritablement scientifiques.

FIN.

TABLE DES MATIÈRES.

TROISIÈME DIVISION.

FIN DE LA TABLE.

ERRATA.

Page 6, ligne 10, au lieu de *et moins,*   lisez *et plus ou moins*
   Ib. antépénult.   *au lieu d'un*   *au lieu d'offrir un.*
   13, avant-der.   *moins du canal,*   *moins de la forme du canal.*
   20,   5,   *poumon,*   *pancréas.*
   22,   24,   *parallèles,*   *perpendiculaires.*
   23,   5,   *sa,*   *la*
   Ib.   17,   *entre elles,*   *entre les deux couches con-*
                                                    tractiles.
   25,   17,   *interne,*   *externe.*
   35, 2 de l'alinéa,   *côte,*   *côté*
   56,   17,   *séparations,*   *dépressions.*
   58   1,   *de leur,*   *du.*
   58,   7,   *développemens,*   *développement.*
   Ib. 1 de l'alinéa,   *changement,*   *étranglement.*
   63,   6,   *elle,*   *cette forme.*
   84,   7,   *chargé,*   *chargés.*
  247,   6,   *lubréfie,*   *lubrifie.*

RECTIFICATION.

En indiquant la *patte d'oie* de la cinquième paire des anatomistes de l'homme comme le ganglion avec appareil extérieur de la vertèbre sphéno-pariétale, j'aurais dû faire observer qu'ici le ganglion appartiendrait, contre la règle, aux racines inférieures de la paire de nerfs correspondante ; cette exception, il faut en convenir, laisse exister quelque doute sur la réalité du caractère attribué à la petite masse nerveuse en question.

TABLEAUX SYNOPTIQUES DU RÈGNE ANIMAL,

D'APRÈS LA CLASSIFICATION

DE M. DE BLAINVILLE.

SUBDIVISIONS.

PRIMAIRES. SOUS-RÈGNES.	SECONDAIRES. TYPES.	TERTIAIRES. SOUS-TYPES.		QUATERNAIRES. CLASSES.
ANIMAUX				
I Pairs ou ARTIOMORPHES. — Articulés.	**I.** Intérieurement. OSTÉOZOAIRES ou VERTÉBRÉS.	I. Pourvus de mamelles. VIVIPARES.	et de poil	MAMMIFÈRES OU PILIFÈRES.
		II. Sans mamelles ou OVIPARES. } à	plume	OISEAUX OU PENNIFÈRES.
			écaille	REPTILES OU SQUAMMIFÈRES (1).
			peau	AMPHIBIENS OU NUDIPELLIFÈRES.
			branchies	POISSONS OU BRANCHIFÈRES.
	II. Extérieurement. ENTOMOZOAIRES ou à anneaux art. et à appendices ambulat.	Articulés au nombre de	six	HEXAPODES OU INSECTES.
			huit	OCTOPODES OU ARACHNIDES.
			dix	DÉCAPODES.
			variable	HÉTÉROPODES. } ou CRUSTACÉS.
			quatorze	TÉTRATÉCAPODES. }
			égal ou double des ann.	MYRIAPODES (que Cuvier réunit aux insectes).
		Non articulés. { Mous.		MALACOPODES. } Contenant les *annélides* de Cuvier,
		{ Raides.		CHÉTOPODES. } presque tous ses *intestinaux cavi-*
		Nuls.		APODES. } *taires* et plus. *parenchymateux.*
	Subarticulés. MALENTOZOAIRES ou MOLLUSQUES ARTICULÉS.	Valves disposées en.	Cercle	NÉMATOPODES (*cirrhopodes* de Cuvier).
			long.	POLYPLAXIENS (les *oscabrions* que Cuvier réunit à ses *mollusques gastéropodes cyclobranches*).
	Inarticulés. MALACOZOAIRES ou MOLLUSQUES.	À tête.	très distincte.	CÉPHALIENS (*céphalopodes* de Cuvier).
			peu distincte.	CÉPHALIDIENS (comprenant les *ptéropodes* et les *gastéropodes* de Cuvier).
			nulle.	ACÉPHALIENS (comprenant les *acéphales* et les *brachiopodes* de Cuvier).
II Rayonnés ou ACTINOMORPHES.	Subrayonnés.			ANNELIDAIRES (la plupart des *intestinaux parenchymateux* de Cuvier).
	Vrais.	Libres, à peau.	Munis de suçoires.	CIRRODERMAIRES (*échinodermes*).
			Excessivement fine.	ARACHNODERMAIRES (*acalephes simples* de Cuvier, ex. *méduses*).
		Ordinairement agrégés, à tentacules.	Gros, peu nombreux.	ZOANTHAIRES. } Tous les polypes simples et com-
			Filiform.	POLYPIAIRES. } posés de Cuvier.
			Pinné.	ZOOPHYTAIRES. }
III. Irréguliers ou **HÉTÉROMORPHES?**				AMORPHOZOAIRES (les *éponges*).

(1) Il faut ajouter aux ovipares écailleux les *ptérodactyles* et les *ichtyosaures*, espèces fossiles dont M. Blainville fait maintenant deux classes, placées, la première avant les REPTILES, la seconde après eux, sous les dénominations de PTÉRODACTYLIENS et ICHTYOSAURIENS. Ces classes ne sont représentées chacune que par un seul genre.

Premier sous-règne. — **ANIMAUX PAIRS.**

Premier type. — OSTÉOZOAIRES.

ORDRES.   FAMILLES.

Iʳᵉ classe.
MAMMIFÈRES.

1ᵉʳ sous-classe.
MONODELPHES.

I. BIMANES.

II. QUADRUMANES.

III. CARNASSIERS.

IV. CHÉIROPTÈRES.

V. RONGEURS ou GLIRES.

VI. ÉDENTÉS ou BRUTA.

VII. PACHYDERMES.

IIᵉ sous-classe.
DIDELPHES.

IIᵉ classe.
OISEAUX.

I. PRÉHENSEURS.

II. RAVISSEURS.

III. GRIMPEURS.

IV. PASSEREAUX.

V. GALLINACÉS.

VI. COUREURS.

VII. ÉCHASSIERS.

VIII. PALMIPÈDES.

IIIᵉ classe.
REPTILES.

I. CHÉLONIENS ou TORTUES.

II. ÉMYDOSAURIENS ou CROCODILES.

III. SAUROPHIDIENS ou OPHIDIENS.

Iᵉʳ sous-ordre. SAURIENS.

IIᵉ sous-ordre. OPHIDIENS.

IVᵉ classe.
AMPHIBIES.

SOUS-ORDRES.

I. BATRACIENS.

II. PSEUDOSAURIENS.

III. SOZOURIENS.

IV. PSEUDOPHIDIENS.

Vᵉ classe.
POISSONS.

Deuxième type. — **LES ENTOMOZOAIRES.**

CLASSES.   ORDRES.   FAMILLES.

Sous-type. — **LES MALENTOZOAIRES ou MOLLUSQUES ARTICULÉS.**

CLASSES.   FAMILLES.

Troisième type. — **MALACOZOAIRES ou MOLLUSQUES.**

CLASSES.   ORDRES.   FAMILLES.

Deuxième sous-règne. — ***ANIMAUX RAYONNÉS ou ACTINOZOAIRES.***

ORDRES.   FAMILLES.

Troisième sous-règne.

www.ingramcontent.com/pod-product-compliance
Lightning Source LLC
LaVergne TN
LVHW021921170726
843501LV00001BA/105